Axel W. Gleue

Wie kam das Wasser auf die Burg?

Vom Brunnenbau auf Höhenburgen und Bergvesten

SCHNELL + STEINER

Bibliografische Informationen der Deutschen Bibliothek
Die Deutsche Bibliothek verzeichnet diese Publikation in der Deutschen Nationalbibliografie; detaillierte bibliografische Daten sind im Internet über http://www.dnb.ddb.de abrufbar.

1. Auflage 2008

Umschlaggestaltung: Anna Braungart, Tübingen
Titelbild: Ansicht der Burg Breuberg um 1648
Satz: Vollnhals Fotosatz, Neustadt a.d. Donau
Druck: Hubert & Co., Göttingen

ISBN 978-3-7954-2085-7

Weitere Informationen zum Verlagsprogramm erhalten Sie unter:
www.schnell-und-steiner.de

Inhaltsverzeichnis

Da also sowohl von Naturforschern, als von Philosophen, als auch von Priestern die Ansicht ausgesprochen wird, daß alle Dinge durch die Macht des Wassers bestehen, so glaube ich, in diesem Buch … von dem Auffinden des Wassers, von den Vorzügen, welche es je nach den örtlichen Eigentümlichkeiten habe, von der Art und Weise, es zu leiten und von den Verfahren, wie man es vorher als geeignet erprobe, schreiben zu müssen.

M. Vitruvius Pollio, De architectura libri decem, VIII 1

Einleitung

Burgen werden in der Literatur seit alters her im wesentlichen unter Aspekten der Architektur behandelt. Die Verbindung der baulichen bzw. künstlerischen Gestaltung mit der Frage der Zweckerfüllung war und ist das beherrschende Thema. Und da die Umsetzung baulicher Konzepte zu Verteidigungszwecken sowie zur Demonstration des Herrschaftsanspruches eine schier unübersehbare Vielfalt von Burgen hervorgebracht hat, wird diese Themensicht auch weiterhin dominierend sein.

Ansichten und Grundrisse der Burgen sind umfänglich dokumentiert, Baudetails ohne Zahl analysiert und katalogisiert worden. Die Grundbedürfnisse der Bewohner einer Burg aber wurden und werden meist nur am Rande behandelt, finden ihren Niederschlag im wesentlichen in der Beschreibung der unterschiedlichen Ausbildung von Kochstellen und Abortanlagen.

Dies alles wäre verständlich, wenn Burgen nicht überwiegend gerade an solchen Stellen errichtet worden wären, wo sich die Befriedigung der Grundbedürfnisse extrem schwierig gestaltete. Während sich die Besiedlung des Landes primär an vorhandenen Wasserläufen und verfügbaren Ackerflächen orientierte, setzten die Burgenbauer in ihrer Mehrzahl, wenn irgend möglich, demonstrativ und gezielt auf die Anhöhen[1]. Hier war man strategisch gut positioniert,

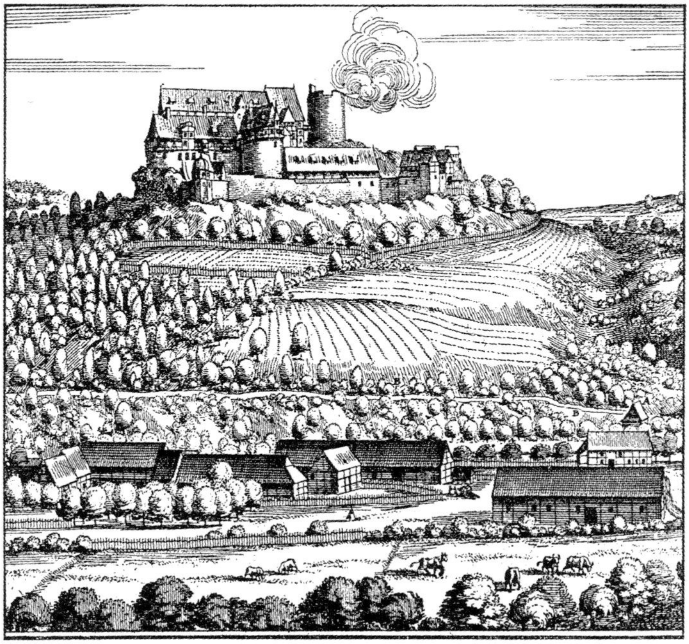

Abb. 1 Die Felsenburg Scharzfels um 1650

1 Krahe, Fr.-W., Burgen und Wohntürme des deutschen Mittelalters, Stuttgart 2002: Von mehr als 4000 untersuchten Burgen sind rd. 70 % dem Typ der Höhenburg zuzuordnen; Zimmer, J., Die Burgen des Luxemburger Landes, Luxemburg 1996; hier sind es 80 % der Burgen.

mußte sich aber hinsichtlich der Versorgung etwas einfallen lassen. Vorräte an Nahrungsmitteln für Mensch und Tier konnte man einlagern; nicht ganz so einfach sah es mit der Wasserbevorratung aus.

Grundvoraussetzung für die Nutzung einer Burg aber war eine ausreichende Versorgung mit Trinkwasser. Ohne Trinkwasser war eine Burg nicht mehr als ein bewohnbarer Steinhaufen, eine eindrucksvolle Kulisse ohne praktischen Nutzen. Den Widerspruch zwischen der Lage der Burg und der Verfügbarkeit von Trinkwasser galt es so aufzulösen, daß die Höhenburg langfristig funktionsfähig bleiben konnte.

1. Die Wasserversorgung von Höhenburgen und Bergvesten[2]

In der Siedlungswasserwirtschaft wird „Wasserversorgung" allgemein definiert als die Deckung des Wasserbedarfs mit Trink- und Brauchwasser. Das Thema Wasserversorgung gliedert sich demnach in die Bereiche „Wasserbedarf" und „Wassergewinnung".

1.1 Der Wasserbedarf

Am Anfang steht also die Frage: Was wird an Wasser gebraucht?

Der Wasserbedarf war damals wie heute zunächst eine Frage des Anspruchs bzw. des Standards, sodann der Anzahl der zu versorgenden Menschen. Beides stand in Zusammenhang mit der Funktion und Größe der Burg. Und über allem stand die Frage nach der Finanzierung. Die Wasserversorgung war ein nicht unerheblicher Kostenfaktor.

Die Burgen des Mittelalters sind Mehrzweckbauten gewesen, bei denen die Verteidigungsfähigkeit nur scheinbar im Vordergrund stand. In erster Linie hatten Burgen die Aufgabe, den Herrschaftsanspruch ihrer Besitzer zu demonstrieren. Den Betrieb konnten einige wenige Leute aufrechterhalten. Ernsthafte Belagerungen, die die Wasserversorgung hätten auf die Probe stellen können, haben die meisten dieser beeindruckenden Bauwerke nie erlebt; gleichwohl mußten sie auch für diesen weniger wahrscheinlichen Fall gerüstet sein.

Die Wasserversorgung war also auf zwei unterschiedliche Betriebsfälle auszurichten:

- Der friedliche Alltag war dadurch gekennzeichnet, daß sich die Bewohner je nach Bedarf auch extern mit Wasser versorgen (lassen) konnten. Das Großvieh wurde i. d. R. außerhalb der Burg gehalten und versorgt.
- Im Belagerungsfall war die Besatzung von der Außenwelt abgeschnitten. Jetzt mußte die Wasserversorgung autark sein; d. h. man war für diesen Fall angewiesen auf Vorräte, die man sich angelegt hatte, oder auf Reserven, die unter der Burg in Form von Grund- oder Sickerwasser erschlossen werden konnten. Wenn das Vieh nicht außerhalb im Haag gehalten und versorgt werden konnte, wurde es schnell zum Problem. Das betraf vor allem Festungen, auf denen berittene Einheiten stationiert waren.

Für eine Burg, eine Immobilie mit der Doppelfunktion „Wohnen" und „Arbeiten" (Verteidigung war schwere Arbeit), waren sicherzustellen:

- die Trinkwasserversorgung der Bewohner (Trinken und Kochen),
- die Brauchwasserversorgung für Haus und Hof (Waschen, Werken, Bauen und Viehtränkung) und
- der Löschwasservorrat.

Bei der Angabe des Tagesbedarfes für die Grundbedürfnisse „Trinken und Kochen" bezieht man sich heute in der wissenschaftlichen Literatur häufig auf Peter H. Gleick[3], der 1999 bei

2 Die im folgenden in eckige Klammern gestellten Zahlen [1] bis [16] verweisen auf die jeweiligen Beispiele in Kapitel 3.

3 Gleick, P.H., Präsident d. Pacific Institute f. Studies in Development, Environment and Security in Oakland, California

Abb. 2: Dem Boten zur Erfrischung

seinen Studien zur globalen Trinkwasserbewirtschaftung die lokale Mindestwassermenge mit 5 Liter/Kopf und Tag angegeben hatte. Dieser aktuelle Ansatz ist plausibel, auch für eine Burgbesatzung im Belagerungsfalle.

Vergleichbar ist der Ansatz von Werner Meyer[4], der den Tagesbedarf einer mittleren Burg mit 50 bis 150 Litern angibt, was realistisch einer Besatzung von 10 bis 30 Mann entspräche. Sein Maßstab waren Bewohner der Bauernhöfe im schweizerischen Hochjura, die noch heute ihren Wasserbedarf aus Zisternen decken müssen und deren Lebensgewohnheiten nach seiner Auffassung den Verhältnissen auf mittelalterlichen Burgen annähernd entsprechen.[5]

In diesem Zusammenhang darf nicht unerwähnt bleiben, daß die Anzahl der Bewohner bzw. die Mannschaftsstärke in einer Burg selbst für den Verteidigungsfall häufig überschätzt wird. Um den Betrieb auf einer Burg aufrecht zu erhalten, genügte eine Handvoll Menschen. In dem seltenen Fall einer Belagerung entsprach die Zahl der Verteidiger nur einem Bruchteil der Anzahl der Belagerer. Selbst auf den zur Festung umgebauten Burgen des 16. Jahrhunderts waren im Normalfall nur minimale Kontingente vorhanden, und als ständige Besatzung der Festungen des 17. Jahrhunderts reichten schon 30 Mann.[6] Die Kriegsbesatzung einer Bergveste allerdings war – wie wir sehen werden – deutlich stärker als die entsprechende Belegung der mittelalterlichen Burgen.

4 Meyer, W., Zisternen auf Höhenburgen der Schweiz. Zum Problem der Wasserversorgung auf mittelalterlichen Burgenanlagen, in: Burgen und Schlösser, 1979/II, S.89

5 Forum www.regionalgeschichte.net des Inst. für Geschichtliche Landeskunde, Universität Mainz

6 KA München, Militäretats der Veste Otzberg 1664–1738

Geht man ein wenig weiter zurück in der Geschichte, wird man feststellen, daß die genannten 5 Liter/Kopf als Tagesbedarf auch schon früher zugrunde gelegt wurden. Chiolich-Löwensberg, Hauptmann im k.k. Genie-Stab, schreibt 1865 zumWasserbedarf[7]: *In Festungen beschränkt man diesen Bedarf auf ein Minimum, und zwar 1/6 bis 1/5 Kubikfuss.* (d.h. 4,5–5,4 Liter) Für die Festung **Ehrenbreitstein** kalkulierte C. H. Aster im Jahre 1819 für den Belagerungsfall 5,6 Liter/Kopf und Tag.[8] Und um den Wasserbedarf der Festung **Wülzburg** [5] zu ermitteln, machte im Jahre 1824 der Genie-Hauptmann Franz von Hoermann folgende Rechnung auf:

Eine Kriegsbesatzung von maximal 800 Soldaten und 200 Zivilisten (Arbeiter, Einwohner und Sträflinge) benötigt in einem halben Jahr (6 x 30=180 Tage) 13.500 Eimer Trinkwasser und 15.500 Eimer Brauchwasser.[9] Da 1 Bayer. Eimer mit 68,42 Liter zu rechnen ist, hatte er 5,1 Liter Trinkwasser und 5,9 Liter Brauchwasser als Allgemeinbedarf pro Kopf und Tag veranschlagt. Ein dritter Hinweis darauf, daß der eingangs zitierte Bedarfswert realistisch ist.

Der Tagesbedarf von 5 Liter/Kopf war ausreichend, um die Burgbesatzung im Frieden wie im Falle einer Belagerung einsatzfähig zu erhalten. Dieser Wert hat nichts zu tun mit dem Bedarf zum Überleben, und schon gar nichts mit der statistischen Größe des durchschnittlichen täglichen Wasserverbrauchs, der in Deutschland z. Z. bei ca. 130 Liter/Kopf liegt.

Wenn wir uns im folgenden mit der Wasserförderung aus Brunnen beschäftigen, wird uns der 50 Liter-Kübel als Fördergefäß begegnen. Der Inhalt eines solchen Eimers reichte also aus als Tagesration für 10 Personen. In diesem Zusammenhang sei erwähnt, daß der „Eimer" ein altes Volumenmaß ist, dessen Einheit regional zwischen 60 und 70 Liter schwanken konnte. Die über 200 Jahre alten Holzkübel, die aus dem Brunnenschacht der Veste **Otzberg** [14] geborgen wurden, fassen rechnerisch rd. 60 Liter, entsprechen damit dem Volumenmaß. Im praktischen Betrieb wird man mit ihnen nur ca. 50 Liter gefördert haben.

Es waren aber in vielen Fällen nicht nur Menschen auf der Burg zu versorgen, sondern auch Nutzvieh. Für die Betrachtung des Gesamtbedarfs an Wasser ist es daher nicht uninteressant zu wissen, daß der Tagesbedarf eines Pferdes nach heutigen Maßstäben zwischen 30 und 50 Litern liegt, der einer Milchkuh zwischen 50 und 60 Litern und der eines Schweines zwischen 10 und 15 Litern. Aus dem Jahre 1865 ist überliefert[10], daß auf Festungen der Wasserbedarf für ein Pferd oder ein Stück Schlachtvieh (Rind) auf einen Kubikfuß (knapp 30 Liter) pro Tag beschränkt wurde.

Zusammenfassend halten wir für die folgenden Überlegungen fest, daß 1 Eimer zu 50 Liter als Tagesration für 10 Mann reichte. Die gleiche Menge aber brauchte man, um 1 Pferd oder 1 Rind bzw. 5 Schweine zu unterhalten. (Abb. 3)

Auch der Löschwasserbedarf auf einer Burg darf nicht unerwähnt bleiben, wenngleich es eine spezielle Brandreserve im heutigen Sinne wohl auf keiner Burg gegeben hat. Brach ein Feuer aus, so konnte man – die Verfügbarkeit einer hinreichenden Anzahl von Feuereimern vorausgesetzt – auf die Trink- oder Brauchwasservorräte zurückgreifen, die in Behältern zur Verfügung standen. Die Förderzeiten für das Brunnenwasser waren zu lang, um dieses wirksam einsetzen zu können. Im Belagerungsfalle aber wäre der Rückgriff auf die Wasserreserven das vorzeitige Aus für die Verteidiger gewesen.

7 Chiolich-Löwensberg, H.v., Anleitung zum Wasserbau, Zweite Abtheilung, Stuttgart 1865, S. 38

8 Böckling, M., Festung Ehrenbreitstein, Führungsheft 17, Regensburg 2004, S. 57

9 Burger, D., Die Ludwigszisterne auf der Festung Wülzburg, in: villa nostra, 2/1995, S. 12

10 Chiolich-Löwensberg, a.a.O., S. 38

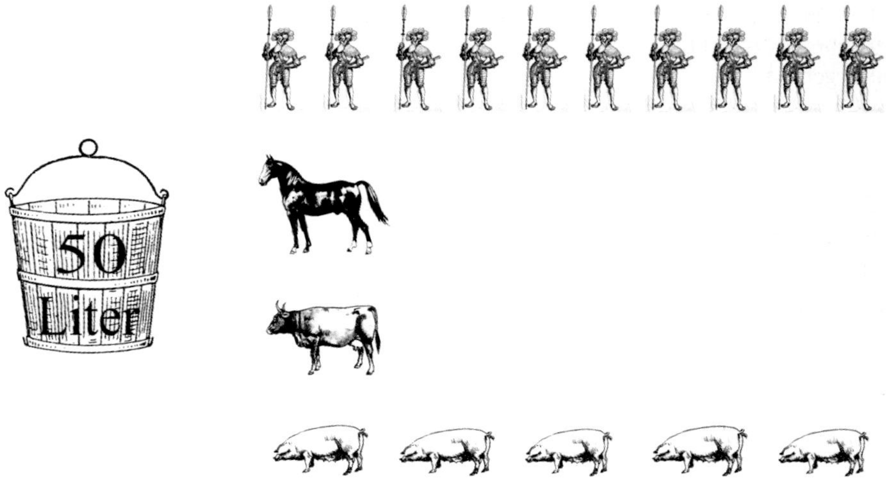

Abb. 3: Tagesbedarf an Trinkwasser

1.2 Die Wassergewinnung

Bevor wir der Frage nachgehen, wo die Bewohner einer Höhenburg das lebensnotwendige Wasser finden konnten, muß auf einen ursächlichen Zusammenhang verwiesen werden, der bei den Nutznießern moderner Wasserversorgungssysteme leicht in Vergessenheit gerät: Voraussetzung waren ausreichende Niederschläge. Wenn der Regen über einer Höhenburg ausblieb, war das das langsame Ende der Wasserversorgung.

Auch einen anderen Zusammenhang dürfen wir nicht aus den Augen verlieren: Von dem Regen, der über einem Gebiet niedergeht, kann nur ein Bruchteil aufgefangen oder indirekt nutzbar gemacht werden. Wenn wir als Niederschlagsmenge pro Jahr für unsere Breiten im langfristigen Mittel 800 mm zugrunde legen, dann fließen davon 300 mm oberflächig ab, und nur 100 mm werden dem Grundwasser zugeführt. Der Rest (400 mm) verdunstet.[11] Diese Werte mögen örtlich variieren, am Prinzip aber ändert das nichts. Die besondere Lage der Höhenburgen kann hinsichtlich der Grundwasserbildung sogar zu noch ungünstigeren Verhältnissen führen.

Grundsätzlich gilt, da die Niederschlagsmengen starken Schwankungen unterliegen, daß auch die nutzbaren Wassermengen stark schwanken können. Aus der Geschichte wissen wir, daß es extrem trockene oder extrem regenreiche Jahre immer wieder gegeben hat.[12] Berichte über Mißernten finden sich zuhauf; vom akuten Wassermangel aber waren in Trockenzeiten nur diejenigen bedroht, die ihren Standort auf einem Berg gewählt hatten.

Für die weiteren Ausführungen seien ausreichende Niederschläge vorausgesetzt, da nur unter dieser Voraussetzung eine grundsätzliche Behandlung des Themas Wasserversorgung möglich und sinnvoll ist. Die oben zitierte Aufteilung der Niederschlagsmengen in nutzbare und nicht

11 Brockhaus Enzyklopädie, Bd. 20, Wiesbaden 1974; Schautafel Wasserkreislauf

12 Glaser, R., Klimageschichte Mitteleuropas, WBG Darmstadt 2001

nutzbare Anteile aber dürfen wir nicht aus den Augen verlieren, wenn wir im folgenden die verschiedenen Möglichkeiten der Wassergewinnung betrachten, die den Bewohnern von Höhenburgen grundsätzlich zur Auswahl standen:

1. Zufuhr von Wasser aus einem Fließgewässer
Für diese Art der Wasserversorgung stehen die Stichworte „Wasseresel" und „Bauernfuhren". In handlichen Transportgefäßen konnte das Wasser auf die Burg transportiert werden. Ein Fließgewässer oder eine ergiebige Quelle in geeigneter Entfernung vorausgesetzt, handelte es sich um ein mühsames Unterfangen, gekennzeichnet durch lange Wege, große Steigungen und eine geringe Transportleistung. Es erforderte laufende Kosten für den Unterhalt der Last- bzw. Zugtiere, und es brachte Abhängigkeit von den Dienstleistenden.

Die Burg **Runkelstein** in Südtirol steht auf einem etwa 40 m hohen Felsen, der zum Talferbach hin senkrecht abbricht. Ein Fresko aus der Zeit um 1390 zeigt dort einen Kran auf der Außenmauer, mit dem Wasser aus dem Wildbach auf die Burg gehoben wurde.

2. Zuleitung von einer Quelle
Die Zuleitung des Grundwassers von seiner Austrittsstelle her war zunächst nur möglich, wenn die Quelle höher lag als der Einspeisungspunkt in die Burg. Der Bau einer Wasserleitung erforderte eine genaue Geländeaufnahme, hydraulische Fachkenntnisse, besondere Fertigkeiten bei der Herstellung der Rohre (Holz-, Ton-, Blei- oder Gußrohre) sowie – schwerwiegender als die Baukosten – laufende Unterhaltskosten. Zudem war eine Wasserleitung anfällig gegen Zerstörungen.

Beide genannten Versorgungsmöglichkeiten aber versagten im Belagerungsfall. Da blieb nur das Prinzip der konsequenten Eigenversorgung; man mußte im Notfall autark sein. Doch dem waren Grenzen gesetzt: Zur Verfügung standen allein der Luftraum über der Grundfläche der Burganlage bzw. das der Anlage zuzurechnende Grundwassereinzugsgebiet.

3. Sammlung von Regenwasser
Die Möglichkeit, Regenwasser in Holzbottichen, Steintrögen oder Zisternen zu sammeln, setzte befestigte Oberflächen voraus, von denen das Niederschlagswasser kontrolliert abgeleitet werden konnte. Offene Gerinne, in denen das Wasser der Hofflächen gesammelt wurde, waren im Hinblick auf die Hygiene sehr problematisch; dies insbesondere bei Tierhaltung. Das Sammeln von Wasser hinreichender Qualität war erst in dem Moment möglich, als große Dachflächen mit harter Eindeckung zur Verfügung standen. Die Qualität des stehenden Wassers in den Behältern aber war und blieb ein Problem.

4. Förderung von Grundwasser
Voraussetzung hierfür war der Bau eines Schachtbrunnens. Der Brunnenbau aber war bautechnisch extrem aufwendig, zeitlich nicht kalkulierbar und damit eine finanzielle Kraftanstrengung mit ungewissen Erfolgsaussichten.

Die Entscheidung darüber, welche der aufgezeigten Möglichkeiten zum Einsatz kommen konnte, war abhängig von mehreren Faktoren. Da war zunächst der Standort der Burg, gekennzeichnet durch die Topographie (Gipfel-, Sporn- oder Hanglage) und die Hydrologie (das Vorhandensein von Oberflächen- und Grundwasser). Sodann stellte sich die Frage nach der Verfügbarkeit fachlich geeigneter Arbeitskräfte sowie der Finanzierung.

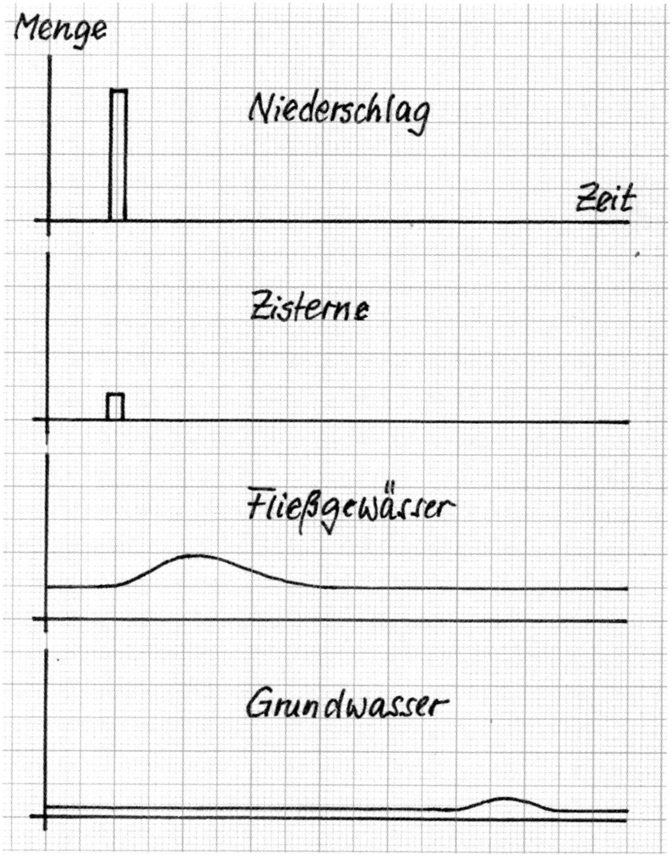

Abb. 4 Auswirkungen eines Starkregens

Zum besseren Verständnis der nachfolgend beschriebenen technischen Möglichkeiten der Wassergewinnung mag eine Darstellung (Abb. 4) dienen, die sehr vereinfachend die prinzipiellen Auswirkungen starken Niederschlages verdeutlichen soll. Daß in einer Zisterne nur ein Bruchteil des Niederschlages aufgefangen werden kann, versteht sich von selbst. Fließgewässer reagieren zeitlich versetzt mit einem Anstieg, der nach Höhe und Dauer abhängig ist vom jeweiligen Einzugsgebiet. Veränderungen im Grundwasserspiegel ergeben sich – wenn überhaupt – erst mit großem zeitlichen Verzug und in verhältnismäßig geringem Ausmaß. So reagiert der Wasserspiegel im tiefen Brunnen der Veste **Otzberg** [14] heute mit einer Zeitverzögerung von rund fünf Monaten auf Veränderungen der Niederschlagsmengen. Naturgemäß läßt sich bei Quellen ein analoges Verhalten wie beim Grundwasser beobachten.

1.2.1 Wasserleitungen

Wasserleitungen zur Versorgung von Klöstern sind ab dem 11. Jahrhundert schriftlich überliefert. Hierbei handelte es sich in der Regel um reine Gefälleleitungen. Mitte des 12. Jahrhunderts wurden bei der Reparatur der alten Wasserleitung des Klosters Fulda schon Bleirohre verwen-

Abb. 5 Herstellung von Deichelrohren

det.[13] Vergleichbar frühe Belege für die Versorgung von Höhenburgen fehlen zwar; da jedoch in der Frühphase des Leitungsbaues in aller Regel hölzerne Deichelrohre (Abb. 5) eingesetzt wurden, wären diese heute zumeist auch kaum noch nachweisbar.[14]

Neben reinen Gefälleleitungen nutzte man bald auch das Prinzip der kommunizierenden Röhren, wenn die Leitung einen Talgrund durchqueren mußte. Voraussetzung in beiden Fällen war eine Quelle, die oberhalb des Einspeisungspunktes in die Burg lag. Daß man bei Vorliegen dieser Voraussetzung weder Mühe noch Kosten scheute, um über Wasser bester Qualität verfügen zu können, mögen einige Beispiele verdeutlichen:

1320 baute man eine 3,7 km lange Rohrleitung von den Höchberger Quellen zur Burg **Marienberg** bei Würzburg.[15]

1469 wurde für die Burg **Blankenheim** eine 1 km lange Wasserleitung gebaut, die zunächst durch einen Talgrund und anschließend durch einen 150 m langen Tunnel[16] führte.

1613 verlegte man eine fast 2 km lange Wasserleitung aus Gußrohren vom Eberbacher Hang durch den Talgrund zum Schloß **Reichenberg** oberhalb von Reichelsheim[17].

In die Burg **Niederkraig** (Kärnten) brachte man das Wasser gar per Aquädukt auf ca. 10 m hohen Bögen.

13 Vonderau, J., Die Ausgrabungen am Dome zu Fulda in den Jahren 1908–13, Fulda 1919, S. 35

14 Wippern, J. M., Die Lokalisierung der Blankenheimer Holzrohrleitung mit dem Magnetometer, in: Wasser auf Burgen im Mittelalter, Geschichte der Wasserversorgung Bd. 7, Mainz 2007, S. 103 ff

15 Öhring, P., Die historische Wasserversorgung der alten Burg zu Würzburg aus den Höchberger Quellen, Selbstverlag 2003

16 Grewe, K., Historische Tunnelbauten im Rheinland, Bonn 2002; Der Tiergartentunnel von Blankenheim

17 Kunz, R. und Lizalek, W., Südhess. Chroniken aus der Zeit des Dreißigjährigen Krieges, Geschichtsblätter Kreis Bergstraße, Sonderband 6, 1983; Die Reichenbacher Chronik (1599–1620) des Pfarrers Martin Walther, Abs. 436

1.2.2 Zisternen

Für die Sammlung von Regenwasser konnte man, wie bereits erwähnt, Holzbottiche, Steintröge oder Zisternen verwenden. Von Bottichen und Trögen finden sich heute kaum noch Spuren; geblieben sind vielfältige Arten von Zisternen.

In einem Universallexikon von 1733 lesen wir: *Cisterna, Teutsch Cisterne, ist ein unterirrdisches, oder unterhalb der Erd-Fläche gebauetes Behältniß, worinnen man in Ermangelung des Brunnen- oder Bach- und Fluß-Wassers, das Regen-Wasser auffangen kann. Man pfleget dergleichen nur mehrentheils an hochgelegenen Plätzen, wo man entweder gar keine Brunnen, oder doch nicht ohne übergrosse Unkosten, graben kann.*[18]

Es gab wohl keine Burg, auf der nicht wenigstens eine Zisterne vorhanden war. Vielfach sind diese unterirdischen Anlagen der Wasserversorgung aber verschüttet, vergessen oder überformt worden. Einen überzeugenden Beleg für die Ausstattung mit Zisternen liefert eine Arbeit von W. Herrmann[19], die u. a. 36 Felsenburgen im Gebiet der Pfalz und des Wasgaues beschreibt und dabei auch die nachweisbaren Anlagen für die Wassergewinnung erfaßt hat. Bis auf eine sind alle diese Burgen seit wenigstens 300 Jahren ruiniert. Da das Gebiet sich durch annähernd gleiche geologische und klimatische Bedingungen auszeichnet, kann man auch annähernd gleiche Voraussetzungen für die Wasserversorgung annehmen. Auf 20 dieser Burgruinen ist heute noch wenigstens eine Zisterne nachweisbar vorhanden, in weiteren drei Fällen ist die Frage „Zisterne oder Brunnen?“ nicht abschließend geklärt.

Bei der Zisterne, der Urform der Wasserversorgung auf Höhenburgen, war der Wasserzufluß zeitlich begrenzt auf die Dauer des Niederschlages. Man wußte aber nicht, wann es regnen würde. Man mußte leere Becken vorhalten für den Fall, daß der Regen kam, gleichzeitig aber einen Vorrat halten, aus dem man schöpfen konnte, solange der Regen auf sich warten ließ. Es kam also entscheidend auf das Gesamtvolumen und dessen Bewirtschaftung an, auf das Restvolumen, das man für alle Fälle jederzeit bereithielt. Vergleichbar sind diese Anforderungen dem Wassermanagement an Talsperren und Staustufen. Die Probleme, die heute trotz modernster Technik dabei auftreten können, sind bekannt.

Zur Dimensionierung einer Zisterne schreibt Chiolich-Löwensberg: *Da der Verbrauch des aufgesammelten Wassers ziemlich gleichmässig erfolgt, so müssen die Cisternen, weil sie die Ungleichmässigkeit des Niederschlages ausgleichen sollen, den Bedarf für vier Monate fassen können.*[20]

Auf der Burg **Homberg** [12] an der Efze gibt es zwei Zisternen-Becken im ehemals unterirdischen Brunnenhaus mit zusammen ca. 64 m³ Fassungsvermögen, was bei einem Pro-Kopf-Verbrauch von 5 Liter/Tag einem 4-monatigen Vorrat für mehr als 100 Mann Besatzung entsprechen würde.

Die Burg hatte eine Grundfläche von ca. 2.500 m². Hätte man jeden Regentropfen auffangen können, der auf dieser Fläche niederging, hätte eine Niederschlagsmenge von nur 25,6 Liter/m² rechnerisch ausgereicht, die Zisternen zu füllen. Tatsächlich aber war nur ein Bruchteil der Grundfläche für die Ableitung und Sammlung des Regenwassers geeignet. Wenn wir dafür 10 % annehmen, so hätte es bei einer Niederschlagsmenge im langjährigen Mittel von 800 Liter/m² wenigstens 4 Monate (ohne gleichzeitige Entnahme) gedauert, bis die Zisternen der Burg Homberg voll gewesen wären.

18 Zedler, J. H., Grosses vollstaendiges Universal Lexikon Aller Wissenschafften und Künste, Halle 1733

19 Herrmann, W., Auf rotem Fels. Ein Führer zu den schönsten Burgen der Pfalz und des elsässischen Wasgau, Leinfelden-Echterdingen, 2004

20 Chiolich-Löwensberg, a.a.O., S. 37

Auf der **Wülzburg** [5] bei Weißenburg i. B. – mit ca. 22.000 m² Grundfläche fast 10 Mal so groß wie die Burg Homberg – wurde die Ludwigs-Zisterne mit einem Fassungsvermögen von fast 1.500 m³ gebaut, vergleichbar dem 4-monatigen Bedarf für 2.500 Mann. Unter der Annahme, daß auch hier 10 % der Grundfläche genutzt werden konnten, um den Niederschlag aufzufangen, hätte es im statistischen Mittel mehr als 10 Monate gedauert, bis diese Zisterne voll gewesen wäre, sofern man während der gesamten Zeit kein Wasser entnommen hätte. Unabhängig von der Tatsache, daß es bereits 14 kleinere Zisternen auf der Wülzburg gab, war diese Zisterne deutlich überdimensioniert. Sie wurde erstmals voll, lange nachdem sie nicht mehr gebraucht wurde.

Die obigen Betrachtungen setzen natürlich voraus, daß die jeweiligen Zisternen dicht gewesen sind, so daß sich der Wasserverlust durch Versickerung in vernachlässigbaren Grenzen hielt. Über die aufwendigen Bauweisen, die diese Dichtigkeit gewährleisten sollten, gibt es zahlreiche Veröffentlichungen. Beispielhaft sei hier auf eine Arbeit über die Zisterne der Burg **Wasigenstein**[21] in den Vogesen verwiesen.

Der angenommene Anteil der geeigneten befestigten Flächen an der Grundfläche von nur 10 % mag zunächst gering erscheinen. Es darf aber nicht vergessen werden, daß man aus Erfahrung bewußt auch auf bestimmte Anteile des Niederschlages verzichtete. In aller Regel besaßen Zisternen sogenannte Fangkästen, *worinnen das … einlauffende Regen-Wasser den mit sich führenden Unrath sitzen lassen, und also aus demselben reine in die Cisterne kommen* konnte.

Hier sei der Hinweis erlaubt, daß die in der Burgenliteratur heute übliche Unterscheidung zwischen „Filterzisternen“ und „Tankzisternen“ irreführend ist, da sie suggeriert, in „Tankzisternen“ sei ungefiltertes Wasser eingeleitet worden.

Der besagte Fangkasten hatte eine Vorrichtung, *das untüchtige Wasser dadurch abzulassen.* Genauer heißt es: *So muß auch der Trog oder Fang-Kasten einen Ablaß haben, der iederzeit, wenn man kein Wasser in die Cisterne lassen will, offen bleiben soll, damit die schädlichen Mehltaue, urplötzliche ersten Güsse eines grossen nach heissem Wetter entstandenen Platz-Regens, Schnee-Schlossen- und Regen-Wasser, so man nicht einnehmen will, ausserhalb der Cisterne abgeleitet, und nur die im Frühling und Herbst, auch endlich noch zur WintersZeit (wenn kein Schnee liegt) fallende Regen-Wasser hinein gelassen werden können.*[22]

Die gewinnbare Wassermenge mag von Burg zu Burg, von Bergveste zu Bergveste sehr unterschiedlich gewesen sein. Und sicher war man auch weniger wählerisch bezüglich der Einstufung des untüchtigen Wassers, sobald man in Bedrängnis war. Aber es galt der Grundsatz, daß das Wasser, welches aufgefangen wurde – also nicht versickern konnte – die Anreicherung des Grundwassers verringerte. Je konsequenter das Regenwasser auf einer Burg gesammelt wurde, desto weniger ertragreich wurde häufig der Brunnen, sofern er nicht tief genug war, um sich aus einem großen Grundwassereinzugsgebiet zu speisen.

1.2.3 Schachtbrunnen

Wir haben gesehen, daß der Anteil des Niederschlages, der zur Grundwasserbildung beiträgt, im Normalfall mit etwa 12 % angenommen werden kann. Da sich die Standorte von Höhenburgen jedoch durch starkes Geländegefälle auszeichnen, verringert sich hier der Anteil des Sickerwassers, während sich der Anteil des oberflächig abfließenden Niederschlages erhöht.

21 Czarnowsky, C., Die Wasserversorgung der Vogesenburgen, in: Elsassland, 18. Jg., 1938, S. 140

22 Zedler, a.a.O.

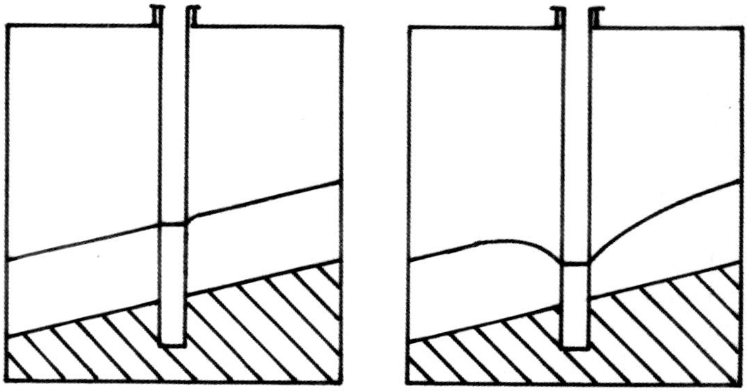

Abb. 6 Auswirkung der Wasserentnahme

Die Geschwindigkeit, mit der das Sickerwasser dem Grundwasser zufließt, ist abhängig von der Durchlässigkeit bzw. der Lagerungsdichte des Bodenmaterials. Schwankungen der Versickerungsmenge wirken sich demnach nur mit zeitlicher Verzögerung auf die Grundwassermenge aus. Die Zeitverzögerung ergibt sich aus der Durchlässigkeit des Bodens und der Länge des Sickerweges.

In der wasserführenden Schicht wird die aufnehmbare Wassermenge durch das vorhandene Porenvolumen begrenzt. Entsprechend den Schwankungen der Versickerung ändert sich bei freiem Grundwasser die Höhe des Wasserspiegels. Hier darf aber nicht unerwähnt bleiben, daß sich tiefe Brunnen von Höhenburgen zumeist aus gespanntem Grundwasser speisen. Die wasserführende Schicht liegt hier eingezwängt zwischen dichteren Bodenschichten, der Grundwasserstand ist also nach oben begrenzt.

Voraussetzung für den erfolgreichen Betrieb eines Burgbrunnens ist das Vorhandensein einer wasserundurchlässigen Schicht, über der sich das Grundwasser aufstauen kann. Der Schacht muß auf oder in dieser Schicht enden.

Da das Grundwasser den hydrostatischen Druckverhältnissen folgt, bestimmt die Lagerung der wasserundurchlässigen Schicht, ob das Grundwasser ruht oder fließt. Über einer horizontalen Schicht stellt sich ein ruhender Grundwasserspiegel ein, bei fallender Schicht eine Grundwasserströmung. Der Wasserspiegel im Brunnenschacht korrespondiert mit der Oberfläche des Grundwassers.

Der Betrieb eines Brunnens stellt eine Störung im Grundwasser dar. Bei der Entnahme von Wasser wird der Wasserspiegel im Schacht abgesenkt. Da die Entnahme aber eigentlich eine Entnahme aus dem Grundwasser ist, bewirkt die Höhendifferenz zwischen ursprünglichem Grundwasserstand und Wasserstand im Schacht ein Nachfließen aus dem umgebenden Grundwasser. Dadurch entsteht ein sogenannter Absenktrichter. Größe bzw. Ausdehnung dieses Trichters sind abhängig von der Entnahmemenge, durch die die Höhendifferenz verursacht wurde. (Abb. 6)

Wie schnell diese Höhendifferenz wieder ausgeglichen werden kann, wird bei ausreichend verfügbarer Grundwassermenge von der Grundwasserfließgeschwindigkeit bestimmt. So wird verständlich, daß übermäßige Entnahme zum Trockenfallen des Brunnens führen kann. Die Dauer, während der der Brunnen trocken bleibt, vergrößert sich naturgemäß, wenn die Entnahme mit einer Phase abnehmender Grundwasserbildung zusammenfällt.

Liegt die undurchlässige Schicht im Gefälle, speist sich der Brunnenschacht aus fließendem bzw. durchfließendem Grundwasser. Die Fließgeschwindigkeit dieser Grundwasserströmung ist abhängig von der Durchlässigkeit des Bodenmaterials und kann zwischen wenigen Zentimetern und mehreren Metern pro Tag betragen. Für die Brunnen von Höhenburgen liegen die Werte eher im Zentimeterbereich.

Bei fließendem Grundwasser – dem Normalfall – führt die Abnahme des zufließenden Grundwassers zu „Sickerverlusten" im Schacht. Das abfließende Grundwasser versorgt sich so lange aus dem Schacht, bis sich zwischen Zufluß und Abfluß wieder eine gemeinsame Grundwasseroberfläche eingestellt hat.

Das zeitliche Zusammenspiel zwischen den Schwankungen bei der Grundwasserbildung, der Grundwasserfließgeschwindigkeit und den Sickerverlusten im Schacht macht eine verläßliche Aussage über die Versorgungssicherheit eines Brunnens selbst bei geregelter Entnahme fast unmöglich.

Der Grundwasservorrat, aus dem sich ein Brunnen speisen kann, hängt wesentlich ab von dem Einzugsgebiet, das durch den Schacht erschlossen wird. Abbildung 7 zeigt dazu drei Beispiele:

Im Brunnen auf der Veste **Otzberg** [14] sammelt sich Sickerwasser aus dem klüftigen Basaltgestein. Der Einzugsbereich stellt sich hier als ein Trichter dar.

Der Brunnen auf der Burg **Breuberg** [7] speiste sich aus dem Grundwasser oberhalb einer leicht fallenden Lettenschicht. Der Grundwasserstrom trat als Quelle am Berghang aus.

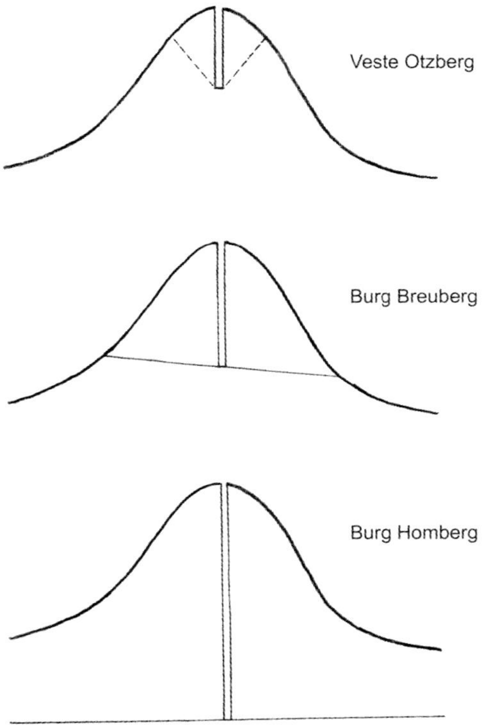

Abb. 7 Einzugsbereiche von Brunnen

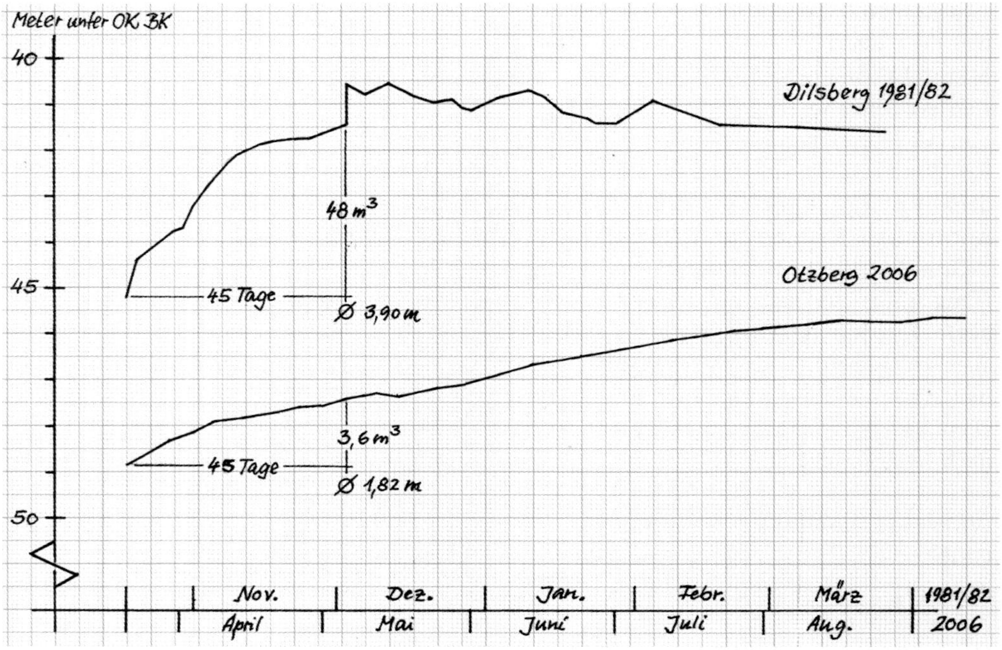

Abb. 8 Füllkurven der Brunnen Dilsberg und Otzberg

Der Brunnen der Burg **Homberg** [12] reicht so tief hinab, daß er sich aus einem Grundwasserhorizont speisen kann, der weit über die Grundfläche des Burgberges hinausreicht.

Über das Wasserdargebot der Brunnen von Höhenburgen gibt es kaum Aufzeichnungen. Bestenfalls werden einmal – wie im Falle **Hellenstein** [11] – Angaben zum Wasserstand gemacht.[23] Wie dieser sich veränderte, sobald der Brunnen benutzt wurde, wissen wir z. B. vom Schloß **Augustusburg** [15].

Aus jüngster Zeit aber liegen aufschlußreiche Füllkurven vor. Nach Räumung der Brunnen auf der Feste **Dilsberg**[24] [9] im Jahre 1981 sowie der Veste **Otzberg**[25] [14] im Jahre 2006 wurde der Anstieg des Wasserspiegels über längere Zeit beobachtet. Abbildung 8 zeigt die Füllkurven der beiden Brunnen, wobei anzumerken ist, daß es sich um Brunnen in ganz unterschiedlichen geologischen Formationen (Sandstein, Basalt) zu Zeiten unterschiedlicher vorausgegangener Niederschlagsmengen handelt. Ergeben hat sich fast so etwas wie eine Max/Min-Betrachtung.

Bei der Feste **Dilsberg** [9] betrug die Schüttung aus der wasserführenden Schicht im Mittel 900 Liter/Tag. Nach 1 ½ Monaten war der Brunnen wieder auf dem alten Stand. Bei der Veste **Otzberg** [14] lag die Schüttung aus dem Kluftwasser zwischen anfangs 180 und dann nur noch 45 Litern/Tag in der Zeit von März bis September 2006.

23 Heinzelmann, P. und Jantschke, H., Der Schloßbrunnen Hellenstein, in: Jahrbuch Heimat- und Altertumsvereins Heidenheim an der Brenz e.V., 1987/88, S. 240

24 Dachroth, W. und Wiltschko, St., Der Burgbrunnen und Brunnenstollen der Feste Dilsberg, Heidelberg 1986

25 Aufzeichnung des Verfassers

Stellt man diesen Sachverhalt auf den jeweiligen Brunnenquerschnitt ab, so hatte der Brunnen der Feste Dilsberg nach 45 Tagen 48 m³ Wasserreserve, der auf dem Otzberg aber erst 3,6 m³. Es dauerte fünf Monate, bis der Brunnen auf der Veste Otzberg seinen (vorerst) höchsten Wasserstand erreicht hatte, der dann in der Folgezeit unter- und überschritten wurde, ohne daß eine Entnahme erfolgte; solche stark schwankenden Wasserstände wurden auch auf der **Wülzburg** [5] und auf Schloß **Hellenstein** [11] beobachtet. Langzeitbeobachtungen auf dem **Otzberg** [14] belegen, daß die Wasserstände hier mit ca. 5-monatiger Verzögerung den Änderungen der jeweiligen Niederschlagsmengen folgen.

Grundsätzlich müssen wir davon ausgehen, daß der Anteil des Niederschlages, der an den Hängen der Höhenburgen zu Sicker- bzw. Grundwasser wurde, früher eher größer war als heute. Vorbedingung der Verteidigungsfähigkeit einer Höhenburg war u. a., daß die Hänge von allem aufgehenden Bewuchs freigehalten wurden, der einem möglichen Angreifer Deckung bieten konnte. Heute, wo diese Hänge z. T. dicht bewaldet sind, wird die Verdunstungsrate vor allem durch die großen Laubbäume erhöht. Im Ergebnis bleibt weniger Wasser, das nach und nach versickern kann.

Wir wissen von einer Vielzahl Brunnen, bei denen man nicht genug Ausdauer oder nicht genug Geld hatte, um bis zum Grundwasser zu graben, und von solchen, deren Schüttung nach kurzer Zeit geringer wurde oder ganz versiegte.

Hierfür drei Beispiele:

Der ca. 140 m tiefe Brunnen der **Wülzburg** [5], 1602 fertiggestellt, hatte – wohl auch wegen der konsequenten Oberflächenbefestigung der Festungsanlage – von Anbeginn an deutlich abnehmende Wasserstände. Mit der zunehmenden Anzahl von Zisternen wurde er vollends bedeutungslos.

Auf der Burg **Breuberg** [7] wurde der 85 m tiefe Brunnen ab dem Jahr 1569 genutzt. Da er schon Anfang des 17. Jh. nicht mehr genügend Wasser lieferte, baute man eine Wasserkunst, um Quellwasser auf die Burg zu leiten. Gut hundert Jahre nach seiner Inbetriebnahme fiel der Brunnen endgültig trocken.

Das kurioseste bekannte Beispiel ist die Burg **Lemberg** [4] bei Pirmasens. Hier baute man zwischen 1536 und 1579 einen Brunnen von 60 m Tiefe. Der wenig ergiebige Brunnen wurde nach 1606 auf 95 m vertieft; man fand aber kein Wasser. Deshalb grub man einen ca. 120 m langen Stollen seitlich zum Brunnenschacht hin, um in 60 m Tiefe das Wasser einer nahen Quelle in den Schacht einzuleiten. Man hoffte, den teuren Schacht wenigstens als Zisterne nutzen zu können. Leider war der Schacht – wie nicht anders zu erwarten – nicht wasserdicht, im Jahre 1636 schüttete man den Schacht zu. Es gibt keine Angaben darüber, wie viel Geld hier insgesamt vergraben wurde. Heute weiß man aber, daß man nur wenige Meter hätte weiter graben müssen, um ausreichend Wasser zu finden. Lemberg wird wohl kein Einzelfall gewesen sein.

Die Idee, unergiebige Brunnenschächte als Zisterne zu nutzen, war naheliegend, da deren Erstellung viel Zeit und Geld gekostet hatte. Auch auf der **Wülzburg** [5] hat man mit diesem Gedanken gespielt. Beim **Heidenloch** [1] auf dem Heiligenberg hat man ihn in die Tat umgesetzt mit einer baulichen Maßnahme, die dem Bau von Zisternen entlehnt ist. Und es ist auch durchaus nicht so, daß zwischen Brunnenschächten und Schacht-Zisternen eine klare Trennlinie gezogen werden kann. Immer wieder begegnen wir erstaunlich kurzen Schächten, die heute noch Wasser führen, weil sie sich sowohl direkt als auch indirekt aus dem Niederschlagswasser bedienen. Als Beispiele hierfür mögen die Burgen **Burgk, Reichenberg** und **Windeck** [10] dienen. Und wer wollte heute mit Sicherheit ausschließen, daß man in der Vergangenheit bei Bedarf nicht Niederschlagswasser in Brunnenschächte eingeleitet hat, wenn es zweckdienlich erschien?

Ein weiterer Aspekt für den Wert eines Brunnens als Wasserversorgungsanlage ist dessen Fördermenge in Abhängigkeit von der Förderzeit. Wir wollen das am Beispiel der **Wülzburg** [5] verdeutlichen, von der wir die Bedarfsberechnung aus dem Jahre 1822 kennen und erfahren haben, daß der Schacht etwa 140 m tief war. Man brauchte dort täglich 5.100 Liter Trinkwasser. Was hätte das für den dortigen Brunnen als einzigen Trinkwasserspender bedeutet?

Unterstellen wir, daß die zur Wasserförderung verwendeten Kübel das Volumen eines Bayerischen Eimers hatten, dann hätte die erforderliche Trinkwassermenge von 5.100 Litern 75 Eimern entsprochen. Da aber die Förderung eines Kübels aus gut 130 m Wasserstandstiefe mehr als ½ Stunde dauerte, konnte man pro Tag somit nicht einmal 48 Eimer ziehen. Eine Komplettversorgung aus dem Brunnen wäre also schon technisch unmöglich gewesen. Hätte man aber ununterbrochen Wasser gefördert, wäre der Brunnen zudem – wie auf **Augustusburg** [15] geschehen[26] – sehr schnell trockengefallen. Man förderte deshalb nicht ununterbrochen, wie häufig im Hinblick auf die Arbeit der Wasserknechte zu lesen ist. Von der Festung **Regenstein**[27] wissen wir, daß hier nur drei Mal pro Tag Wasser aus dem 197 m tiefen Brunnen gezogen wurde.

Das Wasser eines tiefen Brunnens diente also nicht der Bevorratung; es wurde i. d. R. sofort verbraucht. Und wenn wir die geringe Schüttung des nur 50 m tiefen **Otzberger** Brunnens in Betracht ziehen, wird hier auch das Fehlen eines Wasserkastens im Brunnenhaus verständlich: Er wäre sinnlos gewesen, weil die Fördermenge zu gering war für eine Bevorratung. Das Wasser wurde auch hier nur für den unmittelbaren täglichen Bedarf gefördert. Wo doch Wasserkästen in Brunnenhäusern vorhanden sind, waren sie, wie auf Burg **Breuberg** [7], erforderlich wegen der besonderen Art der Wasserförderung oder sie wurden, wie auf der **Wülzburg** [5], nachträglich eingebaut und aus Oberflächenwasser gespeist, erkennbar an der dortigen Ausbildung als Absetzbecken.

Allein mit einem Brunnen konnte man demnach die Trinkwasserversorgung der Bewohner einer Höhenburg oder Bergveste nur über einen Zeitraum von wenigen Tagen sicherstellen. Man brauchte, auch wenn man sich einschränkte, immer zusätzlich Zisternen und/oder die Zuführung von außen durch Wasserleitungen oder Wasseresel.

Da keine Regel ohne Ausnahme ist, darf die Feste **Dilsberg** [9] nicht unerwähnt bleiben. Hier gab und gibt es viel Wasser in einem großen Reservoir und die Förderhöhe war mit ca. 40 m recht gering; ideale Voraussetzungen also für die Wasserversorgung. Aber hat man deshalb auf eine Zisterne verzichtet? Kaum zu glauben, auch wenn diese heute nicht mehr nachweisbar ist.

Aufgrund der Einschränkungen, denen die diversen Möglichkeiten der Wassergewinnung auf Höhenburgen und Bergvesten unterlagen, erforderte die Versorgungssicherheit also das Nebeneinander mehrerer verschiedener Systeme. Die Versorgung der **Marburg** stützte sich beispielsweise im 15. Jahrhundert neben Zisterne und Brunnen auch auf drei Wasserleitungen. Nach 1572 kam noch eine Wasserkunst hinzu.[28] Die Vielfalt der Anlagen aber bewahrte die Burg im Winter 1637/38 nicht vor einem Totalausfall der Wasserversorgung.

26 Sächs. HStA Dresden, Finanzarchiv Loc. 35801, Augustusburg Nr. 1, S. 2b; 28. Aug. bis 22. Sept. 1651

27 Behrens, H. A. und Reimann, J., Der Regenstein, Baugeschichte und Festungszeit, Blankenburg 1992

28 Justi, K., Das Marburger Schloß, Baugeschichte einer deutschen Burg, Marburg 1942

Auf der **Dillenburg** gab es bis ins 16. Jahrhundert nur zwei hölzerne Bottiche, in denen das Oberflächenwasser gesammelt wurde. Mit dem Umbau der Burg im Jahre 1539 entstanden dann außer einer Wasserleitung vier Brunnen und zwei Zisternen.[29] Andererseits wissen wir, daß eine bedeutende Burg wie die **Wartburg** neben dem von Wassereseln beigeschafften Wasser nur eine Zisterne[30] hatte, aus der sich die Besatzung versorgen mußte.

1.3 Die Wasserversorgung im Wandel der Zeit

Die Wasserversorgung von Höhenburgen war bis zum Ende des 15. Jahrhunderts grundsätzlich kein Problem. Nur in seltenen Fällen waren sie Belagerungen ausgesetzt, und sofern die Burg nicht zugleich der Hofhaltung diente, war die Besatzung in Friedenszeiten auf das für die Hausverwaltung notwendige Personal beschränkt. Brunnen, auch wenn sie nicht sehr ergiebig waren, reichten für die Trinkwasserversorgung, die Zisternen lieferten das nötige Brauchwasser, und bei Bedarf konnte man sich auch noch extern versorgen. Herrschaftliche Hofhaltung machte schon in Hinblick auf die gewünschte Wasserqualität Beifuhren von Frischwasser oder Wasserleitungen erforderlich.

Auch zur gelegentlichen Verteidigung einer Burg waren nur wenige Männer notwendig; dafür reichten die internen Versorgungsanlagen. Eng wurde es nur, wenn die Burg als Fliehburg fungierte und plötzlich viele Menschen zu versorgen waren.

Völlig anders wurde die Situation, als infolge des Wandels der Waffentechnik die klassische Burg als Wehrbau sinnlos wurde. Die Burgenbesitzer mußten sich spätestens ab dem Ende des 15. Jahrhunderts fragen, ob sie in ihre Immobilie investieren wollten bzw. konnten. In der Folge wurden viele Burgen dem Verfall preisgegeben. Systematisch versuchten die Grafen von Württemberg sich der nicht umbaufähigen Burgen dadurch zu entledigen, daß sie verpfändete Objekte nicht wieder einlösten, andere noch schnell als Lehen vergaben oder auf sonstige Weise abstießen.[31]

Sofern man sich für die weitere Nutzung eines Standortes entschied, kamen grundsätzlich zwei Umbauvarianten in Frage: Der schloßartige Umbau oder die Aufrüstung der Höhenburg zur Bergveste. Beide Alternativen waren verbunden mit der Konsequenz, daß ständig eine weit stärkere Besatzung anwesend war. Die herrschaftliche Nutzung stellte noch höhere Anforderungen an die Wasserversorgung. Und so können wir ab dem 16. Jahrhundert eine zweite Welle des Baues und der Erweiterung von Anlagen zur Wasserversorgung beobachten.

Von den in Tabelle 1 erfaßten 49 Brunnen mit 60 Metern und mehr Tiefe sind nach dem Stand der bisherigen Recherchen nur 12 vor Ende des 15. Jahrhunderts gebaut worden. Der Schwerpunkt des Brunnenbaus liegt für diese Kategorie der tiefen Brunnen im 16. und 17. Jahrhundert, die Vertiefung vorhandener Brunnen eingeschlossen.

Wo in geringerer Tiefe Wasser zu erwarten war, hatte man schon in der Frühzeit des Burgenbaues Brunnen angelegt. Die Mehrzahl dieser Brunnen ist heute verschüttet bzw. vergessen. Als Beleg dafür, daß ihre Anzahl beträchtlich gewesen sein muß, mögen hier wieder die ruinierten Felsenburgen aus dem Gebiet der Pfalz und des Wasgaues dienen[32]. Selbst für diesen Burgentyp,

29 Piper, O., Burgenkunde, München 1895, S. 511

30 Baumgärtel, M., Die Wartburg, Berlin 1907, S. 298; Die Zisterne wurde 1845 entdeckt.

31 Maurer, H.-M., Die landesherrliche Burg in Württemberg im 15. und 16. Jahrhundert, Veröff. d. Kommission für geschichtliche Landeskunde, Reihe B, Bd. 1, Stuttgart 1958, S. 57 ff

32 Herrmann, W., a.a.O.

Tab. 1: Brunnen mit einer Tiefe von 60 Metern und mehr

Nr.	Name		Gemeinde/Kreis/Land	Tiefe	Geologie	Bauzeit
1	Regenstein	[F]	Blankenburg, Sachsen-Anhalt	197	Sandstein	?1670/1672?
2	Kyffhausen		Frankenhausen, Thüringen	176	Sandstein	1140/1180
3	Königstein	[F]	Königstein, Sachsen	152,5	Sandstein	1563/1569
4	Homberg		Homberg-Efze, Hessen	150	Basalt	1605/1613
5	Landskron		Villach, Kärnten, Österreich	150	Weißjura	1584/1594
6	Säben		Klausen, Südtirol	140	Diorit	< 1521
7	Wülzburg	[F]	Weißenburg, Bayern	ca. 140	Weißjura	1596/1602
8	Rosenau		Burzenland, Rumänien	133	Kalkstein	1633/1640
9	Augustusburg		Augustusburg, Sachsen	(130,6)	Porphyr	1568/1579
10	Spangenberg	[F]	Spangenberg, Hessen	>128	Muschelkalk	13. Jh.
11	Harburg		Harburg, Donau-Ries-Kreis, Bayern	127	Jura	Ende 16. Jh.
12	Ebernburg		Bad Münster, Rheinland-Pfalz	120	Porphyr	
13	Waldeck		Kreis Korbach, Hessen	120	Zechstein	16. Jh.
14	Heldburg		Kreis Hildburghausen, Thüringen	110	Phonolit	
15	Marienberg	[F]	Würzburg, Bayern	106	Muschelkalk	14./15. Jh.
16	Berwartstein		Erlenbach, Rheinland-Pfalz	104	Sandstein	1543/1549
17	Neuenburg		Freyburg, Sachsen-Anhalt	104	Muschelkalk	1665/1677
18	Helfenstein		Geislingen, Baden-Württemberg	100	Weißjura	14. Jh.
19	Marburg		Marburg, Hessen	98,5	Sandstein	1473/1492
20	Ronneburg		Ronneburg, Hessen	96	Basalt	13./14. Jh.
21	Rothenberg	[F]	Schnaittach, Bayern	96	Jura	um 1500
22	Lemberg		Kreis Pirmasens, Rheinland-Pfalz	94,8	Sandstein	> 1536
23	Wachsenburg		Holzhausen, Thüringen	93	Muschelkalk	1651/1659
24	Greifenstein		Heiligenstadt, Bayern	90	Weißjura	
25	Reichenberg		Rhein-Lahn-Kreis, Rheinland-Pfalz	90	Schiefer	um 1350
26	Hohenasperg	[F]	Asperg, Baden-Württemberg	88	Keuper	16. Jh.
27	Breuberg		Breuberg, Hessen	>83,5	Sandstein	1559/1568
28	Plassenburg		Kulmbach, Bayern	83	Sandstein	
29	Limburg (Kloster)		Bad Dürkheim, Rheinland-Pfalz	82,9	Sandstein	
30	Dorneck		Dornach, Schweiz	82	Weißjura	16. Jh.
31	Stolpen		Stolpen, Sachsen	82	Basalt	1607/1632
32	Leuchtenburg		Seitenroda, Thüringen	80	Muschelkalk	15. Jh; 1552
33	Starkenburg		Heppenheim, Hessen	80	Sandstein	
34	Willibaldsburg	[F]	Eichstätt, Bayern	79,1	Weißjura	1355; 1609
35	Hellenstein		Heidenheim, Baden-Württemberg	>77	Weißjura	1666/1670
36	Königsberg		Kreis Haßberge, Bayern	>76	Keuper	

Nr.	Name	Gemeinde/Kreis/Land	Tiefe	Geologie	Bauzeit
37	Karlstein	Bez. Beraun, Tschechien	76	Kalkstein	
38	Bitche [F]	Dep. Moselle, Frankreich	74	Sandstein	<1570/1680
39	Kufstein [F]	Tirol, Österreich	70	Hauptdolomit	< 1546
40	Saaleck	Bad Kösen, Sachsen-Anhalt	70	Muschelkalk	
41	Habsburg	Kanton Aargau, Schweiz	68,4	Jurakalk	11. Jh.
42	Greifenstein	Bad Blankenburg, Thüringen	68	Muschelkalk	
43	Hohengeroldseck	Kreis Offenburg, Baden-Württemberg	65	Porphyr	14. Jh.
44	Coucy, Château de	Dep. Aisne; Frankreich	64	Kalkstein	13. Jh.
45	Hohkönigsburg	Elsaß, Frankreich	62,5	Sandstein	
46	Trifels	Annweiler, Rheinland-Pfalz	62	Sandstein	1220/1230
47	Auerbach	Bensheim, Hessen	62	Granitoide	
48	Lichtenberg	Lichtenberg, Niedersachsen	60,7	Muschelkalk	13. Jh.
49	Heidecksburg	Rudolstadt, Thüringen	60	Muschelkalk	15. Jh.

[F] = Festung; Bauzeit von/bis bzw. 1.BA;2.BA — Stand 03.04.08

Die Tabelle 1 enthält die – nach dem momentanen Kenntnisstand – 39 tiefsten Brunnen auf dem Gebiet der Bundesrepublik Deutschland. Zu Vergleichszwecken sind weitere 10 tiefe Brunnen aus Südtirol, Österreich, der Schweiz, Frankreich, Tschechien und Rumänien aufgeführt. Mit dieser Zusammenstellung soll kein Anspruch auf Vollständigkeit und Endgültigkeit erhoben werden. Das Interesse an den tiefen Brunnen nimmt zu und täglich können sich neue Erkenntnisse auftun. So maß z. B. der Brunnen der Burg **Pappenheim** zunächst nur 37 m. Während der Beräumung ab Herbst 2006 wurden bis März 2008 weitere 12 m freigelegt. Erst nach Fortführung der Arbeiten werden wir erfahren, ob die vermutete Tiefe von 70 m richtig ist. Der Brunnen der **Saarburg** soll von *unglaublicher Tiefe* gewesen sein. Genaueres weiß man bis heute nicht. Für die **Schwarzburg** in Thüringen wird im Jahre 1548 ein Schachtbrunnen erwähnt, der im Jahre 1664 auf 74 m vertieft worden sein soll. Der Brunnen aber wurde bis heute nicht gefunden.
Die Angaben zur Geologie sind aus der jeweils zugehörigen Literatur übernommen. Sie sollen Orientierunghilfe sein bei der Einschätzung des Schwierigkeitsgrades beim Bau.

Anmerkungen zu

[1] 1858 auf Weisung des Halberstädter Bauamtes zugeschüttet
[2] 1934–1936 geräumt
[4] 1997–2001 geräumt
[5] heute verschüttet
[7] Die Restberäumung war bei Redaktionsschluss noch nicht abgeschlossen
[8] Tiefe gem. Protokoll vom 12. Juli 1640; 1891 wurden noch 98 m gemessen; Räumung 2004 begonnen. Die Bauzeit wurde aus den Abrechnungen zurückgerechnet und korrigiert die bisherige Lesart.
[9] Tiefe des bergmännischen Schachtes rd. 126 m. Nachträglich wurde eine ca. 4 m hohe Verlängerung zum Zwischengeschoß des Brunnenhauses aufgemauert.
[11] um 1950 bei Straßenbausprengung zerstört
[15] Tiefe gem. Angabe des Staatsarchivdirektors Paul Glück, 1938
[19] 1880 geräumt; aktuelle Tiefe 89,65 m
[21] 1724 zum Festungsbrunnen ausgebaut
[22] 1993–1995 geräumt
[31] 1884 geräumt
[35] Januar 2008 nur noch 52,35 m tief
[36] 1716 abgedeckt, nach 1921 freigelegt
[42] 1920 geräumt, danach verschüttet, erneute Räumung geplant
[43] heute nur noch 32 m tief
[46] Über dem 62 m tiefen Schacht wurde ein fast 20 m hoher Brunnenturm aufgemauert.
[47] 1937 geräumt
[48] 1957 gemessen, heute nur noch 57 m tief.
[49] 1969–1971 geräumt

Abb. 9 Die Belagerung der Schattenburg, Schwäbische Chronik 1486

der hier mit insgesamt 36 Exemplaren vertreten ist, sind heute noch 14 Brunnen nachweisbar. Wenn die Zweifelsfälle geklärt werden könnten, wären es möglicherweise gar 17 von 36.

Auf Bergvesten wurden ab dem 16. Jahrhundert auch wieder vermehrt Wasserleitungen gebaut, um dem gestiegenen Wasserbedarf Rechnung zu tragen. Wohl wissend, daß diese Anlagen nur in Friedenszeiten zur sicheren Versorgung geeignet waren, ging man vielerorts sogar noch einen Schritt weiter und baute die sogenannten Wasserkünste, um Wasser aus tiefer gelegenen Fließgewässern auf den Berg zu pumpen. Es mag sein, daß der Wunsch, einen repräsentativen Laufbrunnen im Burghof zeigen zu können, in vielen Fällen der eigentliche Vater des Gedankens gewesen ist, was aber nichts am praktischen Nutzen solcher Einrichtungen änderte. Burgenbau war seit alters her in vieler Hinsicht auch ein Spiegel der Eitelkeiten.

Beispiele für solche technisch aufwendigen und damit reparaturanfälligen Anlagen sind die Burg **Breuberg**, auf die wir im folgenden näher eingehen werden, und die Burg **Stolpen**, wo zwischen 1560 und 1563 eine Wasserkunst entstand. (Abb. 10) Von der *Kunst beym Schlosse ging ein eisernes*

Abb. 10 Die Wasserkunst der Burg Stolpen

gestenge hinunter ins Kunsthaus, 972 Ellen langk.[33] Im Jahre 1632 wurde die Anlage von Kroaten demoliert, 1639 von Schweden zerstört, wieder aufgebaut und 1756 durch preußische Husaren vollständig ruiniert. Ein Ausnahmefall ist wohl die Wasserkunst des Schlosses **Marburg** (Abb. 12), die mit Unterbrechungen von 1572 bis Ende des 19. Jahrhunderts in Betrieb gehalten wurde.[34]

Die oben skizzierten Veränderungen der Anforderungen an die Wasserversorgung lassen sich beispielhaft belegen durch die vergleichende Betrachtung von vier Höhenburgen des nördlichen Odenwaldes. Die Burgen **Breuberg, Lichtenberg, Otzberg** und **Reichenberg** liegen so nahe beieinander, daß man über die Verhältnisse und Vorhaben der jeweiligen Nachbarn sicher gut informiert war. Die weiteste Entfernung zwischen zwei Burgen beträgt ca. 15 km.

Gemeinsam sind diesen Burgen die annähernd gleichen Standortbedingungen, der Zeitraum der Ersterwähnung, der auf annähernd gleiche Gründungszeiten schließen läßt, und die Zeit des großen Umbaues. Die Grundform der Kernburgen ist in allen Fällen ebenfalls fast identisch; sie unterscheiden sich aber deutlich hinsichtlich ihrer Größe. Und während die Burgen Breuberg und Reichenberg isoliert auf ihrem jeweiligen Berggipfel liegen, wurden Lichtenberg und Otzberg jeweils ergänzt durch hangseitig anschließende Vorburgen in Form kleiner Burgsiedlungen. In allen Fällen ist die Bausubstanz einschließlich wesentlicher Teile der Anlagen zur Wasserversorgung heute noch weitgehend erhalten bzw. rekonstruierbar.

1.3.1 Burg Breuberg

Die Ersterwähnung der Burg geht mit Conrad Reiz von Breuberg auf das Jahr 1222 zurück. Bergfried und romanisches Burgtor aber sind älter. Bereits im Jahre 1323 erlosch das Geschlecht der Breuberger, und es folgte eine Zeit der Besitzaufsplitterung. Nachdem Graf Michael II. von Wertheim Alleinherr von Burg und Herrschaft Breuberg geworden war, begann 1497 der große Umbau zur landesfürstlichen Festung und Residenz. (Abb. 11)

Im Jahre 1556 starben auch die Wertheimer im Mannesstamm aus, und die Burg wurde zwischen den Grafen von Erbach und denen von Stolberg-Königstein geteilt; ab 1598 begann die Gemeinherrschaft der Grafen von Erbach und der Grafen von Löwenstein.

33 Meiche, A., Historisch-Topographische Beschreibung der Amtshauptmannschaft Pirna, Dresden 1927

34 Justi, a.a.O., S. 122

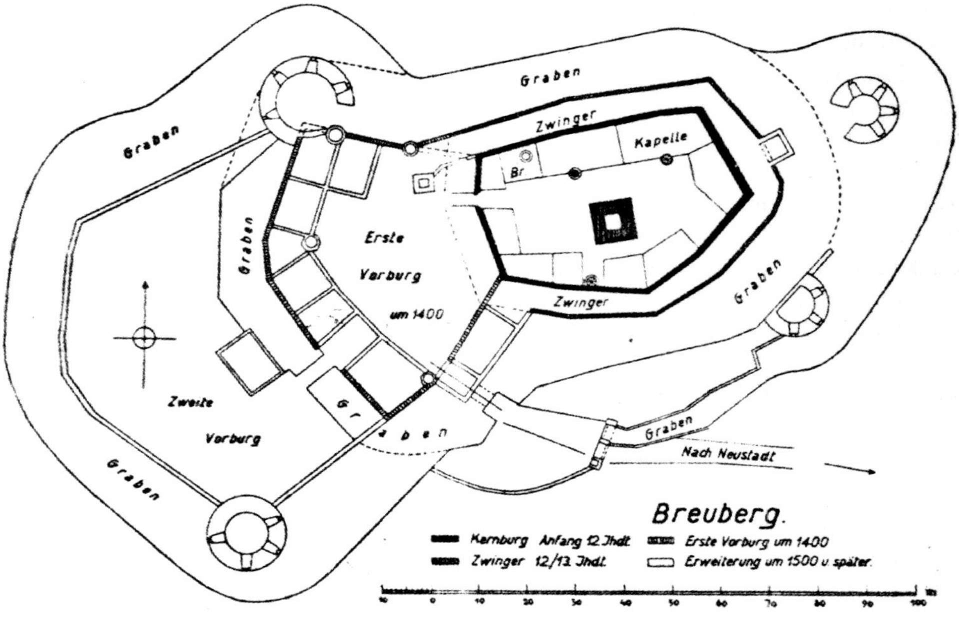

Abb. 11 Grundriß der Burg Breuberg

Nördlich des Breubergs, etwa 100 Höhenmeter unterhalb des Burghofes, gibt es eine Quelle im *Brunnenacker*[35] am Wolferhof, von der aus der *Eselsweg* hinauf zur Burg führt. Die Wasseresel tauchen zwar erst in Rechnungen von 1428/29 auf, wir gehen aber davon aus, daß diese Quelle von Baubeginn an genutzt wurde. Und sie blieb – wie wir sehen werden – das eigentliche Rückgrat der Wasserversorgung. Sie ist heute gefaßt und dient der Eigenversorgung des Hofes. Noch im 20. Jahrhundert speiste sie zudem einen Hochbehälter im Bergfried der Burg.

In einer Teilungsurkunde von 1357 ist eine Zisterne belegt, die Gemeineigentum bleiben sollte.[36] Die Lage dieser Zisterne wurde lange an der Stelle der späteren Brunnenhalle vermutet, da hier der tiefste Punkt des Burghofes war. Beim Bau einer Klärgrube aber stieß man im Jahre 1955 im Burghof am Kapellenerker auf die Reste einer Zisterne mit eingestelltem Schacht.[37]

Eine weitere Zisterne befindet sich im sogenannten Fuchsgraben, der bei der Erweiterung der Burganlage in der ersten Hälfte des 16. Jahrhunderts zum Blindgraben geworden war. *In seinem nördlichen Teil befindet sich eine geräumige glattgefugte Zisterne, die durch eine Quellenleitung von einer Anhöhe nördlich des Breuberges gespeist worden sein soll.*[38] Diese Wasserleitung war bereits im Jahre 1893 in Verbindung gebracht worden[39] mit einer nordwestlich des Breubergs gelegenen Anhöhe, auf der man römische Siedlungsreste gefunden hatte. Die Höhenlage der Quelle reichte nicht aus, um das Wasser im natürlichen Gefälle in den Burghof zu leiten. Der Fuchsgraben aber lag um so viel tiefer, daß eine ca. 2.500 m lange Gefälleleitung gerade noch

35 Blumöhr, Fr. P., Die Flurnamen von Neustadt im Odenwald, Marburg 1939, S. 41

36 Aschbach, J., Geschichte der Grafen von Wertheim, 2. Teil, Frankfurt 1843; Nr. LXXXXIV

37 Röder, A., Zisterne auf der Burg Breuberg gefunden, in: Der Odenwald, 4/1955, S. 123 f

38 Röder, A., Übersicht über die Baugeschichte, in: Burg Breuberg im Odenwald, Hrsg. Breuberg-Bund, 7. Aufl. 1996

39 Giess, H., Schloß Breuberg im Odenwald, Heppenheim 1893, S. 29

funktionieren konnte. Aufgrund der geschichtlichen Ereignisse gehen wir davon aus, daß diese Wasserleitung nur bis zum Jahre 1637 in Betrieb war.

Aus einem Teilungsvertrag von 1556 ergibt sich, daß ein Brunnen im Altbau am inneren Tor vorhanden war.[40] Wie dieser „Brunnen“ ausgesehen hat, wissen wir nicht. Wahrscheinlich aber war damit nur ein als Zisterne genutzter Schacht gemeint, der zwischenzeitlich als Ersatz für die Zisterne im Burghof gebaut worden war; denn erst im Jahre 1560 treffen die neuen Herren der Burg eine Vereinbarung, *den* (1559) *angefangenen Brunnen vollends ausmachen zu lassen*[41]. Der Brunnen soll 85 m tief gewesen sein, mißt heute aber nur 83,5 m.

Da der Brunnen bereits bald nach seiner Fertigstellung nicht mehr genügend Wasser lieferte, um zusammen mit den Wassereseln eine ausreichende Versorgung der Burgbesatzung sicherzustellen, *wurde im 17. Jahrhundert eine Leitung aus dem Mühlhäuser Tal hergestellt, deren Wasser durch ein an der Mümling angebrachtes Druckwerk*[42] in die ca. 150 m höher liegende Burg befördert wurde. Es handelte sich also um eine sogenannte Wasserkunst.

An dem im Mühlhäuser Tal fließenden Bach lagen mehrere Hammermühlen, so daß man ein oberhalb gelegenes Quellgebiet über eine 2.800 m lange Wasserleitung mit dem Pumpwerk verbinden mußte. Das Pumpwerk selbst steht wohl im Zusammenhang mit dem Bau der Wolfermühle im Jahre 1624. Teile der gußeisernen Druckleitung fand man am Berghang und 1862 noch neben dem Bergfried.

Eine Vorstellung davon, wie ein solches Pumpwerk ausgesehen haben könnte, vermittelt die Darstellung der Anlage, mit deren Hilfe im Jahre 1583 das Wasser der Lahn 114 m hoch in das Schloß *Marburg* gedrückt wurde. (Abb. 12)

Das im zweiten Weltkrieg untergegangene Erbacher Archiv enthielt eine Akte über die *Unterhaltung des Springbrunnens auf dem Breuberg* in den Jahren 1626–1667. Die Wasserleitung wurde zwar 1675 durch französische Soldaten zerstört, aber offensichtlich wieder instandgesetzt. Eine Steintafel, die im Burgmuseum aufbewahrt wird, deutet darauf hin, daß der Laufbrunnen mit Unterbrechungen noch bis etwa 1720 funktioniert hat. Von nun an war man wieder auf die Wasseresel angewiesen, da auch der Brunnen zwischenzeitlich verkommen war.

Vom 9. Juni 1781 datiert ein Bericht, der die Armseligkeit der Wasserversorgung auf der Burg Breuberg deutlich macht: *Durch eine außerordentliche dürre Witterung, die fast ein gantzes Viertel Jahr hindurch angefallen, ist alles Waßer dahier gäntzlich ausgetrocknet, so das sogar an der hiesigen Weed gar kein Waßer mehr vorhanden ware. Die Unterthanen weigern sich, täglich Waßer in der Frohnd anhero zu führen, weilen Sie zur Unterhaltung deren Waßer-Eslen das gewöhnliche Eseln-Heu geben müßen, und die 3. hiesige WaßerEßeln sind nicht im Stand, ohne zu grund gerichtet zu werden, das nöthige viele Waßer vor die hiesige Leuthe, und viele Viehe herauf zu tragen.*[43]

Als Rettung aus dieser Notlage wurden die *Reinigung und Wiederherstellung des schon Lang verfallenen tiefen Schloß Bronnens* gesehen. Die Hofkammer genehmigte den Voranschlag für die notwendigen Arbeiten über 150 Gulden, zumal man hoffte, daß *dadurch ein Waßer-Esel entbährlich würde, und mit 2. Eßlen die nöthige Herbeyschaffung des Waßers bestritten werden könnte.* Die Hoffnungen erweisen sich als Trugschluß. Bis zum Jahre 1840 wurde das notwendige Wasser mit Eseln auf die Burg geschafft.

40 Aschbach, a.a.O., Nr. CCXXXVI
41 StA Darmstadt, F 21 B, Nr. 344/12
42 Bronner, C., Odenwaldburgen, Groß-Umstadt 1924, S. 40 f
43 StA Wertheim, R 5 b, Nr. 82
44 Bronner, a.a.O., S. 20

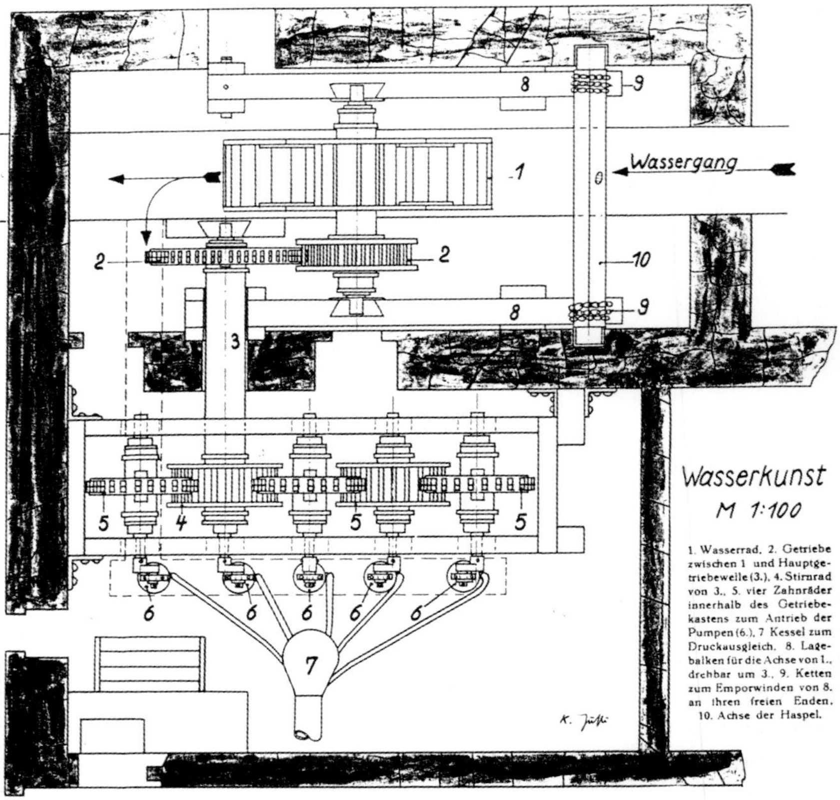

Abb. 12 Das Pumpwerk der Marburger Wasserkunst, 1583

Die Burg Breuberg, *eine der schönsten des Hessenlandes, die größte und kunstgeschichtlich interessanteste des nördlichen Odenwaldes*[44], *die uns ein schönes Beispiel gibt, wie der Burgenbau sich vom 12. bis zum 17. Jahrhundert allmählich entwickelte*[45], hatte eine Wasserversorgung, die wohl nur während der kurzen Phase der funktionsfähigen Wasserkunst einigermaßen auskömmlich gewesen sein dürfte.

1.3.2 Schloß Lichtenberg

Die Ersterwähnung der Burg geht auf das Jahr 1228 zurück. Nach dem Aussterben der Grafen von Katzenelnbogen, der Erbauer der Burg, kam die Anlage an die Landgrafen von Hessen. Landgraf Georg I. ließ in den Jahren von 1570 bis 1580 darauf ein Schloß erbauen, das in den folgenden Jahrhunderten in hessischem Besitz blieb.

Etwa 40 Höhenmeter unterhalb des Burghofes gibt es eine Quelle, *Eselsbrunnen* genannt[46], von wo aus seit Anbeginn regelmäßig Wasser auf die Burg transportiert wurde. Der Eselspfad führte durch das 1855 abgebrochene Tor der einstigen Vorburg hinauf in den Burghof.

45 Möller, W., Burgenkunde für das Odenwaldgebiet, Mainz 1938, S. 39

46 Hessisches Landesvermessungsamt, Topographische Karte 1:25.000, Blatt 6218

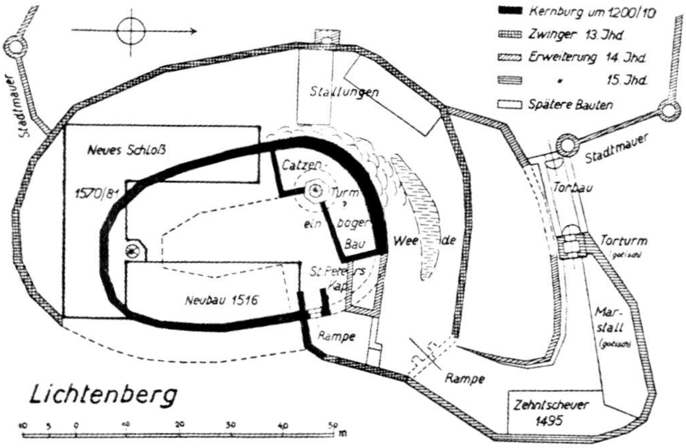

Abb. 13 Grundriß von Schloß Lichtenberg

Eine Zisterne ist nicht überliefert, dürfte aber in der Burg vorhanden gewesen sein. Durch den weitgehenden Abriß der Burg und deren Überformung im Zuge des Schloßbaues ist die Kenntnis über ihre Beschaffenheit und Lage verloren gegangen.

Ein Brunnen befindet sich wenige Meter vor dem Burgtor in der sogenannten Burgfreiheit, einer kleinen Burgsiedlung, die als Vorburg diente. Er soll im 15. Jahrhundert entstanden und 52 m tief sein. Heute mißt er 42,8 m. Das Wasser stand im Oktober 2006 mit 15 m unter dem Brunnenkranz erstaunlich hoch. Die Wassersäule von 27,8 m dürfte wesentlich durch die Einleitung von Oberflächenwasser bedingt sein. Nachweislich hatte der Brunnen zwar immer genügend Wasser, dessen Qualität aber wurde ständig beklagt. Mit dem Einzug der landgräflichen Familie in das Schloß konnte diese Art der Wasserversorgung nicht mehr genügen.

In der Schlußphase des Umbaues begann man mit der Planung einer Wasserleitung. Im Frühjahr 1577 suchte *meister Philipsen* acht Wochen und einen Tag in der Umgebung Lichtenbergs nach einer geeigneten Quelle. Er fand sie schließlich in der heutigen Gemarkung Lützelbach.[47] Der sogenannte *Lichtenberger Brunnen*[48] liegt in einer Höhe von ca. 340 m südwestlich der Burg in einer (Luftlinien-)Entfernung von rd. 3.800 m. Damit stand für den Bau der Wasserleitung ein theoretisches Gefälle von gut 1,5 % zur Verfügung, ausreichend trotz der Reibungsverluste in den verwendeten hölzernen Deichelrohren und von den Druckverhältnissen her beherrschbar. Die Wasserleitung endete nach Fertigstellung im Schloßhof als Laufbrunnen in einer großen steinernen *Brunnenbütte.*

In Lichtenberg erzählte man früher, das Wasser des Brunnens sei nur drei Tage gelaufen. Tatsächlich ergaben sich sehr bald nach der Vollendung des Schlosses die ersten Schwierigkeiten für die Wasserzufuhr, wie die Rechnungen ausweisen. Rund 50 Jahre später, im 30jährigen Krieg, war [die Wasserleitung] *überhaupt nicht zu benutzen.*[49] Aber da man die Leitung brauchte, wurde sie immer wieder instand gesetzt. Trotz des ständigen Reparaturbedarfs wurde sie über 120 Jahre, bis 1701, in Betrieb gehalten.

47 Weber, H.H., Schloß Lichtenberg im Odenwald, Schriftenreihe des Museums Schloß Lichtenberg, Nr. 4, S. 45

48 Hessisches Landesvermessungsamt, Topographische Karte 1:25.000, Blatt 6218

49 Weber, a.a.O., S. 46

In den folgenden 150 Jahren war die Wasserversorgung auf Schloß Lichtenberg, das ab etwa 1740 seine Bedeutung als fürstlicher Aufenthaltsort verlor, notleidend. Im Jahre 1845 wird berichtet: *Im Hofe ist noch das Brunnenbütte von Stein, in welchem vor langen Jahren das Wasser sprang ... Die Leitung existiert nicht mehr. Jetzt muß das Trinkwasser aus einem im Felde gelegenen Brunnen* [gemeint ist der Eselsbrunnen], *der nach jedem Regen trübes Wasser hat, geholt werden.*[50]

Nachdem im Jahre 1850 auch noch der tiefe Brunnen, aus dem sich zwischenzeitlich die Dorfbewohner versorgten, mit Brandschutt gefüllt war, erinnerte man sich eines Vorschlages von vor fast 100 Jahren und untersuchte die Schüttung der nahegelegenen Quelle an der Hütte Kernbach. Sie wurde zunächst für genügend befunden, trocknete dann aber im nächsten Sommer aus. Erst 1890/91 baute man eine neue Wasserleitung von der alten Lützelbacher Quelle her, die Dorf und Schloß versorgte. Der Lichtenberger Wasserbehälter wird noch heute aus dieser Quelle gespeist.

Die Wasserversorgung von Burg und Schloß Lichtenberg war – von der Zeit des 30jährigen Krieges abgesehen – den jeweiligen Bedürfnissen entsprechend ausreichend, wenngleich die Qualität insbesondere des Brunnenwassers zu wünschen übrig ließ. So klagt der Lichtenberger Amtmann 1639, daß *das Waßer ... zum Kochen undienlich* sei.[51] Die örtlichen Bedingungen für den Bau einer Wasserleitung aber waren geradezu ideal. Die Verwendung von Holzrohren allein war ausschlaggebend für den ständigen Reparaturbedarf, verbunden mit nicht unerheblichen laufenden Unterhaltskosten.

1.3.3 Veste Otzberg

Die Ersterwähnung der Burg Otzberg geht auf das Jahr 1231 zurück. Nachdem das Kloster Fulda die Burg 1390 an den Kurfürsten von der Pfalz verkauft hatte, diente die Burg als Militärstützpunkt. Ab 1507 begann die bauliche Anpassung an die Anforderungen der modernen Waffentechnik. Ein Kanonenwall wurde um die Burg gelegt, im Burghof entstanden Kasernenbauten. Dieser Ausbau, der im Jahre 1583 abgeschlossen war, erhielt sich praktisch unverändert bis zum Ende der Nutzung im Jahre 1818.

Am Nordhang des Otzberges finden sich einige Quellen[52], die in der Vergangenheit wohl auch als Viehtränken genutzt worden sind, zur Versorgung der Soldaten auf der Burg aber nichts beitragen konnten. Eine Quelle ca. 900 m südlich des Berges, die heute Teil der örtlichen Wasserversorgung ist, führte den Namen *Waschbrunnen*. Der Name[53] deutet ebenfalls auf eine ehemalige Viehtränke hin.

Im Burghof ist eine Zisterne mit mittig eingestelltem Ziehbrunnen vorhanden. Ob sie erst im Zuge des Umbaues entstanden ist, oder ob es möglicherweise einen Vorgängerbau an anderer Stelle gegeben hat, konnte bisher nicht abschließend geklärt werden. Gleiches gilt für das Volumen des unterirdischen Hohlkörpers, der im Zuge von Tiefbaumaßnahmen des 20. Jahrhunderts zerstört wurde.

Der 50 m tiefe Brunnen (Abb. 14, A) wurde bereits um 1350 gebaut. Die Ausmauerung des Schachtes mußte in der Mitte des 16. Jahrhunderts erneuert werden. Er diente bis ins 19. Jahrhundert der Versorgung der Garnison und wurde bis ins 20. Jahrhundert hinein von Forstbeamten genutzt. Die Schüttung des Brunnens ist heute starken Schwankungen unterworfen.

50 Weber, a.a.O., S. 109
51 Weber, a.a.O., S. 94
52 Hessisches Landesvermessungsamt, Topographische Karte 1:25.000, Blatt 6119
53 Großkopf, G., Die Namen der Gemarkungen Ober- und Nieder-Klingen, Nd/Ob-Klingen 1994

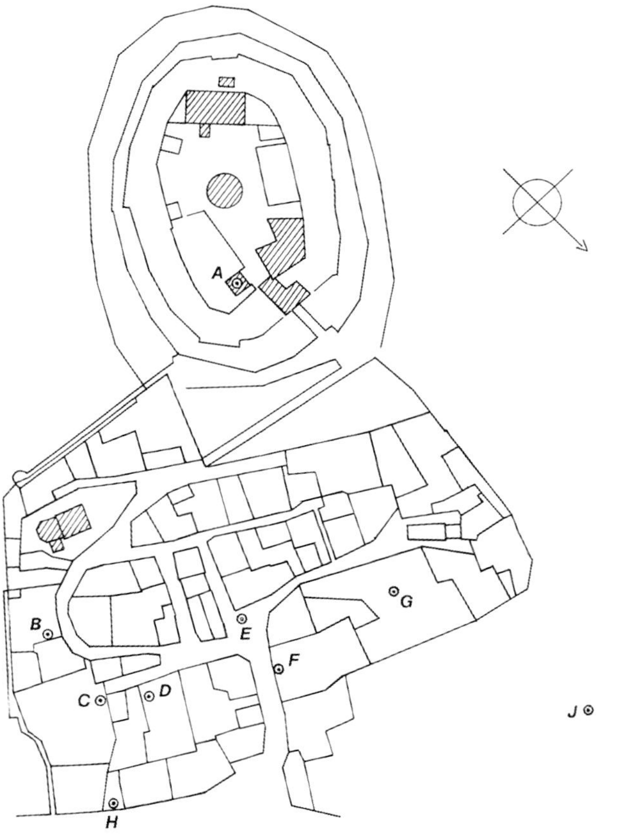

Abb. 14 Grundriß der Veste Otzberg mit Brunnen der Vorburg

Spuren im Brunnenschacht belegen, daß das Wasser in früheren Zeiten bis zu 10 m hoch im Schacht gestanden ist. Noch aus dem Jahre 1913 sind solche Wasserstände überliefert.[54] Für die Wasserstandsänderungen sind wohl gleich mehrere Faktoren mitverantwortlich: Der negative Einfluß des im letzten Jahrhundert an den Berghängen entstandenen Baumbestandes auf das Grundwasser wurde eingangs bereits beschrieben. Hinzu kam der Einfluß der Kanalisation, die Mitte des 20. Jahrhunderts bis hinauf auf die Burg gelegt wurde. Die mit Sand verfüllten Gräben wirken wie eine Drainage. Und da der Brunnen sein Wasser aus einem Sickertrichter bezieht, wird auch die konsequente Oberflächenbefestigung in der nördlich am Hang liegenden ehemaligen Vorburg ihren Beitrag leisten.

Diese Vorburg – bereits 1322 als *suburbium* erwähnt – war eine kleine Burgsiedlung. Während die Burg zunächst nur als Fliehburg diente, wurden die notwendigen Wohn- und Nebengebäude im tiefsten Bereich der Vorburg errichtet, da man hier bereits nach wenigen Metern genügend Wasser fand. Die noch erhaltenen alten Schächte (Abb. 14, B-G) sind zwischen 12 und 16 m tief und enden damit auf etwa dem gleichen Niveau wie der Schacht des Burgbrunnens.

54 Schuster, Fr., Der Otzberg und seine Geschichte; in: Neue Heimat, Groß-Umstadt 1913

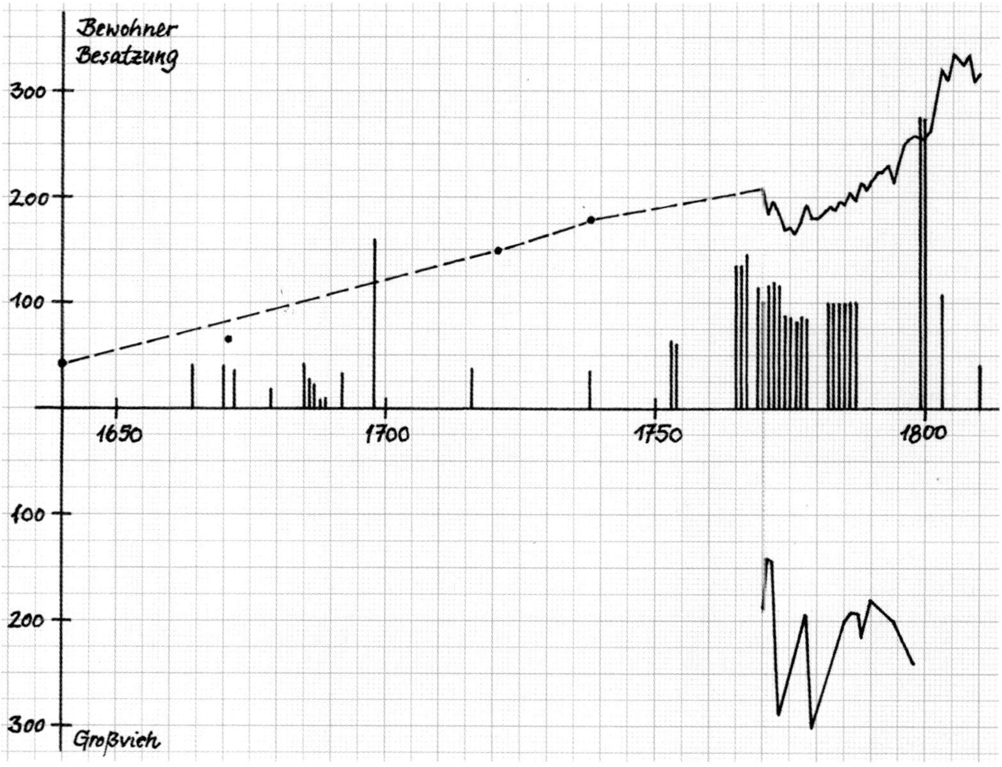

Abb. 15 Versorgungsumfang der Veste Otzberg

Die Brunnen in der ehemaligen Vorburg führen auch heute noch reichlich Wasser. Inwieweit sie nach dem Umbau zur Versorgung der Burgbesatzung mit herangezogen wurden, ist nicht überliefert. Außerhalb der Vorburg im Haag liegen zwei weitere Brunnen (Abb. 14, H und J).

Erwähnt werden muß, daß auch im Falle Otzberg ca. 400 m nordöstlich der Burg eine ergiebige Quelle vorhanden ist, die nur wenige Höhenmeter unterhalb der Sohle aller Brunnen in Burg und Vorburg liegt. Im Gegensatz zum Breuberg aber legte sie die Brunnen nicht trocken, da diese sich aus dem Sickerwasser des Basaltkegels speisten und nicht aus einem Stauwasserhorizont (vergleiche Abb. 7). Über die frühere Nutzung dieses sogenannten *Lochbrunnens*, der in der ersten topographischen Karte[55] von 1889 sogar noch mit dem Symbol eines Ziehbrunnens gekennzeichnet wurde, ist leider nichts bekannt. Die alten Flurnamen liefern keinen Hinweis auf den Einsatz von Wassereseln.

Der Bau einer Wasserleitung wurde im Falle der Bergveste Otzberg nie erwogen. In der näheren und weiteren Umgebung fehlten die topographischen Voraussetzungen dafür, um Wasser auf den 368 m hohen Berg zu leiten. Zum anderen wäre eine Wasserleitung für eine wenig bedeutsame Militärstation ein unvorstellbarer Luxus gewesen. Die bereitgestellten Baugelder reichten kaum, um den Bestand zu erhalten.

55 Hessisches Landesvermessungsamt, Nachdruck der TK 1:25.000 von 1889

Für die mittelalterliche Burg Otzberg war die Wasserversorgung, basierend auf Zisterne und Burgbrunnen sowie auf den Brunnen der Vorburg, mehr als ausreichend. Von Belagerungen gibt es keine Überlieferung aus dieser Zeit. Ohne die Brunnen in der Vorburg aber hätte die Geschichte der Burg sicher einen anderen Verlauf genommen.

Die Wasserversorgung wurde erstmals auf die Probe gestellt, lange nachdem der Umbau der Burg zur Bergveste erfolgt war. Als 1621 die Bewohner der Umgebung mit Hab und Gut vor den kaiserlichen Truppen auf die Veste geflüchtet waren, dauerte es zwei Winter-Monate, bis man aufgeben mußte. Während dieser Zeit lagen die Kaiserlichen rund um die Burg im Quartier und warteten geduldig, bis oben das Wasser ausging.

Die eigentliche Bewährungsprobe des Wasserversorgungs-Systems aber fand erst 200 Jahre nach seiner Fertigstellung statt (Abb. 15). In der zweiten Hälfte des 18. Jahrhunderts ging es um die Dauerversorgung der Veste als Garnison mit etwa 100 Mann Besatzung sowie der inzwischen überwiegend bäuerlich genutzten Vorburg mit rd. 200 Bewohnern und mit rd. 200 Stück Großvieh (Rinder und Schweine; wenige Pferde). Während dieses Zeitraumes wurden ständig etwa 1.500 Liter Trinkwasser pro Tag für die Menschen gebraucht. Das Vieh war tagsüber zwar draußen in der Obhut der Hirten, abends aber wurde es in die Ställe der Vorburg eingestellt, womit auch ein gewisser Wasserbedarf einherging.

Es gibt keine schriftlichen Belege über Wassermangel. Wir können aber davon ausgehen, daß Wasser in Burg und Vorburg während dieser Zeit stets ein knappes Gut war.

1.3.4 Burg Reichenberg

Die Tatsache, daß die Burg Reichenberg erst im Jahre 1307 urkundlich erwähnt wird, sagt nichts über den Baubeginn. Sie dürfte im gleichen Zeitraum entstanden sein wie Breuberg, Lichtenberg und Otzberg. Urkunden stehen in dieser Zeit grundsätzlich in Zusammenhang mit Rechtsgeschäften wie Kauf, Verkauf, Teilung, Erbfall oder Belehnung; hier aber waren die Besitzverhältnisse von Anbeginn unstrittig, so daß keine Urkunden ausgestellt werden mußten.

Die Burg Reichenberg, zur Zeit ihrer Ersterwähnung im Besitz der Schenken von Erbach, blieb über die Jahrhunderte einer der Wohnsitze dieses Geschlechtes. Welche Mitglieder der Familie wann hier residierten, ist aber weitgehend ungeklärt. Bauakten zu dieser Burg fehlen, und so kann die Zeit des großen Umbaues zu einer kleinen Festung bzw. einer bescheidenen Residenz sich nur an den wenigen Jahreszahlen orientieren, die auf Bauteilen erhalten sind. Daraus ergibt sich, daß die Arbeiten in der Zeit zwischen 1554 und 1567 zu ihrem Ende kamen.

Nur 500 m nördlich der Burg gibt es eine Quelle, *Ratzenbrunnen* genannt, von der aus der Eselsweg auf die Burg noch heute nachweisbar ist. Diese Quelle liegt ca. 60 Höhenmeter unterhalb des Burghofes. Daß schriftliche Überlieferungen zur Nutzung dieser Quelle fehlen, paßt in die Urkundenlage zu dieser Burg.

Im Burghof wurde bereits im Jahre 1925 eine Zisterne entdeckt, die 2006 teilweise geräumt und untersucht werden konnte.[56] Es handelt sich um eine fast komplett erhaltene Tankzisterne, die bereits vor dem Umbau existiert hat. Ihr unterirdischer Hohlraum reicht bis unter den benachbarten Küchenbau, der Teil des großen Umbaues war.

56 Gleue, A.W., Die Tankzisterne auf Schloß Reichenberg, in: Der Odenwald, Zeitschrift des Breuberg-Bundes, 1/2008, S. 28–32

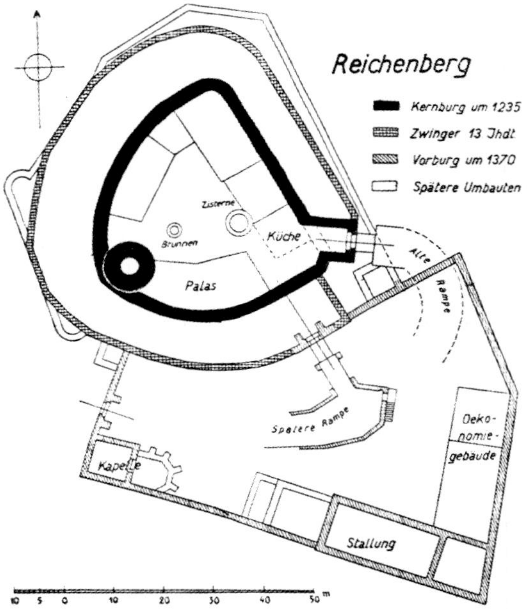

Abb. 16 Grundriß der Burg Reichenberg

Der Reichenberger Brunnen steht wie ein Schaustück an der höchsten Stelle des Burghofes. Die dekorative Ausformung des steinernen Brunnenkranzes läßt vermuten, daß der Brunnen keine schützende Überdachung hatte. Seine Fertigstellung könnte im Zusammenhang stehen mit der Jahreszahl 1557, die sich auf dem steinernen Joch über dem Brunnenkranz befindet. Seine Tiefe wurde im August 2006 mit nur 17 m gemessen, soll aber 27 m betragen haben. Der Wasserstand erreichte die Höhe von 11,5 m unterhalb der Oberkante des Brunnenkranzes. Dieser Sachverhalt muß trotz angeschlossener Dachflächenentwässerung stutzig machen und legt zunächst die Vermutung nahe, daß der Brunnen in Wirklichkeit eine Schachtzisterne ist. Nach Größe und Ausformung des 312 m hohen Burgberges sowie der Lage des Ratzenbrunnens würde man erwarten, daß die Wasser führende Schicht in einer Tiefe um 50 m liegt. Klären läßt sich der Sachverhalt erst nach Räumung des Schachtes.

Von einer Wasserleitung erfahren wir aus einem Eintrag des Reichenbacher Pfarrers[57] im Jahre 1613. *Diesen Frühling hat man … einen Bronnen bei Eberbach am Berg gefasst und mehrenteils in eisernen Teucheln aufs Schloß* [Reichenberg] *geleitet, weils Herrn Grafen Fritzen Frau Gemahlin Sitz sein sollen.* Die zugehörige Quelle, die heute der Versorgung der landwirtschaftlichen Einzelhöfe dient, liegt am Westhang des Eberbachtales an einem Flurstück, welches noch 1850 unter der Bezeichnung „Neben der Brunnenstube" geführt wurde.

Mit ca. 330 m ü. NN liegt diese Quelle fast 20 m höher als die Burg, die Luftlinienentfernung zur Burg beträgt rd. 1.900 m. Die Leitung mußte zunächst eine Absturzhöhe von 125 m hinab zum Eberbach verkraften, um anschließend wieder um gut 100 m anzusteigen. Diese Tal- und Bergfahrt muß einen Leitungsdruck von bis zu 15 bar bewirkt haben.[58] Aus der Erfahrung

57 Kunz und Lizalek, a.a.O., Abs. 436

58 Der Einspeisungsdruck in heutige Wasserleitungen liegt bei 4 bis 5 bar.

wußte man, daß eine Leitung aus den allgemein üblichen hölzernen Deichelrohren in diesem Falle kaum geeignet war. Man wählte daher – wenn wir der Eintragung des Pfarrers glauben dürfen – gußeiserne Rohre. Aber auch die werden den Belastungen nicht lange standgehalten haben. Schon Vitruvius hatte sich eingehend mit der Problematik solcher Leitungsführungen beschäftigt[59], und so geht sicher zu Recht die Sage, die Wasserleitung zum Schloß habe die Inbetriebnahme nicht überlebt.[60] Frisches Trinkwasser mußten die Esel nach wie vor vom nahen Ratzenbrunnen auf die Burg tragen.

Wir wissen wenig über die Nutzung von Burg und Schloß Reichenberg. Es mag sein, daß die mangelhafte Wasserversorgung eine längerfristige Wohnnutzung gar nicht möglich machte. Nach dem Versagen der Wasserleitung verkam das kleine Bergschloß vollends zur Bedeutungslosigkeit, weil die Familie der Erbacher keinen dauerhaften Bedarf mehr für den Reichenberg hatte.

Zusammenfassend bleibt festzustellen, daß die Entwicklung der Wasserversorgung auf den von der jeweiligen Landesherrschaft genutzten Burgen Breuberg, Lichtenberg und Reichenberg trotz unterschiedlicher Größe und Nutzungsintensität durchaus vergleichbar war. Alle zu Gebote stehenden Möglichkeiten wurden ausprobiert bzw. ausgeschöpft. Die Erfolge der Bemühungen, die Anlagen ausreichend mit Wasser zu versorgen, aber waren sehr unterschiedlich. In allen Fällen haben sich letztlich allein die Quellen, die man seit Alters her genutzt hatte, als dauerhafte und zuverlässige Teile des Versorgungssystems erwiesen.

Bei der Burg Otzberg, die auch nach dem Umbau zur Bergveste zu keiner Zeit über den Status einer Militärstation hinausgekommen ist, war die Wasserversorgung, gestützt auf Brunnen und Zisterne, spartanisch aber ausreichend. Die Anzahl der Bewohner, die sich allein auf diese beiden Versorgungsträger verlassen mußte und konnte, war regelmäßig weit höher, als sie auf jeder der anderen Burgen zu irgendeiner Zeit gewesen ist.

Wir wollen die Betrachtungen über die Wasserversorgung im Wandel der Zeit mit einer Anmerkung abschließen, die eigentlich an den Anfang unserer Ausführungen gehört hätte. Die Beschaffung auskömmlicher Mengen von Wasser war nämlich eine Frage, die sich bereits vor Baubeginn einer Höhenburg stellte und damit wesentlich war für die Wahl des Standortes.

Grundprinzip des mittelalterlichen Bauens war die Verwendung ortsüblicher Materialien. Die Entscheidung, ob sich eine Anhöhe als Bauplatz für eine Burg eignete, war daher unter anderem abhängig von der ortsnahen Verfügbarkeit der erforderlichen Baumaterialien. Steine versuchte man beim Herrichten des Bauplatzes zu gewinnen, Holz wurde aus den umliegenden Wäldern herbeigeschafft. Darüber hinaus brauchte man Kalk, Sand und viel Wasser für den notwendigen Mörtel. Es sind keine Anhaltspunkte dafür überliefert, wie viel Wasser auf einer Baustelle benötigt wurde, auf der ja auch eine Vielzahl von Arbeitern zu versorgen war.

Noch fehlte es an befestigten Flächen, um Wasser sammeln zu können, ein Brunnen konnte nicht vorab gebaut werden. Es gab nur zwei Alternativen, um das nötige Brauchwasser zu beschaffen: Entweder ließ man es mit Hilfe von Eseln auf den Berg tragen, wo es in Holzbottichen gesammelt wurde, oder man leitete es in hölzernen Rohren von einer höher gelegenen Quelle aus zur Baustelle. Wir schließen daher nicht aus, daß die auffallend vielen Höhenburgen in Hang- oder Spornlage ihren Grund darin haben, daß die Versorgung der Baustelle – wie auch später der Burg – so leichter zu bewerkstelligen war. Für den Verteidigungsfall allerdings

59 Vitruv, De Architectura Libri Decem, Berlin 1908, überarbeitet Wiesbaden 2004, VIII 6, S. 286 ff

60 Hieronymus, E., Das Reichelsheimer Sagen- und Geschichtenbuch, Reichelsheim 1997

	Breuberg	Lichtenberg	Otzberg	Reichenberg
Ersterwähnung	1222	1228	1231	1276
Großer Umbau	1499–1515 ff	1516–1570	1507–1583	Um 1550
Nutzung	wehrhafte Residenz	Landgräfliches Schloß	Militärgarnison	zeitweiliger Wohnsitz
Höhenlage Burg	306 m ü.NN.	278 m ü.NN.	368 m ü.NN.	312 m ü.NN.
Wassergewinnung				
Quelle (Eselspfad) Höhenlage Quelle	Am Wolferhof 200 m ü.NN.	Eselsbrunnen 240 m ü.NN.		Ratzenbrunnen 250 m ü.NN.
Zisterne	1357 erwähnt, Anfang 16. Jh Neubau	überformt	Zisterne mit Ziehschacht, nicht datiert	Tankzisterne vor 1550
Brunnen, Tiefe Standort Bauzeit	>83,5 m im Gebäude des oberen Burghofes 1559–1568		50 m Brunnenhäuschen hinter dem Burgtor um 1350	17 (27 ?) m freistehend im Burghof vor 1557
Wasserleitung Länge (Luftlinie) Höhenlage Quelle Bauzeit	Gefälleleitung ca. 2.500 m 310 m ü.NN. ca. 1520	Gefälleleitung ca. 3.800 m ca. 340 m ü.NN. 1577		Druckleitung ca. 1.900 m ca. 330 m ü.NN. 1613
Fließgewässer Luftl. Entfernung Höhenlage	Mümling ca. 500 m 148 m ü.NN.	Fischbach ca. 700 m ca. 170 m ü.NN.	Klingelsbach ca. 1.700 m ca. 170 m ü.NN.	Mergbach ca. 500 m ca. 205 m ü.NN.
Ergänzungen zur Wasserversorgung Tiefe Höhenlage Bauzeit	Wasserkunst Laufbrunnen ca. 1624	Brunnen in der Vorburg, 42 (52 ?) m ca. 265 m ü.NN. 15. Jahrhundert	Mehr als 6 Brunnen in der Vorburg 12–16 m ca. 335 m ü.NN. 13./14. Jahrhundert	
TK 1: 25.000	Blatt 6120,6220	Blatt 6218	Blatt 6119	Blatt 6218,6219

Tab. 2 Odenwaldburgen und ihre Wasserversorgung

ergab sich aus der Lage einer solchen Burg eine Schwachstelle, die wiederum zusätzliche Baumaßnahmen zum Schutz der Anlage notwendig machte.

Für Bauplätze in Gipfellage schied die Versorgung mit einer Wasserleitung in der Regel aus. Das erforderliche Wasser mußte hier mühsam von tiefer liegenden Quellen oder Wasserläufen heraufgeschafft werden.

Die Baugeschichte einer Höhenburg ist also aufs engste verbunden mit den jeweils örtlich gegebenen Möglichkeiten der Wasserversorgung. In der Bauphase mußten und konnten zwar noch Provisorien in Kauf genommen werden, mit der Wahl des Bauplatzes aber mußte bereits eine Lösung für die dauerhaft auskömmliche Versorgung der Bewohner mit Trink- und Brauchwasser in Aussicht stehen.

2. Der Brunnenbau auf Höhenburgen und Bergvesten

Bevor wir mit den Ausführungen zum Brunnenbau beginnen, wollen wir noch kurz der Frage nachgehen, wo der Begriff „Brunnen“ seinen Ursprung hat.

Brunnen, oder Bronnen, Born, werden diejenigen Behaeltnisse des Wassers genennet, aus welchen man zur Menschlichen Beqvemlichkeit, allezeit frisches Wasser bekommen kan. So steht es im Universallexikon aller Wissenschaften und Künste[61] aus dem Jahre 1733. Und in alten Urkunden und Plänen wird der Begriff tatsächlich gleichermaßen verwendet für gefaßte Quellen, Zisternen oder Schachtbrunnen.

Der Ziehbrunnen heißt im Lateinischen *puteus*, der Brunnengräber folglich *putearius; fons* wird in einem alten Wörterbuch[62] erklärt als *ein Brunn, der von sich selbst entsprungen*, als eine Quelle also. Wenn wir die Wurzeln des Wortes demnach nicht im Lateinischen finden können, woher rührt dann das Wort „Brunnen“?

Etymologisch wird laut Duden ein Zusammenhang zwischen (ahd.) „brunno“ sowie (mhd.) „brunne“ bzw. (mnd.) „born“ sowie (got.) „brunna“ und der Wortgruppe von „brennen“ hergestellt; d. h. daß die Worte zur (idg.) Wurzel von „aufwallen, sieden“ gehören. Brunn, Bronn oder Born werden also ursprünglich dem Quell gleichgesetzt, als „Quell des Lebens“, während Brunnen in modernen Nachschlagewerken[63] als *künstlich hergestellte technische Anlagen zur Gewinnung von Grundwasser für Gebrauchs- und Trinkzwecke* definiert werden.

In der Literatur wird unter dem Stichwort „Brunnen“ in aller Regel nur deren künstlerische Ausformung im oberirdisch sichtbaren Bereich behandelt. Durch Art und Umfang der künstlerischen Ausgestaltung des Brunnenkranzes[64] konnte der Bauherr auf eindrucksvolle Weise Bedeutung und Reichtum demonstrieren.

Brauch- bzw. Trinkwasserbrunnen in Burgen zeigen – bis auf wenige Ausnahmen – ihren Charakter als Zweckbauwerke. Wie meisterlich und kunstvoll sie erdacht und gebaut wurden, offenbart sich erst bei genauerem Hinsehen. Da der Wert dieser z. T. einmaligen Dokumente der Technikgeschichte erst spät in das Bewußtsein der Öffentlichkeit gelangt ist, sind in der Vergangenheit viele Brunnenschächte gedankenlos verfüllt worden. Die meisten der alten, hölzernen Anlagen, mit deren Hilfe das Wasser aus der Tiefe der Schächte gefördert wurde, sind verschwunden.

Heute, wo Wasser zu jeder Tages- und Nachtzeit aus dem Hahn zur Verfügung steht, macht sich kaum ein Betrachter Gedanken darüber, wieviel Können und Schweiß erforderlich waren, um diese unterirdischen Bauwerke herzustellen, mit welchen Anstrengungen die Förderung des Wassers verbunden war, und daß auch der tiefste Brunnen noch keine Versicherung dafür war, daß das lebensnotwendige Nass auf Dauer auch tatsächlich zur Verfügung stand; denn die Zeit, während der ein Brunnen Wasser lieferte, war oftmals kürzer als die vorher erforderliche Bauzeit.

61 Zedler, a.a.O.

62 Christian Newbawr, Enchiridion Linguæ Latino-Germanicæ, Lipsiensis 1698

63 Brockhaus Enzyklopädie, Bd. 3, Wiesbaden 1967

64 Für den oberirdisch sichtbaren Teil des Brunnens verwenden wir im folgenden den Begriff „Brunnenkranz“ in Analogie zu dem Kranz als festlichem Kopfschmuck. Dem Fachbegriff „Brunnenkranz“ kommt heute beim Bau von Senkbrunnen allerdings eine andere Bedeutung zu.

2.1 Vom Bauen im Mittelalter

Den folgenden Ausführungen muß ein klärender Hinweis vorangestellt werden. Der Begriff „Mittelalter“ steht gemeinhin für die Zeit zwischen dem Verfall der Antike und ihrer Wiedergeburt, der Renaissance. So wird das Ende des Mittelalters meist um das Jahr 1500 angesetzt. Von manchen jedoch wird es schon ins 13. Jahrhundert, von anderen aber erst ins 17. Jahrhundert verlegt.

Während z. B. im Kriegswesen mit der Verbreitung der Feuerwaffen im 14. Jahrhundert die neue Zeit anbrach, haben sich im Bauwesen die Werkzeuge, die Materialien und die Technik ihrer Bearbeitung sowie die aus Holz gefertigten Bauhilfsmittel, die seit der Antike bekannt waren, auch nach 1500 praktisch nicht verändert. Zwar finden sich in den sogenannten Maschinenbüchern seit dem 16. Jahrhundert vielfältige Anregungen, wie man die schweren körperlichen Arbeiten erleichtern könnte, aber diese Maschinen waren in der Fertigung für die damalige Zeit meist zu kompliziert und zu teuer, so daß es beim Einsatz menschlicher Muskelkraft blieb. Dies gilt auch und insbesondere für den Brunnenbau und die Wasserförderung. Erst mit dem Einsatz neuer Maschinen aus Eisen änderte sich das. Insoweit ist der Zeitraum bis zu diesem Strukturwandel für das Bauwesen „Mittelalter“, das erst im 17. Jahrhundert endete.

In der Literatur werden bis in die Gegenwart vorrangig die ästhetischen und künstlerischen Aspekte des mittelalterlichen Bauens behandelt. Die technisch-konstruktive Seite ist weniger genau erforscht, obwohl in vielen Fällen erst die Bautechnik die Grundlage der künstlerischen Gestaltungsmöglichkeiten bildete. *In der Vergangenheit sind zahllose Schriften über die ästhetischen Grundlagen der traditionellen Baustile, den Unterschied zwischen dem Schönen und dem Erhabenen, den sogenannten Gesetzen der Harmonie, die Ausdruckskraft des Ornamentalen und die Prinzipien der Komposition überhaupt geschrieben worden. Das sind zweifellos berechtigte Fragestellungen (obgleich auf diesem Gebiet ein unsäglicher Nonsens zahllose Druckseiten gefüllt hat, und nur allzuoft war die Darstellung oberflächlich, maniriert oder dilettantisch). … Frühere Verfahren zur Errichtung der unterschiedlichsten Bauwerke sind jedoch nur selten, bruchstückhaft und in ihrer historischen Entwicklung unvollständig beschrieben worden. Auf die Frage, wie dieses oder jenes Bauwerk im einzelnen eigentlich gebaut wurde, findet sich in den zeitgenössischen Darstellungen so gut wie nie eine ausführliche, sachliche Antwort.*

Die beim Bau angewendeten Techniken und Verfahren *gehörten vielmehr zu den eifersüchtig gehüteten „Berufsgeheimnissen“ der Bauhandwerker, die von den Meistern in der Heimlichkeit der Bauhütten erarbeitet und auf regelmäßigen Versammlungen hinter verschlossenen Türen besprochen wurden. … Die Ausbildung der Lehrlinge und Gesellen auf dem Bau erfolgte nach mündlicher, nicht nach schriftlicher Überlieferung.*[65]

Auch vom eigentlichen Problem des mittelalterlichen Bauens, von der Verfügbarkeit geeigneter Arbeitskräfte in ausreichender Anzahl sowie von der Materialbeschaffung und der Herstellung der technischen Geräte, erfahren wir selten genaueres. Dabei geht es nicht um die Werkzeuge der Handwerker, die sich im Laufe der Jahrhunderte nur wenig verändert haben, sondern um die Vorrichtungen zum Bewegen schwerer Lasten.

65 Fitchen, J., Mit Leiter, Strick und Winde (Bauen vor dem Maschinenzeitalter), Basel 1988

Abb. 17 Turmbau aus der Weltchronik des Rudolf von Ems, 1365

Im Hochbau und beim Brunnenbau (Tiefbau) kam die gleiche Art von Hebezeugen zum Einsatz. Die Montagebedingungen aber konnten durchaus unterschiedlich sein. Da z. B. die Hubhöhe eines Kranes durch die Länge seines hölzernen Auslegers begrenzt war, mußte er mit zunehmender Höhe eines Bauwerkes oft mehrfach umgesetzt werden. Im Tiefbau konnte das entsprechende Hebezeug in der Regel stets an der gleichen Stelle verbleiben. Nur die Seillängen mußten angepaßt werden.

Wie die Bauarbeiter des Mittelalters müssen auch wir uns heute bei den Hebezeugen und den sogenannten Maschinen im wesentlichen verlassen auf die Ausführungen des Agricola[66], der Mitte des 16. Jahrhunderts das Wissen seiner Zeit über den Bergbau zusammengefaßt hat. Uns interessieren an dieser Stelle neben den Hebezeugen besonders die Vorrichtungen zur Wasserförderung.

Zur Erleichterung der folgenden Ausführungen wollen wir aus dem Frühwerk des Bergbaues einige grundlegende Sachverhalte bezüglich der Hebezeuge zusammenfassen.

Das Standardgerät zum Heben und Senken von Lasten war der Haspel (Abb. 18), bestehend aus einem aufgeständerten Rund- oder Wellbaum mit zwei Haspelhörnern (Kurbeln). *Um den*

66 Agricola, G., De Re Metallica Libri XII, Basel 1556; Hrsg. Agricola-Gesellschaft, Berlin 1928

Abb. 18 Der Haspel mit zwei Kurbeln

Rundbaum ist das Förderseil gewickelt und seine Mitte am Rundbaum befestigt, an seinen beiden Enden befinden sich eiserne Haken, welche in den Bügel des Fördergefäßes eingehängt werden. Dadurch, daß der Rundbaum mit den Haspelhörnern in Umdrehung versetzt wird, wird immer das volle Gefäß aus dem Schachte herausgezogen und das leere hineingelassen. Den Rundbaum drehen zwei kräftige Männer …[67]

Der Wirkungsgrad konnte erhöht werden durch ein Schwungrad und ein Drehkreuz, an dem ein dritter Mann mithalf. (Abb. 19) *Alle Haspler, an welcher Maschine sie auch arbeiten, müssen starke Leute sein, damit sie eine so schwere Arbeit leisten können.*[68] Die Einsatzgrenze dieser Hebezeuge war bestimmt durch die Dauerleistungsfähigkeit der Männer, die Größe der verwendeten Kübelgefäße und das Gewicht des dicken Hanfseiles. Tiefen von mehr als 40 m waren kaum noch zu bewältigen.

Eine andere Maschine *ermüdet die Arbeiter weniger, obgleich sie größere Lasten hebt, allerdings langsamer, wie alle diejenigen Maschinen, die Zahnradübersetzung haben, dafür aber aus größerer Tiefe, nämlich bis zu 180 Fuß.*[69] Bei Agricola rechnet sich der Lachter (Klafter) mit 6 Fuß zu 1,7 m, d. h. daß nach seiner Angabe die Einsatzgrenze einer solchen Maschine bei 51 m lag. In Abbildung 22 wird für den Brunnen der Burg **Dilsberg** [9] ein Haspel mit Schwungrad und Zahnradgetriebe dargestellt.

Je größer die Tiefe des Schachtes, und je größer die Lasten, desto komplizierter wurden die Maschinen. Vitruv hatte bereits vor Beginn unserer Zeitrechnung solche Hebemaschinen

67 Agricola, a.a.O., S. 130
68 Agricola, a.a.O., S. 132
69 Agricola, a.a.O., S. 133

Abb. 19 Der Haspel mit Kurbel, Drehkreuz und Schwungrad

beschrieben.[70] Er erläutert den gleichzeitigen Einsatz mehrerer Rollen, die Wirkung der Treträder und Zahnradübersetzungen. Die Grenzen setzte das Material – die Holzbauteile mit ihren Verbindungen und die Hanfseile – sowie die Reibung der Lager, der Seile auf den Rollen und in den Zahnradübersetzungen. Ob bei größeren Tiefen Tretradkräne zum Einsatz kamen, wie sie bereits die Abbildung 17 aus dem Jahre 1365 zeigt, ist nicht überliefert.

Manche Autoren mutmaßen, daß man die Treträder, die später zur Wasserförderung benutzt wurden, schon während des Baues verwendet habe. Das kann aber wohl ausgeschlossen werden, da die Hebezeuge wegen der sehr viel größeren Belastungen nach Abschluß der Bauarbeiten mit Sicherheit abgängig gewesen wären.

2.2 Der Bau des Brunnenschachtes

Veröffentlichungen, die sich mit tiefen Brunnen auf Höhenburgen befassen, beginnen in der Regel mit einem Gedanken, den Otto Piper 1895 wie folgt formuliert hatte: *Besonders wichtig war es natürlich für die Burgbewohner, auch im Falle einer Belagerung einem Wassermangel nicht ausgesetzt zu sein. … So wertvoll erschien der gesicherte Bezug wenn möglich reinen Quellwassers, dass man selbst bei hoch auf hartem Fels angelegten Burgen die ebenso mühevolle als kostspielige Herstellung eines bis zu mehreren hundert Fuss tiefen Brunnenschachtes bis auf einen ausreichlichen Quellspiegel hinab oft nicht scheute. … Von einigen solchen tiefen Brunnen geht die Ueberlieferung, dass dieselben ebensoviel gekostet haben wie der ganze übrige Burgbau …*[71]

70 Vitruv, a.a.O., X 2, S. 336 ff

71 Piper, a.a.O., S. 506

Abb. 20 Der Brunnengraber, 1769

Auf die Frage der Baukosten werden wir in einem gesonderten Kapitel zurückkommen.

Das Problem der Wasserversorgung an sich ist uralt, und so wiederholt auch der Römer Vegetius[72] nur Altbekanntes, wenn er Ende des 4. Jahrhunderts n. Chr. formuliert: *Si natura (fontes) non praestat, effodiendi sunt putei aquarumque haustus funibus extrahendi*, d. h. wenn die Natur kein Quellwasser liefert, so muß man Brunnen in jeder erforderlichen Tiefe graben und das Wasser mit Hilfe von Seilen emporziehen. Mit Sicherheit aber hat er tatsächlich nur das „Graben" von Brunnen gemeint; denn Vitruv schreibt: *Wenn aber der Boden hart ist, oder die Wasseradern allzu tief liegen, dann hat man die von den Dachtraufen und von höher liegenden Orten abfließenden Wassermassen in verschließbaren Zisternen aufzufangen.*[73]

2.2.1 Die Standortwahl

Wenn das Problem also lange bekannt war, dann mußte es auch überlieferte Erfahrungen bzw. Verfahren geben, das begehrte Nass in der Erde aufzuspüren. Folgte man den Ratschlägen des Vitruv? Er empfiehlt für das Auffinden von Wasser folgende Vorgehensweise: *Man grabe ein Loch, das nach jeder Richtung fünf Fuß mißt, und setze in dasselbe um Sonnenuntergang einen bronzenen oder bleiernen Becher … bedecke dann die Oberfläche der Grube mit Schilfrohr und schütte dies mit Erde zu; öffnet man dann am folgenden Tage die Grube wieder, so wird der Boden, wenn das Gefäß angelaufen ist und Tropfen enthält, Wasser bergen.*[74]

72 Vegetius, P.V.Renatus, epit. R. mil. IV.X

73 Vitruv, a.a.O., VIII 6, S. 289

74 Vitruv, a.a.O., VIII 1, S. 263

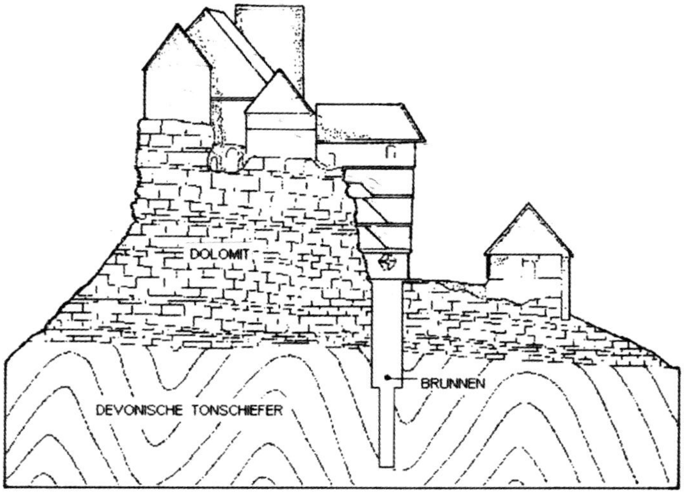

Abb. 21 Der Brunnenturm der Felsenburg Scharzfels

Noch im Jahre 1769 wird die Tätigkeit des Brunnengrabers (Abb. 20) wie folgt beschrieben: *Es sucht der Brunnengraber, wann der Boden recht trocken ist, vor der Sonnen Aufgang einen Ort, wo er aus der Erden einen Dunst aufsteigen siehet, oder legt saubere und trockene Wolle in eine mit Zweigen oder Blättern bedeckte Grube, und schliesset, aus der angezogenen Feuchtigkeit, daß eine Quelle vorhanden.*[75]

Die Werke des Vitruv waren für die Baumeister des Mittelalters zumeist die einzige Hilfe bei der Lösung technischer Probleme. Ob seine Ratschläge auch beim Brunnenbau auf Höhenburgen zur Anwendung kamen, wissen wir nicht. Denkbar ist, daß man – wie im Falle der Ortschaft **Betzenstein**[76] – die Künste eines Wünschelrutengängers in Anspruch genommen hat. Daß man diesen Sachverständigen in den dortigen Urkunden zunächst als *den Künstler im Brunnen- und Wassersuchen* bezeichnet, später als *Wasserabenteurer* und schließlich als *Wasserteufel*, mag für den Erfolg seiner Bemühungen stehen.

Am wahrscheinlichsten aber ist, daß man bei der Auswahl des Standortes von Brunnen auf Höhenburgen in der Mehrzahl der Fälle ganz pragmatisch vorging. Sofern irgendwo am Hang des Burgberges eine Quelle austrat, erleichterte das die grundsätzliche Entscheidung, einen Brunnen zu bauen. Da es innerhalb der Ummauerung ohnehin nicht viele Wahlmöglichkeiten gab, fing man an der Stelle an zu graben, die am schicklichsten erschien. Zur Reduzierung des Bauaufwandes konnte das z. B. die ohnehin schon tiefstgelegene Stelle innerhalb der Burg sein.

Bestes Beispiel hierfür sind die Brunnentürme von Felsenburgen wie **Falkenstein, Fleckenstein, Meisteresel, Trifels** und **Scharfenberg** sowie **Hohengeroldseck** und **Scharzfels** (Abb. 21). Man ersparte sich das Durchbohren des Felsens, auf dem die Burg stand, und legte stattdessen

75 Orbis sensualium picti, 1769

76 Kolbmann, G., Betzensteiner Geschichtsbilder, Nürnberg 1973, S. 84 ff

den Brunnen am Fuß dieses Felsens an. Um den Brunnen zu schützen und auch bei Belagerung nutzen zu können, stülpte man ihm einen Turm über, der nur von der Kernburg aus zugänglich war. Ein Turm war leichter und schneller zu bauen als ein entsprechend langer Schacht und man gewann Platz in der Kernburg.

Wenn sich unter bautechnischen Gesichtspunkten keine zwingenden Präferenzen ergaben, wählte man die Stelle aus, die für den späteren Betriebsablauf innerhalb der Burg oder Veste am zweckmäßigsten war. Und so finden wir heute Brunnen im Burghof stehend wie auch in Gebäude integriert. Bei genauerer Betrachtung der Gebäudenutzungen wird in den meisten Fällen ihre Zuordnung zum Funktionsbereich Küche deutlich. Nicht irritieren darf in diesem Zusammenhang, daß die Brunnen, die im Burghof stehen, heute häufig kein schützendes Dach oder Brunnenhaus mehr haben (Abb. 22). Da diese Baulichkeiten meist aus Holz gefertigt waren, sind sie nach Beendigung der Nutzung des Brunnens schnell abgängig geworden. Ein Brunnen im Burghof dient heute gern als dekoratives Element. So etwas versteckt man nicht in einer Holzhütte.

Man hat also auf gut Glück jeweils dort zu graben begonnen, wo der Brunnen zweckmäßig stehen sollte und, da man auf den Erfolg angewiesen war, erst aufgehört, wenn sich dieser einstellte – koste es, was es wolle.

So benötigte man auf der Burg **Homberg** [12] über acht Jahre, um endlich aus 150 m Tiefe Wasser ziehen zu können. In **Stolpen** [3] soll es unglaubliche 25 Jahre gedauert haben (Tab. 3). Und wenn den Bauherren der Mut verließ bzw. wenn ihm das Geld ausging, dann wurde das ganze Unternehmen – wie im Falle der Burg **Lemberg** [4] – einfach eingestellt.

Das Ende des Brunnenbaues wird vielfach mit dem Zeitpunkt gleichgesetzt, zu dem Wasser gefunden wurde. Dieses Ereignis ist – aus verständlichen Gründen – meist urkundlich belegt. Bis zur Inbetriebnahme des Brunnens konnte danach jedoch noch geraume Zeit vergehen, wie das Beispiel **Hellenstein** [11] eindrucksvoll belegt. Die Bauzeit betrug hier insgesamt fast fünf Jahre. Nach dem Auffinden des ersten Wassers vergingen aber noch 20 Monate bis zur endgültigen Fertigstellung und Inbetriebnahme. Ähnlich sah es auf **Augustusburg** [15] aus.

In den Rathausprotokollen der Gemeinde Rosenau im Burzenland sind für den Zeitraum von 1623 bis 1640 Ausgaben für *Brunnenmacher* überliefert. Dieser Umstand wurde dann gleichgesetzt mit der Bauzeit für den über 130 m tiefen Brunnen auf der Bauernburg **Rosenau**.[77] Es ist unbestritten, daß die Rosenauer im Jahre 1623 beschlossen, einen Brunnen in ihrer Fliehburg zu bauen, die sie 1612 nach nur 7-tägiger Belagerung wegen Wassermangels hatten übergeben müssen.

Nun zeigen aber die Rathausprotokolle eine Reihe von Besonderheiten. Sie weisen zum einen Ausgaben für zwei Zeitabschnitte auf. Der Erste läuft von Himmelfahrt 1623 bis zum Juli 1625, der Zweite von Februar 1636 bis Juli 1640. Dazwischen gibt es einen Vermerk aus dem Jahre 1633 über die Ergebnisse zweier Verhandlungen mit Brunnenmachern, deren wöchentlichen Lohn und Naturalleistungen (Wein, Bier und Fleisch) betreffend. Hierbei geht es offensichtlich um ein Anstellungsverhältnis bei der Gemeinde ohne Festlegung einer konkreten Leistung. Die Ausgaben für die beiden Gemeindebediensteten in der Zeit von 1623 bis 1625 sind auf gleicher Basis entstanden. Sie belaufen sich auf 88 fl pro Jahr. Welcher Beitrag damit zum Brunnenbau geleistet wurde, bleibt verborgen.

77 Gross, J. und Kühlbrandt, E., Die Rosenauer Burg, Hrsg. Verein für Siebenbürgische Landeskunde, Wien 1896, S. 27 f

Abb. 22 Der Brunnen der Burg Dilsberg, im 18. Jh. und heute

Name der Burganlage	Geologie des Berges	Brunnentiefe in [m]	Ausmauerung des Schachtes	Bauzeit
Königstein/Sachsen	Sandstein	152,5	keine	1563–1569
Homberg/Hessen	Basalt	150	komplett	1605–1613
Wülzburg/Bayern	Weißjura	ca. 140	teilweise	1596–1602
Augustusburg/Sachsen	Quarzporphyr	130,6 *	keine	1568–1579
Berwartstein/Rhld.Pfalz	Sandstein	104	keine	1543–1549
Stolpen/Sachsen	Basalt	82	keine	1607–1632
Hellenstein/Bad.-Württ.	Weißjura	> 77	teilweise	1666–1670

* davon aber nur ca. 126 m bergmännisch

Tab. 3 Bauzeiten tiefer Brunnen

Für den Zeitraum von 1636 bis 1640 stehen den Ausgaben konkrete Leistungen gegenüber, wie es dem Gedingewesen im Bergbau entspricht. Von Februar 1636 bis Oktober 1638 wird den Bergleuten das Abteufen von 36 ½ Lachtern mit 16 fl pro Lachter bezahlt. Bei der durchschnittlichen Leistung von 12 Lachtern entspricht das einem Jahreslohn von 192 fl. Im Dezember 1638 kommt man überein, die Schachtausmauerung in einer Höhe von 39 Lachtern auszuführen für 10 fl pro Lachter.

Wir gehen aufgrund des zeitlichen Ablaufes und der unterschiedlichen Vertragsverhältnisse davon aus, daß die Unterlagen zu den Ausgaben für die Brunnenmacher bzw. Bergleute nicht vollständig überliefert sind. Die oberen, nicht belegten 30 ½ Lachter des Schachtes hätten die Bergleute bei gleichem Arbeitsfortschritt in 2 ½ Jahren abteufen können. Die Verhandlungen von 1633 bildeten also den Auftakt des Brunnenbaues, wenngleich die Entlohnung später nicht gemäß den Absprachen erfolgte. Die jahrelange Beschäftigung angestellter Brunnenmacher hatte wenig bewirkt. Den Brunnenbau und die Ausmauerung des Schachtes erledigten nach unserer Auffassung Bergleute von Mitte Mai 1633 bis 12. Juli 1640. Das wäre eine realistische Bauzeit von 7 Jahren und 2 Monaten statt der bisher angenommenen 18 Jahre.

2.2.2 Das Abteufen des Schachtes

Ein Schacht ist im Bergbau ein saiger, d. h. senkrecht nach unten geführter (abgeteufter) Grubenbau mit rechteckigem Querschnitt. Im Brunnenbau ist der Schacht ganz allgemein die senkrechte Röhre, in der das Wasser gesammelt und gehoben wird.

Wir haben im vorigen Abschnitt wie selbstverständlich bereits den Brunnengräber eingeführt (Abb. 20). Aber wir müssen jetzt einschränken. *Brunnengräber machen keine besondere Profeßion aus, sondern es verrichten diese Arbeit einige Bergleute, oder Steinbrecher, ingleichen die Maurer, obgleich allerhand Erkenntniß aus der Natur-Lehre vom Waßer, und aus der Baukunst, wie auch endlich aus der Mechanik dazu erfordert wird.*[78]

Beim Abteufen des Brunnenschachtes kamen auf Höhenburgen und Bergvesten Bergleute und Steinbrecher zum Einsatz; Maurer nur da, wo der abgeteufte Schacht ganz oder teilweise ausgemauert werden mußte.

78 Zedler, a.a.O., Suppl. IV, 1754

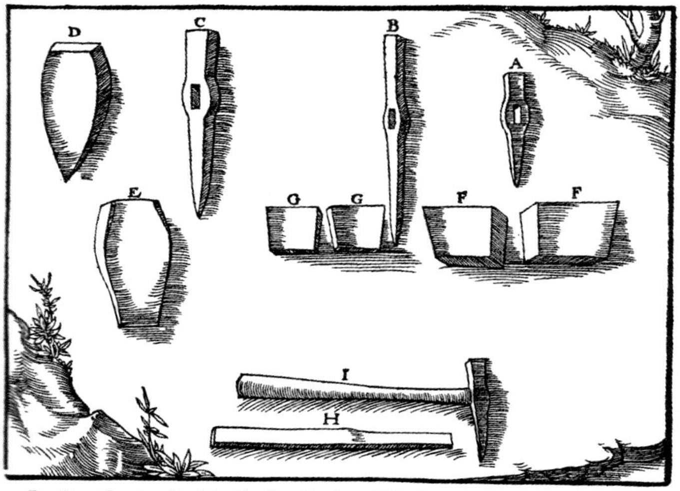

Das Bergeiſen A. Das Ritzeiſen B. Das Sumpfeiſen C. Der Fimmel D. Der Keil E. Der Plötz F. Das Legeeiſen G. Der hölzerne Stiel[2)] H. Der im Bergeiſen ſteckende Stiel I.

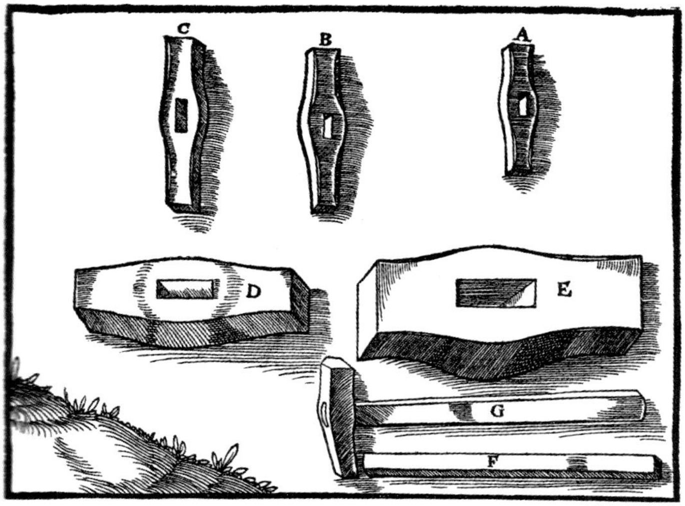

Das Ritzfäuſtel A. Das Handfäuſtel B. Das Treibefäuſtel C. Das zweihändige Treibefäuſtel D. Das Großfäuſtel E. Der hölzerne Stiel F. Der Stiel im Ritzfäuſtel G.

Abb. 23 Werkzeuge der Bergleute

Die Frage, ob Bergleute oder Steinbrecher beim Abteufen gebraucht wurden, war von den örtlichen Gegebenheiten abhängig. So berichtet der Bauleiter Lotter seinem Kurfürsten im Februar 1568 über den Brunnenbau auf **Augustusburg** [15]: … *an dem orte ist aber das Gesteine, Ob es wel Zimblich feste, dochgleichwoll kluftigk, vnndt ich kumbe mitt den Steinbrechern eher Vortt, als mit den bergkheuern …*[79] Später kam er nicht umhin, auch Bergleute einzusetzen.

79 Sächs. HStA Dresden, Finanzarchiv Loc. 35801 Augustusburg Nr. 3, S. 271 b: Baubericht des Hieronymus Lotter vom 25. Febr. 1568

Abb. 24 Ein Bergmann bei der Arbeit

Bergleute arbeiteten mit kurzstieligen Werkzeugen (Abb. 23), Steinbrecher mit langstieligen (Abb. 25). Daraus resultierten unterschiedliche Anforderungen an den jeweiligen Arbeitsraum. Die notwendige Bewegungsfreiheit für den wirkungsvollen Einsatz der Werkzeuge führte automatisch zu unterschiedlichen Schachtdurchmessern.

Der Bergmann arbeitete kniend mit kurzstieligem Fäustel und Bergeisen (Abb. 24). Um allein im Schacht arbeiten zu können, war ein Durchmesser von ca. 1,5 m erforderlich. Waren – was die Regel war – zwei Bergleute gleichzeitig im Einsatz, vergrößerte sich der erforderliche Durchmesser des Arbeitsraumes auf 1,8 bis 2,0 m.

Die Steinbrecher arbeiteten stehend mit der Keilhaue und Brechstangen (Abb. 25). Um diese Werkzeuge wirkungsvoll einsetzen zu können, benötigten sie einen größeren Arbeitsraum als die Bergleute. Es ist naheliegend, daß sich daraus der ungewöhnliche Durchmesser des Brunnenschachtes auf **Augustusburg** [15] von 3,20 m erklären läßt.[80] Auch der Brunnen auf

80 Der Durchmesser wird nach einer Befahrung im Jahre 1651 [Sächs. HStA Dresden, Finanzarchiv Loc. 35801 Augustusburg Nr. 1, S. 2b] gar mit *in die Rundung 24 Ellen befunden;* das entspräche 4,36 m.

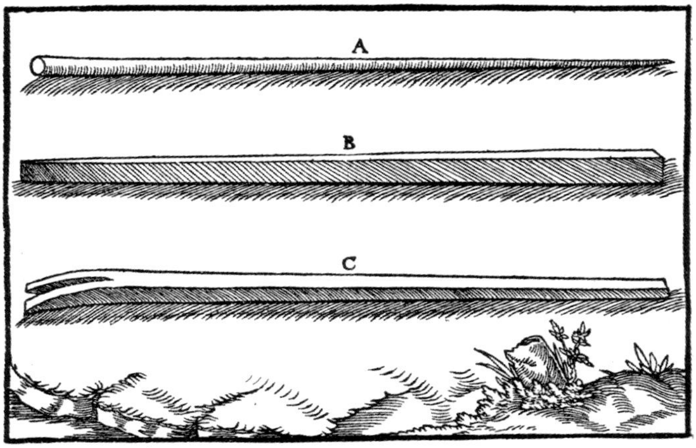

Das Eiſen zum Durchſchlagen A. Das Brecheiſen B. Die Brechſtange[3)] C.

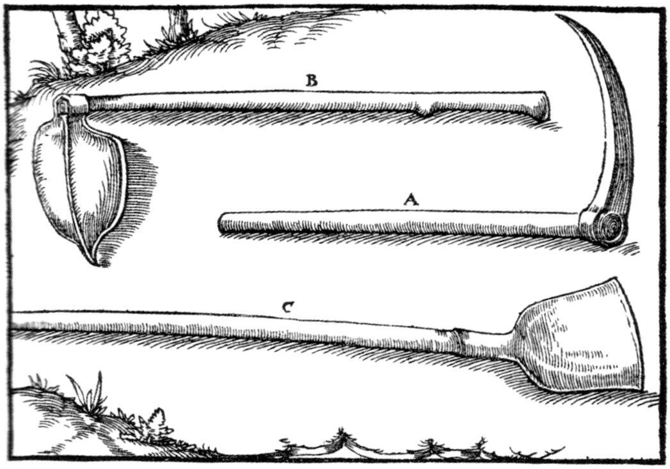

Die Keilhaue A. Die Kratze B. Die Schaufel C.

Abb. 25 Werkzeuge der Steinbrecher

Königstein wird mit seinen 3,50 m Durchmesser überwiegend von Steinbrechern hergestellt worden sein. Die großen Durchmesser scheinen zunächst gerade bei diesen extrem tiefen Brunnen wenig einleuchtend.

Steinbrecher waren als Arbeitskräfte billiger als Bergleute. Ihre Technik aber war, klüftiges Gestein vorausgesetzt, effektiver, so daß man es sich leisten konnte, mehr Material zu brechen und zu fördern, und trotzdem schneller vorankam. Die Bauzeit für den Brunnenschacht der **Augustusburg** [15] mit einer Tiefe von ca. 126 m bzw. **Königstein** mit 152,5 m betrug jeweils „nur" 6 bis 7 Jahre. Vergleicht man den Brunnenschacht von Augustusburg mit seinen 3,2 m Durchmesser mit einem bergmännischen Standardschacht von 2 m Durchmesser, so mußten die Steinbrecher pro laufendem Meter fast 5 m^3 mehr Material brechen. Bei der Wasserförderung wird sich später zeigen, daß dieser Mehraufwand noch einen zweiten Vorteil brachte.

Die Leistungen der Bergleute und Steinbrecher kann nur richtig würdigen, wer sich immer wieder den damaligen Stand der Technik vor Augen führt. Da wir im Einzelfall zumeist nicht erfahren, ob Bergleute und/oder Steinbrecher am Bau beteiligt waren, werden wir von ihnen im folgenden nur noch allgemein als den Bergleuten sprechen.

Im deutschen Sprachraum waren der Bergbau und seine Hilfswissenschaften bis ins 16. Jahrhundert Sache der reinen Erfahrung. Bergbau wurde vor Ort gelernt, nicht aber gelehrt und schriftlich vermittelt; ebenso wurden auch die gewonnenen Erkenntnisse im Brunnenbau nur mündlich weitergegeben. Noch im 20. Jahrhundert wird so viel Geheimnis um den Brunnenbau gemacht, daß anläßlich der Veröffentlichung eines Leitfadens für das Brunnenbaugewerbe *von engherzigen Eigenbrödlern des Brunnenfaches der Vorwurf gemacht* [wird], *daß durch Herausgabe des Buches nicht nur die eigenen Berufskollegen belehrt, sondern auch die verwandten Berufe und sogenannte Pfuscher klug gemacht würden.*[81]

Die Urkundenlage zum Bau tiefer Brunnen ist zumeist recht dünn. Wo solche Baubelege tatsächlich noch vorhanden sind, behandeln sie i. d. R. nur einzelne Handwerkerverträge. Wo Kostenangaben gemacht werden, decken diese zumeist nicht alle Gewerke und Leistungen ab. In Einzelfällen – wie z. B. bei der **Leuchtenburg** [6] – geben Urkunden einen Einblick in das Baugeschehen. Die umfassendste Dokumentation nach dem momentanen Kenntnisstand liegt für den Brunnen von Schloß **Hellenstein** [11] vor.

Die älteste bisher aufgetane Urkunde, die sich mit dem Thema Brunnenbau befaßt, stammt aus dem späten 15. Jahrhundert und betrifft den Brunnen der Burg **Klopp** in Bingen. Am 13. April 1473 wird zwischen dem Mainzer Domkapitel und einem Meister Diederich, Steinmetz zu Bingen, verabredet[82], auf Schloß *Klop* einen Ziehbrunnen zu bauen. Die Kosten für Steine, Sand, Kalk und Holz übernimmt das Kapitel. Der Meister *sol uff sinen kosten den born sollen uszmachen schytrecht* [senkrecht]. Einen Teil der Steine soll er *hauwen* für 14 Gulden, einen anderen Teil in den Brunnen setzen für zwei Gulden und *filsch* [Felsen] *darzu rumen* [räumen] für 35 Gulden. Dabei soll er alle Kosten übernehmen für die erforderlichen Knechte, auch für die *in dem raide umb zu lauffen* [im Tretrad laufen].

Was sich zunächst wie ein Auftrag für den Neubau eines Brunnens liest, entpuppt sich bei genauerem Hinsehen als Reparaturmaßnahme an einem bereits bestehenden Schacht. Indiz dafür sind zum einen die geringen Kostenansätze. Zum anderen berichtet der Syndikus des Kapitels gut vier Wochen später unter dem 17. Mai 1473, der Brunnen sei *CXXXX werckschuwe* tief (ca. 40 m) und das Wasser stehe 14 Schuh (ca. 4 m) hoch.[83]

Glücklicherweise können wir – wie bereits erwähnt – in technischen Fragen auf Agricola zurückgreifen. Bei der Übertragung seiner Darlegungen auf den Brunnenbau muß man allerdings berücksichtigen, daß bei einem Brunnen als Einzelbauvorhaben sicher nicht der technische Aufwand betrieben wurde wie bei einem Bergwerkskomplex, bei dessen Erschließung im Hinblick auf den zu erwartenden Gewinn aus unternehmerischer Sicht auch größere Investitionen gerechtfertigt waren.

Wie also ging der Bau eines Schachtbrunnens vor sich, über den noch im Jahre 1922 gesagt wird, daß dies *der schwerste und gefährlichste Teil des Brunnenbaugewerbes* sei?[84]

81 Pengel, W., Der praktische Brunnenbauer, Berlin 1922, S. 8

82 Herrmann, F. und Knies, H., Die Protokolle des Mainzer Domkapitels (1450–1484), Hessische Historische Kommission, Darmstadt 1976, Nr. 966

83 Herrmann und Knies, a.a.O., Nr. 971

84 Pengel, a.a.O., S. 117

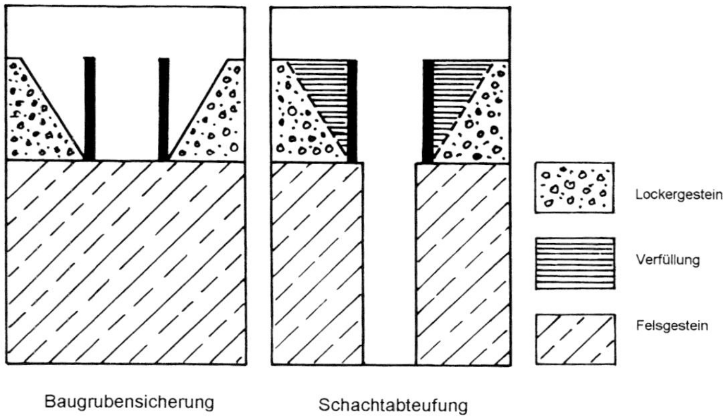

Abb. 26 Bauphasen „Schacht aus dem Vollen"

Zunächst einmal *beginnt der Bergmann einen Schacht zu senken; über ihm errichtet er einen Haspel sowie eine Kaue, damit der Regen nicht in den Schacht eindringt ... Der Schacht wird saiger* [d. h. senkrecht] *niedergebracht ... und mit einem einzigen Förderseil werden die Berge ... zu Tage gefördert ... Der Ausbau der Schächte ... erfolgt auf verschiedene Weise*[85], denn Art und Umfang des Ausbaues werden durch die Beschaffenheit des Gebirges bestimmt.

2.2.2.1 Das Prinzip: „Schacht aus dem Vollen"

Sofern das Felsgestein genügend dicht und standfest war, konnte der bergmännische Schacht gleich mit kreisförmigem Querschnitt abgeteuft und so später direkt als Brunnenschacht genutzt werden. Diese Bauweise bezeichnen wir als das Prinzip: „Schacht aus dem Vollen".

Da die Mehrzahl der Brunnen auf Höhenburgen und Bergvesten nach diesem Prinzip hergestellt wurde, scheint es angezeigt, alle wesentlichen Zusatz-Aspekte des Schachtbaues auch in diesem Abschnitt ausführlich zu behandeln.

– Der bergmännische Schacht

In den Fällen, wo der massive Fels nicht bis an die Oberfläche anstand, wo Erde und Lockergestein den gewachsenen Fels überlagerten, war zunächst eine Baugrube auszuheben, bis der massive Fels erreicht war. Diese i. d. R. unverbaute Baugrube aber wurde schnell zu tief bzw. zu weit, um von ihrem Rand aus die Arbeiten für das nachfolgende bergmännische Abteufen organisieren und betreiben zu können.

Deshalb mußte ab einer gewissen Tiefe ein gemauerter Hilfsschacht eingestellt werden als Baugrubensicherung im Kopfbereich des Brunnenschachtes (Abb. 26). Dieser zumeist recht kurze Hilfsschacht mußte zur Stabilisierung gut hinterfüllt werden, um die Steinringe im Verbund zu halten. Nur so konnte man eine Arbeitsebene mit genügender Standsicherheit für die Dauer der gesamten Bauzeit gewährleisten.

Die Baugrubensicherung im Kopfbereich hatte i. d. R. einen etwas größeren Durchmesser als der anschließend abgeteufte Brunnenschacht. Ein Beispiel besonderer Art ist der Brunnen auf

85 Agricola, a.a.O., S. 79 f

der Burg **Breuberg** [7]. Hier kam für den Bau erschwerend hinzu, daß der Brunnen in das Erdgeschoß eines bestehenden Gebäudes hineingebaut werden sollte. Man erstellte zunächst einen Hilfsschacht, dessen Durchmesser um den Faktor 1,5 größer war als der spätere Brunnenschacht. In den Hilfsschacht konnte das Hebezeug – der verfügbaren Raumhöhe entsprechend – auf einem massiven Balkenlager eingestellt werden. Damit der Abraum nun aber nicht noch ein zweites Mal angehoben werden mußte, baute man von einer tiefer liegenden Arbeitsebene aus einen unterirdischen Gang, der unter dem Burgtor hindurch in den aufgelassenen Burggraben führte. Durch diesen Gang konnte der Abraum verbracht und der Graben verfüllt werden. Das Burgtor blieb auf diese Weise frei von Behinderungen durch die Brunnenbaustelle, deren Dauer man nicht abschätzen konnte. Der Hilfsschacht bildet heute den obersten Teil des Brunnenschachtes.

Die Technik, die beim Abteufen des bergmännischen Schachtes angewendet wurde, richtete sich nach der Härte und Dichte des Gesteins. Wir hatten eingangs schon darauf verwiesen, daß im Falle der **Augustusburg** [15] Steinbrecher zum Einsatz kamen. Sie nutzten vorhandene Klüfte, schufen Löcher und Spalten im Gestein mit Keilhauen sowie schweren Spitzeisen, um dann mit den langen Brechstangen das Gefüge auseinander zu brechen. Auf diese Weise kam man gut voran, nur die Ränder mußten nachgearbeitet werden, damit der Schacht seine möglichst kreisrunde Form erhielt.

Bei dichter gelagertem Gestein kamen Bergleute zum Einsatz, die sich meist zu zweit mit Fäustel und Bergeisen in die Tiefe arbeiteten. *Diese Werkzeuge pflegt man größer oder kleiner herzustellen, je nachdem es die Umstände erfordern; wenn sie stumpf geworden sind, schärfen sie die Schmiede wieder, solange es geht.*[86] Die Schwachstelle sind die Bergeisen, die in großer Anzahl am Gürtel mitgeführt werden. Sie werden schnell stumpf und müssen ständig ausgewechselt und nachgeschmiedet werden. Von der Burg **Homberg** [12] wird berichtet, daß die Schmiede in 14 Tagen 1233 *Spitzen gemacht* haben.[87] In einem Abschnitt des **Augustusburg**er Brunnenschachtes [15] war das Gestein so hart, daß *Zweene hauer inn 6 stunden 600 Stehlne Spitzen … verschlagen* haben sollen.[88]

Der Arbeitsfortschritt im Schacht wurde wesentlich bestimmt durch die Härte des Gesteins und den Durchmesser des Schachtes. Aus den wenigen überlieferten Bauberichten lassen sich durchschnittliche Leistungen von 3–10 cm pro Tag zurückrechnen.

Die Sonntage waren Ruhetage. Wegen der vielen zusätzlichen Feiertage aber brachte man es in einem Jahr auf einer Baustelle selten auf 300 Arbeitstage[89], vorausgesetzt, es kam nicht zu unvorhergesehenen Unterbrechungen durch Unfälle, Materialschäden, Geldmangel oder kriegerische Ereignisse. Und so wurde ein Brunnenschacht in der Regel pro Jahr um etwa 15–20 m tiefer. Und doch fallen in Tabelle 1 einige Brunnen auf, die in erstaunlich kurzer Zeit hergestellt wurden. Von der **Leuchtenburg** [6] wird bald nach Baubeginn berichtet, *die berckgesellen … sollen fohrt hien über feiertag fahrn, nicht den sontag vor mittag sollen sie stille halten, do mit man dorvohn ckompt.* [90]

86 Agricola, a.a.O., S. 120

87 Breiding, O., Impressionen einer Stadt – 775 Jahre Stadt Homberg, Selbstverlag 2005, S. 83 (nach einem Manuskript von Dr. Georg Textor)

88 Sächs. HStA Dresden, Finanzarchiv Loc. 35801, Augustusburg Nr. 1, S. 2

89 Ludwig, K.-H., Technik im hohen Mittelalter zwischen 1000 und 1350/1400, S. 135; Schmidtchen, V., Technik im Übergang vom Mittelalter zur Neuzeit zwischen 1350 und 1600, S. 216; beide in: Propyläen Technikgeschichte, Bd. 2, Berlin 1997

90 Thüring. HStA Weimar, EGA Reg. 5, fol. 129 a, Nr. 35

Noch anders ging es auf der Baustelle der Burg **Homberg** [12] zu. Im Jahre 1607 arbeiten hier 8 Hauer jeweils zu zweit in 4 Schichten zu je 6 Stunden rund um die Uhr. Es wird berichtet, daß sie am Ende des Jahres 17 ½ Lachter (ca. 30 m) aufgefahren hätten. *Zu diesen 17 ½ Lachter haben die Bergleute 48 Wochen gearbeitet.*[91] Selbst im Basalt konnten also bei einem solchen Einsatz im Durchschnitt 10 cm pro Tag auf einer Fläche von ca. 9 m² abgeteuft werden.

Auffallend häufig findet sich in heutigen Beschreibungen von Burgbrunnen der Hinweis, beim Schachtbau sei das „Feuersetzen" als Hilfsmittel zur Anwendung gekommen. Agricola beschreibt dazu: *Wie ich schon erwähnte, werden die harten Gesteine auch durch Feuer gebräch* [mürbe] *gemacht; ... So hat Hannibal, der Heerführer der Punier, dem Beispiel der spanischen Bergleute folgend, die Felsen der Alpen mit Feuer und Essig gesprengt.*[92] Das hört sich gewaltig an, wird aber gleich dahingehend eingeschränkt, daß die Macht des Feuers im allgemeinen *nur einzelne Schalen* löst.

Anders als von Agricola dargestellt, wird von verschiedenen Autoren die Technologie des Feuersetzens zudem als eine Hitze-Kälte-Technik beschrieben; d. h. es soll nach dem Abbrennen des Holzes kaltes Wasser auf das Gestein gegossen worden sein. Sicher hätte ein solches Abschrecken die Wirkung des Feuersetzens vergrößert. Aber so, wie damals das nötige Wasser dazu gefehlt hat, fehlen heute die Belege für eine solche Technik.

In einigen Fällen, wo es besonders festes Gestein abzubauen galt, ist das Verfahren des Feuersetzens (ohne Wasser) tatsächlich belegt. So wird vom Brunnen der **Augustusburg** [15] aus dem Jahre 1572 berichtet: *Es hat aber einen festen Stein gehabt, welcher acht Lachter hochgewehret, und noch von tag Zue tage erger, und Vester worden, von solchen gestein ... hat mann 56 f.* [Gulden] *Müntz 5 Arbeitern sambt den Steiger so denselben gesunken, und mit hülffe deß Feuers ein Lachter auffgefahren Zu lohn gegeben. Sie haben abe an solchen Einem lachter Sieben Wochen gefahren, und darüber gearbeitet, ohne daß Feuer aber unmöglich mit Menschen henden fort Zu komen gewesen ...*[93]

In einem Bericht über den Brunnen der Burg **Stolpen** [3] schreibt Oberbergmeister Weygel 1617 (10 Jahre nach Baubeginn), daß *albereit vber 23 lachter* [ca. 40 m] *von tage ... nieder abgeteuffet worden, vnd sich kein grundt wasser spüren lassen noch finden wollen.* [Er gibt zu bedenken,] *das inn solchen vffstehenten felsigen festen Stocke daran weder Stahl noch eisen hafften thut, sondern nur mit feuer darinnen nieder gebrannt werden muß, schwerlich wasser zu ersincken* [sein] *wirdt ...*[94]

Aus dem Jahre 1638 erfahren wir: *So viel nun die Lotten betrifft, durch welche das Wetter in den Brunnen geführet, damit das Feuer heben können, Seind dieselben, weill an dem Brunnen zue erlangung mehr waßers förder nicht mehr abgeteuffet werden soll, ferner nichts nötigk ...*[95] Auf die genannten *Lotten* kommen wir gleich zurück.

Im Jahre 1791 schließlich wird berichtet, am Stolpener Brunnen seien *1.800 ¾ Clafftern an Holtze* verbraucht worden. Dieser Holzverbrauch wird 1869 begründet, *weil die Arbeit in dem Basaltfelsen mit Anwendg. von Feuer geführt wurde.*[96]

Die eben erwähnten *Lotten* oder Lutten sind *in Berg-Wercken ... dicht zusammen gefügte und ins Gevierdte formirte breterne Kasten, eines Bretes lang und breit; deren werden etliche nach der*

91 Breiding, a.a.O., S.84
92 Agricola, a.a.O., S.89
93 Sächs. HStA Dresden, Finanzarchiv Loc. 35801, Augustusburg Nr. 1, S. 2
94 Sächs. HStA Dresden, Collection Schmidt, Amt Stolpen, Vol. IV, Nr. 34, Den Brunnenbau zu Stolpen betr. 1617–83
95 Sächs. HStA Dresden, 10024,2 Geheimes Archiv, Loc. 4449/17, Acta, die Bauung und Renovierung derer in dem Churfürstentum Sachsen bef. Schlösser ... 1483–1698
96 Sächs. HStA Dresden, 10069 Rentamt Stolpen, LFVW, Nr. 226, Acta, die intendirte Räumung des hiesigen tiefen Schloßbrunnens betr.

Abb. 27 Werkzeuge zur Herstellung von Sprenglöchern

Länge an einander gestossen, und wohl verwahret, damit keine Luft nirgends zukommen kann, die Wetter darinne zu zwingen und fortzuführen. Sie werden insgemein Wetter-Lotten genennet.[97] Beim Feuersetzen wurden sie verwendet, um den brennenden Holzstoß mit Sauerstoff zu versorgen.

In diesem Zusammenhang müssen wir auch auf die Gefahren hinweisen, die mit dem Feuersetzen verbunden waren. Zum einen konnten die hölzernen Lotten in Brand geraten, was gleichermaßen mit dem hölzernen Schachtverbau passieren konnte, auf den wir noch zu sprechen kommen werden. Agricola schreibt: *In den Schächten …, in denen die Härte des Gesteins durch Feuersetzen bezwungen wird, ist die Luft mit einem Gifte durchsetzt … Die vorsichtigen und geschickten Bergleute zünden am Freitag Abend die Holzstöße an und fahren nicht vor dem Montag wieder in die Schächte ein. … Inzwischen verschwindet die Kraft des Schwadens.*[98]

Der Umfang der Ausführungen über das Feuersetzen steht mit Sicherheit in umgekehrtem Verhältnis zur Bedeutung dieser Technik im Brunnenbau. Gleichwohl muß noch ein anderes Verfahren erwähnt werden, das in der Spätzeit des Brunnenbaues zur Anwendung gekommen ist.

Vom Bau des Brunnens auf Schloß **Hellenstein** [11] sind umfängliche Bauberichte[99] aus der Zeit von 1666 bis 1670 überliefert, in denen auch über das Abteufen unter Einsatz von Schwarzpulver berichtet wird. Mit Schlegel und Bohrmeißel wurden Löcher 10 bis 15 Zoll tief in den Fels getrieben, mit Schwarzpulver gefüllt, verdämmt und gezündet (Abb. 27). Mehrere solcher Bohrungen über die Grundfläche des Schachtes verteilt, lockerten das Gestein. Der Verbrauch

97 Zedler, a.a.O., Band 18, 1738
98 Agricola, a.a.O., S. 185
99 HStA Stuttgart, A 249, Bü 963

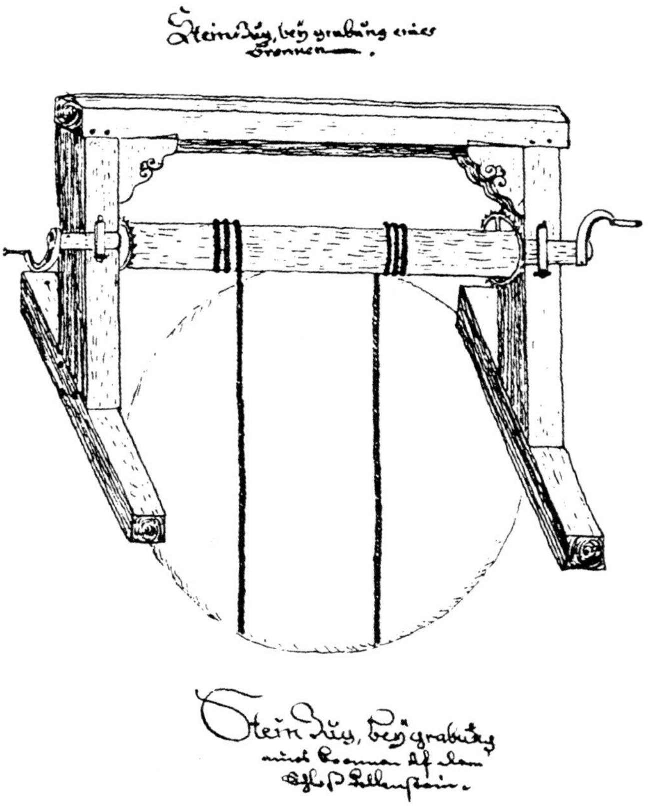

Abb. 28 Steinzug auf Hellenstein, 1666

von *30 Centner 26 Pfund guten Musqueten Pulwers* ist hier belegt. Detaillierte Beschreibungen zur Herstellung der Bohrlöcher liefert Weiss[100].

Sprengungen im Bergbau sollen nach den Aufzeichnungen des Generalvikars der Republik Venedig bereits im Jahre 1573 probiert worden sein. Die erste nachweisbare Sprengung mit Schwarzpulver führte der Tiroler Bergmann Caspar Weindl am 16. Februar 1627 im Oberbiberstollen in Schemnitz (Banská Štiavnica, Slowakei) durch. Aus dem Jahre 1634 sind Sprengungen im Bergwerk Radmer in der Steiermark belegt, 1648 in den Erzgruben von Rammelsberg bei Goslar. Die Technik war also nicht neu. Gleichwohl war sie nach wie vor mit erheblichen Risiken verbunden, da es keine gesicherten Erfahrungswerte im Umgang mit Schwarzpulver gab. Beleg hierfür ist ein tragischer Unfall auf **Hellenstein** [11] im Dezember 1667. Außerdem brachte das Sprengen bzw. Schießen zusätzliche Probleme bei der Bewetterung mit sich.

Die oben beschriebenen Techniken des Abteufens waren jeweils verbunden mit einem eigenen Arbeitstakt, da für sie jeweils unterschiedliche Zeiten für die Vorbereitungs-, Durchführungs- und Nachbereitungsphase galten. Vorbedingung für die Weiterführung aber war in jedem Fall

100 Weiss, A., Der Pulverturm von Arzberg und das Sprengen mit Schwarzpulver, in: Museum Joanneum, Abtlg. Geologie & Paläontologie Nr. 7, Graz 2005, S. 128

Abb. 29 Fahren auf dem Knebel

der geregelte Abtransport des gelösten Gesteins. Es fielen – wie wir gesehen haben – i. d. R. keine großen Mengen pro Tag an. Aber sie mußten ständig geräumt werden, damit die Arbeit im Schacht vorangehen konnte. Den Haspel als Hebezeug haben wir schon in Abschnitt 2.1 behandelt. Vom Brunnen auf Schloß **Hellenstein** [11] ist eine Abbildung überliefert[101], die den dort im Jahre 1666 eingesetzten *Steinzug* zeigt (Abb. 28).

Wir müssen uns nun der Frage zuwenden, wie die Bergleute in den Schacht hinein und wieder heraus kamen. Als einfachste Möglichkeit bot sich das sogenannte Einfahren auf dem Knebel oder Knecht an, wie es Abbildung 29 zeigt. Daß diese Art der Personenbeförderung nicht der Regelfall war, geht aus einem Briefwechsel um den Brunnen der **Augustusburg** [15] hervor. In den Jahren 1567/68 wurden hier auch gefangene Wilddiebe zur Zwangsarbeit im Brunnen verurteilt. Der Bergmeister erhielt Anweisung: … *man darf sie auch nicht allzeit auf vnd Zu schliessen Zum aus vnnd einfahren, Sondern man kann sie wohl an einem seihl vffm knebell hinein lassen Vnd wid. heraus Ziehen.*[102] Sie sollten also eine Sonderbehandlung erfahren.

Der Hinweis auf den Einsatz von Strafgefangenen im Brunnenbau findet sich häufig in der Literatur, weil unterschätzt wird, wie notwendig Motivation und fachliche Erfahrungen für diese Arbeit sind. In dem zitierten Briefwechsel zum Brunnen der **Augustusburg** [15] ent-

101 Stadtarchiv Heidenheim a.d. Brenz, A II 39 und HStA Stuttgart, A 249, Bü 963

102 Sächs. HStA Dresden, Finanzarchiv Loc. 35801, Augustusburg Nr. 3, S. 192 b–193 b

gegnete der Kurfürst den Bedenken seines Bergmeisters: ... *ob wohl nur 3 berckleute vnter denselben sein, so konnen doch die Pawern* [die Wilddiebe sind Bauern] *der berckarbeit auch wohl vnterrichtet werden, vnnd einer Von Dem andern lernen.* Der sächsische Kurfürst als Bauherr wollte Kosten sparen. Als im August 1568 drei Gefangenen die Flucht gelang, mußten die anderen fortan *für vnd für Im Bronnen bleiben darinne liegen ... vnd Ire Zeug, essen trincken benck vnd andere notturfft an haspeln auff vnnd abZiehen* lassen. Die Motivation der Verurteilten kann nicht sehr groß gewesen sein. Nach 1569 hört man nichts mehr vom Einsatz der Wilddiebe.

Entlohnung nach Leistung war das Prinzip, das den Erfolg gewährleistete. Aus den Berichten zum Bau des Brunnens auf der **Leuchtenburg** [6] erfahren wir, wie die Bergleute für das Abteufen des Schachtes abschnittsweise, je nach Schwierigkeitsgrad gedungen wurden.[103]

Wenn also das Einfahren auf dem Knebel die Ausnahme war, werden sich die Männer im Normalfall wie im Bergbau über sogenannte Leiterfahrten auf und ab bewegt haben. Wie bei den Schächten im Bergbau (Abb. 36) gab es i. d. R. auch bei Brunnenschächten während der Bauphase die grundsätzliche Trennung zwischen Fördertrum und Fahrtentrum, d. h. den Zonen, in denen das Gestein gefördert wurde und denen, die dem Ab- und Aufstieg der Bergleute dienten.

Die Spuren der Hilfsgerüste (Plattformen und Leiterverbindungen), über die sich die Bergleute bewegten, sind noch heute in Form von Rüstlöchern in den Schachtwänden zu beobachten. Im Brunnen des ehemaligen Klosters **Limburg**[104] sind bis zum Wasserspiegel in ca. 75 m Tiefe insgesamt 13 Rüstebenen aufgenommen worden, wobei die oberste als Plattform für die Schachtausmauerung im Kopfbereich diente. Wenn man die Podestflächen der übrigen 12 Ebenen übereinander legt (Abb. 30), zeigt sich das Auge, das als Fördertrum freigehalten wurde.

Im unteren Schachtabschnitt des Brunnens auf **Hellenstein** [11] wurden auf einer Länge von 39 m 31 Rüstebenen dokumentiert.[105] Die beidseitigen Podestflächen waren hier übereinander so angeordnet, daß in dem Schacht (d = 2,6 m) ein Fördertrum von durchgehend etwa 1,8 m Breite frei blieb. Wir werden zeigen, daß dieser Gerüstanordnung auch noch eine andere Bedeutung zukam.

Und zum rd. 95 m tiefen Brunnen der Burg **Lemberg** [4] heißt es: *Bis in diese Tiefe* [>73,39 m] *befinden sich in der Schachtwand in 1,5 bis 2 m Abstand Aussparungen (Vertiefungen), die während der Bauzeit zur Aufnahme von Gerüstbalken dienten. Sie sind immer leicht versetzt in der Südhälfte des Schachtes angeordnet und lassen die Nordseite als Förderstrecke für das Ausbruchsmaterial frei.*[106]

Abschließend muß hier die Frage erlaubt sein, warum die Bergleute statt des anstrengenden Kletterns nicht die bequemere Seilfahrt auf dem Knebel bevorzugten. Die Angst, vom Seil abzustürzen, war es wohl kaum. Bedenken, nach einem Seilbruch im Schacht gefangen zu sitzen, können auch nicht der Grund gewesen sein, denn ein Ersatzseil gehörte – anders als später bei der Wasserförderung – zur Grundausstattung einer solchen Baustelle. Aus einem Inventar von 1614 geht hervor, daß nach Abschluß der Baustelle auf der Burg **Homberg** [12] noch insgesamt

103 Thüring. HStA Weimar, EGA, Reg. 5, fol. 130b, Nr. 36, Bl. 4; ergänzend dazu: Dohmen, F., Das Gedingewesen im Bergbau, 1953

104 Klose, H., Der Limburgbrunnen, Manuskript 13.11.2004, unveröffentlicht

105 Heinzelmann und Jantschke, a.a.O., S. 236f

106 Häfner, Fr. und Schulz, R., Die Wasserversorgung der Lemburg, in: 800 Jahre Burg Lemberg, Hrsg. Gemeinde Lemberg, 1999, S. 151

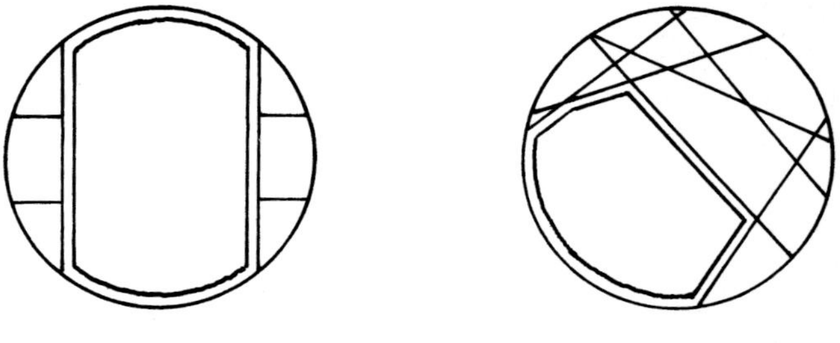

Abb. 30 Rekonstruktion des Fördertrums nach den Rüstlöchern

7 Seile mit Längen zwischen 150 und 225 m vorhanden waren.[107] Den Ausschlag gegeben haben wird wohl die Überlegung, daß die Bergleute bei Gefahr praktisch gleichzeitig aus dem Schacht nach oben klettern konnten.

Die Sicherheit der Bergleute ist ein Thema, zu dem nur ganz wenige Belege existieren. Der Schosser (Steuereinnehmer) der **Leuchtenburg** [6] hat einen Unfall wie folgt dokumentiert: … *Mittwoch nach Allerheiligentagk, anno domini 1552, gegen dem abende sindt drey perckgesellen vom hause Leuchtenburgk zu mir … kommen, angezaigt, das einer irer gesellen … diesen nachmittagk in brunnen gefharen. Deme were ein schade zugestanden, also weil sie itzo alle tage perck* [Gestein] *und wasser auspharen müssen, were ein wenigk percks, der von wasser erweichet, abgeschossen* [ausgebrochen] *da von er beschedigt, das sie ime mit nodt heraus gebracht; wusten nicht wie es ime ergehen mochte.*[108] Die Bergleute drängten darauf, daß der Schacht zu ihrer Sicherheit ausgezimmert wurde.

Schutzvorrichtungen gegen herabfallendes Gestein, wie sie im Bergbau üblich waren, konnten nicht gebaut werden, da der Brunnenschacht zu eng war; Schutzmaßnahmen des Bergbaues konnte man beim Brunnenbau nur übernehmen, soweit sie mit den Arbeitsabläufen vereinbar und technisch darstellbar waren.

Agricola widmet große Teile seines sechsten Buches dem Thema Sicherheit, schreibt über die Gefahren und Tücken des Bergbaues, die Gesundheitsgefährdung der Bergleute und läßt auch die Berggeister nicht aus, die durch Gebet und Fasten vertrieben werden. Es gehörte zum Selbstverständnis der Zunft der Bergleute, daß ihre Sicherheit nicht leichtfertig aufs Spiel gesetzt wurde. Sie wußten, was sie zu tun und zu lassen hatten, sobald das Bemühen um die Sicherheit und das Wohlergehen der Männer im Schacht mit dem Interesse am schnellen Fortgang der Arbeiten kollidierte.

An der Beschaffenheit des Gebirges entschied sich, ob der Brunnenschacht während des Abteufens in Teilen ausgemauert werden mußte. Bei einer solchen Ausmauerung wurden Steinformate verwendet, die – anders als bei der Aufmauerung eines kompletten Schachtes – vom Maurer allein verbaut werden konnten. Abschnittsweise Ausmauerungen finden sich z. B. im Brunnenschacht der **Wülzburg** [5] und der **Heidecksburg** [8]; auf der **Leuchtenburg** [6] wurde nach den Erfahrungen des oben geschilderten Unfalles der untere Teil des Schachtes auf einer Höhe von ca. 20 m ausgemauert.

107 Breiding, a.a.O., S. 85

108 Thüring. HStA Weimar, EGA, Reg. 5, fol. 129 a, Nr. 35, Bl. 6 r

Abb. 31 Aus dem Schacht herausragende Wetterlutten

Mit zunehmender Tiefe des Schachtes kamen zwei Sicherheitsaspekte zum Tragen, die im Bergbau von entscheidender Bedeutung sind: Bewetterung und Wasserhaltung.

– Die Bewetterung

Zu den besonderen Tätigkeiten des Brunnengrabers (Abb .20) heißt es: *Die Reinigkeit der Lufft zu erkennen, laeßt er ein Licht in einer Laterne hinab; dann so dieses erlöscht, ist die Lufft unsicher; daher muß man Dampf-Loecher nächst dem Brunnen graben, damit der Unlust* (squalor) *heraus gehe.*[109] Auf **Königstein** wie auch auf **Augustusburg** [15] wurde zu diesem Zweck ein Schacht in die Brunnenwand eingearbeitet und nachträglich so vermauert, daß er nur unten und oben offen blieb.

Da in der Tiefe des Schachtes mehrere Menschen im Schein ihrer Grubenlampen arbeiteten, wurde ständig Kohlendioxyd erzeugt, das schwerer ist als Luft und den Männern gefährlich werden konnte, da es Atmung und Verbrennung behindert. Agricola schreibt: ... *denn die Dünste, die sowohl die Lampen als auch die Menschen von sich geben, machen die Wetter noch schlechter ... Die Häuer können in solchen Grubenräumen die Arbeit nicht lange aushalten, ... oder wenn sie es ertragen, so können sie nicht frei atmen und haben Kopfweh.*[110]

Die oben bereits erwähnten Wetterlutten mögen zum Einsatz gekommen sein, wie Agricola es beispielhaft in Abbildung 31 zeigt.

Aufwendige Wettermaschinen, wie sie Agricola beschreibt, machen im Brunnenbau keinen Sinn. Im Falle der Burg **Homberg** [12] aber wird 1607 berichtet: *so warten auch tag und nacht*

109 Orbis sensualium picti, 1769

110 Agricola, a.a.O., S. 91

Abb. 32 Ein Blasebalg zur Bewetterung

auf den plasbalk 2 Mann[111]. Den Einsatz von Blasebalg und Lutte dürfen wir uns so vorstellen, wie Agricola ihn darstellt (Abb. 32) und beschreibt: ... *wenn aber die Öffnung der Lutte sein Windloch umschließt, saugt er* [der Blasebalg] *noch aus einem Schachte von 120 Fuß Tiefe die schweren und schädlichen Wetter durch die Lutte.*[112] Da ein Fuß bei ihm 28,3 cm mißt, wären das nur ganze 34 m Tiefe.

Aber meistenteils ging es bei Bedarf auch einfacher. *Ebenso wie die ... Maschine die schwere Luft eines Schachtes ... verbessern kann, so geschieht dies auch in der alten Art und Weise der Wetterbeschaffung durch das fortgesetzte Wedeln mit Tüchern* (Abb. 33), *die schon Plinius beschrieben hat.*[113] Oder man half sich mit dem sog. Büscheln[114]. Tropfnasses Gebüsch wurde dabei im Schacht auf und niedergezogen und „reinigte" die Luft von den kohlensauren Gasen. Oder war es nur die Bewegung der Luft, die Besserung brachte?

Daß man sich beim Brunnenbau bis in die jüngere Zeit vorrangig der einfachsten Methoden bediente, belegen die Ausführungen eines Brunnenmeisters aus dem Jahre 1928. *Stürzt jemand in einen Brunnen, der Stickgase enthält, so ist sofort mit einer Gießkanne, die sicherlich überall vorhanden sein dürfte, künstlicher Regen (Berieselung) zu erzeugen, um die Gase zu zerstreuen und zu entfernen. Im Entfall können die Stickgase auch durch rasches Auf- und Abziehen eines Bundes Stroh oder locker zusammengebundener Kleider entfernt werden.*[115]

111 Breidung, a.a.O., S. 82
112 Agricola, a.a.O., S. 179
113 Agricola, a.a.O., S. 182; Die entsprechende Stelle bei Plinius, Naturalis historia XXXI, 28 lautet: Wenn aber ... wegen der großen Tiefe die Luft nachteilig zu wirken anfängt, so sucht man sie durch beständiges Wehen mit Tüchern zu verbessern.
114 Veith, H., Deutsches Bergwörterbuch, Reprint 1992
115 Bösenkopf, F., Der Brunnenbau, Wien 1928, S. 131

Abb. 33 Das Wedeln mit dem Tuch

Die Erfahrungen bei der Räumung tiefer Brunnen (z. B. **Homberg, Lemberg, Otzberg**) aber haben gelehrt, daß im Normalfall der natürliche Wetterzug durch die Temperaturdifferenzen völlig ausreichend ist, um das Arbeiten im Schacht ohne Probleme zu ermöglichen.

Auf der Burg **Berwartstein** will man 1982 einen sogenannten Wetterofen entdeckt haben, der beim Abteufen des 104 m tiefen Schachtes im Einsatz gewesen sein soll.[116] Dieser Hinweis kann hier nur unter Vorbehalt weitergegeben werden.

Agricola[117] nennt den Wetterofen im Jahre 1556 noch nicht. Auch bei Zedler[118] findet sich 1748 keine Erklärung. Der Wetterofen kam als Bewetterungsanlage für Bergwerke erst im 18. Jahrhundert vereinzelt zur Ausführung. Und so findet sich 1885 in einem Lexikon der Hinweis: *Wetteröfen erbaut man über Tage neben dem Schacht, aus welchem ein besonderer Kanal zum Ofen führt, welcher die Wetter aus dem Schacht zieht; zur Belebung des Zugs baut man über dem Ofen wohl auch noch einen Turm. Die Öfen sind gemauert, mit Gewölben und meist sehr großen Rostflächen versehen. Indem sie eine stark erhitzte Luftsäule schaffen, erzeugen sie einen lebhaften Zug in dem Schacht.*[119] In der Ausgabe von 1909 ist das Stichwort schon wieder verschwunden, weil man zwischenzeitlich bessere Techniken entwickelt hatte.

– Die Wasserhaltung

Die Wasserhaltung ist im Bergbau ein extrem lästiges Dauerproblem. Agricola bietet für dessen Bewältigung gleich mehrere technisch höchst reizvolle Maschinen an. Da sich aber die Wasserhaltung während der Bauphase der tiefen Brunnen auf Höhenburgen und Bergvesten zeitlich

116 Richter, B.-A. und Deibert, K., Wetterofen auf Burg Berwartstein, in: Burgen und Schlösser, Zeitschrift der Dt. Burgenvereinigung e.V., 1983/1, S. 56f

117 Agricola, a.a.O., S. 171 ff

118 Zedler, a.a.O., Bd. 55, Leipzig/Halle 1748

119 Meyers Konversationslexikon, Bd. 2, 1885, S. 727

in überschaubaren Grenzen hielt, können wir wohl davon ausgehen, daß es hier im Bedarfsfall zumeist beim „schöpferischen Einsatz" von Wasserknechten geblieben ist. Selbst im fuggerschen Erzbergwerk am Falkenstein in Tirol setzte man noch in der ersten Hälfte des 16. Jahrhunderts Wasserknechte ein, die die Wasserhaltung mittels lederner Kübel erledigen sollten.

Die Wasserheber standen einer über dem anderen mit dem Rücken gegen die Fahrten gelehnt … und beförderten, indem jeder Wasserheber den vollen Kübel seines tiefer stehenden Gesellen ergriff und seinem höher stehenden Gesellen hinaufreichte, auf diese Weise das Wasser aus dem Tiefbaue. Da diese Arbeit ebenso ungesund … als beschwerlich war, mußten die Leute öfters ausgewechselt und auch gut bezahlt werden; die Kosten für die dort nötigen 600 Mann betrugen im Jahre die für jene Zeit geradezu riesige Summe von 20.000 fl. Eine eigene Ordnung für die Wasserheber trug Sorge, daß diese … so wichtige Arbeit im beständigen Gange blieb, was aber trotzdem die Gesellen in der Erkenntnis ihrer Unentbehrlichkeit nicht selten verleitete, durch Androhung von Arbeitseinstellung noch höhere Löhne zu erpressen.[120]

Wenn man also bei dem gewinnbringenden Erzbergbau auf den Einsatz von Maschinen verzichtete, warum sollte man dann bei einem Einzelbauvorhaben wie einem Brunnenschacht diesen Aufwand treiben? Von der **Leuchtenburg** [6] berichtet der Schosser: *So habe ich mich heut dato (sontags nach Simonis und Jude anno domini 1552) an den pergkgesellen, wie es umb das wasser gelegen, erfraget, berichten und sagen, das sie … siebenundtdreissigk aymer außgezogen. Sindt der hoffnung, ehe sie die vier angedingten lachter ersungken, das sie das wasser zu nodtdorft beweldigen wollen.*[121]

Der Wasserandrang in der Schlußphase des Brunnenbaues war extrem hinderlich und erschwerte die Arbeitsbedingungen zunehmend. Aber man durfte hoffen, daß man sich nicht umsonst geplagt hatte. Eine eindrucksvolle Schilderung dieser entscheidenden Phase des Brunnenbaues ergibt sich aus den Bauakten zum Brunnen der **Leuchtenburg** [6] und von Schloß **Hellenstein** [11].

Der verantwortliche Bergmeister mußte in dieser Phase entscheiden, ob der Zufluß ausreichend war oder nicht. Doch woher sollte er das sicher wissen? Es wird empfohlen, diese Frage im Zeitraum von August bis Oktober zu entscheiden, *denn findet man um diese Jahreszeit Wasser, so kann man sicher schliessen, dass auch zu jeder anderen welches vorhanden sein wird.*[122] Der Bergmeister mußte aber auch zu anderen Zeiten entscheiden, konnte nicht warten.

Und „lebendiges Wasser" mußte es sein, Quellwasser und kein „Trafer" oder Tropfwasser. Vitruv hatte eine einfache Prüfung vorgeschlagen: *Wenn … ein neuer Brunnenquell gegraben wurde, und das Wasser, welches man in ein Gefäß … von guter Bronze gespritzt hat, keine Flecken zurückläßt, so wird es sehr gut sein. Auch das Wasser ferner, von welchem man in einem ehernen Gefäß gekocht, es dann eine Zeit stehen gelassen und endlich abgegossen hat, ohne daß sich ein sandiger oder schlammiger Niederschlag am Boden des Gefäßes findet, wird vollkommen gebilligt werden können.*[123]

Wenn nach diesen oder anderen Kriterien Menge und Qualität des zufließenden Wassers für ausreichend gehalten wurden, mußte man dennoch weiter abteufen, da man vom Berge aus selten auf artesisches (d. h. gespanntes) Wasser traf, das von unten in den Schacht drückte. Eine solche Ausnahme stellt die Festung **Marienberg** dar, für die ein Befahrungsprotokoll vom 14. Juli 1835 den Wasserzufluß durch zwei Quellen in der Sohle belegt.[124]

120 Wolfstrigl-Wolfskron, M.v., Die Tiroler Erzbergbaue 1301–1665, Innsbruck 1902

121 Thüring. HStA Weimar, EGA, Reg. 5, fol. 129 a, Nr. 35, Bl. 5v

122 Chiolich-Löwensberg, a.a.O., S. 43

123 Vitruv, a.a.O., VIII 4, S. 281

124 Freeden, M. v., Über das Alter des tiefen Brunnens, in: Würzburger Generalanzeiger 1938, Nr. 166, S. 3

Im Normalfall mußte man also ein Reservoir schaffen, in dem sich später das langsam zufließende Wasser sammeln konnte, um geschöpft werden zu können. Dieses Reservoir konnte aus der Sicht der Burgbewohner eigentlich gar nicht groß genug sein. Ob man so etwas wie Mindestwerte für das Fassungsvermögen dieses Schachtabschnittes hatte, wissen wir nicht.

Wahrscheinlich waren es wiederum ganz praktische Kriterien, die darüber entschieden, wie lange man weitergraben mußte bzw. konnte. Je geringer der Wasserzufluß war, desto größer sollte das notwendige Reservoir sein; je stärker der Zufluß sich zeigte, desto schwerer war das Fortkommen. Je tiefer man grub, desto größer war die Wahrscheinlichkeit, daß man die abdichtende Schicht durchstieß und das Wasser aus dem Reservoir davonlief. Erfahrung und Glück waren in dieser letzten Phase des bergmännischen Abteufens besonders gefragt.

Zur Verbesserung der Wasserfassung dienten Maßnahmen, wie sie im folgenden beschrieben werden. Nischen und Stollen sind bauliche Besonderheiten, die ebenfalls behandelt werden müssen.

– Die Wasserfassung

Bevor der so weit bergmännisch hergestellte Schacht seine Bestimmung als Brunnenschacht übernehmen konnte, mußten zunächst die Zuflußbedingungen beobachtet werden. Eine spezielle Wasserfassung wurde bei den bergmännisch abgeteuften Schächten bisher nicht beobachtet. Floß das Grundwasser über einer undurchlässigen Schicht dem Brunnen zu, dann ließ man das Wasser kommen, wie es kam – Hauptsache, es kam überhaupt. Warum man auf der Feste **Dilsberg** [9] zusätzlich eine umlaufende Hohlkehle in den Fels geschlagen hat, die heute unter Wasser im Reservoir liegt, ist nicht einsichtig.

Auf der Festung **Wülzburg** [5] bildete man in 105 m Tiefe beim Auftreffen auf eine erste größere Tonschicht eine bis zu 1 m breite Erweiterung des Schachtes aus, die mit einer Höhe von ca. 1,8 m einen umlaufend glockenförmigen Hohlraum bildet. Diese Maßnahme wird zum einen der Verbesserung des Zuflusses gedient haben. Zum anderen konnte man nach unten keinen Raum für ein Reservoir schaffen, da man sonst die Tonschicht hätte durchstoßen müssen. Die Tatsache, daß der Schacht danach noch wenigstens 30 m weiter abgeteuft werden mußte, bezeugt, daß das Wasserdargebot nicht ausreichend war.

In 139 m Tiefe hat man im Brunnen der Festung **Königstein** bei einer Befahrung im Jahre 1885 zwei ca. 8 m lange Strecken (2 m hoch, 0,8 m breit) dokumentiert, die vom Schacht aus in den Fels getrieben waren, um den Wasserzufluß durch das Anzapfen vermuteter Wasseradern zu erhöhen (Abb. 34). Gemäß einem Befahrungsprotokoll aus dem Jahre 1651 befindet sich im **Augustusburg**er Brunnen [15] *ohnegefehr 20 Ellen von grund* ein gut 10 m langer Stollen (ca. 1 m breit und 1,5 m hoch)[125], der den gleichen Zweck hatte.

Auf der Burg **Stolpen** [3] tritt das Wasser aus einer Vielzahl von Kluftspalten aus dem Gestein in den Brunnenschacht, in dessen unterem Teil es sich sammelt, ohne im klüftigen Basalt wieder zu versickern. Die Burg Stolpen ist auch insofern ein Sonderfall, als es hier den einzigen tiefen Brunnen gibt, dessen Schachtwand auf ganzer Höhe durch die anstehenden Basaltsäulen gebildet wird und daher einen charakteristisch unregelmäßigen Querschnitt aufweist. Es gibt

125 Sächs. HStA Dresden, Finanzarchiv Loc. 35801, Augustusburg Nr. 1, S. 2b

keinerlei Ausmauerungen. Die Erklärung liegt in der Besonderheit des Stolpener Basalts, dessen Säulen sehr gleichförmig, eisenhart und nur alle 2–3 m gerissen sind.[126]

Nachdem man die Frage des Wasserzuflusses vorerst zufriedenstellend geklärt hatte, wurde der Brunnenschacht geräumt, das Wasserziehen konnte eingestellt und der Wasserzufluß kritisch beobachtet werden. Sobald der Wasserspiegel nicht mehr stieg, wurde probeweise Wasser gefördert, um den Reinigungsprozess zu beschleunigen und die Ergiebigkeit zu testen. Letzte Klarheit aber brachte erst die Nutzung des Brunnens über einen längeren Zeitraum.

Die Schwierigkeiten bei der Einschätzung von Menge und Qualität des zufließenden Wassers machen die urkundlichen Belege zum **Betzenstein**er Brunnen deutlich. Hier zog sich der Prozess von April 1545 bis Juni 1549 hin. Zwischenzeitlich wurde der Brunnen nochmals um ca. 20 m vertieft.[127]

– Nischen und Stollen, Teil 1

Wir können die Ausführungen zum bergmännischen Schachtbau nicht beenden, ohne die verschiedentlich zu beobachtenden Sonderbauteile zu erwähnen.

Da sind zum einen Brunnenstollen, die von außen bis an den Schacht vorgetrieben wurden. Im unteren Teil des Brunnenschachtes der Bergfeste **Dilsberg** [9] löste ein 86 m langer Stollen das Transportproblem für den ausgebrochenen Fels bei der Vertiefung des Brunnens. Dem Brunnenschacht der Burg **Windeck** [10], der wohl von Anfang an als Schachtzisterne angelegt war, wurde durch einen 50 m langen Stollen Wasser von außen zugeführt.

Auf der Burg **Lemberg** [4] mündet in ca. 60 m Tiefe ein 117 m langer Stollen ein, mit dem man (vergeblich) versuchte, Wasser in den Brunnenschacht zu leiten, nachdem man in 95 m Tiefe immer noch nicht auf Wasser gestoßen war. Der Brunnenschacht sollte so wenigstens als Sammelbehälter, als Tiefzisterne Verwendung finden.

Andere Sonderbauteile sind Nischen in der Schachtwand, die allerdings – wie wir sehen werden – vermehrt in ausgemauerten Brunnenschächten anzutreffen sind. Der Brunnen von Schloß **Hellenstein** [11] weist im Bereich des 1982 gemessenen Wasserstandes eine Nische auf, die den Brunnenputzern als Unterstand diente. Ein Obersteiger beschreibt 1885 in seinem Befahrungsprotokoll des Brunnens der Festung **Königstein** (Abb. 34) bei 58 m und bei 132 m Tiefe jeweils *wölbartige Aushiebe in den Felsen … ca. 0,75 m hoch … Diese schienen bei Herstellung des Brunnens als Haupt oder Schutzbusen benutzt worden zu sein.* Schutznischen von so geringer Höhe sind zwar schwer vorstellbar, aber wir müssen dem erfahrenen Bergmann wohl glauben.

Die Anlage einer Schutznische ist nur dann sinnvoll, wenn längere Zeit auf einer Ebene im Schacht gearbeitet werden muß. Das betrifft z. B. die Reinigung des Brunnens. In diesem Fall wird die zugehörige Nische in der Nähe des Grundes eingeplant. Schutznischen können aber auch aus unvorhersehbaren Gründen erforderlich werden, wenn das Abteufen unterbrochen werden muß, weil Nacharbeiten anstehen, die mit Materialtransporten im Schacht verbunden sind. Eine solche Schutznische deutlich oberhalb des Schachtgrundes könnte also ein Beleg für eine Bauunterbrechung sein.

Zum Prinzip „Schacht aus dem Vollen“ ist abschließend festzustellen, daß das Ergebnis der mehrjährigen Mühen der Bergleute im Idealfall ein kreisrunder, senkrechter Schacht sein sollte.

126 Dieser ist lt. Agricola [De natura fossilium] so fest, daß sich die Schmiede seiner zu Ambossen bedienen.

127 Kolbmann, a.a.O., S. 86 ff

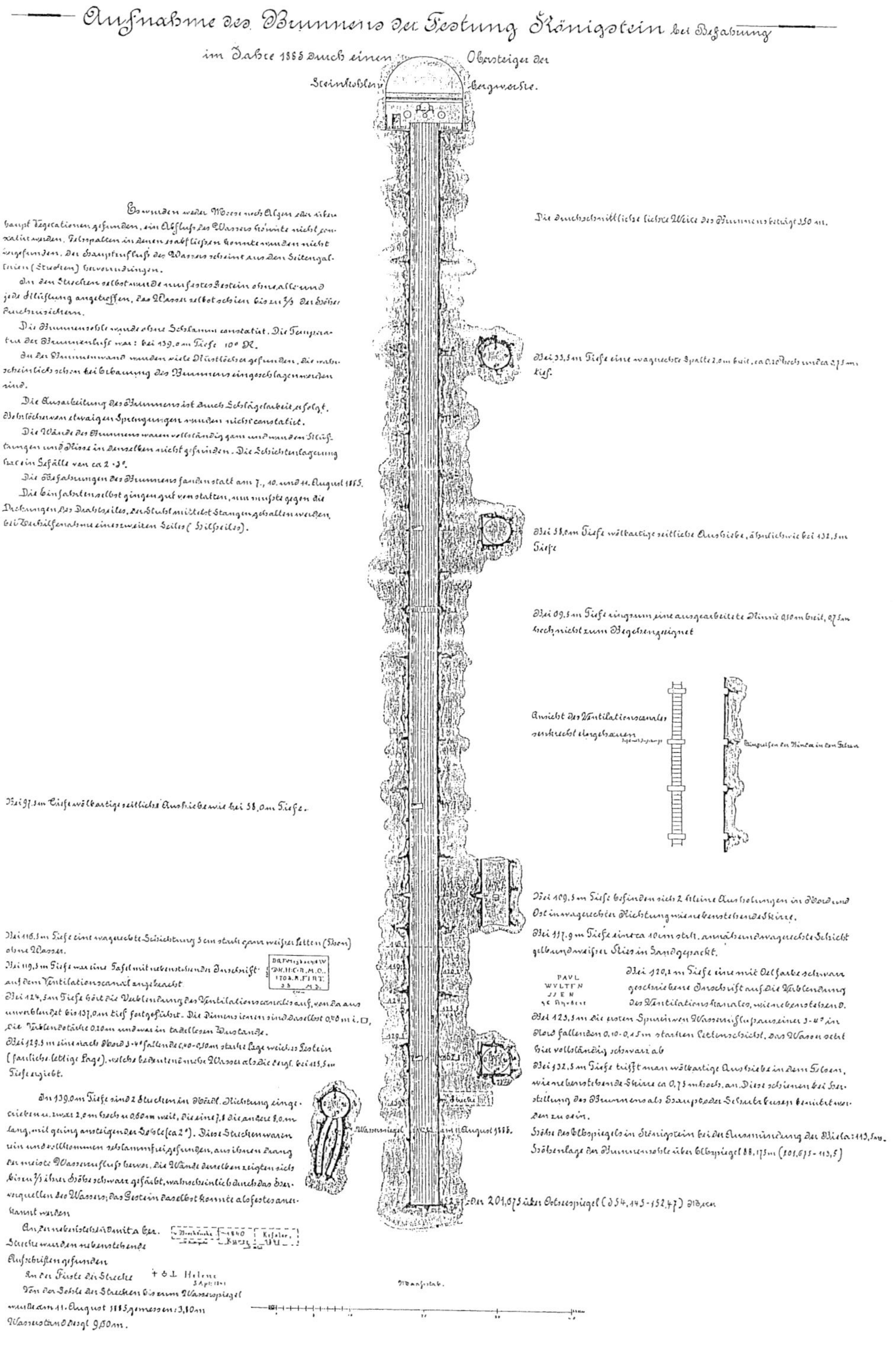

Abb. 34 Querschnitt des Brunnenschachtes der Festung Königstein

In praxi aber können wir Abweichungen nicht nur von der Senkrechten, sondern auch solche vom Idealquerschnitt beobachten. Abweichungen von der Senkrechten wurden – soweit möglich – korrigiert, um Probleme beim Wasserziehen zu vermeiden. Abweichungen vom idealen Kreisquerschnitt sind i. d. R. bedingt durch die Eigenheiten des Felsgesteins. Neben Ausbrüchen wie im Brunnen der **Wülzburg** [5] finden wir auf der **Heidecksburg** [8] mehrfache Wechsel zwischen runden und eckigen Querschnitten. Ein Beispiel besonderer Art ist der Brunnenschacht des heutigen Schlosses **Weesenstein** [2].

Bleibt noch zu erwähnen, daß der Brunnen erst für den täglichen Gebrauch genutzt werden konnte, nachdem die Hilfsgerüste im Schacht zurückgebaut, die Wasserförderanlage installiert und das schützende Brunnenhaus errichtet worden war. Das Beispiel *Stolpen* [3] lehrt, daß darüber sehr viel Zeit vergehen konnte.

2.2.2.2 Das Prinzip „Schacht im Schacht"

Wegen mangelnder Standsicherheit des Felsgesteins konnte eine Ausmauerung des bergmännischen Schachtes erforderlich werden. Wo dies auf der ganzen Tiefe des Brunnens notwendig wurde, ist also ein rund gemauerter Schacht in den zumeist rechteckig hergestellten bergmännischen Schacht eingestellt worden. Diese Bauweise bezeichnen wir als das Prinzip: „Schacht im Schacht".

Der Bau eines tiefen Brunnens nach diesem Prinzip ist aus heutiger Sicht die sehr viel interessantere Bauaufgabe. Sie stellte hohe Anforderungen an die vorbereitende Planung, die Organisation und die handwerkliche Durchführung. Neben den Bergleuten hatten jetzt auch Zimmerleute, Steinbrucharbeiter, Steinmetze und Maurer als qualifizierte Fachkräfte wesentliche Gewerke zu übernehmen. Daraus ergibt sich, daß der Bau eines solchen Brunnens mit wesentlich höheren Kosten verbunden war. Sehr wenige Brunnen sind nach diesem aufwendigen Prinzip gebaut.

– Der bergmännische Schacht

Die grundsätzlichen Aspekte des Abteufens, wie sie im vorigen Abschnitt behandelt wurden, gelten gleichermaßen auch für dieses Prinzip. Wir können uns im folgenden also auf die Darstellung der wesentlichen Unterschiede beschränken.

Aus der bergmännischen Erfahrung heraus erkannte man sehr schnell, nach welchem Prinzip ein Brunnenschacht auf einer Höhenburg abzuteufen war. Um so mehr muß es erstaunen, daß dieser Klärungsprozess auf Schloss **Hellenstein** [11] zu einer mehrmonatigen Streitfrage eskalierte. Wenn das Herausarbeiten aus dem Vollen nicht möglich war, bediente man sich einer Technik des Schachtbaues, wie sie im Bergbau üblich war.

Zunächst aber mußte man wieder eine Grube ausheben, in der ein Schachtring aufgemauert werden konnte. Dieser Baugrubensicherung im Kopfbereich kam eine besondere Bedeutung zu, da man eine tragfähige Fläche am Rande der Baugrube benötigte, von der aus später die schweren Steine für die Ausmauerung abgesetzt werden konnten.

In der zweiten Phase begann man mit dem Abteufen des bergmännischen Schachtes. Der Querschnitt dieses Schachtes mußte so ausgelegt sein, daß später der gemauerte Schacht ohne Nacharbeiten eingestellt werden konnte. In Abbildung 35 ist das dreistufige Bauverfahren schematisch dargestellt.

Da das Gebirge nicht massiv anstand, ergab sich beim Abteufen in Abhängigkeit von dem jeweiligen Gesteinsgefüge ein Schacht von mehr oder weniger großer Unregelmäßigkeit, an

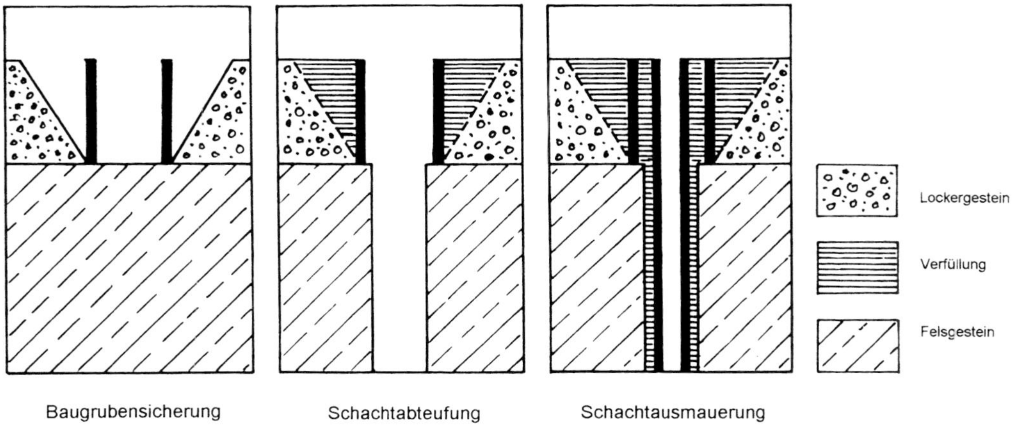

Abb. 35 Bauphasen „Schacht im Schacht"

dessen Wänden möglicherweise weiteres Lockergestein einzustürzen drohte. Man brauchte also i. d. R. zwingend einen Schachtverbau.

Diesen Verbau konnte man nicht rund ausführen, was zu einer zusätzlichen Vergrößerung des erforderlichen Schachtquerschnittes führte. Das hieß z. B. für den Bau des Brunnens auf der Veste **Otzberg** [14], daß für den späteren Brunnenschacht mit einem Durchmesser von 1,82 m zunächst ein bergmännischer Schacht mit Seitenlängen von ca. 3,5 m abgeteuft werden mußte. Das Prinzip „Schacht im Schacht" unterschied sich hier vom Prinzip „Schacht aus dem Vollen" fast genau um den Faktor 5. Für den oberen Schachtabschnitt der **Augustusburg** [15] werden die Baugrubenabmessungen mit 5 x 5 m angegeben; der Schachtdurchmesser beträgt heute 3,2 m.

Man benötigte ein Schachtgerüst, wie es in Abbildung 36 dargestellt ist, gebildet aus vier senkrechten Eckpfosten, die durch Querhölzer ausgesteift sind. An den Außenseiten zur Schachtwand hin konnten bei Bedarf Bohlen oder Schwarten eingezogen werden, zum Schutz gegen herabfallendes Gestein.

Von einer zusätzlichen Schutzvorrichtung gegen herabfallendes Gestein schreibt Agricola: *Damit aber auch den Anschlägern keine Gefahr von Steinen droht, die bei der Förderung aus dem tiefen Schacht wieder herunterfallen, wird ein wenig über dem Füllort eine Schutzbühne eingebaut, die den ganzen Querschnitt des Schachtes mit Ausnahme des Fahrtrums einnimmt. Jedoch hat die Schutzbühne … eine Öffnung, durch welche die … Kübel mittels des Haspels hochgezogen und die leeren wieder herabgelassen werden können.*[128]

Der Schacht wurde im Bergbau gewöhnlich geteilt in ein Fördertrum und ein Fahrtentrum. Im Fahrtentrum hingen die Leitern für den Auf- und Abstieg der Arbeiter, Ruhebühnen ermöglichten eine Verschnaufpause. Der Abstand der Bühnen wird mit 7,5–9 m angegeben.[129] Die konsequente Trennung der Betriebsabläufe war bei Verwendung von Gerüsten der hier beschriebenen Art auch im Brunnenbau zwingend geboten. Außer den Bergleuten kamen jetzt auch Zimmerleute zum Einsatz. Das von den Hauern gelöste Gestein mußte aufgezogen, das Holz für die Zimmerleute herabgelassen werden. In der Schlußphase des Abteufens mußte

128 Agricola, a.a.O., S. 93

129 Meyers Konversationslexikon, a.a.O., S. 727

Abb. 36 Der Schachtverbau

zusätzlich auch noch Wasser gefördert werden. Die Haspelknechte waren zeitweise rund um die Uhr im Einsatz. Im Schacht herrschte ein ständiges Auf und Ab.

Während der gesamten Dauer des Abteufens hatte das Gerüst keine Aufstandsfläche. Es mußte seitlich im anstehenden Fels verkeilt und entsprechend dem Arbeitsfortschritt Zug um Zug nach unten verlängert werden. Für die horizontalen Tragebalken waren bei Bedarf Rüstlöcher seitlich in den Fels zu schlagen. Eingezogene Schutzbohlen mußten hinterfüllt werden.

Aus den urkundlichen Belegen zum Bau des 92 m tiefen **Betzensteiner** Brunnens[130] wissen wir, daß für den Schachtverbau über 115 Fuhren Holz verbraucht wurden. Da die einheimischen Fronpflichtigen für diese gewaltige Transportaufgabe nicht ausreichten, wurden zusätzliche Kräfte aus fremden Herrschaftsbereichen verpflichtet. Für die Erneuerung der Auszim-

130 Buchner, A., Der „Tiefe Brunnen" von Betzenstein, Beiträge zur Heimatkunde, Heft 13, 1980, S. 10; Der Betzensteiner Stadt-Brunnen (1543–1549), auf ganzer Höhe ausgemauert, eignet sich aufgrund der Baubelege gut zur vergleichenden Betrachtung.

merung des bergmännischen Schachtes der Burg **Homberg** [12] wurden in den Jahren 1609/10 über 400 Stämme benötigt. Ob das viele Holz beim **Stolpener** Brunnen [3] sämtlich für das Feuersetzen verbraucht wurde oder zumindest teilweise auch dem Gerüstbau diente, wird wohl nicht mehr zu klären sein.

– Das Aufmauern des Schachtes

Beginnen wollen wir den Abschnitt über die Aufmauerung des Schachtes mit einem kurzen Blick auf eine immer wieder auftauchende Streitfrage: Es geht um die sogenannte Schachtabsenkung, wie sie heute beim Brunnenbau mit Betonringen erfolgreich praktiziert wird. Auch einen Schacht aus Ziegelmauerwerk kann man herstellen, indem man einen Senkkranz in die Baugrube einbringt, auf den das Mauerwerk gestellt wird. Von innen wird der Senkkranz unten freigegraben und so aufgrund des Eigengewichtes mit dem Mauerwerk langsam nach unten gedrückt. Das Mauerwerk wird entsprechend dem Fortgang des Absenkens von oben nachgemauert. Das hört sich einfach an; in Wahrheit handelt es sich jedoch um ein sehr riskantes Verfahren, bei dem viel Erfahrung und eine glückliche Hand erforderlich sind, um den Schacht unbeschadet niederzubringen.

Nun gibt der Grabungsfund eines Brunnens in Köln[131] immer wieder Anlaß zu der Vermutung, daß dieses Verfahren schon den Römern bekannt gewesen sein könnte. In einem Fall, wo ein Brunnen in leichten Boden gebaut wurde, könnte – auch wenn die Kölner Grabungsfunde nicht eindeutig sind – durchaus so verfahren worden sein. Beim Brunnenbau im Felsgestein aber haben weder die Römer noch die Baumeister des Mittelalters die Schachtabsenkung auch nur angedacht, da sie sich aus bautechnischen Gründen von selbst verbot. Der Schacht hätte sich auch bei sorgsamster Vorgehensweise schon nach kurzer Zeit im Fels verkeilt und aufgehängt.

Wir hatten eingangs bereits darauf hingewiesen, daß die Materialbeschaffung und die Verfügbarkeit geeigneter Arbeitskräfte das eigentliche Problem des mittelalterlichen Bauens darstellten. Aus der Lage der Höhenburgen und Bergvesten ergab sich, daß die erforderlichen Facharbeiter in der näheren Umgebung nicht oder nicht in ausreichender Anzahl verfügbar waren. Es würde zu weit führen, wenn wir hier der Frage nachgehen wollten, woher die erforderlichen Fachkräfte eigentlich kamen und wie deren Arbeitsverträge aussahen.

Noch schwieriger als die Beschaffung der Arbeitskräfte aber war die Bereitstellung des Materials. Man mußte einen Steinbruch finden mit gutem Material in genügender Mächtigkeit und in möglichst günstiger Lage zur Burg. Gebraucht wurden Sedimentgesteine wie Sand-, Kalk- oder Tuffstein. Das gebrochene Rohmaterial wurde in der Nähe des Steinbruchs verarbeitet, da auf der Höhenburg für die Steinbearbeitung kein ausreichender Platz verfügbar war.

Bei schönem Wetter arbeiten die Steinhauer mit Vorliebe unter Gottes freiem Himmel, was in Hinsicht auf die Gesundheit der Vertreter eines an sich ungesunden Handwerkes nur zu billigen ist.[132] Gegen Sonne und Regen schützten leichte Überdachungen. *Des Steinstaubes wegen soll die Anlage thunlichst luftig sein.* Ein Schmied sorgte für die Instandhaltung der Werkzeuge. Aus Untersuchungen mittelalterlicher Baustellen ist bekannt, daß für die Handwerker einfache Unterkünfte in der unmittelbaren Nähe zu ihrer Arbeitsstelle geschaffen wurden.[133]

131 Haberey, W., Die römischen Wasserleitungen nach Köln, Bonn 1972

132 Krauth, T. und Meyer, F.S., Die Bau- und Kunstarbeiten des Steinhauers, Leipzig 1896, S. 174

133 Batariuc, P. V., Cetatea de Scaun a Sucevii, Suceava 2004; Grabungsberichte von Nestor und Mitrea

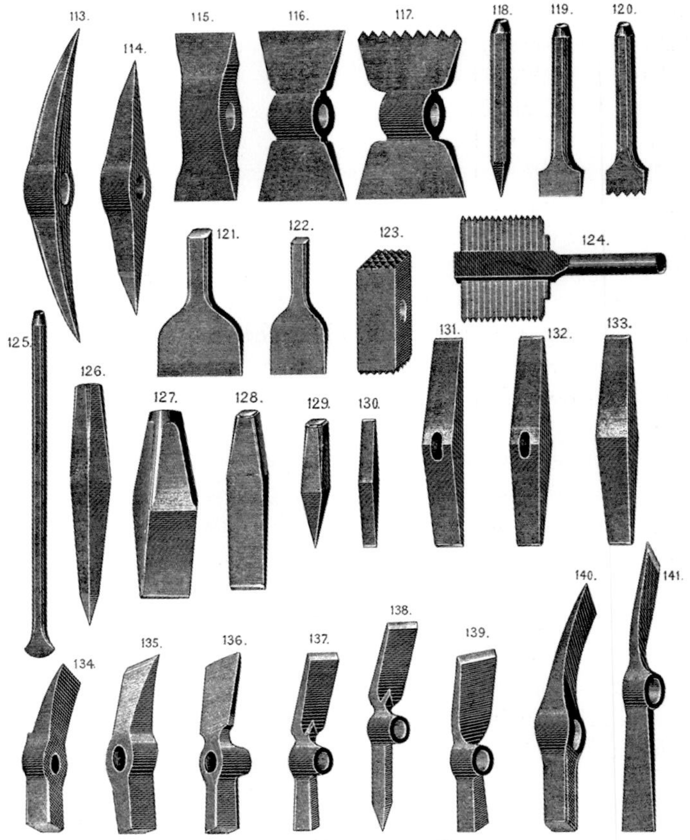

Abb. 37 Steinmetzwerkzeuge

In diesem Zusammenhang sind einige Anmerkungen zur Technik der Steinbearbeitung erforderlich. Die handwerkliche Bearbeitung des gebrochenen Steinmaterials sowie die dafür benutzten Werkzeuge sind von den Anfängen der Steinmetztechnik bis in die heutige Zeit grundsätzlich gleich geblieben. Zum rohen Behauen der Quader verwendete man den beidhändig geführten Zweispitz sowie verschieden große Schlag- und Spitzeisen, die mit dem eisernen Schlegel oder dem hölzernen Klöpfel geschlagen wurden (Abb. 37).

Wenn ein sedimentäres, d. h. im Bruch geschichtetes Gestein zu Hausteinen verarbeitet werden soll, so ist die Annahme [d. h. die Wahl] *der Bearbeitungsflächen nicht willkürlich. Soweit es immer angeht, soll jeder Stein am Bau so versetzt werden, wie er im Bruch gelegen hat, wie es seinem natürlichen Lager entspricht, und zwar deswegen, weil er auf diese Weise am meisten aushält.*[134] Entsprechend dieser Regel wurden die Rohblöcke vorgerichtet.

Die traditionelle flächige Bearbeitung der Rohblöcke, das Anlegen des Randschlages und das Abarbeiten der Bossen, die Handhabung von Richtscheid und Winkel, werden in der Fachlite-

134 Krauth und Meyer, a.a.O., S. 185

ratur[135] eingehend beschrieben. Für die Zurichtung des vorderen Hauptes eines jeden Quaders wurde eine Schablone verwendet, die dem Innendurchmesser des Schachtes angepaßt war; das hintere Haupt der Quader blieb unbearbeitet, so wie es aus dem Bruch kam. Die seitlichen Stoßflächen mußten streng radial zum Schachtmittelpunkt hin ausgerichtet werden, die rechtwinklig anschließenden Setz- und Lagerflächen sollten möglichst eben sein. Der Fugenschluß entschied über die Standsicherheit der Ausmauerung. Wo doch Abweichungen vorhanden waren, mußten diese später beim Aufmauern mit Schieferplättchen ausgezwickt werden.

Der verantwortliche Baumeister hatte zu entscheiden, welche Quaderformate gefertigt werden sollten. Zunächst mußte man sich natürlich daran orientieren, welches Rohmaterial aus dem Steinbruch gewonnen werden konnte. In Hinblick auf die Stabilität der Schachtausmauerung aber benötigte man große, möglichst einheitliche Formate. So sind im oberen Teil des Brunnens der Veste **Otzberg** [14], der erneuert werden mußte, 75 % der Steinschichten 43 cm hoch. Jeweils 6 bis 8 Quader bilden einen Ring; d. h. die Breiten der vorderen Häupter schwanken durchschnittlich zwischen 71 und 95 cm. Im unteren, älteren Schachtteil wurden schalenförmige Quader verwendet, deren Höhe um einen Faktor von ca. 1,5 größer ist als die Breite der Aufstandsflächen. Im neueren Schachtteil ist das Verhältnis gerade umgekehrt. Man wählte hier größere Auflagerflächen, da man eine höhere Standsicherheit erreichen wollte.

Die Urkunden zum **Betzensteiner** Brunnen[136] belegen, daß die Steinmetze die bestbezahlten Handwerker auf den Brunnenbaustellen waren. Gemäß Vertrag von 1543 erhielt ein Meister 2 fl 30 kr pro Woche, sein Geselle 1 fl 30 kr. Der auf der Baustelle tätige Zimmermeister erhielt gerade mal 42 Pfennige täglich, d. h. bei 5 Arbeitstagen nur 2/3 der Entlohnung der Steinmetzgesellen. Bei einem Grabarbeiter waren es gar nur 12 Pfennige pro Tag. In einem Jahr verdiente ein Betzensteiner Steinmetzmeister damit mehr als doppelt so viel wie sieben Jahre später der Frankfurter Stadtarzt.

Die Arbeit der Steinbrecher und Steinmetze im Steinbruch begann, lange bevor das Abteufen des bergmännischen Schachtes beendet war. Der **Homberg**er Rentmeister berichtet im August 1607, der Brunnen auf der Burg [12] habe eine Tiefe von 48 Lachtern (ca. 85 m) erreicht, gleichzeitig hätten die Steinhauer *in fleißiger arbeit außer was auf dem Schloß schon vorhanden* [weitere] *300 Schuh aus 13 Circuly* [auf Vorrat gefertigt], *das also zu künfftiger Notwendigkeit und schleuniger fortbringung des Bronnens kein Mangel sein wird.*[137] Die 300 Fuß entsprechen den laufenden Metern des Umfangs von 13 Brunnenringen. Wie viel Material bereits auf Vorrat gefertigt worden war, wird nirgendwo berichtet. Gleichwohl bleibt festzuhalten, daß auf volles Risiko gearbeitet wurde, denn bis zum Erreichen der endgültigen Schachttiefe fehlten zu diesem Zeitpunkt noch mehr als 60 m.

Die einzelnen Quader jeder Schicht wurden vor dem Abtransport auf die Baustelle zunächst auf dem Reißboden ausgelegt. Paßgenau mußten alle Anschlußfugen gearbeitet sein, denn Mörtelfugen waren beim Aufsetzen der großen Quadersteine nicht angezeigt. Der Parlier (svw. Polier) prüfte die Arbeit, und erst dann schlug der Steinmetz sein Zeichen in den bzw. die Quader. Die Steinmetzzeichen werden wir in einem gesonderten Kapitel behandeln.

Den Transport der Werkstücke auf die Baustelle mußten Frondienstleistende mit ihren Pferde- oder Ochsengespannen übernehmen, wobei der Streckenabschnitt den steilen Berg hinauf Mensch und Tier das Letzte abverlangte. Im Brunnen auf **Otzberg** [14] wurden Steinquader

135 Krauth und Meyer, a.a.O., S. 185 ff; Friederich, K., Die Steinbearbeitung in ihrer Entwicklung vom 11. bis zum 18. Jahrhundert, Augsburg 1932

136 Buchner, a.a.O., S. 9

137 Breiding, a.a.O., S. 82

Abb. 38 Der Brunnensumpf der Marburg

verarbeitet, die bis zu 20 Zentner wogen. Um Transportschäden zu vermeiden, wurden die Werkstücke in Stroh verpackt.

Die Bergmaurer begannen ihre Arbeit im Schacht mit der Herstellung der Gründung. Beim Brunnen der Feste **Dilsberg** [9] reichte dafür ein ca. 20 cm hoher *Ring aus grob vermörtelten Ausgleichssteinen*[138], der auf den anstehenden Sandstein aufgelegt wurde. Auf der Veste **Otzberg** [14], wo der Schacht im unregelmäßigen Basalt gegründet ist, war eine aufwendige gemischte Konstruktion erforderlich. Der Schacht des Brunnens der Burg **Homberg** [12] durchstößt mit seiner Tiefe von 150 m den anstehenden Basalt und gründet auf Schichten des darunter liegenden Muschelkalks.

Bei der Räumung des Brunnens auf Schloß **Marburg** wurde 1880 eine Ausbildung des Sumpfes, d. h. des unteren Endes des Schachtes dokumentiert, die wohl erst im Rahmen der Reparaturarbeiten in den Jahren 1672–1675 entstanden ist (Abb. 38). *Der Sumpf* [so wird kommentiert] *ist unten mit Steinplatten bedeckt, sodaß die hinabkommenden Schöpfeimer keinen Sand aufwirbelten.*[139] Der abgesetzte untere Teil aber wird wohl gerade die Aufgabe gehabt haben, die Bodenablagerungen aufzunehmen. Mit den Kübeln wurde oberhalb des Sumpfes geschöpft. Die Platten am Boden erleichterten die Reinigung des Brunnens.

138 Dachroth und Wiltschko, a.a.O., S. 12

139 Justi, a.a.O., S. 102 f

Aus einer Urkunde von 1612 erfahren wir, daß es *ein altes herkommen* war, *im anfang des Brunnes aus zu mauren den grundt stein* zu legen. Da der Landgraf als Bauherr kaum geneigt war, diese Handlung im Brunnenschacht der Burg **Homberg** [12] persönlich vorzunehmen, teilt der Baumeister mit, habe *ich vor meine geringe vndt wenige persohn* den Grundstein für die Ausmauerung des Schachtes gelegt.[140]

Die ersten Meter, die auf die Gründungsebene aufgesetzt wurden, bildeten später das Reservoir des Brunnens. Sobald die Höhe dieses Schachtteiles den oberen Bereich der wasserstauenden Schicht erreicht hatte, stellte sich die Frage nach der Wasserfassung. Es liegt bisher nur ein Beispiel für eine konstruktive Ausbildung zur Fassung des zufließenden Wassers vor. Auf der Feste **Dilsberg** [9], deren Brunnen nur in der oberen Hälfte ausgemauert ist, weil der Schacht später verlängert werden mußte, befindet sich 3,5 m über dem Ende der Ausmauerung eine *bleyene Teichel nebst herum liegender Kandel, worauß daß quell wasser in bronnen fließet.*[141]

Im gemauerten Brunnenschacht der **Ronneburg** [13] dagegen findet sich keine Wasserfassung dieser oder ähnlicher Art. Hier soll es sich um einen sogenannten Quellschacht handeln, bei dem Wasser vom Grund her zutritt. Im Brunnen der Veste **Otzberg** [14] sickert das Kluftwasser unkontrolliert durch die offenen Fugen des Mauerwerks.

Die wesentliche Aufgabe der Maurer beim Aufbau des Schachtes bestand in der paßgenauen Positionierung der von den Steinmetzen gelieferten Quader zu geschlossenen Ringen. Die Quader, jeweils für einen kompletten Ring vorgefertigt, wurden nach dem Baukastenprinzip zusammen- und aufeinander gesetzt. *Ein schlechtes, unaufmerksames Versetzen der Bausteine rächt sich nicht selten dadurch, dass Steine abgedrückt werden, wenn der Bau längst vollendet ist. Es können dann leicht auch gut versetzte Partien in Mitleidenschaft gezogen werden; es können Risse entstehen, die sich auf mehrere Schichten … erstrecken.*[142]

Die Druckfestigkeit des Mauerwerkes war um so größer, je genauer die gedrückten Flächen gearbeitet wurden. Da das Material aber nicht gesägt und geschliffen werden konnte, waren geringe Maßtoleranzen nicht zu vermeiden. Die Kunst beim Versetzen bestand darin, den Druck in der Lagerfuge gleichmäßig zu verteilen. Ob man – wie zuweilen im Hochbau – bei Bedarf mit Zwischenlagern aus Bleiblech gearbeitet hat, ist nicht bekannt. Sichtbar sind heute vereinzelt dünne Schieferplättchen, mit denen man versuchte, die Unebenheiten in den Stoß- und Lagerfugen auszugleichen. Alle Anschlußfugen blieben offen. Eine Ausnahme stellt der bis etwa zur Hälfte ausgemauerte Brunnenschacht von Schloß **Hellenstein** [11] dar. Hier wurden Ende des 17. Jahrhunderts hartgebrannte Backsteine mit einem fetten Kalkmörtel vermauert.[143]

Wahrscheinlich waren die Maurer auch für das Ausraumeln, das Hinterfüllen und Auskeilen der Zwischenräume zum anstehenden Fels hin verantwortlich. Diese Arbeit war entscheidend für die Stabilität des Schachtes. Sobald sich einzelne Steine nach hinten aus dem Verband lösten, bestand Gefahr für das Gesamtgefüge.

Die Frage, ob bzw. inwieweit der hölzerne Schachtverbau beim Aufmauern Zug um Zug wieder ausgebaut wurde, ist ungeklärt, da wir nicht hinter die Steine sehen können. Aus bautechnischer Sicht wäre dies zwingend notwendig gewesen, da das Holz langsam verfaulte und auf diese Weise Hohlräume entstanden, so daß sich die Hinterfüllung lockern konnte. Andererseits aber ist zu bedenken, daß der Rückbau der Schachtauszimmerung eine lebensgefährliche Aufgabe gewesen wäre.

140 StA Marburg, Bestand 17 e, Homberg/Efze, Nr. 30

141 Kurpfälzisches Museum der Stadt Heidelberg, Planarchiv Nr. Z 2205

142 Krauth und Meyer, a.a.O., S. 198

143 Heinzelmann und Jantschke, a.a.O., S. 241

Versetzt wurden die oft bis zu 20 Zentner schweren Steine mit Hilfe von Lastkränen, deren Entwicklung während der Durchführung der großen Bauvorhaben der Gotik entscheidend vorangetrieben worden war. Vom einfachen Galgen mit Haspel bis hin zu Aufzügen mit Treträdern sind aus dieser Zeit vielfältige Arten von Hebezeugen überliefert (Abb. 39). Was für das Heben schwerer Lasten geeignet war, konnte im Prinzip auch für das Absenken solcher Lasten verwendet werden, vorausgesetzt, das Hebezeug ließ sich in dem Maße schwenken, wie es für den Schachtbau erforderlich wurde.

Anders als bei den durch Menschen- oder Tierkraft betriebenen Hebezeugen im Hochbau und bei der späteren Wasserförderung kam es beim Aufmauern eines Brunnenschachtes in erster Linie darauf an, daß die Steinlasten kontrolliert abgesenkt, d. h. jederzeit sicher abgebremst werden konnten. Ob hierfür allein der später beschriebene Bremsschuh (Abb. 49) ausreichte, darf bezweifelt werden. Andere Konstruktionen sind nicht bekannt.

Den Maurern, die schutzlos unter den schwebenden Lasten arbeiten mußten, werden die Schwächen der verfügbaren Hebezeuge schmerzlich bewußt gewesen sein. Gottvertrauen war ihr einziger Trost. Aufschlußreich ist in diesem Zusammenhang ein Hinweis auf die noch bis ins 19. Jahrhundert für die Beladung von Schiffen üblichen großen hölzernen Turmdrehkräne, die über zwei Treträder verfügten, in denen jeweils bis zu vier Männer das Heben der schweren Lasten besorgten. *Allerdings gab es dabei nicht selten Unfälle, wenn die Arbeiter in den Trommeln die Last nicht mehr mit ihrem Gewicht zu halten vermochten und es versäumt hatten, rechtzeitig herauszuspringen. Sperrklinken gab es in diesen völlig aus Holz bestehenden Anlagen noch nicht.*[144]

Gehalten wurden die Steinquader an den Lastseilen mit Steinzangen, auch Hebeklauen oder Greifscheren genannt. Schon aus der Antike sind Steinzangen als Greifzeug bekannt. Die früheste bekannte Darstellung einer solchen Zange in unseren Breiten[145] stammt aus dem Jahre 1300. Die Greifzange bilden zwei durch einen Gelenkbolzen verbundene Greifarme, durch deren Ösen am oberen Ende im einfachsten Fall ein am Lastseil befestigter Eisenring geführt wird (Abb. 40). Beim Heben schließen sich die Greifarme und verkeilen sich in zwei Löchern, die erst auf der Baustelle von den Maurern in die Parallelseiten der Quader eingearbeitet wurden.

Die Anordnung der Zangenlöcher erfolgte so, daß der Quader beim Heben und Senken in stabiler Lage verblieb. Die Zangenlöcher konnte man später nur noch von der Schachtseite her sehen. Da aber auch Brunnenschächte bekannt sind, deren Quadermauerwerk keine Zangenlöcher aufweist, kann nicht ausgeschlossen werden, daß das Versetzen hier mit dem sogenannten Wolf erfolgte. Da die Wolflöcher in die Oberseite des zu hebenden Quaders eingearbeitet werden mußten, sind sie heute nicht mehr sichtbar.

Im Brunnenschacht waren Arbeitsbühnen neu zu installieren, von denen aus die notwendigen Handreichungen beim Einbau der großen Quader getätigt werden konnten. Umfängliche Auswertungen historischer Darstellungen von Hochbaumaßnahmen belegen: *Die gängige Konstruktionsweise, die seit der zweiten Hälfte des 12. Jahrhunderts abgebildet ist, sind die Auslegergerüste, insbesondere Auslegergerüste ohne Abstützung.*[146] *In diesem Fall gingen die Gerüststangen*

144 Troitzsch, U., Technischer Wandel in Staat und Gesellschaft zwischen 1600 und 1750, in: Propyläen Technikgeschichte, Bd. 3, Berlin 1997, S. 27

145 Ritzzeichnung an einem Strebepfeiler der katholischen Pfarrkirche St. Maria in Volkmarsen.

146 Binding, G. und Nussbaum, N., Der mittelalterliche Baubetrieb nördlich der Alpen in zeitgenössischen Darstellungen, Darmstadt 1978

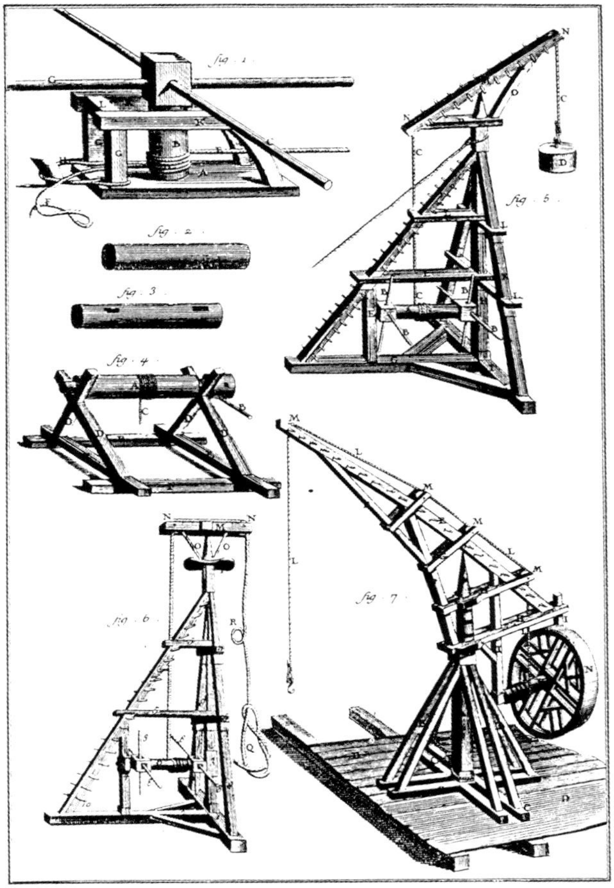

Abb. 39 Hebezeuge

ganz durch die Mauer hindurch und wurden nach beendeter Arbeit einfach aus den Löchern herausgezogen und mit dem übrigen Arbeitsgerüst ein Stück höher erneut verwendet.[147]

Wäre eine solche mitwandernde Gerüstkonstruktion bei der Schachtaufmauerung zum Einsatz gekommen, wären im Schachtmauerwerk in regelmäßigen, kurzen Abständen die Rüstlöcher verblieben. Uns ist nur ein solcher Fall bekannt: Es handelt sich um den 150 m tiefen Brunnen der Burg **Homberg** [12]. In Abständen von jeweils ca. 1 m sind übereinander vier Rüstlöcher paarweise gegenüberliegend vorhanden. Die Ausrichtung der Rüstlöcher ist über die ganze Tiefe des Schachtes gleich; d.h. die schmalen Rüstebenen, die nacheinander von unten nach oben benutzt wurden, lagen in der Schachtmitte genau übereinander.

Da in allen anderen bisher bekannten Schächten solche regelmäßigen Rüstlöcher fehlen, müssen wir davon ausgehen, daß man dort entweder Arbeitsgerüste verwendet hat, die frei in der runden Öffnung standen, oder daß von dem bereits gefertigten Schachtrand aus gearbeitet wurde, ggfs. unter Verwendung zusätzlicher Bohlen. Im Brunnenschacht der **Ronneburg** [13]

147 Fitchen, a.a.O., S. 106 f

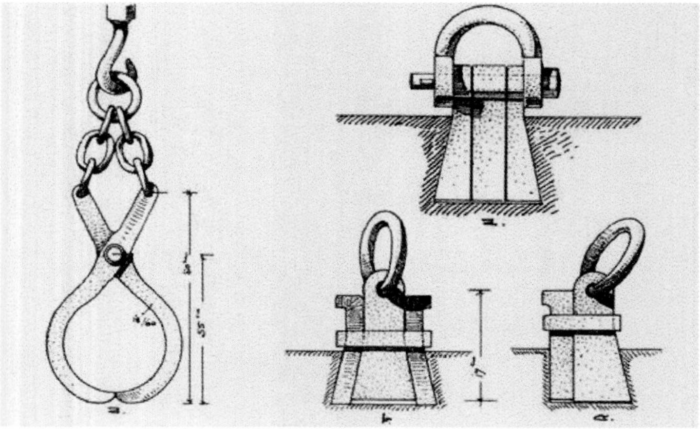

Abb. 40 Zange und Wolf zum Versetzen der Quadersteine

sollen im Abstand von etwa 10 m jeweils 8 *Balkenlöcher für ein Etagengerüst* vorhanden sein.[148] Genauere Angaben dazu fehlen.

Andererseits sind aber in der Höhe sehr weit auseinanderliegende, meist nur ca. 8/8 oder 8/10 cm große Rüstlöcher in vielen Schächten noch heute nachweisbar. Hierbei handelt es sich jedoch um Vorrichtungen für Hilfsgerüste, wie sie später z. B. für die Durchführung von Bergungsarbeiten erforderlich werden konnten, sobald das Brunnenseil gerissen war. Die Verbindungen zwischen den weit auseinanderliegenden Rüstebenen wurden dann durch Leitern hergestellt. Die Ausrichtung der Rüstlöcher ändert sich meist von Ebene zu Ebene, um das durchgängige Klettern zu erleichtern.

Die erwähnten Rüstlöcher wurden in der Regel vor Ort im Zuge des Einbaues der Quader von den Maurern hergestellt. In den erforderlichen Abständen wurden dazu auf dem **Otzberg** [14] in die Oberseite der dafür vorgesehenen liegenden Schicht U-förmige Aussparungen eingearbeitet. Mit der Überdeckung durch die nächste Schicht entstand so das Rüstloch. Auf Burg **Homberg** [12] wählte man den umgekehrten Weg. Die U-förmigen Aussparungen sind hier jeweils in die Unterseite der Decksteine eingelassen, mußten also bereits vor dem Einbau von den Steinmetzen eingearbeitet werden.

Für die Dauer der Arbeiten an der Aufmauerung liegen kaum verwendbare Aussagen vor. Wohl nicht ganz zu Unrecht mutmaßt Nieß[149] im Falle des Brunnens der **Ronneburg** [13], daß *die ganze Zeit* [die für das Abteufen benötigt wurde] *nochmals für die Aufmauerung des Schachtes* erforderlich war. Wegen der Unzulänglichkeiten der Hebezeuge kam man nur langsam voran, und die Arbeit war extrem gefährlich. Nicht selten stürzten Quadersteine vor dem Einbau ungebremst in den Schacht. Der bereits fertiggestellte Teil des Schachtes wurde beschädigt, Gerüste wurden zerstört, Arbeiter verletzt oder getötet. So kam es wohl häufiger zur Unterbrechung des Bauablaufes.

Daß es auch anders gehen konnte, belegt der Zeitablauf für den Brunnen der Burg **Homberg** [12]. Mit dem Bau wurde im Frühjahr 1605 begonnen. Legt man die wenigen Zeugnisse über

148 Dr. Walter Nieß, Büdingen, danke ich für das Befahrungsprotokoll vom 30.05.1984.

149 Nieß, P., Die Ronneburg, Burgverlag Braubach a. Rh. 1936

Abb. 41 Rettung aus dem Brunnen

den Baufortschritt zugrunde, dann hätte der bergmännische Schacht im Februar 1509 fertig sein können, was einer Gesamtzeit für das Abteufen von vier Jahren entsprochen hätte. Ganz offensichtlich aber muß es zu Verzögerungen im Bauablauf gekommen sein. Erst vom April 1612 datiert der Bericht[150] über die Grundsteinlegung für die Schachtausmauerung, von der im Mai 1612 bereits 30 m aufgesetzt worden waren. Da die Fertigstellung für das Jahr 1613 angenommen werden kann, hat man hier also maximal 18 Monate für die Ausmauerung benötigt. Ausschlaggebend dafür war wohl – wie bereits erwähnt – die gute Arbeitsvorbereitung.

Sobald der Schacht die Höhe erreicht hatte, auf der die Wasserentnahme erfolgen sollte, wurde als Abschluß ein Brunnenkranz aufgesetzt. Diese Schachterhöhung macht zunächst keinen Sinn, da dadurch das Wasser höher als erforderlich gehoben werden mußte. Aber es war – wie uns der Sachsenspiegel aus der Zeit um 1230 lehrt – alte Gewohnheit. Im zweiten Buch des Landrechts lesen wir dort: *Ein Mann soll für den Schaden, der anderen Leuten aufgrund seiner Unachtsamkeit widerfährt, aufkommen: sei es, daß er ihn verursacht durch einen Brand oder einen Brunnen, den er nicht kniehoch über der Erde eingehegt hat.*[151] Heute begegnen uns diese von alters her üblichen Brunnenkränze i. d. R. mit einer Höhe um 1 m. Der Gesichtspunkt der Unfallverhütung war in der Vergangenheit sicher nicht zu trennen von dem rein praktischen Gesichtspunkt der möglichen Verschmutzung des Brunnenwassers.

150 StA Marburg, Bestand 17 e, Homberg/Efze Nr. 30

151 Eike von Repgow, Der Sachsenspiegel, Landrecht II, 37(38), Hrsg. C. Schott, Zürich 1991

– Nischen und Stollen, Teil 2

An dieser Stelle müssen wir zunächst den Gedanken wieder aufnehmen, mit dem wir die Ausführungen zum Abteufen nach dem Prinzip „Schacht aus dem Vollen" abgeschlossen hatten. Wir müssen über die Schutznischen reden, die wir als Begleiterscheinung von Bauunterbrechungen ansehen.

Wir hatten bereits mehrfach auf die Gefahren beim Aufmauern eines Schachtes hingewiesen: Wenn die Auszimmerung des bergmännischen Schachtes, die vor Jahren hergestellt worden war, erneuert werden mußte, war jederzeit mit herabstürzendem Material zu rechnen. Beim Absturz eines Steinquaders wurden meist weitere Quader und Gerüstmaterial mit in die Tiefe gerissen. Nur ein Teil fiel durch bis auf den Grund. Der Rest verkeilte sich im Schacht und bildete dort einen Pfropf, der jederzeit abrutschen konnte. Bei den Aufräumarbeiten durfte man also tunlichst nicht auf das abgestürzte Material steigen. Das Bergen des Materials war mit extrem hohem Risiko verbunden.

Es ist also gut vorstellbar, daß man Schutznischen anlegen mußte, um überhaupt Freiwillige für diese Arbeiten zu finden. Schutz boten solche Nischen aber nur, wenn sie aufgehendes Mauerwerk über sich hatten; d. h., daß nach dem Schadenseintritt zunächst einmal in Teilen weitergebaut werden mußte, damit eine Schutznische entstehen konnte.

Bei der Räumung des 150 m tiefen Brunnens der Burg **Homberg** [12] wurden im Bereich zwischen 86 m und 130 m unterhalb des Brunnenkranzes sechs solcher Nischen festgestellt. Aus den Homberger Amtsrechnungen ist zwar ersichtlich, daß im Jahre 1609 zur Beseitigung eines Brunnenschadens 310 Stämme Holz gebraucht wurden; im Jahr darauf wurden weitere 109 Stämme geliefert *zu Kragstempeln, als der Bronnen schaden genommen und oben vom tage herein von Neuem verzimmert und verbauet worden.*[152] Da die Ausmauerung aber – wie oben erwähnt – erst im Jahre 1612 begonnen wurde, ergibt sich hieraus keine Erklärung für die sechs Nischen.

Im Brunnen der **Ronneburg** [13] wurden drei „Mannlöcher" in der gemauerten Schachtwand festgestellt. Die Schutznische in etwa 40 m Tiefe dürfte ebenfalls mit einer Bauunterbrechung im Zusammenhang stehen. Die beiden anderen Nischen im Bereich des 1984 festgestellten Wasserstandes könnten Schutznischen für die Brunnenputzer gewesen sein.

Bei der Räumung des Brunnens der Veste **Otzberg** [14] wurde 2006 eine sorgsam ausgebildete Schutznische für den Brunnenputzer entdeckt (Abb. 147). Im oberen, gemauerten Schachtteil des **Dilsberg**er Brunnens [9] befindet sich eine „Türöffnung" als Teil der Wasserfassung (Abb. 97). Auch diese Nische wird dem Schutz der Brunnenputzer gedient haben. In die Steine, die den zurückgesetzten Türrahmen bilden, aber ist zum Fels hin umlaufend ein Türeinschlag ausgearbeitet. Ob man hier einen Stollen bauen wollte, wird sich nicht mehr abschließend klären lassen.

Zu beiden Seiten der Nische für den Brunnenputzer im **Marburg**er Brunnen (Abb. 38) sind Eisenringe angebracht, an denen sich der Mann im Unterstand festhalten konnte.

Ein Brunnenstollen konnte als Sonderbauteil in einem gemauerten Schacht bisher nur einmal nachgewiesen werden. Dieser Stollen, der aus dem ca. 10 m gemauerten Oberteil des Brunnens der Burg **Breuberg** [7] unter dem Burgtor hindurchführt, wurde angelegt, um den Abraum aus dem anschließenden bergmännischen Schacht in den Burggraben verfüllen zu können, ohne das Burgtor für den Transport benutzen zu müssen.

Die wenigen Brunnen, die wir heute als komplett ausgemauert kennen, finden sich im Basalt der Burgberge der Burg **Homberg** [12] (150 m), der **Ronneburg** [13] (96 m) und der Veste

152 Breiding, a.a.O., S. 85

Otzberg [14] (50 m) sowie im Muschelkalk unter der **Wachsenburg** (93 m) und der ehemaligen Festung **Grimmenstein** (45 m).

– Die Steinmetzzeichen

Die Ausführungen zur Ausmauerung von Brunnenschächten wären unvollständig, wenn wir die Steinmetzzeichen unerwähnt lassen würden. Ganz allgemein verstehen wir unter Steinmetzzeichen die Kennzeichnungen von Werksteinen in Form von Zahlen, Buchstaben oder Symbolen; Inschriften bleiben hier außer Betracht.

Die Zeichen auf Werksteinen dienten verschiedenen Zwecken:
– als Hilfe für die Montage von Bauteilen,
– als Kennzeichnung bei Demontage und Wiederaufbau von Bauteilen,
– zur Kennzeichnung der Urheberschaft des Herstellers.

Versetzzeichen als Montagehilfen

Auf den Mauerquadern dreier elsässischer Burgen wurden neben Urheberzeichen auch besondere Kennzeichnungen dokumentiert, die – abgeleitet aus den römischen Zahlen – in Schichten gleicher Höhe wiederkehrend verwendet wurden.[153] Es handelte sich hier also um Versetzzeichen, die das vorgefertigte Baumaterial hinsichtlich seiner Höhe kennzeichneten.

Im Brunnenbau war die gleichbleibende Höhe der Quader eines Ringes bautechnische Grundvoraussetzung, die keiner besonderen Kennzeichnung bedurfte. Hier mußten aber alle Quader, die zu einer Ringlage gehörten, als zusammengehörig gekennzeichnet werden. Diese Kennzeichnung ist heute nicht mehr sichtbar, wenn sie auf der Lagerfläche angebracht war, was sich aus der Handhabung beim Einbau anbot.

Es sind aber auch Fälle bekannt, wo sich eine solche Kennzeichnung auf dem vorderen Haupt der Quader erhalten hat. Diese konnte z. B. in der Durchnumerierung der Ringlagen mit römischen Zahlen bestehen. Daß es heute schon mal zu Fehldeutungen solcher Versetzzeichen kommen kann, werden wir später am Beispiel des **Heidenloch**es [1] zeigen. Auch arabische Ziffern wurden verwendet. Eine besondere Symbolik findet sich im Brunnen der Ruine **Landskron**[154] (Abb. 42). Im Schacht des **Otzberg**er Brunnens [14] kennzeichnen Urheberzeichen die Zusammengehörigkeit der Quader einer Ringlage.

Kennzeichnung bei der Demontage von Bauteilen

Bei der Befahrung des Brunnens auf Schloß **Friedenstein** im Winter 2003/04 wurde auf den Quadern des oberen Teiles der Ausmauerung neben vereinzelten Urheberzeichen eine fast flächendeckende Anordnung von arabischen Zahlen dokumentiert.[155] Der Abschlußbericht kommt zu dem Ergebnis, daß es sich bei diesen Zahlen um Versetzzeichen handelt, die nach Herstellung der Quader und vor deren Einbau angebracht wurden. Dem möchten wir widersprechen.

Wir wollen im folgenden versuchen, in der hier gebotenen Kürze darzulegen, daß die Zahlen sowohl zu einem anderen Zeitpunkt als auch ursächlich aus einem anderen Grund aufgebracht

153 Kill, R., Les signes lapidaires composés du château de Haut-Kœnigsbourg, in: Châteaux forts d'Alsace, 3/1999; Kill, R. und Haegel, B., Doppelsteinmetzzeichen an elsässischen Burgen, in: Burgen und Schlösser, Zeitschrift der Deutschen Burgenvereinigung, II/1980

154 Schmid, B., Die Ausgrabung des Brunnens in der Ruine Landskron, in: Denkmalpflege in Rheinland-Pfalz, Jg. 52-56, 1997–2001, S. 476 ff

155 Höhne, D. und Hopf, U., Der Brunnen unter dem Gothaer Schlosshof und seine Versatzzeichen, in: Gothaisches Museums-Jahrbuch 2006, S. 41 ff

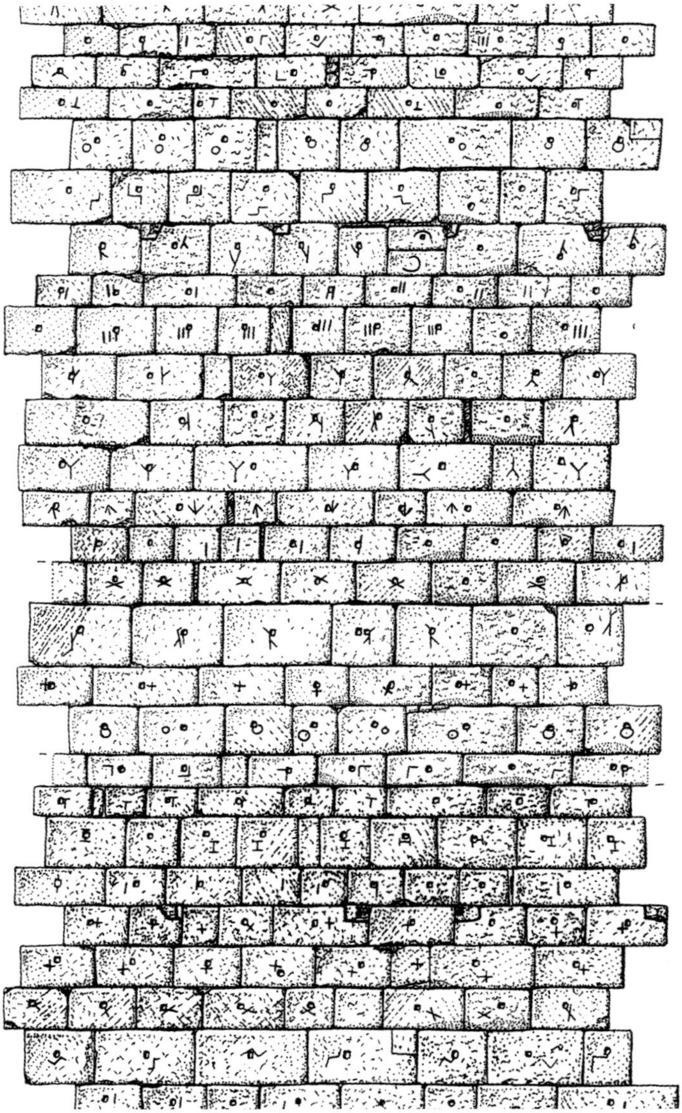

Abb. 42 Versetzzeichen im Brunnen der Ruine Landskron

wurden. Dazu muß zunächst ein Blick auf die Baugeschichte erlaubt sein, wie sie dem Bericht über die Brunnenbefahrung beigegeben ist.

Der Brunnen entstand in den Jahren 1535/36 im Zuge des Umbaues der Burg **Grimmenstein** zu einem Schloß, das heute den Namen **Friedenstein** führt. Die Baubelege sind lückenhaft. Klar aber ist, daß der Schacht nach 1536 mehrfach vertieft wurde. Im Abschlußbericht wird eine Quelle[156] zitiert, in der es im Anschluß an die Fertigstellung der Ausmauerung im Jahre

156 Rudolphi, Fr., Gotha Diplomatica, Teil 2, Frankfurt/Leipzig 1717

Abb. 43 Zahlen als Montagehilfen im Brunnen von Schloß Friedenstein

1536 heißt: *Hierauf sind noch mehr Leute den Grund an dem Brunnen zugraben angeleget* [eingestellt] *worden / welche noch 6. Ellen tieffer gegraben.* Im Jahre 1669 wird die Tiefe des Brunnenschachtes vom Schloßhof aus mit 118 Schuh 8 Zoll (ca. 35 m) angegeben. Heute mißt der Schacht rd. 47 m, dies allerdings ab dem Fußboden der unterirdischen Brunnenhalle, der gut 6 m unter dem derzeitigen Niveau des Schloßhofes liegt. Daraus ergibt sich eine Größenordnung für die nachträglichen Vertiefungen von ca. 15 m.

Der Bericht erwähnt eine *Rechnung über den Brunnen-Bau unter dem Friedensteinisch Schloß-Hofe welcher in den Jahren 1798 und 1799 ausgebauet worden.* Eine Begründung für diese Schachtauswechslung wurde bisher nicht gefunden. Naheliegend aber ist, daß die vor 250 Jahren hergestellte Ausmauerung Schaden genommen hatte, wobei die nachträglichen Vertiefungen des Brunnens ihren Teil beigetragen haben dürften.

Der Schaden aber beschränkte sich offensichtlich auf nur wenige Steinlagen, so daß man davon ausgehen konnte, das übrige ausgebaute Material wieder verwenden zu können. Aus diesem Grunde wurden die auszubauenden Schichten von unten nach oben fortlaufend numeriert und die Quader entsprechend lagenweise mit der gleichen Zahl gekennzeichnet. So war sichergestellt, daß die Quader einer Lage später als zusammengehörig erkannt und problemlos wieder eingebaut werden konnten.

Die im Schacht dokumentierten Zahlen zeigen eine lagenweise Ordnung, sind in der Vertikalen aber völlig ungeordnet (Abb. 43). Die Reihenfolge der Schichten konnte beim Wiedereinbau aufgrund ihrer Gleichförmigkeit beliebig sein. Auffallen muß, daß die Zahlenreihe von 4 bis 89 komplett ist. Bei den fehlenden Lagen 1 bis 3 dürfte es sich um das defekte Material handeln, das für die aufwendige Reparatur verantwortlich war. Zwischen den heutigen Schichten 1 und 92 finden sich 6 Steinlagen, deren Quader keine Kennzeichnung tragen. Sie waren als Ersatz und Ergänzung erforderlich. Die oben zitierte Rechnung spricht von insgesamt 11 Schichten, die neu gefertigt werden mußten. Die 5 Schichten, die sich als Differenz ergeben, können sowohl oberhalb der Schicht 1 als auch unterhalb der Schicht 92 verbaut worden sein.

Der heutige Schacht wurde mit insgesamt 149 Lagen dokumentiert. Es fällt auf, daß die Schichthöhen unterhalb der Lage 92 deutlich gleichmäßiger sind als im Bereich darüber, wo man überwiegend das alte Material wiederverwendete. Der Abstand zwischen den Schichten 92 und 149 beträgt ca. 15 m, entspricht also der nachträglichen Verlängerung des Schachtes. Kennzeichnungen auf Quadern wurden in diesem Bereich nicht festgestellt.

Bei der Demontage eines Baukörpers, der später aus den gleichen Bauteilen wieder entstehen sollte, war es zwingend erforderlich, lagespezifische Zusammenhänge auf den Bauteilen vor der Demontage zu kennzeichnen. Diese Vorgehensweise entsprach der handwerklichen Praxis. Gewählt wurde hier das einfache System der fortlaufenden Numerierung, was aber nicht verhindern konnte, daß es in einigen wenigen Fällen später auf der Baustelle doch zu Verwechslungen beim Wiedereinbau gekommen ist.

Als Überleitung zum nächsten Abschnitt sei erwähnt, daß sich neben den genannten Zahlen auf insgesamt 19 Quadern auch Urheberzeichen finden, die der Bauzeit von 1536 zuzuordnen sind und sich ursprünglich im Bereich zwischen den Schichten 6 und 48 befanden. Nicht unerwähnt bleiben darf, daß eines der Urheberzeichen auf einem Quader steht, der nicht zugleich mit einer Zahl gekennzeichnet ist. Dieser Umstand allein aber erscheint nicht hinreichend, um die obigen Darlegungen zu verwerfen.

Kennzeichnung der Urheberschaft

Den Urheberzeichen als Steinmetzzeichen im engeren Sinne kommt eine besondere Bedeutung zu, weil sie eine Hilfe bei der Datierung von Brunnen sein können, im Einzelfall möglicherweise sogar einen Hinweis auf eine konkrete Person als ausführenden Handwerker geben.

Mit dem Ende der Klosterbauschulen im 11. Jahrhundert tauchen an Hochbauten nördlich der Alpen die Steinmetzzeichen auf. Das Bauen ging in die Hände weltlicher Handwerker über. Diese „Laienmeister" schlossen sich alsbald zu Handwerksgilden in Form von Bruderschaften zusammen, die sich eigene Hüttenordnungen gaben. Die älteste überlieferte Hüttenordnung stammt aus dem Jahre 1397.

Die Torgauer Hüttenordnung zu Rochlitz von 1462 ist die erste bekannte, *welche von Zeichen spricht, die den Hüttenmitgliedern verliehen werden, und die Ehrenzeichen sind.* In Artikel 25 heißt es: *Und ob ein Meister oder geselle kemen die das Handwerck oder die Kunst kunden und begert eines Zeichens von einem Werckmeister, dem sol er seinen Willen darumb machen, und zu*

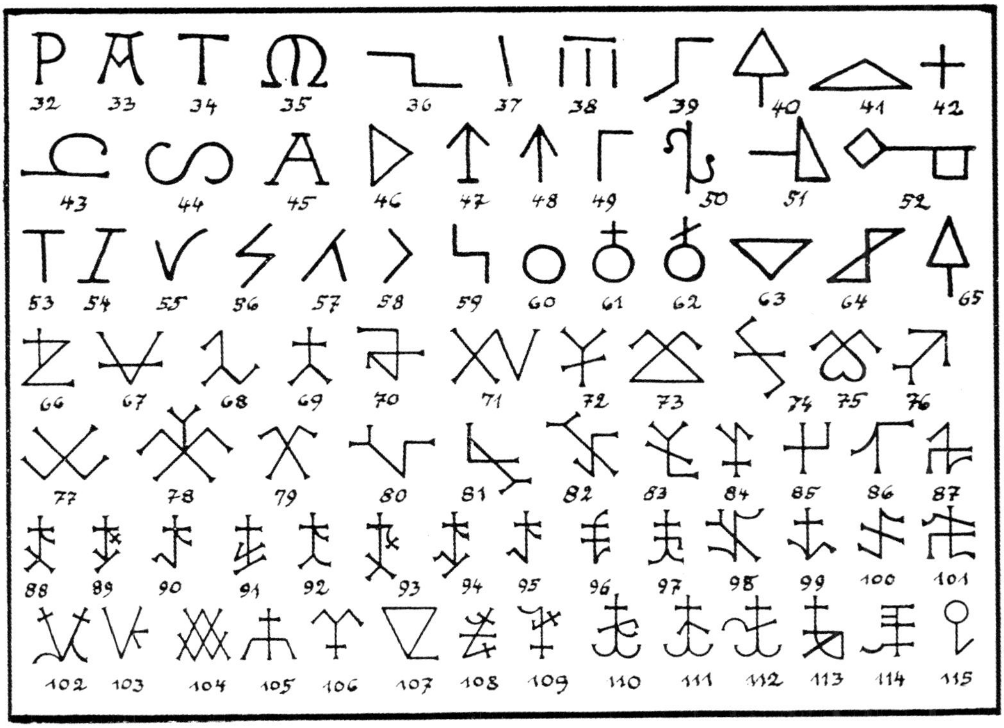

Abb. 44 Steinmetzzeichen vom Mittelalter bis zur Neuzeit

Gottesdienst geben, was Meyster und gesellen erkennen. Und soll das Zeichen zwiffelt schenken Meystern und gesellen.[157]

Das Zeichen war also an die Person gebunden. Es durfte nicht verändert oder an Fremde verschenkt oder gar verkauft werden. Ob ein Zeichen vom Vater auf den Sohn übergehen konnte und inwieweit das Zeichen des Vaters innerhalb seiner Familie durch geringfügige Veränderungen fortentwickelt wurde, kann anhand der wenigen namentlich bekannten Beispiele nicht mit Sicherheit gesagt werden.

Die Steinmetzzeichen haben sich im Laufe der Zeit stilistisch verändert. Um die Vielfalt der Erscheinungsformen und deren gestalterische Fortentwicklung deutlich zu machen, sind in Abb. 44 exemplarisch einige Steinmetzzeichen dargestellt, wie sie in verschiedenen Epochen üblich waren. So stehen Nr. 32–65 beispielhaft für das 11. bis 13. Jahrhundert, Nr. 66–87 für das 15. Jahrhundert, Nr. 88–101 für das 16. Jahrhundert und Nr. 102–115 für das 17. Jahrhundert bis zur Mitte des 18. Jahrhunderts.

Grundsätzlich sind Steinmetzzeichen, wie sie ab der Mitte des 12. Jahrhunderts auftreten, Zeichen eines Lohnverhältnisses, Hilfsmittel für die Abrechnung erbrachter Leistungen. Darüber hinaus dienten sie zur Dokumentation der individuellen Verantwortlichkeit für kompli-

157 Ržiha, F., Studien über Steinmetzzeichen, Wien 1883; Wenngleich neben den Meistern auch Gesellen das persönliche Zeichen verliehen werden konnte, sprechen wir um der Lesbarkeit des Textes willen grundsätzlich vom Steinmetzmeister.

zierte Bauteile oder Konstruktionen und als Urhebermarken an künstlerisch besonders anspruchsvollen Werkstücken.

Während sich das Wesen der persönlichen Zeichen der Steinmetzmeister und -gesellen aus den Urkunden der Bauhütten erschließt, wissen wir bis heute nicht, nach welchem System man diese Zeichen entwickelte und wie man verhinderte, daß ein Zeichen mehrfach vergeben wurde. Auch können wir nur Vermutungen darüber anstellen, warum solche Zeichen im Hochbau nicht regelmäßig auf allen Werkstücken eines Steinmetzes angebracht wurden. Die Art des Vertragsverhältnisses dürfte hierbei eine Rolle gespielt haben. Bei der Ausmauerung von Brunnenschächten konnte man das Urheberzeichen zugleich als Versetzzeichen nutzen, wenn alle Quader eines Ringes gekennzeichnet wurden.

Ein Abgleich der Steinmetzzeichen bezeugt, daß sich viele Steinmetze spezialisiert hatten. So, wie der eine künstlerisch anspruchsvolle Epitaphe fertigte, lieferte eine andere Werkstatt vornehmlich Tür- und Fenstergewände oder Stufen für Wendeltreppen. Es ist daher nicht auszuschließen, daß auch die Herrichtung der Quadersteine für Brunnenschächte von Spezialisten vorgenommen wurde, die mit den besonderen konstruktiven und bautechnischen Anforderungen des Schachtbaues vertraut waren. Im Vergleich zu den Kollegen, die ihr Geld im Hochbau verdienten, wäre ihre Anzahl dann jedoch nur sehr gering gewesen.

2.3 Die Wasserförderung

Der Haspel, mit dem wir uns schon bei der Beschreibung des bergmännischen Abteufens eingehender beschäftigt haben, ist die Hebevorrichtung, mit der seit frühesten Zeiten auch Wasser aus Schächten gefördert wurde. Seine Verwendung war um die Zeitenwende so selbstverständlich, daß Vitruv keine Bemerkung darauf verschwenden mußte, als er die verschiedenen Arten des Wasserschöpfens beschrieb.[158] Wir lassen es an dieser Stelle bewenden mit einem Hinweis auf Abbildung 18, die zeigt, wie zwei Kübel gleichzeitig am gegenläufigen Seil bewegt werden; während der volle gehoben wird, senkt sich der leere ab.

Zwei Eimer sieht man ab und auf
in einem Brunnen steigen,
und schwebt der eine voll herauf,
muß sich der andre neigen.
Sie wandern rastlos hin und her,
abwechselnd voll und wieder leer,
und bringst du diesen an den Mund,
hängt jener in dem tiefsten Grund;
nie können sie mit ihren Gaben
in gleichem Augenblick dich laben.

(Friedrich Schiller, 5. Parabel)

Wir hatten eingangs, bei der allgemeinen Beschreibung von Hebevorrichtungen, bereits darauf hingewiesen, daß der Einsatz von handbetriebenen Haspeln nur begrenzt möglich war. Die Gewichte der Kübel hoben sich beim Pendelbetrieb zwar auf, aber neben dem Gewicht der geschöpften Wassermenge wurde mit zunehmender Schachttiefe auch das Gewicht des Seiles zu einem Problem. Das Gewicht der 3–4 cm starken Hanfseile lag bei wenigstens 2,5 Pfund pro laufenden Meter.[159] (Das Gewicht wird in Pfund angegeben, da auch die Kosten der Seile danach abgerechnet wurden.) Und so waren Schachttiefen von mehr als 40 m mit der Muskelkraft zweier Männer kaum mehr zu bewältigen.[160]

158 Vitruv, a.a.O., X 4, S. 349 ff

159 Das ca. 160 m lange Seil für den 82 m tiefen Stolpener Brunnen soll nur 3,5 Zentner gewogen haben.

160 Ludwig, a.a.O., S. 50

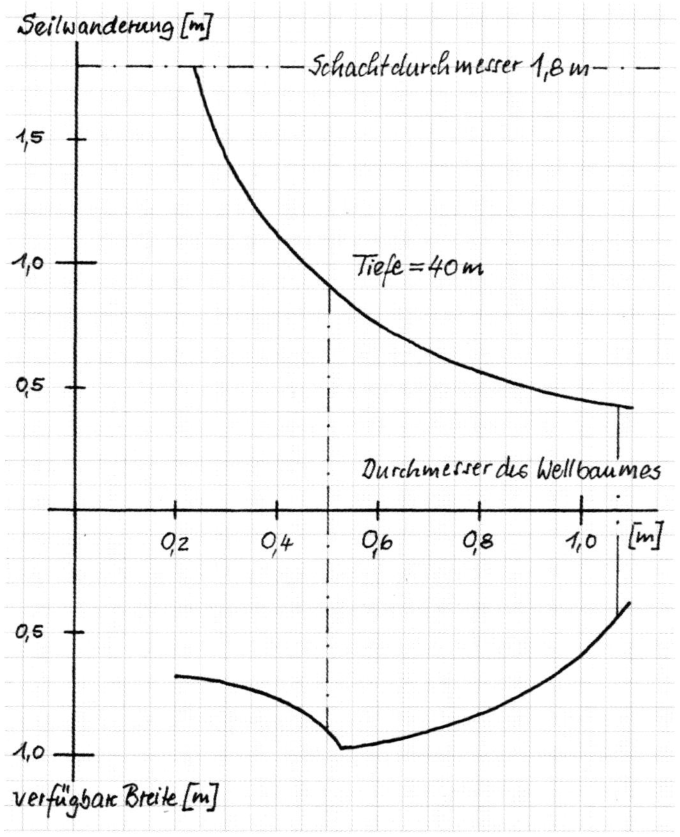

Abb 45 Diagramm zur Seilwanderung auf dem Wellbaum

Für den Brunnen auf der Feste **Dilsberg** [9], der rd. 46 m tief ist, zeigt Abbildung 22 ein von einer Handkurbel betriebenes Schwungrad mit einem nachgeschalteten Getriebe (Untersetzung). Am Brunnen der **Sonnenburg** in Südtirol ist ein solches Schwungrad überliefert, bei dem am Radkranz kurze Griffstangen versetzt so angeordnet sind, daß die Drehbewegung durch einen zupackenden zweiten Mann verstärkt werden kann.

Das Wasserheben im Pendelbetrieb war aber auch aus ganz praktischen Gründen nur begrenzt möglich. Das Seil mußte mehrfach nebeneinander liegend um den Wellbaum gelegt werden, um den vollen Kübel beim Heben über die Haftreibung zwischen Seil und Wellbaum halten zu können. Bei den dicken Seilen hätten dazu zwei bis drei Turns völlig ausgereicht. Abbildung 18 zeigt wesentlich mehr Turns, weil man die Kübel bei dem geringen Durchmesser des Wellbaumes auf Abstand halten mußte, um den Pendelbetrieb überhaupt zu ermöglichen.

Beim Drehen des Haspels aber wanderten die Seillagen stets zu der Seite hin, an der das Seil aufgewickelt wurde. Ein Wellbaum von 20 cm Durchmesser mußte rd. 64 Mal gedreht werden, bis der Kübel aus einer Tiefe von 40 m gehoben war. Dabei war das Seil auf der Welle um wenigstens 1,92 m gewandert. Wenn man jetzt noch die seitlichen Begrenzungen durch den Schachtdurchmesser hinzunimmt, wird deutlich, wie schnell die Einsatzgrenzen eines Haspels bei der Wasserförderung aus Brunnen erreicht waren.

Im praktischen Betrieb wird man versucht haben, das Problem der Seilwanderung zu entschärfen und nur die notwendigen zwei bis drei Turns aufzulegen. Dazu aber mußte der Durchmesser des Wellbaumes vergrößert werden, wodurch sich der verfügbare freie Bewegungsraum für die Kübel im Schacht verringerte. Gleichzeitig war auch zu beachten, daß der Kurbelradius möglichst größer blieb als der halbe Durchmesser des Wellbaumes, da sich anderenfalls das Verhältnis der Hebelarme zusätzlich laststeigernd ausgewirkt hätte. Da diese Überlegungen von grundsätzlicher Bedeutung sind und im Prinzip auch bei den Tretradanlagen für tiefere Brunnen zum Tragen kommen, wollen wir näher darauf eingehen.

Wir haben zur Veranschaulichung der Zusammenhänge zwischen Tiefe und Durchmesser des Schachtes sowie dem Durchmesser des Wellbaumes in Abbildung 45 ein Diagramm entwickelt, aus dem sich die Einsatzgrenzen leicht ablesen lassen. Zugrunde gelegt wurde ein Schacht mit einer Weite von d = 1,8 m, aus dem mit zwei Kübeln zu 50 Liter Wasser aus einer Tiefe von 40 m gehoben werden soll. Jeder Kübel hat einen Durchmesser von 0,5 m. Zwischen den Kübeln bzw. zwischen Kübel und Schachtwand ist ein Sicherheitsabstand von jeweils 5 cm berücksichtigt. Bei der Berechnung der Seilwanderung wurde eine Dicke des Hanfseiles von 3,5 cm zugrunde gelegt, da nicht davon ausgegangen werden kann, daß ein 3 cm dickes Seil press aufgewickelt werden konnte.

Bei einem Wellbaumdurchmesser von 0,4 m ergibt sich in unserem Fall eine Breite der Seilwanderung von 1,1 m. Wegen der Weite der Schachtöffnung von 1,8 m ist aber nur eine Breite von 0,77 m auf dem Wellbaum verfügbar, so daß der Betrieb nicht möglich ist. Erst ab einem Wellbaum von d = 0,5 m ist die verfügbare Breite für die Seilwanderung ausreichend. Die theoretische Obergrenze liegt bei d = 1,07 m. In diesem Zusammenhang sei aber an die Abhängigkeit zwischen Kurbelradius und Durchmesser des Wellbaumes erinnert.

Der unstete Kurvenverlauf der jeweils verfügbaren Breite erklärt sich aus dem Abstand, der zwischen den Kübeln einzuhalten ist. Je geringer der Wellbaumdurchmesser, desto mehr Seilturns sind erforderlich, um die Kübel auf Abstand zu halten. Erst ab d = 0,55 m ist der Abstand der Kübel untereinander so groß, daß man mit den in Hinblick auf die Haftreibung notwendigen 2–3 Turns auskommt.

Man konnte Abhilfe schaffen, indem man den Seillauf seitlich begrenzte. In der praktischen Umsetzung bedeutete das die Anordnung von z. B. drei Sprossensternen auf dem Wellbaum, in deren beiden Zwischenräumen sich die Seile bewegen mußten. Das Aufwickeln erfolgte nun zwangsläufig in mehreren Lagen übereinander. Man brauchte dazu aber ein doppelt so langes Seil, das in der Mitte am Wellbaum befestigt war. Dieses Prinzip, das bei größeren Tiefen unabdingbar wurde, ist heute noch an der Wasserförderanlage der Festung **Wülzburg** [5] zu besichtigen.

Das Wasser wurde mittels Ledersäcken oder Kübeln aus dem Brunnen gezogen (Abb. 46). Die Ledersäcke haben in einigen Brunnenschächten Spuren hinterlassen. Die Quader sind an der Stelle, wo der Sack herausgezogen wurde, deutlich glatt geschliffen. Die Kübel durften auf keinen Fall an der Schachtwand entlang schrammen. Die von Agricola beschriebene Ausführung der Holzkübel[161] mit ihren charakteristischen Eisenbeschlägen hat sich im Prinzip gehalten, solange die tiefen Brunnen genutzt wurden. Die von ihm speziell für den Wassertransport im Bergbau empfohlenen Kübel, die *oben enger sind, und zwar deshalb, damit das Wasser nicht verschüttet wird, wenn sie … an den Ausbau anstoßen*[162], waren für die Wasserförderung aus Brunnen nicht brauchbar.

161 Agricola, a.a.O., S. 123 f

162 Agricola, a.a.O., S. 127 f

Abb. 46 Kübel und Ledersäcke zum Wasserziehen

Hier kam es wesentlich darauf an, daß der Kübel beim Auftreffen auf die Wasseroberfläche von allein umfiel. Dazu mußte er oben weiter als unten und deutlich höher als breit sein. Nur so konnte er sich selbsttätig mit Wasser füllen. Hilfreich dabei waren die schweren eisernen Bügel, die beim Aufsetzen umschlugen und den Kübel umkippten. Und damit die Seile, an denen die Kübel hingen, nicht ständig naß waren und dadurch schneller verrotteten, fügte man kurze Eisenketten zwischen Seil und Bügel ein, die zusätzlich das Kippen beschleunigten.

Die Frage, von welcher Größe die Kübel waren, beantwortet sich aus der Größe der Schächte. Da die Kübel beim Pendelbetrieb im Schacht aneinander vorbeigeführt werden mußten, setzte der Schachtdurchmesser die Grenze. Im Normalfall begegnen wir Gefäßen von 50 bis 60 Liter Fassungsvermögen.

Größere Behältnisse setzten nicht nur größere Schachtdurchmesser voraus, sondern auch bessere Hebezeuge. Erst im 14. Jahrhundert kamen für die kräftezehrende Dauerbeschäftigung des Wasserhebens Treträder in Gebrauch, in denen Menschen gingen. Solche Tretrommeln wurden zwar schon vor Beginn unserer Zeitrechnung von Vitruv beschrieben[163], nördlich der Alpen aber hatte man sie lange vergessen. Die Vergrößerung des Hebelarmes

163 Vitruv, a.a.O., X 2, S. 339

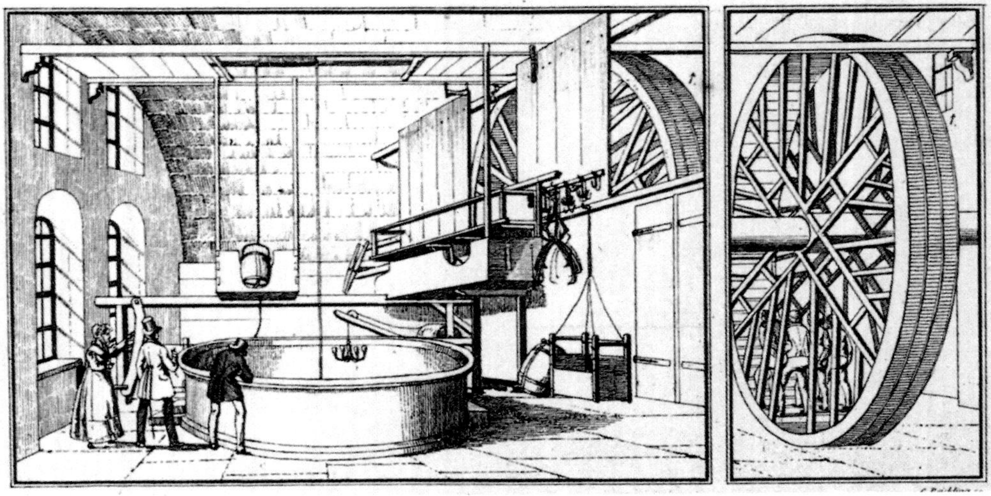

Abb. 47 Das ehemalige Tretrad des Brunnens der Festung Königstein

und der Einsatz des Körpergewichtes sowie das Ausnutzen der Schwungkraft der riesigen Holzräder waren so überzeugend, daß man diese „neue Erfindung" dankbar aufgriff, um fortan Baukräne und Wasserförderanlagen damit zu betreiben (Abb. 17). Noch im Jahre 1724 plädiert Jacob Leupold[164] in seinem Maschinenbaubuch für die Ausnutzung der *gantzen Schwehre des Leibes* an einem optimalen Hebelarm im *perpendicularen Rad*, d. h. im Tretrad mit horizontaler Achse.

Angetrieben wurde eine solche Maschine laut Agricola[165] durch ein *Rad, welches von zwei Leuten getreten wird; es ist 23 Fuß hoch und 4 Fuß breit, damit beide Arbeiter nebeneinander arbeiten können; … Die das Rad tretenden Arbeiter ergreifen, damit sie nicht fallen, Stangen, die an der Innenseite des Rades angebracht sind.* Diese Stangen sind auf der zugehörigen Abbildung zwar nicht dargestellt; aufschlußreich aber erscheint der Hinweis, daß für zwei nebeneinander gehende Männer eine Breite von 4 Fuß (entspr. ca. 1,10 m) ausreichen soll. Wir haben das ausprobiert: Es geht tatsächlich.

Treträder von 23 Fuß (ca. 6,50 m) Durchmesser, wie sie Agricola für Bergwerke empfiehlt, findet man zur Wasserförderung an Brunnen nicht mehr. Das abgegangene Tretrad auf der Festung **Königstein** soll 7 m Durchmesser gehabt haben. Abbildung 47 zeigt vier Männer im Rad. Die heute noch vorhandenen Treträder messen zwischen 3,8 und 4,9 m (Tab. 4).

Die Konstruktion der Treträder stellte hohe Anforderungen an das Können der Zimmerleute bzw. Wagner und der Schmiede. Die beiden Radscheiben, die über die Lauffläche miteinander verbunden waren, sind mit 4 oder 8 Speichen überliefert, die in die Achse eingelassen sind. In anderen Fällen wurden 4 Doppelspeichen paarweise jeweils links und rechts an der Achse vorbeigeführt. (Abb. 48) Das sah klobiger aus, die Achse aber wurde so nicht

164 Leupold, J., Theatrum Machinarum Generale oder Schauplatz des Grundes Mechanischer Wissenschaften, Leipzig 1724

165 Agricola, a.a.O., S. 167 f

Brunnen der Burganlage	Öffnung / Tiefe [m]	Antrieb des Windwerkes
Augustusburg / Sachsen	3,20 / 130	Göpelwerk, durch 2 Ochsen betrieben
Breuberg / Hessen	1,75 / >83	Tretrad (D = 3,80 / Li = 1,40 m) mit Getriebe
Königstein / Sachsen	3,50 / 152,5	Göpelwerk; ab 1586 Tretrad (D = 7 m?)
Kufstein / Tirol	2,10 / 70	Tretrad (D = 4,45 / Li = 1,65 m) mit Getriebe
Otzberg / Hessen	1,82 / 50	Tretrad (D = 4,40 / Li = 1,10 m) ohne Getriebe
Ronneburg / Hessen	1,80 / 96	Tretrad (D = 4,80 / Li = 0,95 m) ohne Getriebe
Wülzburg / Bayern	2,25 / ca. 140	Tretrad (D = 4,90 / Li = 1,40 m) ohne Getriebe

D = Außendurchmesser, Li = Laufbreite innen

Tab. 4 Wasserförderanlagen an Burgbrunnen

geschwächt. Diese stabile Ausführung scheint im Bergbau üblich gewesen zu sein. In die Enden der Achsen wurden schmiedeeiserne Zapfen eingelassen, die sich in geschmiedeten Lagerschalen drehen konnten. Schwieriger als die Herstellung dieser Gleitlager war die Halterung der Zapfen in der hölzernen Achse. Mehrere schmiedeeiserne Spannringe mußten für den sicheren Sitz sorgen.

Wichtig für einen geregelten Betrieb der großen Holzräder war eine wirksame Bremse, da die Männer im Rad die Hubgeschwindigkeit nur schwer steuern konnten. Auf der **Ronneburg** [13] ist eine einfache Vorrichtung erhalten, wie sie Agricola im Jahre 1550 als Stand der Technik dokumentiert hat. (Abb. 49) Ein Holzbalken wurde mittels eines zweiarmigen Hebels angehoben und von unten gegen den Radkranz gedrückt. So bremste er die Bewegung über Reibung ab. War der Bremsklotz verschlissen, konnte er leicht ausgewechselt werden. Den Radkranz aber mußte man durch einen Metallreif gegen Verschleiß schützen.

Von der Burg **Homberg** [12] ist überliefert, daß es hier speziell ausgebildete Esel waren, *so das Bronnenrad aufm Schloß tretten,*[166] d. h. im Tretrad liefen. Wie trieb man das Tier dazu, im Radkäfig brav zu laufen, zumal es nach jedem Hub umgedreht werden mußte? Der Pförtner von **Spangenberg** soll zwei Esel *daselbst abgerichtet anhiro geliefert und im Bronnenrad angeführt* haben. Über die Bauart des Tretrades wissen wir nichts.

Um den Wasserknechten die Arbeit zu erleichtern, baute man auf der Festung **Kufstein** ein Getriebe (Untersetzung) ein. Getreu dem Prinzip, wonach Arbeit das Produkt aus Kraft mal Weg ist, mußten jetzt aber längere Wege billigend in Kauf genommen werden.

Um welche Wege es sich handeln konnte, hat Ruckdeschel[167] beispielhaft durchgerechnet. Das Wasser aus dem z. Z. 136 m tiefen Brunnen der Festung **Wülzburg** [5] wurde mit einem einfachen Tretrad (D_i = 4,5 m) ohne Getriebe gehoben. Die Wasserknechte mußten dazu 55 Runden im Radkäfig gehen und legten dabei 800 m zurück. Das Wasser aus dem nur 70 m tiefen Brunnen der Festung **Kufstein** wurde mit einem Tretrad (D_i = 4,1 m) gehoben, dem eine Getriebeuntersetzung nachgeschaltet war. Dadurch mußten die Wasserknechte zwar weniger Kraft aufwenden, für einen Hub aber 100 Runden im Radkäfig laufen und dabei 1.300 m zurücklegen.

166 Breiding, a.a.O., S. 86

167 Ruckdeschel, W., Historische Wasserförderung auf Burgen und Schlössern, in: Frontinus-Schriftenreihe, Bd. 18, 1993

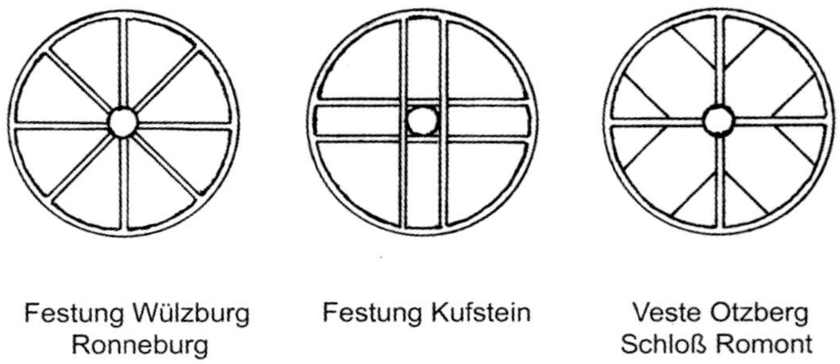

Abb. 48 Konstruktionsprinzip der Radscheiben

Man darf nun aber nicht meinen, die Wasserknechte hätten sich ständig im Laufschritt bewegt. Ihre Dauerleistungsfähigkeit setzte ihnen Grenzen, so daß man sich das „Laufen" eher als ein „Schreiten" vorstellen muß. Somit kann es nicht verwundern, daß die Förderzeiten bei den tiefen Brunnen von **Wülzburg** [5] und **Königstein** 30 bis 45 min je Hub betragen haben. Aus dem Reglement der Festung **Regenstein** ist bekannt[168], daß ohnehin nur drei Mal am Tag Wasser gezogen wurde und die langen Förderzeiten letztlich nicht ins Gewicht fielen.

Jetzt aber konnte sich auszahlen, daß man beim Abteufen des Schachtes den Mehraufwand für Durchmesser von über 3 m nicht gescheut hatte. Man konnte größere Kübel als in den bergmännischen Standardschächten üblich einsetzen; d. h. je Hub konnte – genügend Wasser vorausgesetzt – mehr Wasser gefördert werden.

Da in Veröffentlichungen über tiefe Brunnen häufig sehr spielerisch umgegangen wird mit extrem großen Wasserkübeln, die aus sehr großen Tiefen gehoben wurden, muß an dieser Stelle ein Hinweis auf die Belastbarkeit der Förderseile erlaubt sein. Aus der praktischen Erfahrung wußte man, daß es einen Zusammenhang geben mußte zwischen der Länge eines Seiles und der Last, die an diesem Seil hängen konnte. Erst Leonardo da Vinci (1452–1519) erkannte, daß ein Seil bei genügender Länge durch sein eigenes Gewicht reißt. Und er bewies, daß ein gleichmäßig starkes Seil an seinem oberen Befestigungspunkt bricht (reißt), da hier das Gewicht am größten ist.

Damit erklärt sich der Zusammenhang zwischen Totlast (Seilgewicht) und Nutzlast: Je länger das Seil ist, desto geringer wird die zulässige Nutzlast. Fördertiefe und Größe der Wasserkübel ließen sich also nicht gleichzeitig beliebig steigern. Die Zunahme der Fördertiefe bedingte automatisch einen Verzicht auf Nutzlast. An diesem Zusammenhang änderte auch der Einsatz besserer Hebezeuge nichts.

Eine Ideenskizze des Heinrich Schickhardt[169] macht deutlich, wie das vorindustrielle Maschinenbauwesen (um 1620) nach Arbeitserleichterungen bei der Wasserförderung suchte. Seine für die Festung **Wülzburg** [5] entworfene Maschine (Abb. 50) kam aber nicht zur Ausführung. Es blieb beim hölzernen Tretrad, getreu der Feststellung des Jacob Leupold, *daß die einfältigsten Arthen bey Maschinen die besten und sichersten sind.* [170]

Einen Sonderweg ist man im 16. Jahrhundert auf der Burg **Breuberg** [7] gegangen. Für das Heben des Wassers wurde hier ein Schöpfbecherwerk (Abb. 91) eingesetzt. Auf dem Wellbaum saß eine breite Radscheibe, über die zwei endlose Ketten parallel geführt wurden. In regelmäßi-

168 Behrens und Reimann, a.a.O., S. 44
169 HStA Stuttgart, Nachlaß Schickhardt, N 220, T 20
170 Leupold, a.a.O.

Abb. 49 Der Bremsschuh

gen Abständen waren an diesen Ketten kleine Kannen befestigt. Beim Drehen des Tretrades entleerten sich die Kannen selbständig in eine Rinne, die das Wasser in einen Trog leitete.

Anders als beim Pendelbetrieb mit Kübeln konnte man beim Schöpfbecherwerk das Tretrad immer fortlaufend in der gleichen Richtung betreiben, weshalb sich hier der Einsatz eines Esels geradezu anbot, zumal der Durchmesser des Tretrades aus Platzgründen so gering war, daß ein Wasserknecht gar nicht im Rad hätte laufen können. Sobald man also das Tier in den Radkäfig bugsiert hatte, versetzte man das Tretrad in Drehung. Die Masse des Rades bewirkte, daß es nur geringer Impulse bedurfte, um die Drehung beizubehalten. Und diese Impulse gab der Esel, weil er laufen mußte – ob er wollte oder nicht. Wäre er stehen geblieben, hätte es ihn hinten hochgehoben und er wäre gestürzt. Also lief er. Eine Getriebeuntersetzung erleichterte ihm zwar die Arbeit, dafür aber mußte er längere Wege traben.

Mehrfach haben wir bereits den Brunnen der **Augustusburg** [15] beispielhaft zitiert. Zum Heben des Wassers wurde hier seit 1579 ein Göpelwerk verwendet, bei dem der senkrecht stehende, 6 m hohe Göpelbaum mit seinem überdimensionalen Zahnkranz von 7,5 m Durchmesser von einem umlaufenden Ochsengespann gedreht wurde. (Abb. 152) Konstruktionsbedingt lag damit der eigentliche Wellbaum gut 6,5 m über dem Fußbodenniveau des Brunnenhauses. Die Zugtiere mußten nach jedem Hub umgespannt werden, um sodann in die entgegengesetzte Richtung zu laufen. Agricola hat einen solchen Göpel detailliert beschrieben.[171]

Der für den Brunnenbau auf Augustusburg verantwortliche Bergmeister Planer hatte seine Erfahrungen aus dem Freiberger Bergbau eingebracht. Auch auf dem **Königstein** hatte Planer bereits 10 Jahre früher einen solchen Göpel bauen lassen, der jedoch wegen unsachgemäßer Handhabung schon nach vier Jahren nicht mehr funktionsfähig war und deshalb – nach langjährigen, vergeblichen Versuchen mit einem Pumpensystem – im Jahre 1586 durch ein Tretrad ersetzt wurde.

171 Agricola, a.a.O., S. 134 ff

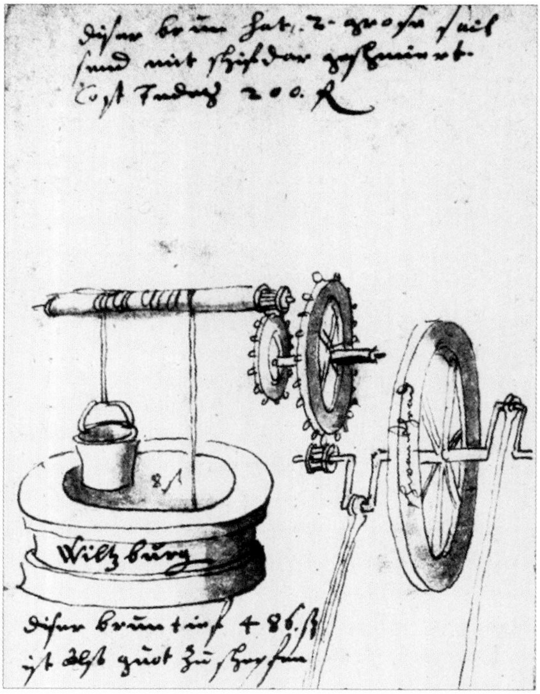

Abb. 50 Wasserförderung nach Schickhardt, um 1620

Nicht unerwähnt bleiben darf hier der tiefe Brunnen der Stadtburg von **Orvieto** [16], aus dem das Wasser ohne den Einsatz mechanischer Fördereinrichtungen gehoben wurde. Um den eigentlichen Brunnenschacht herum hatte man Wendeltreppen so im Fels angelegt, daß Esel in ununterbrochener Folge das Wasser aus der Tiefe herauf transportieren konnten.

Über jedem Brunnen, soweit er nicht ohnehin innerhalb eines Gebäudes erbaut worden war, wurde ein Brunnenhaus, zumindest aber ein Schutzdach errichtet. Es sollte Verschmutzungen des Wassers vorbeugen, die Fördereinrichtung vor Verwitterung und die Wasserknechte vor den Unbilden der Witterung schützen. Nachdem die Brunnen nicht mehr für die tägliche Wasserversorgung gebraucht wurden, verfielen die Brunnenhäuser, die zumeist nur aus Holz errichtet worden waren. Wo sich ein steinerner Brunnenkranz erhalten hatte, ließ man ihn frei stehen und betrachtete ihn fortan als dekoratives Element des Burghofes.

Abschließend muß noch eine Sonderbauweise erwähnt werden, die nach dem Aufkommen der Feuerwaffen einer möglichen Zerstörung des Brunnens durch Artilleriebeschuß entgegenwirken sollte. Im Brunnenhaus der Festung **Königstein** schützt ein im Scheitel 4 m dickes Gewölbe seit 1735 den tief liegenden Raum, in dem das Wasser gezogen wurde. Der Brunnen der Festung **Marienberg** war noch zu Beginn des 19. Jahrhunderts mit einer *bombensicheren Ummantelung* versehen worden.[172] Nach deren Entfernung stellt sich das Brunnenhaus heute wieder als kunstvoller Renaissancebau dar.

172 Glück, P., Die Festung Marienberg ob Würzburg, 1922, S. 59 f

Aus dem Grundriß, den Wilhelm Dilich 1613 von der Burg **Homberg** [12] fertigte (Abb. 116), ergibt sich, daß der Brunnen unterhalb des Schloßhofes lag. Ein starkes Gewölbe schützte den Raum, der hier neben dem Brunnen auch noch zwei große Zisternen beherbergte.

Ob der Brunnen der Festung **Grimmenstein** bereits 1536 in einem Gewölbe unterhalb des Schloßhofes endete, ist unklar. Belegt ist aber, daß nach dem Umbau zum Schloß **Friedenstein** sowohl im Gewölbe unterhalb des Hofes als auch direkt vom Schloßhof aus Wasser aus dem Brunnen gezogen werden konnte. 1669 hatte man verfügt, *oberhalb dem Gewölbe dieses Brunnen noch ein Rath zu setzen, mit der wellen Creutzweise daß 4 Eymer gehen können.*[173] Zwei Tretradanlagen übereinander mit um 90° versetzten Wellbäumen hat es wohl an keinem anderen Brunnen gegeben.

2.4 Bau- und Betriebskosten

Bevor wir den allgemeinen Teil der Ausführungen zum Brunnenbau auf Höhenburgen und Bergvesten abschließen, wollen wir noch einmal zurückkommen auf die eingangs zitierte Aussage[174], einige der tiefen Brunnen hätten gemäß der Überlieferung genauso viel gekostet wie die ganze Burg. Tendenziell mag dieser Gedanke richtig sein, im konkreten Fall lassen sich aber weder die Kosten der „ganzen Burg" noch die ihres tiefen Brunnens exakt feststellen.

Daß der Bau tiefer Brunnen teuer war, ist unbestritten. Für den einen oder anderen Brunnen sind Kosten überliefert; daß es sich dabei aber tatsächlich um die Gesamtkosten des Bauvorhabens handelt, muß bezweifelt werden. Die überlieferten Belege betreffen häufig nur vertragliche Vereinbarungen mit einzelnen Handwerksmeistern, beinhalten meist allein den Lohn des Meisters, selten den seiner Gehilfen, zumeist nicht die Baustelleneinrichtung, die Werkzeuge und Hebezeuge und schon gar nicht das Material. Zudem darf nicht vergessen werden, daß Handlangerdienste und Materialtransporte im Frondienst erbracht wurden.

Besonders deutlich wird dieser Sachverhalt an den überlieferten Abrechnungen zum Bau des Brunnens auf der Bauernburg **Rosenau** im Burzenland.[175] Neben 25 fl für einige wenige Werkzeuge und 21 fl für Wein enthalten die Unterlagen ausschließlich Lohnzahlungen an die zwei *Brunnenmacher*. Ungeachtet der Tatsache, daß die Rathausprotokolle zum Brunnenbau zudem erkennbar lückenhaft sind, bildeten sie gleichwohl die Grundlage für die Aussage, die Gesamtkosten hätten bei über 2.000 fl gelegen. Das ist zwar in der Tendenz richtig, führt aber nicht weiter, solange man nicht weiß, welchen Anteil die Lohnkosten der Bergleute an den Gesamtkosten ausmachen.

Die Kostenangaben (fl = Gulden) der Tabelle 5 betreffen Brunnenbauten aus dem Zeitraum zwischen 1535 und 1670. Der Brunnen der Stadt **Betzenstein** wurde zu Vergleichszwecken mit herangezogen, da die vorhandenen Belege die tatsächlichen Kosten umfänglich abdecken. Zusammen mit **Hellenstein** [11] sind dies die verläßlichsten Kostenangaben, die sogar eine Aufschlüsselung auf Einzelgewerke ermöglichen. Die Reihenfolge der Brunnen innerhalb der Tabelle wurde nach der Schachttiefe festgelegt. Kostenrelevante Größen sind zudem der Durchmesser des Schachtes und der Anteil der Ausmauerung.

Innerhalb des Zeitraumes zwischen 1535 und 1670 hat sich natürlich auch der Geldwert verändert. Bis zum Ende des 16. Jahrhunderts waren Gulden und Thaler dem Wert nach etwa gleich.

173 Höhne und Hopf, a.a.O., S. 44
174 Piper, a.a.O., S. 506
175 Gross und Kühlbrandt, a.a.O., S. 27 und 67 ff

Anlage	Bauzeit	Tiefe	Durchmesser	Ausmauerung	Kosten	[Q]
Homberg	1605–1613	150 m	2,3 m	150 m	25.000 fl	1
Augustusburg	1568–1579	130,6 m	3,2 m	–	75.000 fl	2
Betzenstein	1543–1548	92 m	2 > 1,5 m	70 m	3.620 / 5.430 fl	3
Stolpen	1607–1632	82 m	ca. 4 m	–	3.659 Thlr / 5.500 fl	4
Hellenstein	1666–1670	77,5 m	2,6 m	37 m	6.750 fl	5
Grimmenstein	1535–1536	bis 30 m	2,5 m	ca. 30 m	1.225 / 1.850 fl	6

[Quellen] 1) Piper; 2) Ruckdeschel; 3) Kolbmann; 4) Rentamt Stolpen; 5) HStA Stuttgart, A 249, Bü 963; 6) Höhne/Hopf

Tab. 5 Baukostenangaben zu tiefen Brunnen

Seit dem 30jährigen Krieg bis 1740 entsprach 1 Thaler rd. 1,5 Gulden. Die Kosten der Brunnen **Betzenstein, Stolpen** [3] und **Grimmenstein** sind in Tabelle 5 auf dieser Basis umgerechnet.

Es zeigt sich, daß die angegebenen Kosten ganz offensichtlich selbst dann nicht durchgängig vergleichbar sind, wenn man die unterschiedlichen Schwierigkeitsgrade des jeweiligen Felsgesteins mit berücksichtigt. Insbesondere die Angaben zu den beiden tiefsten Brunnen sind mit einem großen Fragezeichen zu versehen, solange urkundliche Belege hierzu fehlen. Der Versuch, die Kosten über die Bauzeit zurückzurechnen, muß fehlschlagen, da wir nicht wissen, wieviel Personal im Einzelfall zur Verfügung stand und welche Stillstandszeiten durch Unfälle bzw. Schäden im Bauablauf aufgetreten sind. Stillstand kostete damals wie heute Geld.

Das Verhältnis zwischen den Lohnkosten, den Materialkosten sowie dem Umfang der Hand- und Spanndienste ist naturgemäß bei einer „Großbaustelle Burg“ grundverschieden von der einer „Spezialbaumaßnahme Brunnen“. Und da sich eine verläßliche Basis für die Ermittlung der Kosten für eine „Burg“ schlicht nicht finden läßt, erscheint die eingangs zitierte Behauptung, mancher Brunnen sei teurer gewesen als die zugehörige Burg, mehr als gewagt. Es konnte nicht überprüft werden, inwieweit z. B. die Angaben aus Inventarverzeichnissen für eine solche Betrachtung verwertbar sind. So wird der Wert der Burg **Lemberg** [4] im Jahre 1626 von Baufachleuten auf 29.000 Gulden geschätzt.[176] Wie man zu dieser Angabe gekommen ist, ist nicht nachvollziehbar.

Der Bauherr mochte zunächst nur die Gestehungskosten seines Brunnens im Auge haben. Die nicht unbeträchtlichen Folgekosten aber belasteten ihn und seine Nachfolger, solange der Brunnen in Betrieb gehalten werden mußte. Da waren die Kosten für die bauliche Instandhaltung des Brunnenschachtes. Wir haben im Abschnitt über die Steinmetzzeichen den Brunnen auf Schloß **Grimmenstein** erwähnt, dessen Schachtausmauerung nach 250 Jahren auf ca. 30 m aus- und neu eingebaut werden mußte. Die Kosten hierfür werden im Jahre 1804 mit 4.113 Reichsthalern (entspr. ca. 8.000 fl) angegeben.[177] Die Veste **Otzberg** [14] ist hierzu ein weiteres Beispiel.

Der tiefe Brunnen mußte regelmäßig gereinigt werden, wenn die Trinkwasserqualität nicht zu sehr verkommen sollte. Für die Reinigung des tiefen Brunnens der Burg **Breuberg** [7] liegt aus dem Jahr 1781 ein Kostenvoranschlag über 150 fl vor.[178] Was die Reinigung letztlich wirklich gekostet hat, wissen wir nicht. Belegt aber ist, daß der Brunnen danach kein Wasser mehr

176 StA Darmstadt, Bestand D 21, B 3, Nr. 12
177 Thür. StA Gotha, Geheime Kanzlei YY VIII, Nr. 52
178 StA Wertheim, R-Rep. 5 b, Nr. 82

Abb. 51 Der Brunnenmeister bei der Brunnenreinigung, 1769

führte. Für die Brunnenreinigung auf der Veste **Otzberg** [14] verlangte der Brunnengräber 1813 die stolze Summe von 300 fl.[179] Da der Betrag nicht genehmigungsfähig war, erklärte sich einer der Soldaten schließlich bereit, die gefährliche Arbeit für 60 fl durchzuführen.

Zu Abbildung 51, die den Brunnenmeister im Jahre 1769 bei der Brunnenreinigung zeigt, gehört folgender Text: *Es geschicht oft, daß boese oder muthwillige Leute allerhand Sachen, auch Katzen und Hunde in die Brunnen werfen: damit nun dieser wieder zum allgemeinen Gebrauch diene, wird selbiger gefegt, und gar ausgeschoepfft; worauf der Brunnen-Meister in dem grossen Eymer hinab faehrt, den Grund aussaeubert, nach der Brunnen-Stuben siehet, hernach die Eymer zusammenbindet, oder den Brunnen-Deckel zuschließt, bis man wieder schoepffen koenne.*

Nach der Säuberung des Schachtes mußte also zunächst abgewartet werden, bis ausreichend Wasser nachgelaufen war, dem sodann Salz zugegeben wurde. Erst danach konnte wieder Wasser aus dem Brunnen gezogen werden. *Weitere Salzzugaben haben bis zu 3mal im Jahr stattgefunden. Es wurde dann jeweils 1 Simmer Salz* [entspricht einem Hohlmaß von 32 Litern] *in den Brunnen geschüttet. … Der Salzgehalt lag also zeitweise deutlich über der Geschmacksgrenze. … Offensichtlich lag bereits im 18. Jahrhundert die Erkenntnis vor, daß Salz auch in geringer Konzentration eine keimtötende Wirkung besitzt. Eine Keimfreiheit nach unseren heutigen Vorstellungen konnte damit nicht erzielt werden.*[180]

Ein Brunnenmeister gibt zu bedenken: *Steinsalz ist von alters her für die Reinigung des Wassers und zu seiner Verbesserung verwendet worden. Steinsalz aber in das Wasser selbst zu geben, ist ein Unfug. … Nicht nur, daß das Trinkwasser übersalzen ist, hat es noch den Nachteil, daß das Wasser mit Eisenoxydul- oder Inoxydulgehalt sofort rot gefärbt und die Ablagerungen nach diesem Prozess schwarz wird, in weiterer Folge nach einigen Tagen das ganze Wasser eine bleigraue Färbung annimmt und damit erst recht unbrauchbar geworden ist.*[181] Er empfiehlt, das Salz oberhalb des

179 StA Darmstadt, E 8, B 42
180 Dachroth, Wiltschko, a.a.O., S. 42 f
181 Bösenkopf, a.a.O., S. 122 f

Abb. 52 Der Seiler oder Reepschläger, 1782

Wasserspiegels auf eine durchlöcherte Platte zu legen, wo es sich von selbst nach und nach verflüssigt und in das Wasser tropft.

Diese Ausführungen dürfen nicht darüber hinwegtäuschen, daß mangelnde Wasserqualität ein Dauerproblem war und blieb. *Auch wenn man das Wasser vor dem Genuß durch Leinentücher seihte, ließ seine Qualität in vielen Fällen zu wünschen übrig und verursachte oft genug schwere Erkrankungen.*[182]

Die Mehrzahl der Belege, die zu den Unterhaltskosten für die Brunnen überliefert sind, betreffen die Wasserförderanlagen. Es sind in erster Linie Kübel und Seile, die verschlissen oder abgestürzt waren. *Je nach Qualität hielt das Brunnenseil zwischen 2 und 6 Jahren. … Etwas teurer aber auch langlebiger erwiesen sich die Seile aus Straßburger Schleißhanf. Die Kosten für das Seil berechneten sich* [im Falle **Dilsberg**] *auf eine Länge von 45 Klaftern oder 270 Schuh. … Das Gewicht des Seiles lag bei 190 bis 192 Pfund. Das Pfund Hanfseil lag* [in der Zeit von 1712 bis 1769 bei 12 Kreuzern] *1782 bei 18 Kreuzern, 1785 bei 20 Kreuzern und 1797 bei 30 Kreuzern.*[183]

Durch die besondere Pflege des Seiles (häufiges Wenden und Umlegen sowie die Reparatur schadhafter Stellen) konnte die Nutzungszeit verlängert werden. Schickhardt notiert auf seiner um 1620 entstandenen Ideenskizze für eine Wasserförderanlage zum ca. 140 m tiefen Brunnen der **Wülzburg** [5]: *Dieser bruñ hat 2 grose seil / sind mit schifdor geschmiert / Kost jedes 200 fl.*[184] Das Schmieren der Brunnenseile mit Schiffsteer gehörte wohl mit zur neuen Idee. Im Jahre 1716 wird beim **Stolpen**er Amtsschreiber wegen des Seiles angefragt, *ob es nicht dienlich umb beßren bestandes Willen, das man es mit öhl tränckte, ob es ihm nützlich oder schädlich.*[185] Die Antwort – so sollte man meinen – dürfte wohl schon mit Rücksicht auf die Qualität des Wassers negativ ausgefallen sein. Ein halbes Jahr später aber berichtet der Fragesteller, daß er das Seil,

182 Schmidtchen, a.a.O., S. 412
183 Dachroth, Wiltschko, a.a.O., S. 38 ff
184 HStA Stuttgart, Nachlaß Schickhardt, N 220, T 20
185 Sächs. HStA Dresden, 10069 Rentamt Stolpen, LFVW Nr. 212

soweit solches ins Waßer kömmet, mit Öhl tüchtig verwahren will, daß es noch halb solange mehr als sonsten halten soll.

Wenn das Brunnenseil gerissen war, versuchte man, den abgestürzten Teil über die leichten Klettergerüste zu bergen, um das Seil danach wenigstens notdürftig reparieren zu können. Ein Reserveseil wurde i.d.R. nicht vorgehalten. Die Beschaffung eines neuen Seiles war zeitaufwendig und teuer.

Der **Betzenstein**er Brunnen erhielt nach Fertigstellung 1549 eine Hebevorrichtung mit einer Kette statt eines Seiles. Als die Kette 1631 nach vielen teuren Reparaturen für 159 fl erneuert wurde, *verhängte sie sich beim Einziehen so, daß sie weder auf- noch abwärts gezogen werden konnte.*[186]

Auch die hölzerne Tretradanlage, die einem hohen Verschleiß unterlag, mußte ausgebessert und repariert werden. Auf der Veste **Otzberg** [14] wurde sie letztmalig im Jahre 1788 komplett erneuert. Kosten für die Zimmermanns- und Schmiedearbeiten sind leider nicht überliefert. Laufende Instandhaltungskosten fielen zudem für das Brunnenhaus an.

Ein Wasserknecht erhielt im Jahre 1794 auf den pfälzischen Vesten **Otzberg** [14] und **Dilsberg** [9] für das tägliche „Wassertreten" 4 fl pro Monat. Sein Jahreslohn entsprach damit dem Gegenwert eines Pferdes.

Die bisherigen Ausführungen mögen einen Eindruck davon vermittelt haben, daß man in früheren Zeiten weder Kosten noch Mühen gescheut hat, um die Wasserversorgung auf einer Höhenburg oder Bergveste zu sichern. Wenn die Wasserversorgung ausfiel, waren Burg wie Veste wertlos. Die Kosten für Bau und Unterhaltung tiefer Brunnen machten Trinkwasser zu einem kostbaren Gut.

186 Kolbmann, a.a.O., S. 88 f

3. Die Beispiele

Es gibt keine zwei gleichen Brunnen. Das ist das Ergebnis, nachdem wir eine Vielzahl von Anlagen – so gut es möglich war – untersucht haben. Insoweit haben unsere allgemeinen Ausführungen zum Brunnenbau auf Höhenburgen und Bergvesten zwar nach wie vor ihre Berechtigung. Sie stehen aber immer unter dem Vorbehalt, daß es im Einzelfall durchaus auch anders gewesen sein könnte. Dies um so mehr, als die Quellenlage zum Brunnenbau zumeist sehr dürftig ist.

Wir werden im folgenden einige ausgewählte Brunnenbauten im Detail behandeln, soweit die überlieferten Unterlagen und/oder die bisherigen Untersuchungen dies zulassen. Die Beispiele sollen zeigen, daß für spezielle Gegebenheiten immer auch spezielle Lösungen entwickelt wurden. Dabei muß erstaunen, welche Leistungen bei der Planung und Bauausführung vollbracht wurden, obwohl nur einfachste Mittel zur Verfügung standen.

Die Beispiele sollen aber nicht nur möglichst umfassend über einzelne Brunnenbauten auf Höhenburgen und Bergvesten informieren. Sie sollen dem Leser auch helfen, eigene Untersuchungsergebnisse zu interpretieren, und Anregung sein für die Untersuchung von Brunnenanlagen, die bisher noch nicht erforscht werden konnten.

3.01 Der Heiligenberg bei Heidelberg

Der Heiligenberg bei Heidelberg paßt eigentlich so gar nicht in die Reihe der Burgen und Bergvesten, die hier beispielhaft die vorangegangenen allgemeinen Ausführungen zum Brunnenbau ergänzen sollen. Und dennoch wäre das Thema nur unvollständig behandelt, wenn das sogenannte Heidenloch unerwähnt bleiben würde.

Abb. 53 Ansicht Heiligenberg, 1645

Überlieferungen

Unter dem Titel „Die ersten germanischen Verteidigungsburgen am Oberrhein" wurde in den Bonner Jahrbüchern 1882 auch über die Bedeutung der Ringwälle auf dem Heiligenberg spekuliert. Die Grabungsergebnisse der folgenden Jahre belegten, daß die kleine Kuppe, die sich noch einmal um ca. 50 m über den 370 m hohen Bergrücken erhebt, bereits seit der jüngeren Steinzeit als Siedlungsplatz genutzt wurde. Während der Urnenfelderzeit (1.200–750 v. Chr.) wurde dieser Bereich mit einem kreisförmigen Steinwall geschützt. Besiedelt aber war zu dieser Zeit bereits der gesamte Bergrücken. Die Steinwälle zum Schutz dieser Fläche stammen wohl aus der Latènezeit (450–15 v. Chr).

Und so finden wir heute Reste eines Steinwalles auf dem Bergrücken, umlaufend um „Kernburg" und „Vorburg" in einer Gesamtlänge von ca. 1.960 m, sowie Reste eines äußeren zweiten, am Hang verlaufenden Walles, der mit ca. 2.900 m Länge den gesamten Bergrücken wie eine Zwingermauer umschließt. (Abb. 54) Die Römer, die den Kelten (100/200 n. Chr.) nachfolgten, erbauten auf der höchsten Stelle einen Tempel, fränkische Klosterbrüder gründeten um 1.000 n. Chr. innerhalb der Wälle nacheinander zwei Klöster.

Die Antwort auf die Frage, wie sich die Menschen auf dem Heiligenberg mit Trinkwasser versorgen konnten, ist nicht unstrittig. Da sind zum einen die Quellen außerhalb der Wälle

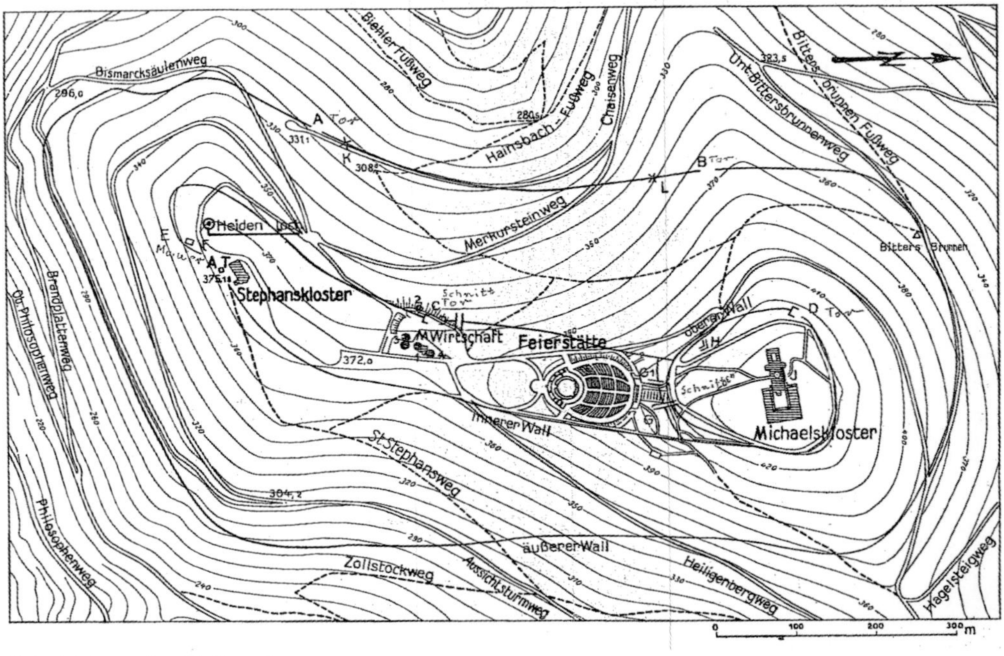

Abb. 54 Lageplan Heiligenberg

am Berg, und da ist noch das sogenannte Heidenloch[187], das Merian 1645 dargestellt hat. (Abb. 53) Es liegt ganz am südlichen Ende der langgestreckten inneren Umwallung. Der nahezu quadratische Schacht mit Seitenlängen zwischen drei und vier Metern und entsprechend unregelmäßigem Profil von 56 m Tiefe ist heute trocken.

Untersuchungen

Die Darstellung von Merian zeigt die gemauerte Einwölbung des Schachtes mit quadratischer Öffnung zum Wasserziehen. Im Jahre 1936 begann Stemmermann[188] mit der Räumung des Schachtes. Er berichtet: *Die Wände des gewaltigen Schachtes … benützen soweit dies möglich war, die natürliche Klüftung des hier anstehenden Pseudomorphosen-Sandsteins. Wo solche nicht vorhanden war, sind die Wände mit dem Spitzmeißel abgearbeitet.* (Die Besonderheiten dieser geologischen Formation, die hier bis zu 120 m stark ansteht, ermöglichten wohl überhaupt erst den Bau des Schachtes.)

In 52,25 m Tiefe stieß man auf eine Ausmauerung, *einen aus sauber behauenen Steinen gefügten Brunnenmantel von 2,10 m lichter Tiefe und einem lichten Randdurchmesser von 1,28 m. Die Wände dieses Mantels waren leicht abgeschrägt, so daß der Bodendurchmesser nur noch 1,08 m betrug. Den Boden schloß eine Steinplatte ab. Der zwischen den Quadern des Brunnenmantels und den Wänden des Schachtes freibleibende Raum war mittels einer Steinfüllung geschlossen. Eine solche befand sich – wie sich später zeigte – in dem unter der Bodenplatte liegenden Hohlraum. Die Seitenpackung überragte leicht abgeschrägt den Mantel, so daß sie eine trichterförmige*

187 Der Zusatz „Heide" ist ein volkstümlicher Hinweis auf einen Ursprung in vorchristlicher Zeit.

188 Stemmermann, P.H., Der Heilige Berg bei Heidelberg, Badische Fundberichte, Jg. 16, 1940

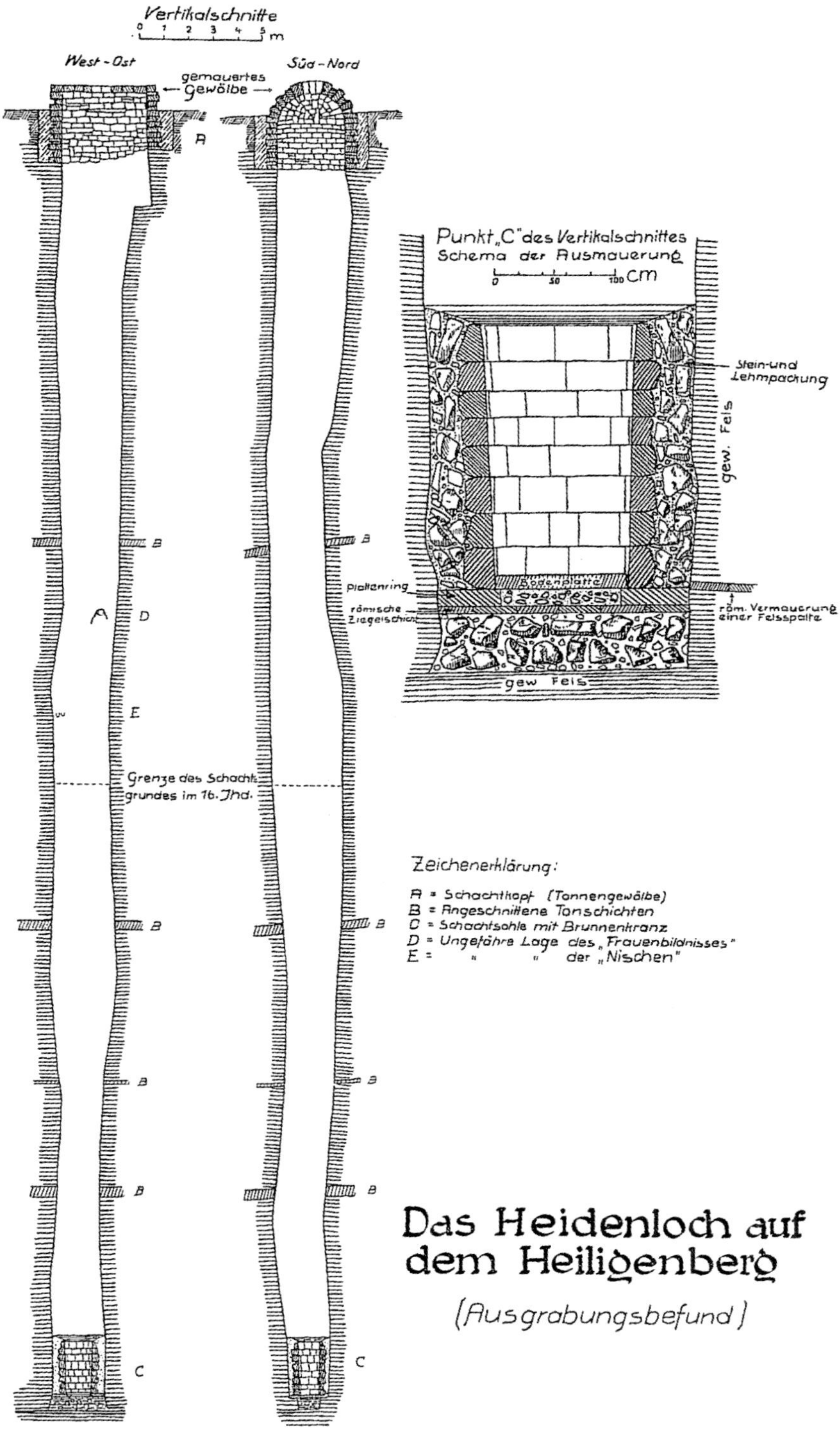

Abb. 55 Schachtquerschnitt des Heidenloches

Erweiterung des Brunnenrandes bildete, die alles an den Schachtwänden herabfließende Sickerwasser dem Brunnen zuleitete.

Mit seiner detaillierten Schnittzeichnung (Abb. 55) ergänzte Stemmermann die Ausführungen um den wichtigen Hinweis, daß die seitliche Hinterfüllung eine *Stein- und Lehmpackung* gewesen ist. In seinem Bericht fährt er fort: *Die Quader des Brunnenmantels zeigten auf ihrer Innenseite einen feinen Randschlag und fast glatten Spiegel, ... womit dieser Teil der Anlage in die Zeit um 1000 datiert wird. Damit stellt sich der Einbau zeitlich gleich mit dem Stephanskloster* [neben dem Heidenloch].

Um festzustellen, wie der Brunnen gegründet war, entschloß man sich im August 1937, den Brunnenmantel abzubauen. In diesem Zusammenhang *erwies es sich als notwendig, die Überwölbung über dem Schachtmund zu entfernen. ... Nachdem es gezeichnet und vermessen war, wurde das Gewölbe entfernt. Als schließlich noch ... restlicher Schutt aus dem Loch geräumt war, konnte das Ausbrechen des Brunnenmantels beginnen. Die Steine wurden bezeichnet, so daß es möglich ist, den Brunnen später einmal wieder zusammenzufügen.*

An dieser Stelle müssen wir uns zurückerinnern an den Hinweis, daß römische Zahlen als Versetzzeichen im Falle des Heidenloches zu Fehldeutungen geführt haben. Kill[189] hatte sie in Unkenntnis des ausführlichen Grabungsberichtes von Stemmermann als Einbauhilfen aus der Zeit der Erbauung interpretiert, nachdem über eine erneute Untersuchung des Heidenlochs aus dem Jahre 1987 zu den wiederentdeckten Quadern bemerkt worden war[190], sie *zeigten einige Merkmale, die nun eindeutig die mittelalterliche Herkunft dieses wohl um 1100 gefertigten Brunnenmantels belegen. Dies läßt sich nicht nur aus der typisch romanischen Bearbeitungstechnik der Steininnenflächen ersehen, sondern vor allem aus der lateinischen Numerierung von I-IX, mit der die Außenflächen der Steine vermutlich schon bei der Anfertigung durch den Steinmetzen markiert worden waren.*

Der Abbruch des Brunnenmantels, in dessen Zusammenhang 1937 die römischen Zahlen angebracht worden waren, brachte neue Erkenntnisse. *Unter dem mittelalterlichen Brunnen, der mittels eines weißen, kieseldurchsetzten Kalkes aufgemauert war, kam eine zweite Sohle zum Vorschein, die mit in Mörtel gebetteten Ziegeln römischer Art belegt war. Dieser Mörtel aber ist bräunlich und in römischer Weise mit Ziegelkleinschlag durchsetzt. Auch einige in dieser Tiefe seitlich wegführende Spalten des Gesteins waren mit derselben Ziegel-Mörtelschicht ausgefüllt.*[191]

Die Datierung des Schachtes ist trotz mehrfacher Untersuchungen ungewiß. *Als älteste datierte Einbauten findet sich darin die einwandfrei römische Boden- und Spaltenvermauerung, auf welcher dann der Boden des ins 12. Jahrhundert datierbaren ... Steinmantels, zu dem zeitlich zweifellos auch das Tonnengewölbe am Schachtkopf zu stellen ist, aufsitzt. Irgendwelche – auch noch so geringe – vorgeschichtlichen Reste kamen bei der ganzen Arbeit nicht zutage, so daß eine vorrömische Datierung der Anlage wohl niemals exakt beweisbar sein wird. ... Und trotzdem glaube ich, auf Grund allgemeiner Erwägungen eine so frühe Datierung vornehmen zu müssen. ... Sinn hatte ein solcher Brunnen nur dann ..., wenn ihm militärische Bedeutung zukam. Damit aber muß man ihn zwangsläufig zu den beiden Ringwällen – oder richtiger zum inneren Ringwall, der ihn umschließt, in Beziehung setzen.*[192]

189 Kill, R., Les signes lapidaires utilitaires des puits et citernes, in: Châteaux forts d'Alsace, 1/1996, S. 55 f

190 Heukemes, B., Erneute Untersuchung des Heidenlochs auf dem Heiligenberg bei Heidelberg, in: Archäologische Ausgrabungen in Baden-Württemberg 1987, Hrsg. vom Landesdenkmalamt Baden-Württemberg u. a., Stuttgart 1988, S. 195

191 Stemmermann, a.a.O., S. 60

192 Stemmermann, a.a.O., S. 62

Da der Schacht heute trocken ist und Spuren einstiger Wasserstände fehlen, taucht immer wieder die Deutung als keltischer Ritual- oder Kultschacht auf.[193] Was Bergbewohner dazu treiben soll, einen 56 m tiefen Schacht zu erstellen, ohne die ernste Absicht, Wasser zu finden, mag anderenorts diskutiert werden. Auffallen muß, daß der Schacht innerhalb des Ringwalles an der tiefsten Stelle gebaut wurde. Eine solche pragmatische Standortwahl entsprach – wie wir gesehen haben – dem praktischen Denken der Brunnenbauer und hat nur wenig gemein mit einem Standort, den man sich für einen Ritualschacht aussuchen würde.

Die Ausmörtelung zu römischer Zeit ist ein Indiz dafür, daß der Brunnen drohte, trocken zu fallen. Weil der Zufluß geringer wurde, war man bemüht, die Versickerung zu reduzieren. Als dann die Mönche den Heiligenberg übernahmen, versuchten sie, den trockenen Schacht als Zisterne zu nutzen, indem sie am Grunde den kleinen Brunnenmantel mit der Lehmdichtung einbauten. Gut zwei Kubikmeter Wasser hätten sie darin speichern können. Ob der Brunnen in der Vorzeit jemals ausreichend Wasser geliefert hat, wissen wir nicht. Ob die Versuche der Römer sowie der fränkischen Mönche erfolgreich waren, ist nicht überliefert. Klar aber ist, daß das Heidenloch mit seiner Tiefe und seinem Querschnitt eine technische Leistung darstellt, die bei der Betrachtung des Baues tiefer Brunnen nicht unbeachtet bleiben darf.

193 Holl, H., Die Keltenstadt auf dem Heiligenberg, Jahrbuch 1999, Hrsg. Stadtteilverein Handschuhsheim e.V., S. 47

3.02 Schloß Weesenstein im Müglitztal

Schloß Weesenstein liegt wenige Kilometer südöstlich von Dresden im engen Tal der Müglitz auf einem Felsvorsprung aus Knotenglimmerschiefer. Die weißen Quarzeinlagerungen dieses Gesteins gaben der Burg ihren Namen. Im Jahre 1318 wird sie erstmals als *Weysinberg* urkundlich erwähnt als Besitz der Burggrafen zu Dohna.

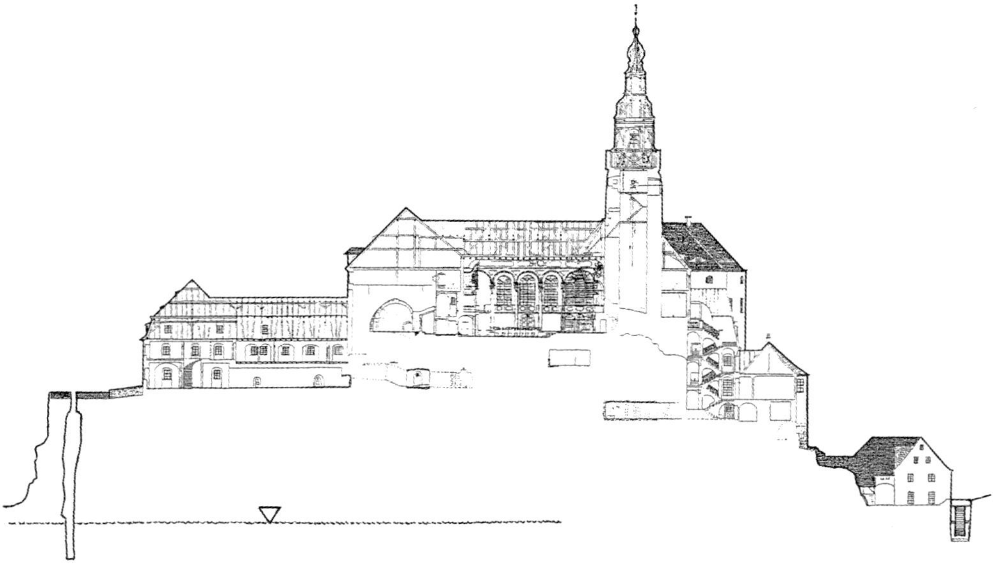

Abb. 56 Schloß Weesenstein, Schnittzeichnung

Nach 1406 wurde die Felsenburg ausgebaut zum ständigen Wohnsitz derer von Bünau, um 1575 folgte der Bau des Unterschlosses. Heute ist Schloß Weesenstein ein achtgeschossiger Bau, dessen Besonderheit darin besteht, daß er zu einem großen Teil von oben nach unten ausgebaut und erweitert worden ist. So liegen die alten Felsenkeller heute im 5. Geschoß.[194]

Auf einer vorspringenden Felsnase außerhalb der Ummauerung findet sich heute ein rd. 24 m tiefer Brunnenschacht, der bis unter das Niveau der Müglitz reicht. (Abb. 56) Wann dieser Brunnen abgeteuft wurde, ist nicht belegt. Daß er Teil der Wasserversorgung der alten Burg gewesen ist, wäre grundsätzlich denkbar, da er auch im Belagerungsfalle nutzbar gewesen wäre. Aber hätte man dann nicht einfacher den Schacht unmittelbar am Fuße des senkrecht aufsteigenden Felsens nur 9–10 m abteufen und durch einen 10–15 m hohen Brunnenturm schützen können?

Nach dem Umbau der Burg zum Schloß im 16. Jahrhundert kann der Brunnen ebenfalls kein notwendiger Bestandteil der Wasserversorgung gewesen sein. Zum einen wäre er jetzt infolge geänderter Waffentechnik durch Beschuß leicht auszuschalten gewesen, zum anderen fehlte aufgrund der isolierten Lage die enge Zuordnung zur Küche und sonstigen Wirtschaftsräumen.

194 Klecker, Chr., Schloss Weesenstein, Hrsg. Schlossverwaltung Weesenstein, 1993

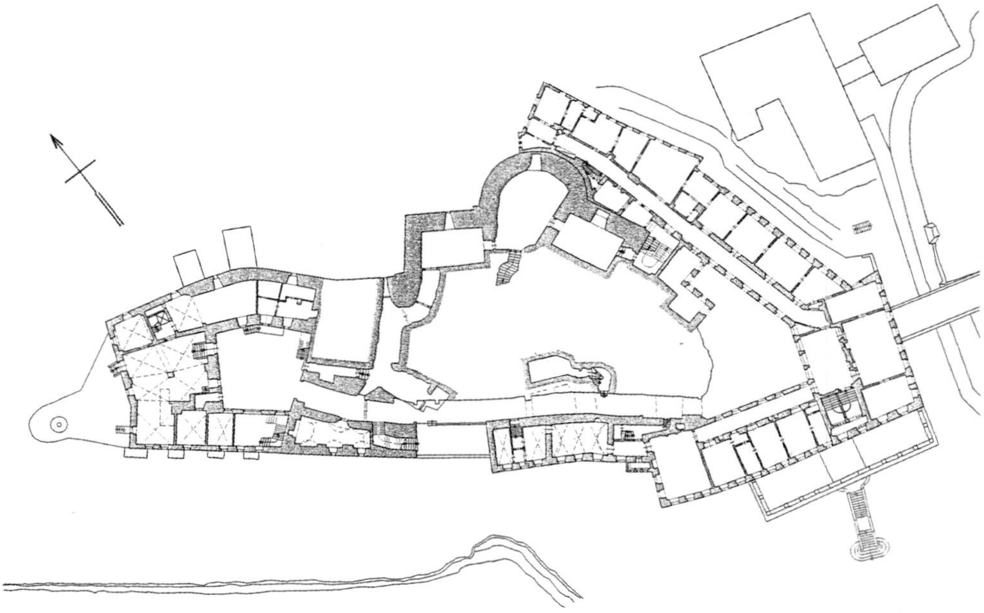

Abb. 57 Grundriß von Schloß Weesenstein

Untersuchungen

Die Schachtzeichnung (Abb. 58) ist das Ergebnis einer Befahrung aus dem Jahre 1993, bei der vorab das Wasser abgepumpt wurde. Daher ist kein Wasserstand verzeichnet. Auf Anfrage wurde mitgeteilt, daß die Wassertiefe nach wie vor ca. 3 m mißt.[195] Der bergmännische Schacht spiegelt mit seiner extremen Unregelmäßigkeit im Querschnitt wie in der Senkrechten die Eigenschaften des anstehenden Felses wider, wie sie auch an den Wänden der Felsenkeller zu beobachten sind. Hier ließ sich ein kreisrunder Querschnitt durchgängig kaum herstellen.

In ca. 15 m Tiefe zweigt zur Talseite hin ein Stollen ab mit einer Mundöffnung von nur 0,5 auf 0,5 m, der heute nach ca. 2,5 m zugemauert ist. Aus der Lage des Brunnens ergibt sich, daß dieser Stollen früher nach ca. 3 m an der Felswand ins Freie trat. Der Vermutung, er habe der Belüftung gedient, muß zumindest insoweit widersprochen werden, als für den Bau die Notwendigkeit für eine solche Maßnahme nicht gegeben war.

Etwa 1 m über Grund zweigt aus dem Schacht ein 7 m langer und etwa 1 m hoher Stollen ab (Abb. 59), der erstaunlich sorgfältig aus dem Fels herausgearbeitet ist. In ihm wurde nach dem Abpumpen geringer Wasserzufluß festgestellt. Bei einem Wasserstand von 3 m wäre dieser Stollen komplett und dauerhaft geflutet. Es steht zu vermuten, daß der Wasserstand im Schacht mit dem Wasserstand der Müritz korrespondiert. Beide Stollen weisen in die gleiche Richtung. Es ist kaum anzunehmen, daß bei derart übersichtlichen Gegebenheiten der ca. 9 m höher liegende kurze Stollen zur Orientierung geschlagen wurde.

195 Schreiben Lutz Hennig, Kustos von Schloß Weesenstein, vom 19.02.2007

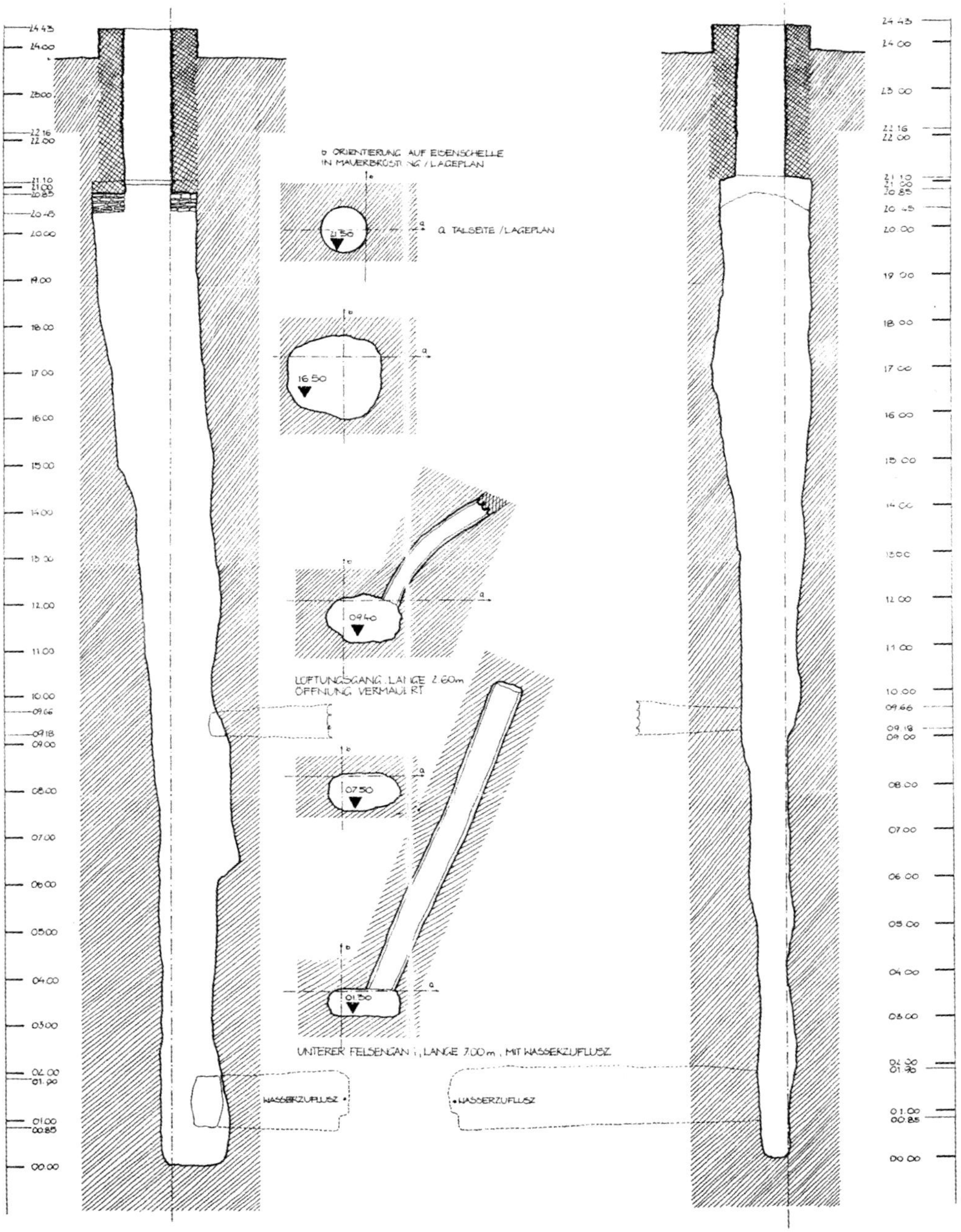

Abb. 58 Querschnitte des Brunnens auf Weesenstein

Abb. 59 Wasserstollen des Brunnens

Der Brunnenschacht verjüngt sich nach unten und weist gleichzeitig nach etwa 9 m erhebliche einseitige Abweichungen von der Senkrechten auf, wodurch sich schlechte Voraussetzungen für das Wasserziehen ergeben. Die jetzige Situation legt den Schluß nahe, daß aus dem Brunnen wohl niemals Wasser mit Kübeln (am Seil im Pendelbetrieb) gefördert worden ist. Dafür wären Korrekturen im Schacht erforderlich gewesen.

Vielmehr wird man das Wasser gepumpt haben, was technisch kein Problem war. Agricola beschreibt bereits im Jahre 1556 eine Vielzahl von hölzernen Pumpen[196], die nach seiner Aussage das Wasser bis zu 24 Fuß (ca. 7 m) heben konnten. Daraus ergäbe sich auch eine Erklärung für den oberen Stollen, der mit seinem geringen Querschnitt nur 6 m über dem jetzigen Wasserstand liegt. Möglicherweise leitete man hier das gehobene Wasser ab, um es an der Außenwand des Felsens weiter heben zu können.

Für diese Annahme sprechen die Reste einer hölzernen Pumpe, die als Ausstellungsstücke gezeigt werden. Es wäre also möglich, daß der Schacht der im 17./18. Jahrhundert erweiterten Brauerei als Entnahmestelle für uferfiltriertes Wasser gedient hat. Doch auch hier bleibt die Frage, warum man einen Brunnen nicht einfach am Fuße des Felsens gebaut hat. Da weder der Schacht noch die Stollen verwertbare Datierungsmerkmale zeigen, bleibt die Frage, wann der Brunnen gebaut wurde, weiterhin offen.

196 Agricola, a.a.O., S. 147 ff

3.03 Die Burg Stolpen in Sachsen

Die Burg Stolpen liegt auf einem Basaltkegel oberhalb der gleichnamigen Stadt in Sachsen. Ihre erste urkundlich gesicherte Erwähnung datiert aus dem Jahre 1222. Die Burg diente den Meißener Bischöfen als Grenzbefestigung gegen das expandierende Königreich Böhmen. Nachdem Burg und Stadt Stolpen im Jahre 1559 in den Besitz des Kurfürsten von Sachsen übergegangen waren, begann man mit umfangreichen Um- und Erweiterungsbauten.

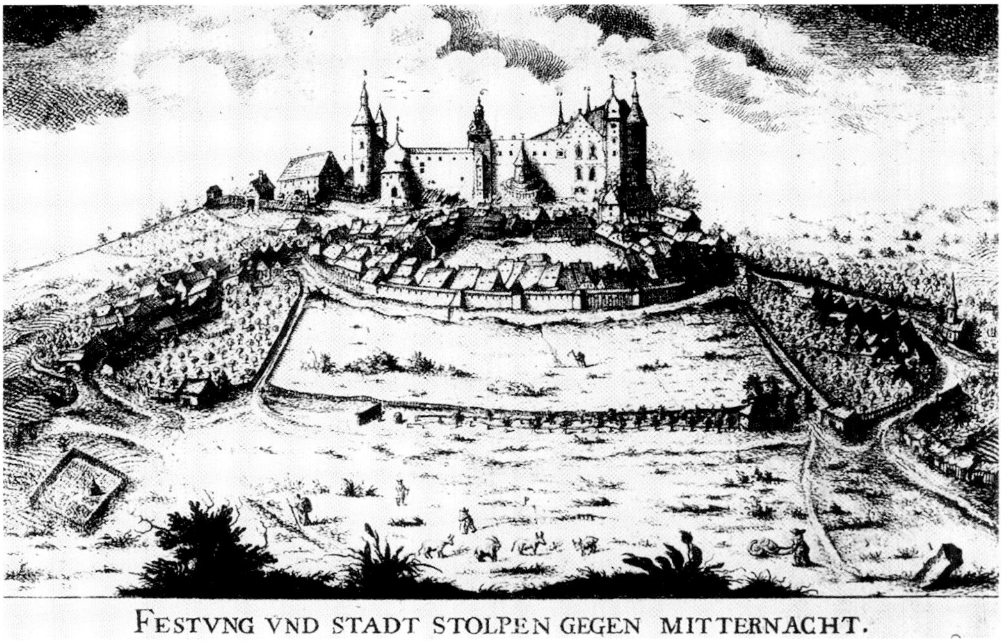

Abb. 60 Ansicht der Burg Stolpen

Die Wasserversorgung der Burg stützte sich zu dieser Zeit auf mehrere Zisternen. Zudem waren die Bauern aus den Amtsdörfern Lauterbach und Langenwolmsdorf nach altem Dienstrecht zu Wasserfuhren auf die Burg verpflichtet.[197] Nachdem bereits um 1500 der Versuch gescheitert war, Quellwasser von den östlichen Höhen durch hölzerne Röhren auf die Burg zu leiten, gab Kurfürst August (1553–1586) im Jahre 1560 den Auftrag, mit Hilfe einer Wasserkunst Wasser aus dem Letzschbach zur Burg zu pumpen. Entwurf und Bauausführung übernahm der Freiberger Bergmeister Martin Planer. Von 1563 bis 1756 war diese Wasserkunst (Abb. 10) mit nur kurzzeitigen Unterbrechungen in Betrieb.[198]

Überlieferungen zum Brunnenbau

Der militärischen Bedeutung der Burg entsprechend wurde 1607 mit den Vorbereitungen zum Bau eines tiefen Brunnens begonnen, um eine gesicherte Wasserversorgung für den Belagerungsfall zu haben. Wie anderenorts auch, sind nur sehr wenige Bauunterlagen zum Stolpener

197 Sächs. HStA Dresden, Loc. 40097, Nr. 80 a,b (Langenwolmsdorf); Amtserbbuch des Amtes Stolpen, 1559

198 Meiche, a.a.O., S. 331 f

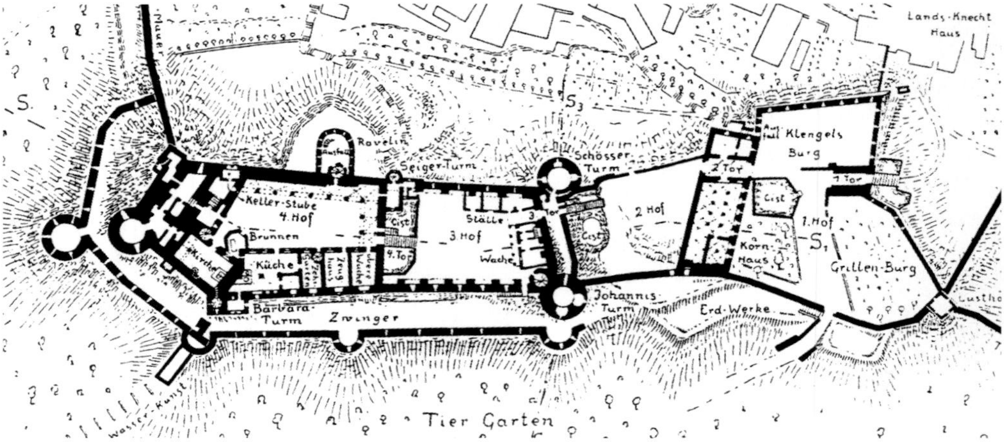

Abb. 61 Grundriß der Burg Stolpen

Brunnen verblieben. Der Zeitraum für den Bau erschließt sich aus einem Schreiben des Brunnensteigers Zacharias Wolff[199] vom 19. November 1682. Er berichtet, *das derselbe angefangen worden im Jahr Christi 1608 und ist daran gebauet worden bis Ao. 1630 da das Waßer angetroffen worden. Ao. 32 ist er genzlich Stehen blieben, da den das Waßer 16 eln hoch stehet.* Damit wären also insgesamt fast 25 Jahre bis zur Fertigstellung vergangen.

Als Standort für den Brunnen bot sich die Gebäudeecke zwischen der Burgkapelle und dem Herrschaftshaus an. So reduzierte sich der Eingriff in die Hoffläche auf ein Minimum und die Wege zur Küche waren kurz. Vor allem aber lag der Brunnen somit im vierten Hof, dem letzten, wenn es zur abschnittsweisen Verteidigung kommen sollte. (Abb. 61)

Man begann mit den Arbeiten, ohne zu wissen ob bzw. wann man auf Wasser treffen würde. Über die zu erwartenden Schwierigkeiten beim Abteufen werden sich die Bergleute keine Illusionen gemacht haben, trat doch der Stolpener Basalt innerhalb wie außerhalb der Burg an mehreren Stellen offen zutage. (Abb 62) Auch das sächsische Herrscherhaus muß gewußt haben, daß der Bau schwierig werden würde. Schon 1520 hatte Karl von Miltiz dem Kurfürsten Friedrich III. (1486–1525) ein Stück des Basalts zur Prüfung zugeschickt.[200] Und in seinem Buch *De natura fossilium*, welches Agricola im Jahre 1546 Herzog Moritz (1541–1547) gewidmet hatte, stand zu lesen, der Stolpener Basalt sei so fest, daß sich die Schmiede seiner als Amboß bedienten.

Die Kosten blieben – wie wir in Tabelle 5 gezeigt haben – dennoch mit ca. 5.500 Gulden durchaus im Rahmen. Was überraschen muß, ist die unverhältnismäßig lange Bauzeit von fast 25 Jahren. Hierfür aber waren wohl nicht allein die Schwierigkeiten im Umgang mit dem anstehenden Basalt verantwortlich, sondern die innenpolitische Situation Sachsens.

Kurfürst August hatte den Um- und Ausbau der Burg seit 1559 gelenkt und gefördert. Nach seinem Tode im Jahre 1586 trieben die Nachwehen der Reformation Kursachsen in eine

199 Sächs. HStA Dresden, Collection Schmitt, Amt Stolpen, Vol. IV, Nr. 34: Den Brunnenbau zu Stolpen betr. 1617–1683

200 Forschungsbibliothek Gotha, Chart. A. 337, Bl. 22 v sowie A 338, Bl. 116 v; Karl von Miltiz (1490–1529) war Vertreter der sächsischen Fürsten in Rom und päpstlicher Kammerherr. Er verhandelte 1518 erfolglos im Auftrag des Papstes mit dem Kurfürsten über die Auslieferung Luthers; er ertrank am 20.11.1529 im Main.

Abb. 62 Der Stolpener Basalt

Führungskrise, deren Schlüsselfigur der Kanzler Nicolaus Crell[201] war. Sachsens unglückliche Rolle vor und während des 30jährigen Krieges ist Ausdruck fehlender politischer Handlungsfähigkeit, die während des gesamten 17. Jahrhunderts anhielt. Insbesondere Kurfürst Johann Georg I. (1611–1656) mangelte es an Weitsicht und Entschlußfreudigkeit. So wird der Bau des Brunnens auf der Burg Stolpen – kaum begonnen – zur Nebensächlichkeit verkommen sein und während großer Teile der angegebenen 25 Jahre geruht haben. Insoweit sind die Rückrechnungen über den täglichen oder jährlichen Arbeitsfortschritt, wie wir sie in den Burgführern[202] finden, sämtlich irreführend.

Daß das Abteufen des Schachtes Schwerstarbeit für die Bergleute war, steht außer Frage. Verwundern muß daher, daß ein annähernd viereckiger Schachtquerschnitt mit Seitenlängen von 4–5 m herausgearbeitet wurde. Die Erklärung für eine so große Öffnung wird darin zu suchen sein, daß man zunächst einen Schacht kleineren Durchmessers so weit abteufte, bis man die dann freigelegten Basaltsäulen an den Seiten herausbrechen konnte. Dafür spricht auch die Unregelmäßigkeit des Schachtquerschnittes insgesamt.

Mit Hilfe des im allgemeinen Teil beschriebenen Feuersetzens hat man wohl versucht, sich die Arbeit ein wenig zu erleichtern. Ein zeitgerechter Beleg dafür könnte der Bericht über die

201 Nikolaus Crell (1550–1601), seit 1586 Geheimer Rat des sächs. Kurfürsten, ab 1589 sächs. Kanzler mit nahezu unumschränkten Vollmachten. Er versuchte, das strenge Luthertum zugunsten eines Kryptocalvinismus zurückzudrängen und erregte damit die Empörung des Volkes. Die Stände setzten ihn 1591 auf dem Königstein in Haft. Nach 10jährigem Prozess wurde er 1601 in Dresden enthauptet.

202 Burg Stolpen, Ein heimatkundliches Heft zum Besuch der Burg Stolpen, Hrsg. Autorenkollektiv, Dresden 1990; Hartmann, H.-G., Stolpen, ein slos und stetlein, Dresden 1996

Inaugenscheinnahme[203] der Baustelle durch fünf *Bergkbeambte* vom 7. März 1617 sein. Der Brunnen war *albereit vber 23 lachter von tage oder hengbangk nieder abgeteuffet worden.* (Die Hengbangk war der Balken zum Aufsetzen der herausgezogenen Kübel über der Schachtmündung.) Da nach dem Freiberger Lachter gemessen wurde (1 L = 1,942 m), hatte der Schacht also von seiner Mündung aus zu dieser Zeit ca. 45 m Tiefe.

Die Sachverständigen geben zu bedenken, *das inn solchen vffstehenten felsigen festen Stocke daran weder Stahl noch eisen hafften thut, sondern nur mit feuer darinnen nieder gebrannt werden muß, schwerlich wasser zu ersincken* sein würde. Ein indirekter Hinweis also auf das Feuersetzen, der aber einzig dazu diente, ihren Vorschlag zu begründen, wie man leichter an das Wasser herankommen könnte. *Auß vernunfftigen vnd Bergkverstendigen Vrsachen* sei ihrer Auffassung nach kein Wasser zu erwarten, *weil am ganzen Schloßberge da an Vnterschiedlichen orten solcher felß zu tage außstehet keine Offenen, streichenten Klüffte, fleiz oder genge zu ersehen noch zu spüren sein, vff welchen sich wasser durch solchen Stock in bemelten Brunnen ziehen oder finden könnte.*

... damit aber gleichwohl solch bißhero beschehenes Brunnen sincken vnd abteuffen nicht gar vmbsonst noch vergeblich sein möchten, So wehre vnser einfeltig Bergkwergsübliches vnd dabey erfahren bedencken, das ausserhalb bemelt festen Stocks oder felßes ein kleiner Schacht bis zum Wasser zu graben sei, *vnnd hernach mit einem lengart oder wasserstrecken die wasser* in den Brunnen der Festung geleitet werden sollten.

Sie begründen diesen Vorschlag damit, *das alzeit wohl eher 100 lachter auß zu lengen als 10 lachter in Brunnen zu sincken vnd abzuteuffen sein möchten.* Sofern auf diese Weise nicht genügend Wasser für die Burg zu erschließen sei, *so könnte aus solchen schächtlein weitter vnd ferner dem gebürge Jedoch ausserhalb des felßes entgegen gelengt werden, ... dann wie erfahrne Bergkleute wissen,* [könne] *durch stöllen vnd strecken eben so wohl als durch gesencke wasser* erschlossen werden.

Dem möglichen Einwand, der Burg könne dann das Wasser abgegraben werden, begegnen sie mit dem Hinweis, daß der kleine Schacht wie der Stollen *wieder zugewelbet, darauf tichte vnd eben außgesturzet, die hallen wegk gefuhrt vnd alles wieder eben gemachtt werden müßte, auff das es mit solchen wasserlaufft ein verborgen vnd bestendig Werck sein vnd bleiben könte.*

Auch hier kam also der Gedanke auf, den Brunnenschacht als Zisterne zu nutzen; allerdings mit dem Unterschied, daß nicht – wie im Falle der Burg **Lemberg** [4] – das Wasser einer Quelle eingeleitet werden sollte, sondern das Wasser aus einem anderen Brunnen. Da man dem Anraten der Sachverständigen nicht folgte, bleibt offen, ob der Vorschlag zum Erfolg geführt hätte. Aus Gründen, die leider nicht überliefert sind, entschloß man sich, den Brunnenbau in der begonnenen Art fortzusetzen.

Von den in einer Urkunde von 1791 genannten ausgezahlten Geldern für den Brunnenbau[204] von 3.659 Thlr (entspr. ca. 5.500 Gulden) waren bis zum Ortstermin der Sachverständigen im Jahre 1617 bereits 2.880 Gulden aufgelaufen. Das wären 52 % der Gesamtsumme gewesen für 55 % der endgültigen Schachttiefe. Daß es sich hierbei offensichtlich nur um Lohnkosten gehandelt hat, werden wir gleich sehen.

Ein direkter Hinweis darauf, daß man versucht hat, den Basalt mit Feuer gebrech zu machen, stammt aus dem Jahre 1638. Auf Anordnung des Berg- und Amtshauptmanns zu Freiberg werden die Lotten, *durch welche das Wetter in den Brunnen geführet, damit das feuer*

203 Sächs. HStA Dresden, Collection Schmidt, Amt Stolpen, Vol. IV Nr. 34: Den Brunnenbau zu Stolpen betr. 1617–83

204 Sächs. HStA Dresden, 10069 Rentamt Stolpen, LFVW Nr. 226, fol 3 a

heben können [entfernt], *weill an dem Brunnen zue erlangung mehr waßers förder nicht mehr abgeteuffet werden soll.*[205]

Im Zusammenhang mit einer Brunnenreinigung wird noch im Jahre 1682 berichtet, daß sich *in den Klufften zimlich viel Ruß befindet.* Auch wird erwähnt, daß *der Brunnen nun mehro uber 20 Jahr nicht zu Sumpffe gezogen worden* sei. Die langen Zeiträume zwischen den Brunnenreinigungen sowie die Tatsache, daß sich 50 Jahre nach Fertigstellung des Brunnens immer noch Ruß vom einstigen Feuersetzen im Schacht befunden haben soll, deuten darauf hin, daß der Brunnen bis zu diesem Zeitpunkt nicht in Betrieb gewesen sein kann. Der Kostenvoranschlag für die Brunnenreinigung belief sich übrigens auf 67 Gulden ohne die notwendigen 7 Stämme Bauholz und 30 Gerüststangen.

Aus der Kostenaufstellung vom Jahre 1791 geht hervor, daß über die oben bereits genannten Ausgaben an Geld hinaus noch *1800 ¾ Clafftern an Holtze* für den Brunnenbau verbraucht wurden. Der angegebene Wert entspricht mehr als 5.500 Raummetern, die – wie gern behauptet wird – allein für das Feuersetzen verbraucht worden seien. Daß der größte Teil wohl für den Gerüstbau verwendet wurde, wird sich aber bei der momentanen Urkundenlage kaum beweisen lassen.

Die Bauunterlagen zum Stolpener Brunnen geben auch Aufschluß über den Werklohn der vier Bergleute. Ende des Jahres 1622 erhielt jeder von ihnen 36 Groschen pro Woche (1 Gulden = 21 Groschen). Darüber hinaus hatte der Schösser Hanß Großmann jedem seit Michaelis (29. September) 1621 bereits 6 Scheffel Brotgetreide als Naturalzulage gegeben, *das sie nur zue eßen gehabt,* [damit sie] *diese swere vndt gefehrliche arbeitt vorrichten können.* Es war Krieg, die Ernten fielen schlecht aus, die Getreidepreise zogen an. Im Februar 1623 wurden *dan iedem, vber die sechsvnddreißig groschen wöchentlichen noch zwene gülden, doch biß auf wieder ruffen bewilliget.* Der Kurfürst maß dieser Entscheidung offensichtlich große Bedeutung bei, da er die Verfügung eigenhändig unterschrieb. Die Naturalzulagen waren entfallen.

Im Jahre 1630 traf man entgegen der Vorhersage der Bergsachverständigen in einer Tiefe von 43 Lachtern (entspr. 83,5 m) auf Wasser. Aber erst im Jahre 1638 ist klar, daß der Brunnen nicht weiter vertieft werden soll. Die immer noch anwesenden drei Bergleute bauen die Wetter-Lotten aus. Da sie gleichzeitig *angehalten werden, alle tage ein Stunden 7 oder 8 Waßer zu ziehen, auf das der Brunnen sauber vnd rein gehalten,* müssen wir davon ausgehen, daß der Brunnen bis dahin noch nicht für die Wasserversorgung der Burg genutzt wurde.

Die örtlich Verantwortlichen hielten es aber *vor nötigk vnd rahtsamb, das ein sonderbahrer Kasten zue fertigen vnd mitten auff den Schloßhoff zue setzen sey, darinnen die teglichen gehobenen waßer zu haltten, damit man sich derern vff alle fälle zu erhelen.* Offensichtlich war das Wasser zu kostbar, um es einfach wegzuschütten. Der beiliegende Kostenvoranschlag für den *Röhrkasten* beinhaltet auch *ein neues Brunnheusel, weill es gegen den alten in etwas erhöhet werden muß.*

Ab wann der Brunnen dann tatsächlich der Trinkwasserversorgung gedient hat, läßt sich aus den vorliegenden Unterlagen nicht genau belegen. Auffallend ist aber, daß im Jahre 1691 im *Inventar über das Schloss Stolpen*[206] *… im Brunnen Hauße* für die Wasserförderung nur genannt werden: *Eine Winde samt einem Seyl* sowie *zwey Waßer Eymer.* Das verzeichnete Inventar *Vor dem Brunnen Hause* spricht für sich: *Ein Waßertrog von eichenen Pfosten, Ein alter steinerner Waßertrog mit einer höltzernen Stirne, so aber kein Waßer hält.* Es steht zu vermuten, daß dies immer noch die Grundausrüstung aus der Zeit von 1638 war.

205 Sächs. HStA Dresden, 10024,2 Geheimer Rat, Loc. 4449/17, fol 295 r

206 Sächs. HStA Dresden, 10036 Finanzarchiv, Loc. 32467, Rep. XX Stolpen, Nr. 8, fol. 11 b

Ganz anders liest sich das Inventar[207] vom Jahre 1722. Im Brunnenhause, das offensichtlich vergrößert wurde, befinden sich: *Eine liegende Welle, woran das Brunnen Seyl gehet, mit einem getriebe, woran: vier Ringe, zwey Zapffen, eine Pfanne, zwey Einfall Klincken zum vorschützen; Ein altes Brunnen Seyl, … Ein neues Brunnen Seyl, so ao: 1719 angeschafft … Zwey Waßer Eymer mit eisern Reiffen Biegel, und Ketten, Zwey Waßer Trog zum ausgießen, Eine hölzerne Rinne durch die Wandt* sowie eine umfangreiche Zusatzausrüstung für den Betrieb. Es gibt jetzt *ein hölzern Geländer um die Öffnung des Brunnens* und *Vor dem Brunnenhauße zwey eichene gehauene Waßer Tröge, zwey neue Steinerne Waßer Tröge.* Von einer Tretradanlage wird nichts gesagt, aber ansonsten ist die Ausrüstung professionell.

Am 16. September 1756, zu Beginn des Siebenjährigen Krieges, *ließ der Rittmeister von Venediger den Brunnen auf der Vestungk durch seine Husaren und Bürger aus der Stadt ruinieren.*[208] Alles in der Festung befindliche Kriegsmaterial wurde in den Brunnen geworfen, dazu die Ausrüstung des Brunnenhauses. Daß es sich bei dem aufgeführten *Holtz werck von dem Brunnen Radt und Getriebe* um eine große Tretradanlage mit Getriebe gehandelt haben könnte, muß bezweifelt werden. Ein entsprechender Hinweis fehlt übrigens in der detaillierten Aufzählung der fehlenden Inventar-Gegenstände des Brunnenhauses im gleichen Konvolut.

Im Inventar von 1722 war nicht einmal die Rede von einem Rad, sondern nur von einer liegenden Welle mit einem Getriebe. Der Kostenvoranschlag für die Instandsetzung enthält ebenfalls keinen Hinweis auf eine Tretradanlage der herkömmlichen Art. Man muß sich die Wasserhebeanlage also wohl eher so vorstellen, wie sie in Abbildung 22 für den Brunnen der Feste **Dilsberg** [9] überliefert ist, als ein handbetriebenes Schwungrad mit einer Getriebeuntersetzung.

Zu den Unterhaltskosten enthalten die Unterlagen des Sächsischen Haupt-Staatsarchivs in Dresden eine Vielzahl von Details. Eine systematische Auswertung an dieser Stelle würde den gesetzten Rahmen der Darstellung sprengen.

Untersuchungen

Nach 1756 war der Brunnen unbenutzbar. Über *die intendirte Räumung des hiesigen tiefen Schloßbrunnens* wurden bis zum Jahre 1882 Stöße von Papier beschrieben. Dessen ungeachtet hatte man im Jahre 1817 zusätzlich noch Trümmer der Kapelle in den Brunnen gestoßen, womit der Brunnenschacht jetzt auf mehr als 50 m mit Schutt gefüllt war. Die Beräumung drohte an den Kosten zu scheitern. Die Initiative des königlich sächsischen Altertumsvereins aber bewirkte, daß *infolge der hohen Verordnung vom 19.ten April d.J.* [1883] *no. 518* endlich doch begonnen werden konnte. Nach 31 Wochen war der Schacht wieder frei. Bei 82 m hatte man die Sohle erreicht.

Zuvor war der Obersteiger Eulitz wegen Ermittlung der Kosten mit der bergmännischen Untersuchung beauftragt worden. Ein ausführlicher Bericht[209] über die Räumung erschien im Jahre 1884. Diesem Bericht verdanken wir die Schachtzeichnung (Abb. 63), die Eulitz bei wiederholten Befahrungen aufgenommen hatte. Seine Aufzeichnungen über die Ausbildung des Schachtes, die Neigung der Basaltsäulen und die Anordnung der Lettenschichten wurden bei einer Befahrung im Jahre 2004 in vollem Umfang bestätigt.[210]

207 wie vor, aber Nr. 12, fol. 15 b, 16 a und b

208 Sächs. HStA Dresden, 10069 Rentamt Stolpen, Forstrentamt Schandau, Abg. D 12

209 Theile, F., Der Brunnen der Burg Stolpen, in: Ueber Berg und Thal, 7. Jg., 1884, S. 238–240

210 Scholle, Th. u. a., Die Befahrung des Brunnens auf der Burg im Stolpener Basalt vom 17./18.06.2004, in: Veröffentlichungen des Museums Westlausitz Kamenz, Nr. 25, 2004, S. 29–40

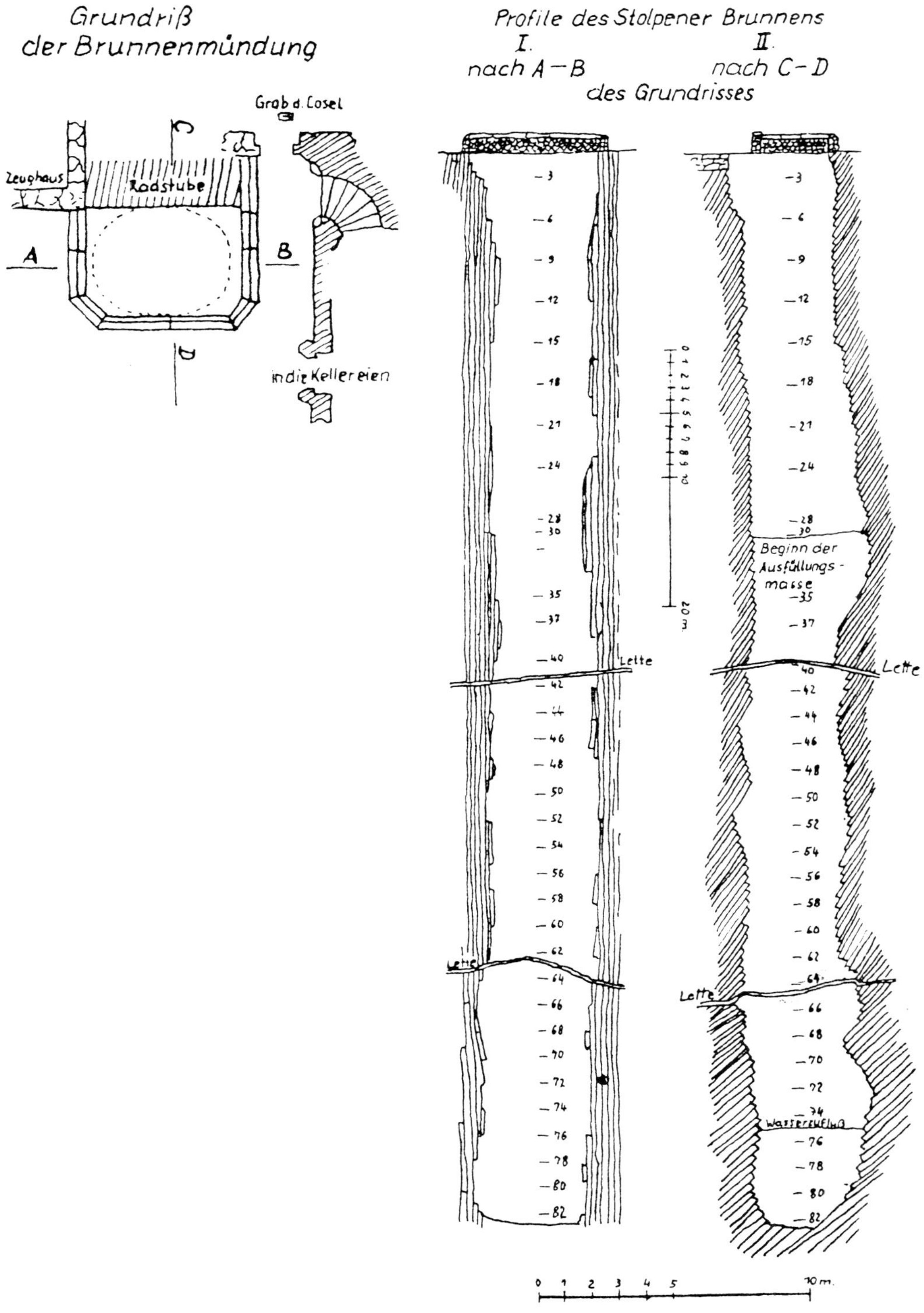

Abb. 63 Querschnitt des Brunnenschachtes der Burg Stolpen

Abb. 64 Ansicht des Brunnens der Burg Stolpen um 1900

Bei 71 m Tiefe war man bei den Räumungsarbeiten im Jahre 1883 auf Wasser gestoßen. Das entspricht einem Wasserstand von 11 m. Im Jahre 2004 wurden 16 m gemessen. Überliefert aus dem Jahr 1682 ist ein Wasserstand von 16 Ellen, was ca. 9 m entspräche, wenn der Freiberger Lachter zu 3 ½ Ellen zugrundegelegt wird.

Abschließend stellt sich natürlich die Frage, welche Bedeutung der tiefe Brunnen für die Wasserversorgung der Burg Stolpen gehabt hat. Schließlich hatte sich seine Bauzeit seit 1607 über 25 Jahre hingezogen. Erst 1638 war die Entscheidung gefallen, nicht noch tiefer zu graben. Reinigungen wurden danach nur in Abständen von ca. 20 Jahren (1660, 1682) durchgeführt. Wenigstens bis zum Jahre 1691 war der Brunnen nichts weiter als eine stille Reserve, um deren Instandhaltung man sich aber kaum kümmerte. Die zahlenmäßig kleine Garnison hatte vor allem die Aufgabe, Staatsgefangene zu bewachen. Der Kurfürst und sein Gefolge machten in der Burg nur gelegentlich Rast bei ihren Jagdausflügen.

Da seit 1563 eine Wasserkunst in Betrieb gehalten wurde, können wir davon ausgehen, daß die Burgbesatzung bei Bedarf primär auf das bessere Wasser aus dieser Zuleitung zurückgriff. Die Wasserkunst wurde jeweils umgehend repariert, sobald sie durch Brand (1574, 1677) oder Kriegseinwirkung (1632, 1639) beschädigt worden war. Erst das Inventar von 1722 belegt, daß auch der Brunnen zwischenzeitlich fester Bestandteil der Wasserversorgung geworden war.

Dieser Bedeutungswandel hing wohl damit zusammen, daß Sachsen mit August dem Starken (1694–1733) unerwartet wieder einen Kurfürsten erhalten hatte, der innen- wie außenpolitisch klare Ziele verfolgte. Die düstere Festung Stolpen paßte jedoch nicht in die Vorstellungswelt dieses sächsischen Sonnenkönigs. Sie war seit 1699 auch nicht mehr Hauptfestung, sondern nur noch Landesfestung, die als Fluchtstätte für die Bewohner der Umgebung im Kriegsfalle bereitgehalten wurde, aber sie wurde gebraucht – nicht zuletzt auch dafür, hier ab 1716 die einstige Mätresse des Kurfürsten, die Gräfin Cosel, festzusetzen. Die Gräfin erlebte 1756 die Zerstörung des Brunnens und der Wasserkunst. Sie lebte darüberhinaus bis zu ihrem Tode noch neun Jahre in der Festung.

3.04 Die Burg Lemberg im Pfälzerwald

Eine Ansicht der Burg Lemberg ist nicht überliefert. Südöstlich von Pirmasens liegen auf einem in zwei Stufen aufsteigenden Sandsteinmassiv die Reste der Anlage. Als *castrum Lewenberc* im Jahre 1230 das erste Mal urkundlich erwähnt, war sie als Grenzburg der Grafen von Zweibrücken gegen das Bistum Speyer im Osten und das Herzogtum Lothringen im Süden über einen langen Zeitraum eine reine Militärstation. Nach der Teilung der Grafschaft Zweibrücken im Jahre 1533 wurde die Burg für wenige Jahre zur Residenz der Linie Zweibrücken-Bitche. In die Zeit zwischen 1535 und 1541 fällt der Umbau der Burg zum Schloß.

Zur Baugeschichte von Burg und Schloß gibt es – wie in den meisten Fällen – praktisch keine urkundlichen Überlieferungen. Die Rekonstruktion des Baugeschehens kann sich allein auf die Ergebnisse der Grabungen und die Chronologie der Besitzverhältnisse stützen.[211]

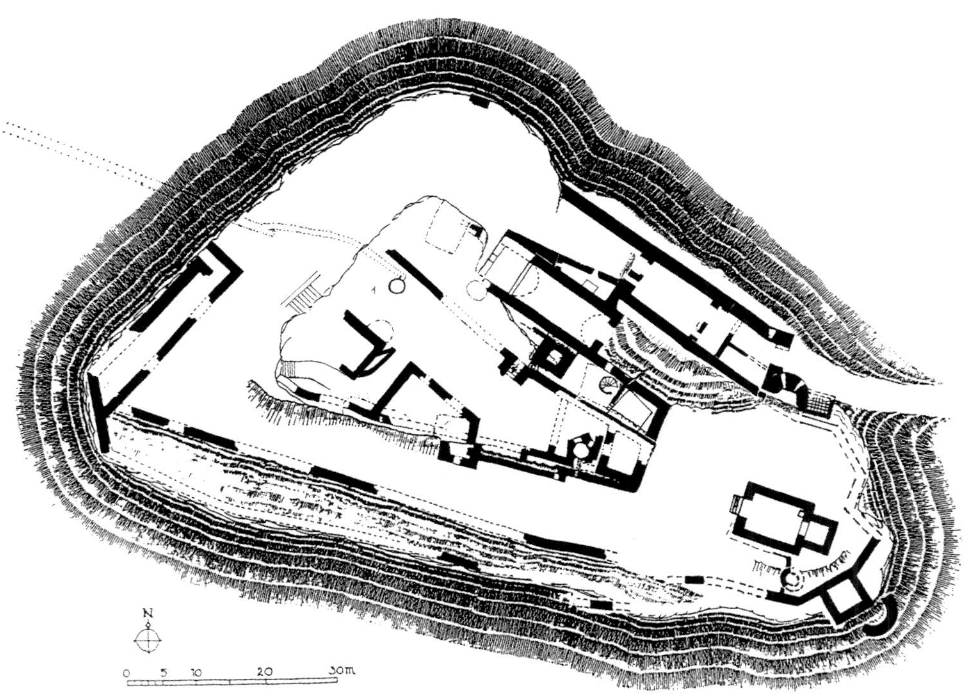

Abb. 65 Grundriß der Burg Lemberg

Zur Versorgung der Felsenburg Lemberg wurde Wasser in Zisternen gesammelt, die noch heute erkennbar sind. (Abb. 65) Wahrscheinlich wurde zusätzliches Wasser durch Esel von einer nahen Quelle auf die Burg transportiert. Da mit dem Umbau der Burg zum Schloß diese Art der Wasserversorgung nicht mehr ausreichend war, begann man, vom oberen Felsplateau aus einen Brunnen zu bauen. Nachdem man eine Tiefe von knapp 60 m erreicht

211 Guth, E., Aus der Geschichte der Burg Lemberg, in: 800 Jahre Burg Lemberg, Hrsg. Gemeinde Lemberg 1999, S. 19 ff

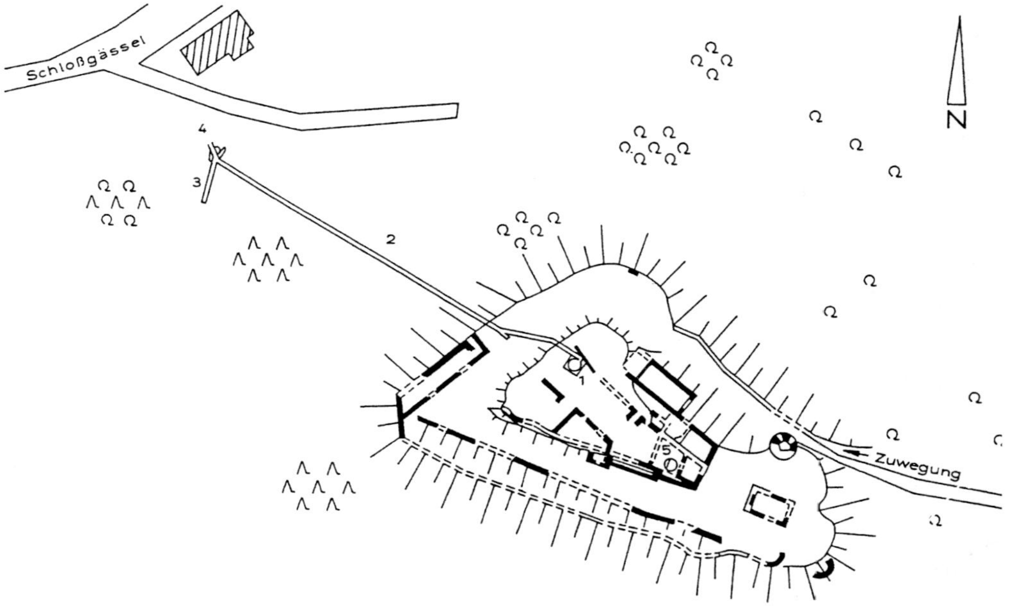

Abb. 66 Grundriß der Burg Lemberg mit Brunnenstollen

hatte, ohne auf Wasser zu treffen, wurden die Arbeiten eingestellt. Eine nahe Quelle mit ergiebiger Schüttung trat etwa in dieser Höhe aus dem Berg. Die zugehörige wasserführende Schicht hatte man aber verfehlt.

Die Baustelle blieb liegen, zumal im Jahre 1541 die gräfliche Residenz nach Bitche verlegt wurde. Besonderer Erwähnung war es wert, als 1552 eine militärische Besatzung von 18 Mann auf die Burg verlegt wurde.[212]

In den folgenden Jahrzehnten ließ die wechselvolle Geschichte eine Fortsetzung der Arbeiten an der Schloßbaustelle nicht zu. Infolge von Erbstreitigkeiten hielt der Herzog von Lothringen die Burg von 1572 bis 1599 besetzt. Nach 1606 endlich konnte der Graf von Hanau-Lichtenberg Lemberg übernehmen und zum Amtssitz machen. In den Zeitraum von 1606 bis 1620 dürfte dann der zweite Bauabschnitt gefallen sein, bei dem man versuchte, durch weiteres Abteufen des Schachtes auf rd. 95 m doch noch Wasser zu finden. Doch auch dieser Versuch scheiterte. Sehr schnell muß dann die Entscheidung gefallen sein, im Vorfeld des absehbaren Krieges, der 1618 losbrach, das Wasser der nahen Quelle in den Schacht zu leiten, um ihn wenigstens als Schachtzisterne nutzen zu können.

Zielgenau wurde ein fast 120 m langer Stollen zum Schacht vorgetrieben. (Abb. 66) Kurz vor Erreichen des Schachtes mag eine neue Vorstellung von der Einleitung des Wassers dazu geführt haben, daß man den Verlauf änderte, um eine tangentiale Einmündung im Bereich des Schachtes zu erzielen. Ob, wann und wie dann tatsächlich Quellwasser in den Schacht geleitet wurde, ist nicht überliefert. Inwieweit man nach diesen unendlichen Mühen überhaupt noch Zeit und Gelegenheit hatte, zu beobachten, wie das eingeleitete Wasser aus dem Schacht versickerte, ist

212 LA Speyer, HL, Bestand C 20, Nr. 2883

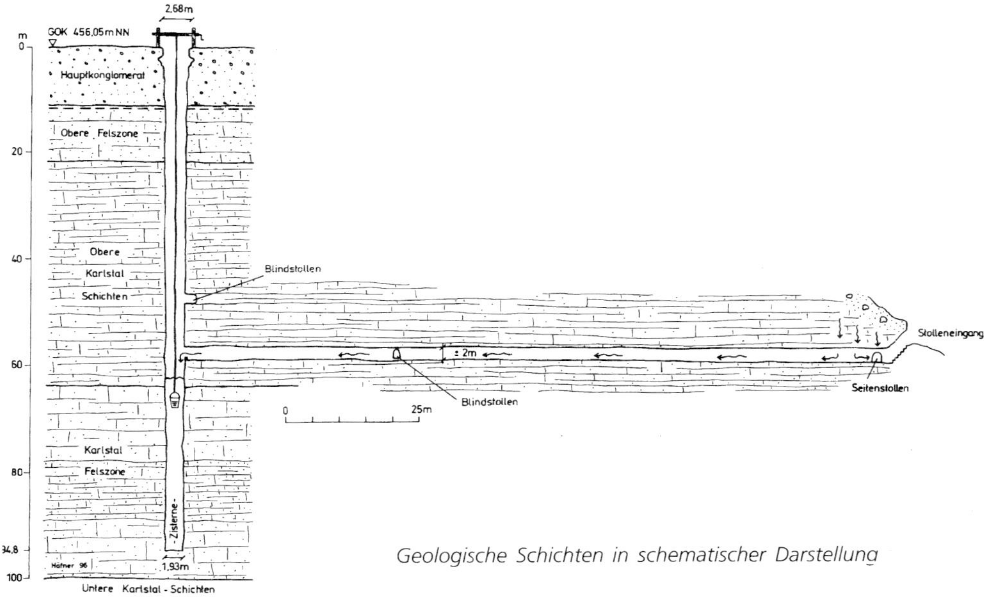

Abb. 67 Querschnitt des Brunnenschachtes der Burg Lemberg mit Wasserstollen

ebenfalls unbekannt. Im Jahre 1620 aber erreichte der Krieg die Burg Lemberg, und 1636 brannte der angefangene Schloßbau bis auf die Grundmauern nieder. Der Brunnenschacht wurde in der Folgezeit verschüttet.

Untersuchungen

Die Räumung des Brunnens in den Jahren 1993 bis 1995 bestätigte, daß der Schacht in zwei Abschnitten abgeteuft worden ist. Im oberen Teil schwankt der Durchmesser des Schachtes zwischen 2 m und 2,5 m. Im folgenden Abschnitt ist der Durchmesser dann deutlich geringer; er schwankt zwischen 1,5 m und 2,2 m. (Abb. 67) Vor allem aber wurde beim zweiten Bauabschnitt offenbar technisch anders vorgegangen. Auffälligstes Zeichen dafür sind die Rüstlöcher, die sich nur hier finden. Auch haben in diesem Abschnitt die Bergleute Zeichen an der Schachtwand (Abb. 68) hinterlassen, deren Bedeutung allerdings bisher noch nicht geklärt werden konnte.

Daß der Brunnen bzw. die Schachtzisterne, wenn überhaupt, dann nicht lange in Betrieb gewesen sein kann, belegte die Inaugenscheinnahme nach der Räumung. Am Grunde fanden sich keine Reste des sonst üblichen, schwärzlichen Schlammes. Spuren von Wasserständen wurden an der Wand nicht entdeckt. So sauber konnte ein Brunnen selbst nach intensiver Reinigung nicht sein. Es spricht also einiges dafür, daß es nicht mehr zur Inbetriebnahme der Schachtzisterne gekommen ist.

Häfner und Schulz haben im Jahre 1999 den Brunnenschacht eingehend beschrieben.[213] Wir zitieren in Auszügen wie folgt:

213 Häfner und Schulz, a.a.O., S. 144 ff

Abb. 68 Zeichen der Bergleute

Der nahezu senkrechte und näherungsweise kreisförmige Schacht setzt auf dem Aufsatzfelsen der Oberburg auf einer Höhe von 456,05 m NN an und ist 94,8 m tief. Der Durchmesser beträgt am Ansatzpunkt 2,68 m [die ersten 4–5 m des Schachtes sind infolge Verwitterung zusätzlich geweitet], *an der Schachtsohle 1,93 m. In der Schachtstrecke finden sich mehrere wulstförmige Einschnürungen des Durchmessers; die engste Stelle liegt bei einer Tiefe von 74,52 m mit 1,50 m Weite. In einer Tiefe von 48,75 m wurde von der westlichen Schachtwand aus ein Blindstollen von 3,8 m Länge, 0,95 m Höhe, 0,52 m Sohlbreite und 0,23–0,46 m Firstbreite vorgetrieben. Die Funktion dieses Stollenansatzes ist bisher ungeklärt.* [Bemerkenswert ist, daß dieser Blindstollen vom Schacht aus vorgetrieben wurde. Dies ist gemeinhin nur der Fall, wenn zusätzliche Wasservorkommen erschlossen werden sollen.]

Bei 59,45 m trifft die Sohle des Hauptstollens mit einer 0,45 m hohen Schwelle tangential auf den Schacht. Die Schachtsohle bei 94,8 m ist leicht zur Mitte hin vertieft. An den Schachtwänden finden sich durchgehend Bearbeitungsspuren in diagonaler Hiebführung mit wechselnder Richtung, so daß ein Fischgrät- oder Tannenzweigmuster entstand. In 68 m Tiefe ändert sich diese Technik zu einer senkrechten und groben Hiebführung, die nach der letzten Einschnürung bei 73,79 m Tiefe in eine regelrechte, feine Wandglättung übergeht.

Bis in diese Tiefe finden sich in der Schachtwand in 1,5 bis 2 m Abstand Aussparungen (Vertiefungen), die während der Bauzeit zur Aufnahme von Gerüstbalken dienten. Sie sind immer leicht versetzt in der Südhälfte des Schachtes angeordnet und lassen die Nordseite als Förderstrecke für das Abbruchmaterial frei.

Die Stollen (Abb. 66 und 67) beschreiben die Verfasser wie folgt:

Das Stollensystem besteht aus einem Hauptstollen … Von diesem Hauptstollen zweigen ein Seitenstollen und ein weiterer Blindstollen ab.

Der Seitenstollen wurde [vom] *Fuße der heutigen Eingangstreppe* [zum Hauptstollen] *in südwestlicher Richtung ca. 13 m weit vorgetrieben. Er hat einen asymmetrischen Querschnitt mit einer konkav gewölbten Stollenwand auf der Westseite und einer annähernd senkrechten Stollenwand auf der Ostseite, in die eine Rinne zur Wasserfassung und -ableitung eingearbeitet ist. Die Stollenhöhe schwankt zwischen 2,5 m im vorderen Abschnitt und ca. 2 m am Beginn der Querschnittsverengung im letzten Drittel. …*

Der Hauptstollen besitzt ab Portal [der Eingangstreppe] *eine Länge von ca. 131 m* [genauer 117 m] *und verläuft auf etwa drei Viertel seiner Ausdehnung mehr oder weniger geradlinig in nordwest-südöstlicher Richtung. Er macht dann einen Knick um ca. 25 Grad nach Osten und beschreibt eine langgezogene Rechtskurve mit mehreren kleinen Richtungsänderungen bis zur* [tangentialen] *Einmündung in den Schacht. Vom Stolleneingang steigt die Sohle auf den ersten 60 m um ca. 0,3 m an und fällt dann bis zum Schacht um mehr als 0,8 m ab.* [Dieser Verlauf läßt wohl den Schluß zu, daß die Anlage nicht fertiggestellt wurde. Die Nacharbeiten zur Herstellung eines durchgängigen Gefälles von der Quelle bis zum Schacht wurden nicht mehr ausgeführt. Zudem hätte man im Endausbau sicher auf ganzer Länge eine Rinne in der Sohle des Stollens ausgebildet.]

In Höhe des vorbeschriebenen Knicks zweigt ein kurzer Blindstollen in südlicher Richtung vom Hauptstollen ab. Er besitzt nur eine Länge von ca. 1,2 m. [Hier geht es offensichtlich um eine Richtungskorrektur.]

… Die Querschnittsgestalt des [Haupt-] *Stollens wechselt von schlanker Trapezform mit gestreckten oder leicht konkav gewölbten Seitenwänden bis zu annähernder Rechteckform. Die Sohlenbreiten liegen bei ca. 0,5–0,7 m, die Firstbreiten bei ca. 0,2–0,5 m. …*

An der Einmündung des Hauptstollens in den Schacht ist eine Schwelle von 0,45 m Höhe im Fels ausgebildet. Die Stollenhöhe beträgt hier 1,85 m. [Die Schwelle dürfte gedacht gewesen sein als streichender Überlauf eines Absetzbeckens. Sie ist Beleg dafür, daß das Quellwasser im offenen Gerinne herangeführt werden sollte.]

Weitere Einzelheiten ergeben sich aus einer Arbeit der Höhlenforschergruppe Karlsruhe[214], die im Vorfeld der Schachtberäumung das Stollensystem erkundet hat.

Anknüpfend an den Gedanken, daß die Anlage, bestehend aus einem fast 95 m tiefen Schacht und einem ca. 120 m langen Stollen den Testfall als Schachtzisterne wohl nie erlebt hat, darf hier ein aufschlußreicher Versuch nicht unerwähnt bleiben, der auf der Burg Lemberg nach Räumung des Schachtes durchgeführt[215] wurde: Um zu testen, ob der Brunnenschacht ohne zusätzliche Abdichtung als Wassersammelbehälter hätte funktionieren können, wurden im Jahre 1997 in kurzer Zeit insgesamt 80 m³ Wasser in den Brunnenschacht gefüllt. *Bei Versuchsbeginn ergab sich hierdurch eine Einstauhöhe (Füllhöhe) von 24,45 m über der Brunnensohle. Unter Mitwirkung der Gemeindeverwaltung wurde der durch Versickerung des Wassers über die Schachtwand und den Schachtboden sinkende Wasserstand meßtechnisch erfaßt. Nach 24 Tagen war die Wassersäule auf eine Resthöhe von 0,5 m abgesunken.* (Abb. 69)

Interessanter als die typische Abnahme des Wasserstandes in Abhängigkeit vom Druck der Wassersäule und der Durchlässigkeit des Gesteins sind die daraus errechneten Werte der

214 Brunnen in Rheinhessen und der Pfalz, bearb. von Klose, H. und Knust, E.; Mitteilungen der Höhlenforschergruppe Karlsruhe, Heft 18, 2004, S. 33 ff

215 Häfner und Schulz, a.a.O., S. 158 ff

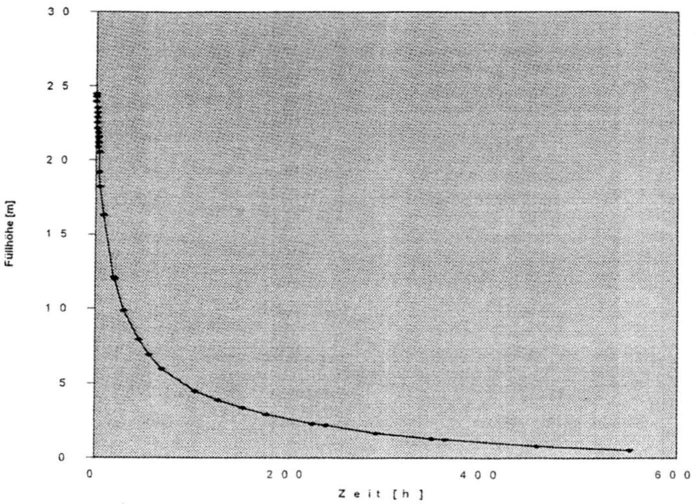

Abb. 69 Absenkung des Wasserspiegels beim Auffüllversuch 1997

Sickerverluste bei verschiedenen Füllhöhen. Anders als bei dem Auffüllversuch hätte sich der Schacht nach den Vorstellungen der Erbauer langsam durch den Zulauf aus dem Stollen füllen müssen. Ungeachtet der Tatsache, daß von Anfang an geringe Sickerverluste wirksam geworden wären, hätte sich bald ein Wasserspiegel im Schacht eingestellt, für den sich Zuflußmenge und Sickerverluste die Waage gehalten hätten.

Wenn der Zufluß 2 m^3 pro Tag betragen hätte, wäre der Gleichgewichtszustand eingetreten, bevor der Wasserstand die 5-m-Marke erreicht hätte. Sobald sich die Zuflußmenge auf 1 m^3 pro Tag halbiert hätte, wäre in diesem Fall auch der Wasserstand um gut die Hälfte gesunken. Aufgrund der heute bekannten Schüttung der Quelle, die für die Ableitung in den Schacht vorgesehen war, kann man schlußfolgern, daß ein Wasserstand in der Schachtzisterne in der aufgezeigten Größenordnung möglich gewesen wäre. Da man selbst bei einer 100-köpfigen Besatzung mit einer Entnahme von nur etwa 0,5 m^3 pro Tag ausgekommen wäre, hätte es also funktionieren können. Selbst wenn der Zufluß sich auf nur 1 m^3 pro Tag verringert hätte, wäre bei einer solchen Entnahme ein Wasserstand von ca. 1,5 m erhalten geblieben. Alles in allem aber wäre das, gemessen an dem enormen Aufwand, den man getrieben hatte, nur ein äußerst kümmerliches Ergebnis gewesen.

3.05 Die Festung Wülzburg bei Weißenburg in Bayern

Auf einer Anhöhe, rd. 200 m Meter oberhalb der heutigen Stadt Weißenburg, stand einst ein Benediktinerkloster, dessen Erbauung auf Karl den Großen zurückgehen soll. Diese Anlage wird auf einer Stadtansicht aus dem Jahre 1575 dargestellt als eine wehrhafte kleine Burg mit Ringmauer und Torturm sowie einem Kirchturm, der auch ein Bergfried sein könnte.

Infolge der Säkularisation war der Bau, wenn er denn so ausgesehen hat, ab dem Jahre 1537 zur Bedeutungslosigkeit verkommen und dem Verfall preisgegeben. Als mit dem Jahre 1588 auf dem Klosterareal die Baumaßnahmen für eine moderne, bastionierte Festung begannen, diente die alte Anlage als willkommener Steinbruch. Einzig der Kirchturm scheint einige Zeit überdauert zu haben. Auf einer Ansicht der Festung aus dem Jahre 1649 steht er noch als Solitär im Hof (Abb. 70).

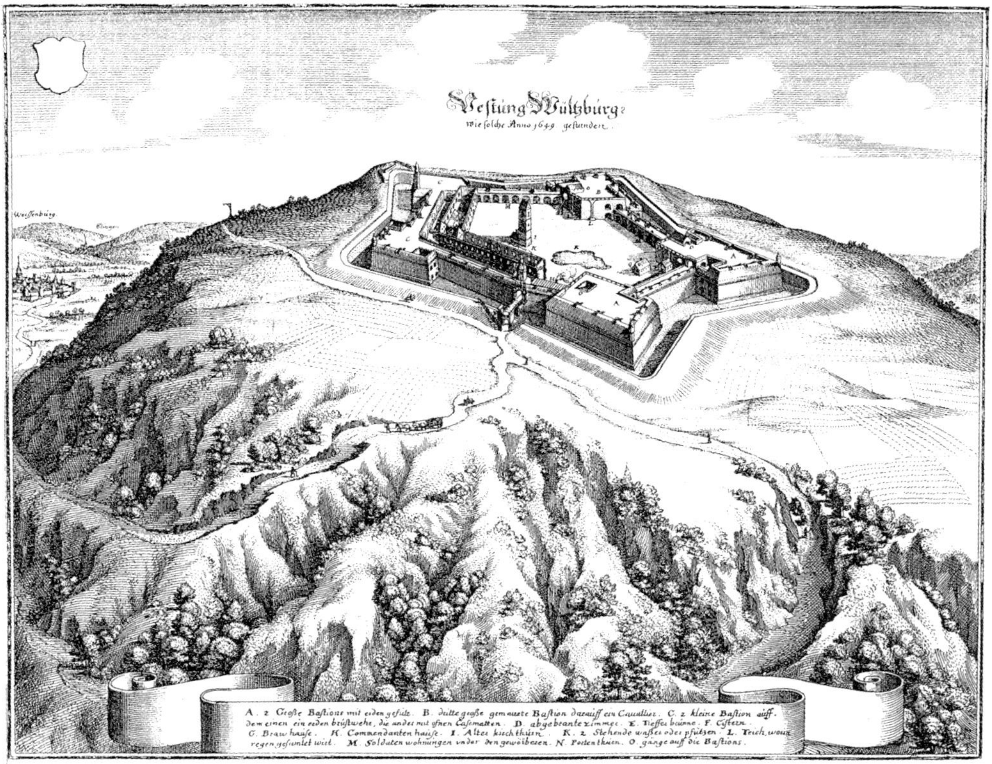

Abb. 70 Ansicht der Festung Wülzburg im Jahre 1649

Die Entscheidung des Markgrafen Georg Friedrich von Brandenburg-Ansbach (1556–1603), eine solch große Festung auf der Anhöhe östlich der freien Reichsstadt Weißenburg zu erbauen, muß wohl in erster Linie als Demonstration verstanden werden. Für Festungsbauten wählte man anderenorts zu dieser Zeit bereits sinnvollerweise das ebene Gelände. Strategisch machte der Neubau auf dem Berg – wie sich bald zeigen sollte – wenig Sinn. Vor allem aber wurde die Wasserversorgung, die für das kleine Kloster noch zu lösen war, für die große Festungsanlage zum Dauerproblem.

In diesem Zusammenhang darf ein Schriftsatz[216] nicht unerwähnt bleiben, der im Jahre 1588 im Streitverfahren des Markgrafen vor dem Reichskammergericht gefertigt wurde. Als Antwort auf das Mandat Kaiser Rudolfs II. zur Zerstörung der gerade begonnenen Festungsbauten lieferte der ansbachische Anwalt eine Ansammlung von Gegenargumenten, die auch den Hinweis enthält, Georg Friedrichs Eltern hätten hier schon vor langer Zeit einen Brunnen gebaut. Statt der Eltern werden wohl eher die Groß- bzw. Urgroßeltern gemeint gewesen sein. Aber offenbar wußte man, wie es um die Chance bestellt war, auf dem Berg Wasser zu finden.

Die Festung Wülzburg wurde in ihren wesentlichen Teilen in der Zeit zwischen 1588 und 1605 erbaut. Das nötige Wasser sollte ein tiefer Brunnen liefern. Über den Bau dieses Brunnens gibt es bis zum heutigen Tag keine urkundlichen Belege, keine Pläne, Verträge mit Handwerkern oder Bauberichte. Selbst über die Bauzeit können nur Vermutungen angestellt werden. Man hat versucht, diesen Umstand mit der Geheimhaltung beim Festungsbau zu begründen. Tatsächlich aber gab es für jeden Vorgang, der mit der Zahlung von Geld verbunden war, natürlich auch Belege. Und Bauberichte gehörten damals wie heute zu den Selbstverständlichkeiten einer Großbaustelle. Aber 400 Jahre sind eine lange Zeit. Da geht manches verloren, zumal wenn die Bedeutung des Brunnens für die Trinkwasserversorgung nach und nach geringer wurde.

Untersuchungen

Auffallend beim Brunnen der Festung Wülzburg ist sein Standort. Er befindet sich im Westflügel der nur teilweise fertiggestellten Schloßanlage in einem Raum, der in seinen Abmessungen ursprünglich ganz auf die Wasserförderung, -bevorratung und -verteilung abgestimmt war. (Abb. 71) Umbauten in neuerer Zeit brachten zwar einige Veränderungen, es ist aber nach wie vor erkennbar, daß der Brunnen Teil eines vorgegebenen Raumkonzeptes dieses Gebäudeteiles war. Es wurde also nicht, wie z. B. bei der Festung **Königstein**, ein separates Brunnenhaus über einem isoliert stehenden Brunnen errichtet. Der Brunnen wurde vielmehr in einen eigens dafür vorgesehenen Raum eines größeren Gebäudekomplexes hineingebaut. In Anlehnung an die Gegebenheiten auf der Burg **Breuberg** [7] nennen wir diesen Raum die Brunnenhalle[217].

Die Lage der Brunnenhalle widerspricht der gängigen Meinung, man habe Brunnen dort gebaut, wo man Wasser vermuten durfte. In einer Burg war der Platz naturgemäß sehr beengt, und für einen Brunnenstandort boten sich kaum echte Alternativen an. Bei der Festung war der Innenraum zwar größer, dafür aber unterlag die innere Organisation der Anlage strengen militärischen Regeln. Und diesem Ordnungsprinzip hatte sich auch die Lage der Brunnenhalle unterzuordnen. Von der Schloßanlage konnten nur zwei der geplanten fünf Flügel gebaut werden. So ist die ursprüngliche Zuordnung des Brunnens zu den Wirtschaftsräumen kaum noch ablesbar.

Da der Brunnen in den Westflügel des Schloßbaues hineingeplant war, steht also die Frage, wann mit dem Bau des Brunnens begonnen wurde, in unmittelbarem Zusammenhang mit der Frage, wann man mit dem Schloßbau anfangen konnte. Für das Jahr 1588 ist der Abriß, d. h. die Absteckung der Festungswerke belegt. Rieder[218] erwähnt, daß man im Jahre 1594 bereits *drei mächtige Bastionen auf dem Berg sehen konnte*, bei denen es sich gemäß Abbildung 71 um Krebs, Roßmühle und Jungfrau gehandelt haben dürfte. An den Bau des Westflügels aber war erst zu denken, nachdem die Bastionen Kaltes Eck und Hauptwache sowie die dazwischen verlaufende

216 StA Nürnberg, Deutschorden, Ellingen, 454

217 Wir folgen damit bewußt nicht der örtlichen Gepflogenheit, den Raum als Brunnenstube zu bezeichnen, da dieser Begriff im Brunnenbau für eine Quellfassung steht.

218 Rieder, O., Geschichte der ehemaligen Reichsstadt und Reichspflege Weissenburg am Nordgau, 1916, unveröff. Manuskript im Stadtarchiv Weißenburg

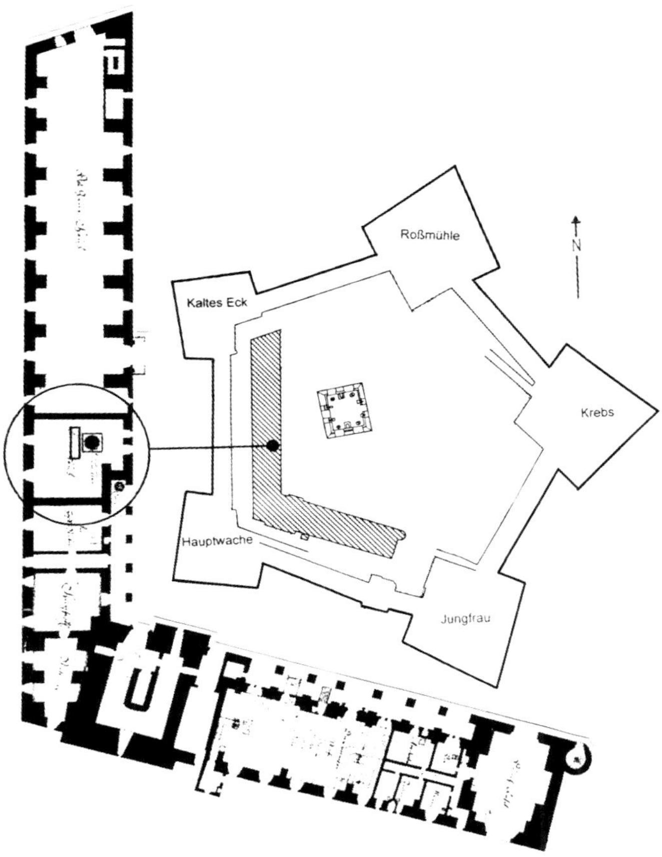

Abb. 71 Grundriß der Festung und Lage der Brunnenhalle

Kurtine halbwegs fertiggestellt waren. Nur bei einem solchen Bauablauf wurde der Zugang zur Baustelle dieser Verteidigungswerke nicht behindert.

Der Rohbau des Westflügels muß sodann über das Erdgeschoß hinausgehend fertig gewesen sein, bevor mit dem Abteufen des Brunnens innerhalb des Gebäudes begonnen werden konnte. Auch hier war entscheidend, daß sich die Hochbaumaßnahme Schloß und die Tiefbaumaßnahme Brunnen nicht gegenseitig behinderten, zumal die Bauzeit für den Brunnen, anders als im Falle des Schloßflügels, zu diesem Zeitpunkt überhaupt noch nicht absehbar war. Niemand konnte genau vorhersagen, wann und in welcher Tiefe man genügend Wasser finden würde.

Für die Fertigstellung des Brunnens kann mit ziemlicher Sicherheit das Jahr 1602 gelten[219]. Im April dieses Jahres berichtet der Baumeister Albrecht von Haberlandt, er habe einen böhmischen Meister befragt, ob er das Hebewerk für den 80 Klafter tiefen Brunnen der Wülzburg bauen könne. Der runde Wert von 80 Klaftern (ca. 140 m) muß stutzig machen. War er nur eine Größenordnung im Rahmen der Anfrage oder entsprach er tatsächlich der damals gemessenen Tiefe des Brunnens? Wir wissen es (noch) nicht.

219 StA Nürnberg, Rep. 117 a, Bestallungsbriefe, 296/44

Aufgrund der Belege zum Baufortschritt des Westflügels und Rückrechnungen über die erforderliche Bauzeit vergleichbar tiefer Brunnen setzen wir den Baubeginn frühestens auf das Jahr 1596 an. Man brauchte also maximal sechs Jahre, wobei diese Zeit für das Abteufen im Jurakalk reichlich bemessen ist. Auf der Festung **Königstein** erreichte man nach sechs Jahren 152 m Tiefe bei einem weit größeren Schachtdurchmesser. Den Brunnen der Burg **Homberg** [12] teufte man 150 m in den sehr viel härteren Basalt ab, kleidete den Schacht auf ganzer Höhe mit Tuffsteinen aus, und benötigte dafür nur ganze acht Jahre.

Angaben zur Ergiebigkeit des Brunnens bzw. zum Wasserstand fehlen. Aber man war im Jahre 1602 wohl zufrieden mit dem Erreichten und kümmerte sich um ein Hebewerk. Ob man ahnte, daß der Wasserzufluß keine gesicherte Größe war? Denn so, wie 1969 noch ein Wasserstand bei 126 m gemessen wurde, während der Spiegel 2005 unter 134 m abgesunken war, wird es auch damals schon bald deutliche Schwankungen gegeben haben.

Unabhängig von der Ergiebigkeit des Brunnens nutzte man von Anbeginn die befestigten Flächen, um Regenwasser in Zisternen zu leiten und zu sammeln. Einen Hinweis darauf liefert der Merian-Stich (Abb. 70), der unter dem Buchstaben L an der Bastion Roßmühle einen *Teich, worin regen gesamlet wirt*, aufführt. Der Begriff Teich wird hier im Sinne eines künstlich gestauten, stehenden Gewässers auf den Sammelbehälter angewendet.

Eine kurze Bemerkung muß erlaubt sein zu den verschiedenen überlieferten Angaben über die Tiefe des Brunnenschachtes. Die im Jahre 1602 genannten 80 Klafter entsprechen einer Tiefe von 140 m, wenn man das bayerische Maßsystem zugrundelegt. Rechnet man dagegen mit dem Ansbacher Fuß (1 Klafter = 6 Fuß) zu 30,5 cm, werden daraus schon 146,4 m. Schickhardt[220] notiert 1620, der Brunnen sei 486 Schuh tief. Falls er dabei den ihm vertrauten Württembergischen Fuß zugrundegelegt hat, ergäbe das eine Tiefe von 139 m. Rechnet man den Fuß mit 30 cm, wären es 145,8 m. Der gleiche Wert ergibt sich, wenn man die Angabe aus dem Schuchart'schen Plan[221] von 1739 nimmt, denn 478 Ansbacher Fuß entsprechen 145,8 m. Und wenn im Jahre 1815 die Tiefe mit 496 Bayerische Fuß angegeben wird[222], dann wären das 144,8 m, da die Maßeinheit zwischenzeitlich auf 29,186 cm vergrößert wurde.

Aber es ist müßig, darüber zu spekulieren, welche dieser Angaben richtig sein könnte; denn sehr viel schwerwiegender als die Ungewißheit über das tatsächlich zugrundeliegende Fuß-Maß sind die jeweiligen Ungenauigkeiten bei der Erfassung der Tiefe, wie sie auch für die Festung **Marienberg** belegt sind.[223]

Im Jahre 2006 wurden die Räumungsarbeiten auf der Wülzburg in einer Tiefe von 133,5 m aufgenommen.[224] Im April 2008 waren etwa 140 m erreicht. Die Räumungsarbeiten dauerten bei Redaktionsschluß noch an.

Der Brunnenschacht ist im Kopfbereich in einer Höhe von rd. 5 m ausgemauert. Das Mauerwerk ist kleinteilig und findet sich in dieser Form auch in anderen Abschnitten des Schachtes. Der Durchmesser, der durch die Aufmauerung vorgezeichnet ist, mißt durchgehend bis zum derzeitigen Grund ca. 2,25 m.

220 Heinrich Schickhardt (1558–1634), seit 1596 württembergischer Hof- und Landbaumeister, fertigt um 1620 eine Ideenskizze zur Wasserförderanlage der Wülzburg (s. Abb. 50)

221 KrA München, Pl. Wülzburg 1, aufgen. von Ingenieur und Artillerie-Lieutenant T.F. Schuchart, Anno 1739

222 KrA München, C I (199), Besichtigungsprotokoll 1815

223 Freeden, a.a.O.

224 Reinhard Winkler aus Weißenburg leitet die Räumung. Er ermöglichte dem Autor die Befahrungen.

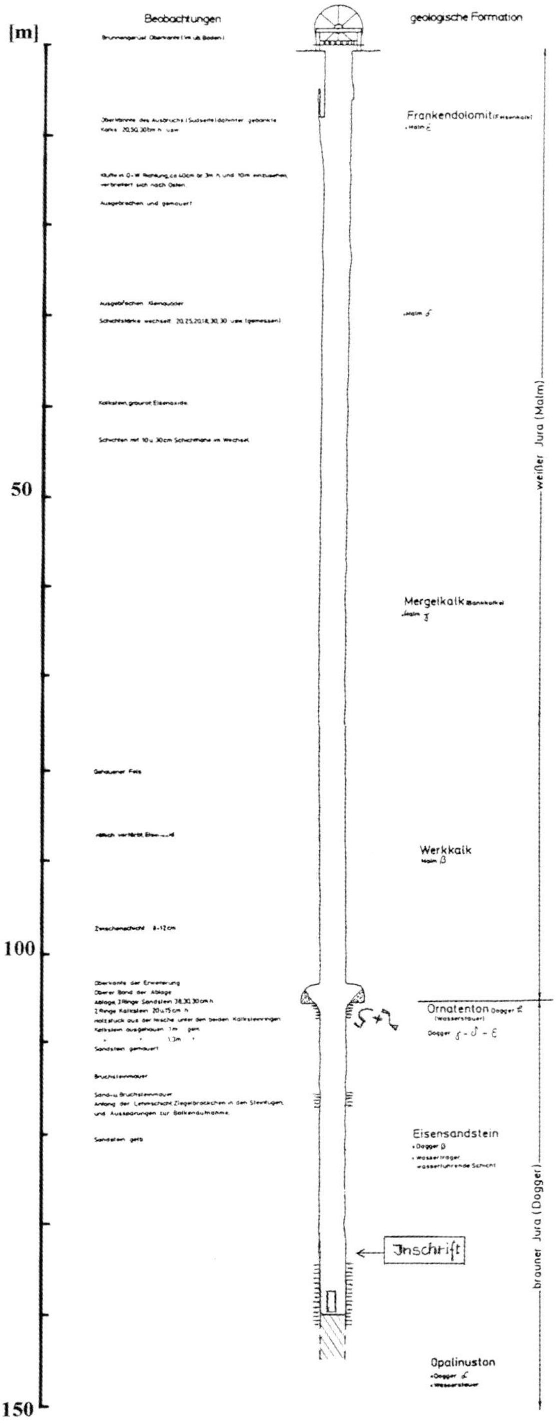

Abb. 72 Querschnitt des Brunnenschachtes der Festung Wülzburg

Abb. 73 Ausmauerung bei ca. 106 m

Die Gesteinsschichten, durch die sich die Bergleute hindurcharbeiten mußten, sind in einer Schachtzeichnung[225] aus dem Jahre 1969 genau erfaßt. Eine aktualisierte Fassung zeigt Abbildung 72. Die Bergleute trafen, nachdem der oberste Schachtabschnitt durch Ausmauerung stabilisiert worden war, zunächst auf den Malm, der gemäß der Quenstedtschen Gliederung[226] bis in eine Tiefe von ca. 105 m in verschiedenen Schichtstufen nachgewiesen wurde. Auffallend ist, daß die Schachtwand heute (wie auch wohl damals) ab etwa 30 m deutlich naß wird. Die Hoffnung, bald Wasser zu finden, erfüllte sich aber erst nach weiteren 75 Metern.

In einer Tiefe von 105 m erreichten die Bergleute nach etwa 3 ½ Jahren eine wasserstauende Schicht, den sogenannten Ornatenton. Wollte man den als Wasserstauer nutzen, durfte er auf keinen Fall durchstoßen werden. Offensichtlich war man zunächst mit diesem Ergebnis zufrieden und bildete über der Tonschicht eine kreisförmige Kaverne aus, um die Fläche des Wasserzutritts zu vergrößern und ein Reservoirvolumen zu schaffen.

Der Durchmesser der Grundfläche der Kaverne kann z. Z. nicht genau angegeben werden, da die Ränder von schrägen Anschüttungen verdeckt sind; er dürfte aber ca. 6 m betragen. Die Kaverne ist etwa 2 m hoch und liegt glockenförmig am Ende dieses Schachtabschnittes. Quer zur Ausrichtung der Schnittzeichnung ist die Kaverne um wenigstens 1 m gegenüber der Schachtfortführung verschoben.

Bei dem Material der Anschüttungen dürfte es sich um kleine und kleinste Abplatzungen von der Decke der Kaverne handeln. Der am Grunde des Schachtes liegende Schutt weist oberflächig die gleiche Struktur auf. Bei der Befahrung des Schachtes wurde das Herabfallen solcher Kleinteile beobachtet.

Die Bauunterbrechung an dieser Stelle wird der Grund für die insgesamt relativ lange Bauzeit von etwa sechs Jahren gewesen sein. Wir können davon ausgehen, daß man den Wasserzufluß in dieser Situation eine ganze Zeitlang aufmerksam beobachtet hat. Offensichtlich war das Ergebnis nicht befriedigend, so daß man sich wohl oder übel entschließen mußte, weiter

225 Erich Meierhuber aus Weißenburg hat den Brunnen 1968/69 und 1976 befahren. Seine Schachtzeichnung wurde bisher leider nicht publiziert.

226 Die Juragesteine Süddeutschlands bilden die Schichtstufen (von unten nach oben) Lias, Dogger und Malm. Der Tübinger Geologe Friedrich August Quenstedt (1809–1889) unterteilte diese drei Hauptschichtstufen in jeweils 6 weitere Schichtstufen, die mit griechischen Buchstaben (unten mit α beginnend) bezeichnet werden.

Abb. 74 Ausmauerung bei ca. 116 m

zu graben. Beobachtungszeit, Begutachtung durch mehrere Spezialisten, Beschlußfassung und erneute Baustelleneinrichtung dürften sich über mehrere Monate, vielleicht gar ein Jahr hingezogen haben. Man durchstieß die Schicht des Ornatentons, bis man den Eisensandstein der Doggerschicht erreichte.

Um den Schacht im Bereich der nun frei anstehenden Tonschicht zu stabilisieren, war eine Schachtausmauerung erforderlich. Und so finden sich auf den nächsten ca. 10 m Mauerringe, die z. T. aus Sandsteinquadern, überwiegend aber aus kleinformatigen Kalksteinen aufgesetzt sind. Unterschiedliche Formate und wechselnde Steinqualitäten lassen vermuten, daß dieser Teil des Schachtes in Abschnitten nachgearbeitet werden mußte. Außerdem finden sich bei ca. 106 m (Abb. 73) sowie am unteren Ende der Ausmauerung bei ca. 116 m (Abb. 74) jeweils vier Rüstlöcher als Auflager für Arbeitsgerüste. Diese Rüstlöcher sind Beleg dafür, daß man die Ausmauerung erst vorgenommen hat, nachdem man mit dem Abteufen schon weiter fortgeschritten war.

Die vier Rüstlöcher bei ca. 106 m sind in eine Schicht aus roten Sandsteinen eingearbeitet. Bemerkenswert an dieser Schicht ist ferner, daß in vier Steine Zeichen eingemeißelt sind. Es sind keine Steinmetzzeichen, wie sie für die Zeit der Spätrenaissance als individuelle Urheberzeichen von den Steinmetzen verwendet wurden. Sie stellen die Ziffern „5" (Abb. 73) und „2" (Abb. 75) dar, wobei die „5" insgesamt dreimal (in unterschiedlicher Stellung) auftritt und die „2" durch ein kleines Kreuz mit gleich langen Armen ergänzt wird, wie wir es als Schichthöhenzeichen kennen. Der Sinn der Ziffern an dieser Stelle des Schachtes und in dieser Anordnung erschließt sich momentan noch nicht. Das Zeichen, das im Aussehen der Ziffer „5" gleicht, findet sich auch im gemauerten oberen Schachtteil des tiefen Brunnens der Burg *Breuberg* [7], der Mitte des 16. Jahrhunderts entstanden ist. Eine anderweitige Zuordnung konnte bisher nicht erfolgen.

Ab einer Tiefe von ca. 130 m werden die Bergleute die Auswirkung der darunter liegenden Tonschicht, dem sogenannten Opalinuston, gespürt haben. Spätestens jetzt muß sich der seitliche Wasserzufluß bemerkbar gemacht haben. In welcher Tiefe das Wasserdargebot letztlich zusammen mit dem Zufluß aus der 40 m darüber liegenden Schicht des Ornatentones für ausreichend gehalten wurde, wird erst bekannt sein, wenn die mühsame und zeitraubende

Abb. 75 Ausmauerung bei ca. 106 m

Räumung aus großer Tiefe abgeschlossen ist. Anzeichen dafür, daß man sich dem Schachtende nähert, ist die freigelegte, kleinteilige Ausmauerung.

Schon vor Beginn der Räumungsarbeiten war dicht über der Schutteinlagerung eine Inschrift entdeckt worden. Inschriften in tiefen Brunnen sind häufig anzutreffen, wobei es sich – wie z. B. auf Schloß **Hellenstein**[227] oder der Festung **Königstein** – zumeist um Hinterlassenschaften der Männer handelt, die nach dem Bau für die Reinigung oder Inspektion des Schachtes verantwortlich waren. Solche Inschriften finden sich i. d. R. in der Nähe der Schachtsohle. Auf der Wülzburg jedoch handelt es sich zweifelsfrei um die Namen von Bergleuten, die den Schacht einst abgeteuft haben. Dies ergibt sich nicht nur daraus, daß die Inschrift weit über der Sohle angebracht ist. Die beiden Namen sind (15–20 cm hoch) zudem sorgsam in ein vorbereitend geglättetes Feld eingeritzt. (Abb. 76) Sie lesen sich H : DERINGK und A : SAX. Es darf nicht irritieren, daß der Großbuchstabe G spiegelverkehrt dargestellt ist. Über seinen eigenen Namen werden die Schreibkünste des Bergmannes kaum hinausgegangen sein. Die Herkunftsnamen „Deringk = Thüringer“ und „Sax = Sachse“ sind zusätzliche Hinweise darauf, daß es sich um Bergleute aus den dortigen Bergbaugebieten gehandelt haben könnte.

Im März 2008 wurde während der Räumungsarbeiten eine außergewöhnliche Schutznische freigelegt. Sie ist nur 1,6 m hoch und im Grundriß trapezförmig. Die Öffnung zum Schacht mißt 0,63 m, erweitert sich aber bis in 1,4 m Tiefe auf 1,25 m. Die Untersuchungen konnten wegen unerwarteten Wassereinbruchs bis Redaktionsschluß nicht abgeschlossen werden. Gleiches betrifft die Aufnahme weiterer Inschriften, bei denen es sich um Jahreszahlen handelt, die sich z. Z. noch nicht genau einordnen lassen.

Nachdem der Schachtbau beendet war, stockte man den nur 30 cm hohen Brunnenkranz auf. Die Besonderheit des Wülzburger Brunnens liegt nun darin, daß man den vorhandenen runden Brunnenkranz nicht – wie es anderenorts die Regel ist – einfach erhöhte. Vielmehr ordnete man darüber eine 40 cm hohe, 30 cm breite Lage Sandsteine quadratisch so an, daß sie als Fundament für

227 Heinzelmann und Jantschke, a.a.O., S. 242 f

Abb. 76 Die Inschrift bei ca. 133 m

ein Balkengerüst dienen konnte, welches man als Auflager für die Wasserförderanlage benötigte. So wurde der 30 cm hohe Brunnenkranz um 40 cm angehoben. Die runde Schachtöffnung von 2,25 m ging über in eine quadratische Öffnung mit lichten Seitenlängen von 2,25 m (Abb. 77).

Im Jahre 1602 suchte man also einen Spezialisten für die Wasserförderung. Bei einer Tiefe von ca. 140 m verbietet sich – wie wir eingangs ausgeführt haben – das Heben der Wasserkübel mittels eines einfachen Haspels von selbst. Man ließ sich also eine hölzerne Tretradanlage bauen, die mit der heute vorhandenen Anlage baugleich gewesen sein dürfte. Erfahrungsgemäß hat man bei späteren Reparaturen und Ausbesserungen konstruktiv selten etwas geändert.

Die Lagerung der horizontalen Welle dieser Anlage machte, da sie frei im Raume aufgestellt werden mußte, besondere konstruktive Aufwendungen erforderlich. Auf die nun 70 cm über den Fußboden aufragende steinerne Brunnenfassung stellte man ein schweres Balkengerüst in Form eines Käfigs zur Aufnahme des Lagers an der freien Seite des Wellbaumes. Das Schwellholz dieses Gerüstes vergrößerte die Absturzhöhe nochmals um 15 cm auf das allgemein übliche Mindestmaß von insgesamt 85 cm. Mit dem zweiten Auflager der horizontalen Welle mußten neben der senkrechten Last zusätzlich die Umwucht aus den Drehbewegungen des schweren Tretrades abgefangen werden. Diese Holzkonstruktion ist leider verloren. Sie wurde 1968 ersetzt durch einen zwischen Fußboden und Decke aufgemauerten schlanken Pfeiler.

Das achtspeichige Tretrad hat innen eine Lauffläche mit einer Breite von 1,50 m bei einem Innendurchmesser von 4,50 m. Zwei Wasserknechte konnten das Rad nebeneinander gehend durch den Einsatz ihres Körpergewichtes in Bewegung setzen. Die Drehbewegung des Tretrades wurde direkt, d. h. ohne ein zwischengeschaltetes Getriebe, auf den Wellbaum übertragen. An zwei Seilen, die zwischen drei Sprossensternen kontrolliert geführt wurden, bewegten sich bei Drehung des Wellbaumes zwei Kübel im Pendelbetrieb auf und ab. Ruckdeschel[228] hat

228 Ruckdeschel, W., Die Tretradbrunnenwinde auf der Wülzburg, in: Sanitär- und Heizungstechnik, Nr. 3, 1979

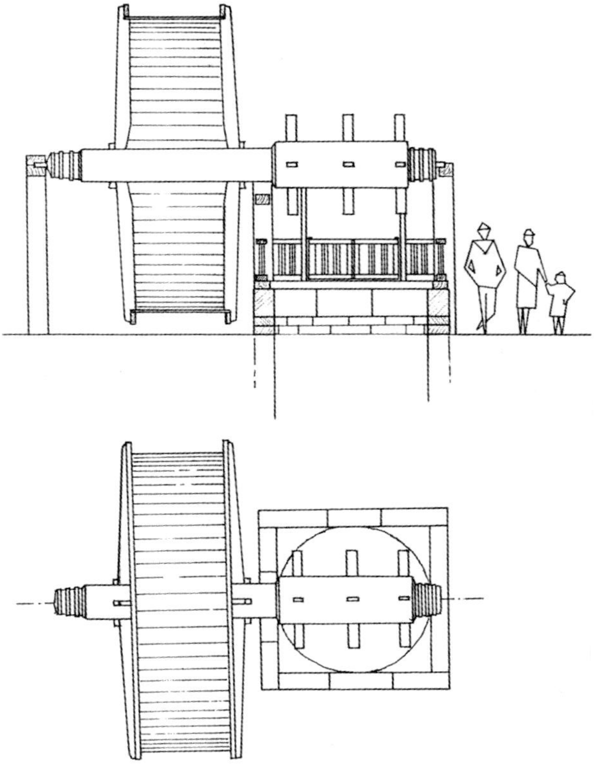

Abb. 77 Die Tretradanlage der Festung Wülzburg (Grundriß und Schnitt)

errechnet, daß für einen Hiev 55 Umdrehungen des Wellbaumes erforderlich waren, wobei die Wasserknechte im Rad fast 800 m zurücklegen mußten. Auf Grundlage der von ihm getroffenen Annahmen soll der Hiev für einen Wasserkübel kaum glaubliche 45 min gedauert haben.

Wir müssen hier noch einmal auf das hölzerne Balkengerüst zurückkommen, das sich über dem Brunnenmund befindet. Entsprechend der Begrenzung, die die Sprossensterne für den seitlichen Seillauf bilden, wurden an den Parallelseiten zum Wellbaum Arbeitsöffnungen freigestellt, durch die die Kübel seitlich gestürzt (d. h. entleert) werden konnten. Über eine Rinne wurde das Wasser in Vorratsbehälter umgefüllt. (Der an der hofseitigen Innenwand aufgemauerte Wasserbehälter hat damit nichts zu tun.)

Da man aus Sicherheitsgründen zwischen die Gerüstpfosten umlaufend noch ein 58 cm hohes Geländer eingezogen hatte, waren jeweils zwei Doppeltürchen erforderlich, um an die Kübel zu gelangen. Hier muß die Frage erlaubt sein, warum man diese nun insgesamt 1,43 m hohe Einhegung des Brunnenschachtes für erforderlich hielt. Es ist gut möglich, daß in dem ehemals sehr viel größeren Raum der Brunnenhalle weitere Funktionen angesiedelt waren, so daß neben den Verantwortlichen für das Wasserziehen viele „Unbefugte“ im Bereich des Brunnens geschäftig waren. Dadurch erhöhte sich das Risiko, daß jemand zu Schaden kam.

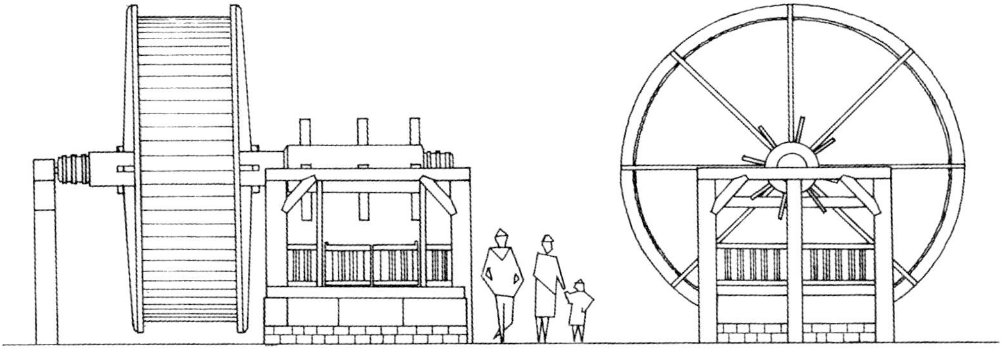

Abb. 78 Die Tretradanlage der Festung Wülzburg (Ansichten)

Man benutzte wegen der Tiefe des Brunnens und dem daraus resultierenden Seilgewicht Kübel, die nur 50–60 ltr faßten. Ein solcher Kübel ist mit aufgerichtetem Bügel gut 1 m hoch. Die Differenzhöhe von 1,40 m zwischen der Oberkante des Brunnenkranzes und der Unterkante des Wellbaumes ist gerade ausreichend, um mit einem solchen Gefäß hantieren zu können. Größere Kübel konnten hier also schon aus diesem Grunde nicht eingesetzt werden.

Wer heute die Brunnenhalle aufsucht, sollte wissen, was hier gegenüber dem ursprünglichen Zustand zwischenzeitlich verändert wurde. Nur so erhält man eine Vorstellung davon, wie sich die Wasserförderanlage über dem tiefen Brunnen einst dargestellt hat (Abb. 78).

Dem Raum wurde etwa 1/3 seiner Breite genommen, der Fußboden um ca. 50 cm angehoben. Nach einer Bauaufnahme[229] aus dem Jahre 1915 lief das Tretrad einst frei über dem Fußbodenniveau. Heute taucht das Rad in eine Mulde im Fußboden ein. Und da das hölzerne Auflagergerüst hinter dem Tretrad zudem ersetzt wurde durch einen schlanken Mauerpfeiler, kann man die ursprüngliche Schönheit und Größe der Anlage – passend zur gewaltigen Tiefe des Schachtes – heute kaum noch ermessen. Besuchertreppchen und Gitterrostauflage als unverzichtbare Zugeständnisse an die öffentliche Zugänglichkeit tragen das Ihre dazu bei.

Bedeutung des Brunnens

Zweifel an der Wasserversorgung traten schon bald nach Fertigstellung der Festung auf. Die Wülzburg – so ein Offizier während der Belagerung im Jahre 1631 – sei zwar nicht auszuhungern, *aber Inn einen par tag wol außzudürsten,* [da sich gezeigt habe,] *daß nit wol Waßer auff zween tag darmit Menschen vnd Viehe auszuhalten,* gehoben werden können. Außerdem berichtet er, daß *der Bronn in verender traction verpollen, daß man über zween Schuch tieff nit waßer gefunden* usw.[230] D. h. vom vielen Wasserheben war der Wasserstand auf 60 cm abgesunken, das verbliebene Wasser wurde modderig.

Einen Löschwasservorrat scheint es – wie auf den meisten Burgen und Festungen in dieser Zeit – nicht gegeben zu haben. Der Brunnen war wegen seiner langen Förderwege im Brandfall nutzlos. Im Jahre 1634 brannte der Schloßbau während der Besatzungszeit unter kuriosen Umständen ab.[231] Die hölzerne Tretradanlage im Erdgeschoss des Westflügels scheint den

229 Bauaufnahme des Stadtbauamtes Weißenburg durch Bauführer Ott. Diese Zeichnung zeigt auch noch ein hölzernes Auflager an der Seite des Tretrades, gibt den Brunnenkranz aber nur schematisch wieder.

230 StA Bamberg, C 48, 181

231 StA Nürnberg, Ansbach, OA-Akten, 2054

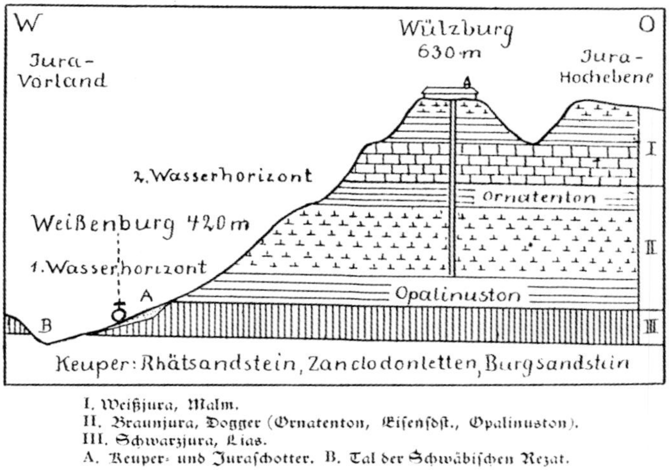

Abb. 79 Geologisches Profil des Wülzburger Berges

Feuersturm jedoch überstanden zu haben. Während die Besatzer vom Eigentümer die schnelle Reparatur des Gebäudes einforderten, monierten sie hinsichtlich des Brunnens nur, daß dieser gesäubert werden müsse[232]. Ansonsten scheint er funktionsfähig gewesen zu sein.

Auf einem Plan von 1739 sind neben dem Brunnen bereits insgesamt elf Zisternen verzeichnet. Dies ist zum einen Zeichen für den gestiegenen Wasserbedarf, dürfte seine Gründe aber auch in der nachlassenden Ergiebigkeit des Brunnens haben. Im Jahre 1815 schlug der Kommandant schließlich vor, den Brunnenschacht abzudichten und als großen Vorratsbehälter für Niederschlagswasser zu nutzen[233].

Der Vorschlag, den Brunnenschacht in einen tiefen Vorratsbehälter umzuwandeln, kam nicht zur Ausführung. Stattdessen baute man in den folgenden Jahren weitere kleine Zisternen. Das Bemühen, die Wasserversorgung auf der Festung sicherzustellen und von den Beifuhren der Bauern unabhängig zu sein, mündete schließlich in den Bau einer Großzisterne. Der Brunnen hatte ausgedient und wir können froh sein, daß der Schacht nicht – wie anderenorts geschehen – ob seiner Nutzlosigkeit einfach verfüllt wurde. Bei den Einlagerungen, die derzeit geräumt werden, handelt es sich überwiegend um Erosionsschutt. Auch nach vollständiger Räumung werden sich also nach und nach wieder Einlagerungen bilden.

Eine Antwort auf die Frage, warum der tiefe Brunnen der Wülzburg nach und nach immer weniger Wasser lieferte und schließlich nutzlos wurde, ergibt sich aus dem geologischen Profil (Abb. 79) der Juraformation[234], gezogen zwischen der Stadt Weißenburg und der Wülzburg. Es zeigt sich, daß die wasserstauenden Tonschichten nach Osten hin fallen. In der Folge starker Niederschläge wurden zwar am Westhang der Anhöhe gelegentlich kurzzeitige Quellaustritte beobachtet, in der Tendenz aber fließt das Grundwasser auf dem Opalinuston nach Osten ab. Im Wechsel der langfristigen Niederschlagsmengen kommt es so zu großen Schwankungen des Wasserstandes im Brunnen. Ob der Brunnen in diesem Wechselspiel vollständig trocken fallen kann, wird sich erst nach der Räumung des Schachtes beobachten lassen.

232 StA Nürnberg, Ansbach, OA-Akten, 2056
233 Burger, a.a.O., S. 11
234 Fröhlich, Fr., Der Festungsbrunnen auf der Wülzburg, in: Der Bergfried, Nr. 9, 1960, S. 66

3.06 Die Leuchtenburg am Saaletal

Die Leuchtenburg, auf dem Lichtenberg oberhalb von Seitenroda in Thüringen gelegen, wird im Jahre 1221 erstmals urkundlich erwähnt. Vermutlich waren es die Herren von Lobdeburg, die sich den steilen Bergkegel ausgesucht hatten, um hier zur Demonstration ihrer Herrschaft einen steinernen Wehrbau zu errichten.

Abb. 80 Ansicht der Leuchtenburg um 1830

Der Lichtenberg ist einer von drei Muschelkalkbergen, die sich rechts der Saale markant aus dem sie umgebenden Buntsandsteingebirge erheben. Als *Leuchtenburgstörung* ist dies in der Geologie ein bekanntes Schulbeispiel für die Reliefumkehr. Zwischen dem wasserdurchlässigen Muschelkalk und dem oberen Buntsandstein liegt das tonhaltige, wasserstauende Röt.[235]

Im Jahre 1333 mußten die Herren zu Leuchtenburg notgedrungen ihre Burg an die Grafen von Schwarzburg verkaufen, die ihrerseits nach der Thüringer Grafenfehde 1345 an Einfluß verloren. Als 1373 die Burg bis auf den Bergfried und die Wehrmauern abbrannte, sollen die

235 Haufschild, K., Leuchtenburg, Hrsg. Kreisheimatmuseum Leuchtenburg, Seitenroda 1983, S. 4

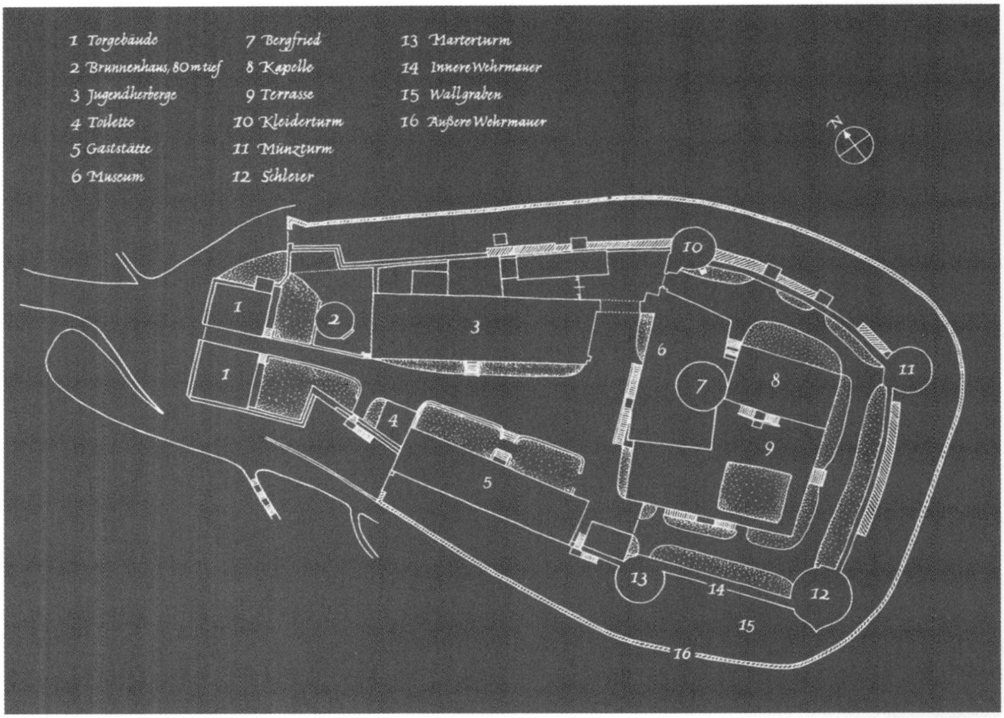

Abb. 81 Grundriß der Leuchtenburg

Schwarzburger noch im gleichen Jahr mit dem Wiederaufbau begonnen haben. Mit größerer Wahrscheinlichkeit aber dürften wesentliche Teile der Leuchtenburg erst nach dem Übergang an die Wettiner im Jahre 1396 neu erstanden sein. Damit fällt wohl auch der erste Bauabschnitt des Brunnens ins 15. Jahrhundert. Möglicherweise steht er in Zusammenhang mit dem Ausbau nach dem Sächsischen Bruderkrieg (1446–1451), der die fortifikatorischen Mängel der Burg offenbart hatte.

In diesem ersten Bauabschnitt wurde in der Vorburg (Abb. 81) ein Brunnenschacht von ca. 54 m Tiefe hergestellt. Aufgrund der geologischen Verhältnisse erscheint es wenig wahrscheinlich, daß der Brunnen Wasser liefern konnte. Das ist wohl auch der Grund dafür, daß man im Jahre 1552 zunächst einmal *allerley unflatt* ausräumen mußte, der sich fast 8 m hoch im Schacht befand, bevor man darangehen konnte, das Abteufen fortzusetzen.[236]

Der Anlaß für diesen zweiten Bauabschnitt war wiederum eine schmerzliche Erfahrung: Kurfürst Johann Friedrich (1532–47) hatte 1547 als Führer des Schmalkaldischen Bundes die Schlacht bei Mühlberg verloren und war in Gefangenschaft geraten. Seine Frau hatte sich mit den Kindern auf die Leuchtenburg geflüchtet. Als Johann Friedrich nach fünf Jahren aus der Gefangenschaft entlassen wurde (nachdem man ihm die Kurwürde und einen Teil seines Landes genommen hatte), ging er sogleich an den weiteren Ausbau der Leuchtenburg.

236 Die Ausführungen zum zweiten Bauabschnitt gründen sich auf Bauakten des Ernestinischen Gesamtarchivs im Thüringischen HStA Weimar, EGA, Reg. 5, fol. 129 a, 130 b–131 a.

Überlieferungen zum Brunnenbau

Im September 1552 berichten die Urkunden, daß vier Bergleute[237] damit beauftragt sind *uf der Lichtenwerck den porn ab zu stucken.* Bis zu diesem Zeitpunkt hatten sie nicht nur *bhiss in vir lachter allerley unflatt ausgeweltigt.* Der Bergmeister zu Salfeld hatte ihnen darüber hinaus zunächst *zwu lachter zu sincken vordyngt,* sodann *wider vir lachter,* und alles war zur Zufriedenheit verlaufen. Nachdem der Bergmeister weitere 4 Lachter beauftragt hatte, waren die Bergleute bereits nach einem ¾ Lachter auf Wasser gestoßen, und hatten von *dem hern berckmeister begert, uns das geding ab zu nhemen, dieweil der gebrauch uf berckwerck, wenn man erz im geding antrifft, so ist das geding auf; hat sich der her berckmeister solliches beschwerdt und gleichwol uns das geding abgenhomen und wider 4 lachter verdingt. Nhun haben wir nach uf dem geding, danne wir wasser antroffen, noch 19 G*[ulden] *hinderstellig, in deme man beschwerung, uns dieselben rhaus zu geben und thut uns das vorwenden, wir haben nicht nach erz sondern nach wasser gearbet.*

Wie der Streit beigelegt wurde, ist nicht belegt. Wahrscheinlich haben sich die Bergleute entsprechend dem Kanzleivermerk mit den vorgeschlagenen 12 Gulden zufrieden geben müssen und weiter geschafft; denn schon vier Wochen später sind auch die zuletzt beauftragten vier Lachter aufgefahren. Am 21. Oktober 1552 kann der Bergmeister berichten, daß *der brun itzund 38 lachter ein virtelslachter tief gesuncken.* Damit ist zu diesem Zeitpunkt eine Tiefe von insgesamt 75,8 m erreicht, 21,3 m mehr gegenüber dem 1. Bauabschnitt. Wann mit dem zweiten Bauabschnitt begonnen wurde, ist nicht belegt. Legt man den Arbeitsfortschritt der letzten vier Lachter zugrunde, dürfte der Arbeitsbeginn ca. 11 Wochen vorher, d.h. Anfang August 1552 gelegen haben. Die Arbeiten wären damit unmittelbar nach der Entlassung des ehemaligen Kurfürsten Johann Friedrich aus der Gefangenschaft angelaufen.

Neben dieser Erfolgsmeldung enthält der Bericht des Bergmeisters Ilgen Wegner an den Hofmeister jedoch auch noch den Hinweis: *und mehrt sich das wasser, geht eine stunde 1 ½ zuber wassers zu.* Dieser Satz markiert den Beginn einer dramatischen Schilderung der letzten Phase des Brunnenbaues, wie sie anschaulicher nicht sein kann. Für unsere Darstellung der folgenden Ereignisse haben wir Auszüge aus den Bauakten[238] chronologisch aufgearbeitet.

21. Oktober 1552 Der Bergmeister an den Hofmeister:
Der Bergmeister vermutet, *das man im schlos im brunen noch 2 lachter und ein virtel lachter ungefehrlich noch hat zu sincken.*

Er stellt fest: *Das gestein ist unter sich nicht feste und will nicht stehen bleiben. Dieweil sich dan nuhn das wasser von tag zu tag wirdt mehren, so will von nöten sein, … das der brunnen untenrauf gefahst wirdt entzweder mit steinen oder holtz …* Er erwartet diesbezügliche Weisung und fährt fort: *Itzund muß man den brunen 8 lachter tief und was man fohrthin tiefer sincken wehrt mit holtz oder steinen vorwahren, sonst stehet das gesteine auf und auf bis gen tag.*

Der Bergmeister erbittet eine schnelle Entscheidung, *dan es will keinen vorzug ane schaden leiden.*

237 Michel von Kunsperck, Hans Kolffhurer, Jorg Gerling und Oßwalt Weisser

238 Die Datumsangaben nach dem Julianischen Kalender wurden wie folgt vereinfacht: aus *freitag nach Moritij anno 1552* wird 22. Oktober 1552 (Mauritiustag), aus *sontags nach Simonis und Jude anno domini XV C LII* wird 28. Oktober 1552 (Simonstag) u.s.w.

21. Oktober 1552 Der Bergmeister an den Schosser:
Der Bergmeister informiert, daß *die perkgesellen haben das geding aufgefahrn. … Der bruen ist itzundt 38 Lachter ein virtel eines lachter tief gesunken.* (Für den Schosser heißt das, daß er den entsprechenden Lohn zahlen muß.)

Und weiter: *hab ihn*[en] *wider 4 lachter vordingt, do vohr gebe ich ihnen wider 25 G*[ulden]*; wi wol das gestein nicht fehst ist, so wirdt sie aber das wasser hindern, das es nicht so von stadt geht wie zu vohrn, auch von wegen der* [ge]*fehrlichen arbeit.*

Sie sollen fohrthien über feiertag fahrn, nicht den sontag vor mittag sollen sie stille halten, do mit man dorvohn ckompt; ich vorsehe mich [d. h. ich rechne damit], *es sal sich mit diesem geding enden.* Über seine Vermutung, daß nur noch 2 ¼ Lachter abzuteufen sein werden, sagt er nichts.

Er befiehlt dem Schosser: *Fohrt hin werdet ihr einen* [jedem Wasser-] *cknecht 20 gr*[oschen] *zu lohn geben. Ob sich* [d. h. wenn sich] *das wasser würde, wi ich mich vorsehe* [vermute], *mehre, so hab ich dem Michel* [von Kunsberg] *befohlen, das er noch zwen cknecht sol anlegen und das lohn theilen.*

Die hauern werdet ihr uf ihr geding [als Zulage] *iden eine woch 24 gr. geben über feiertag.*

Ob [d. h. wenn] *das gestein nicht stehn wolt, so wirdet ihr ufs Michels anzeige holz und zimmerleut bestellen* [für den Schachtverbau], *das die arbeter nicht schaden nehmen.*

28. Oktober 1552 Der Schosser an den (ehem.) Kurfürsten:
Der Schosser informiert, daß weitere 4 Lachter verdingt wurden. Weiter heißt es: *So habe ich mich heut dato an den pergkgesellen, wie es umb das wasser gelegen, erfraget, berichten und sagen, das sie am* [vergangenem] *freitag … siebenundtzwantzigk aymer und heut sontags siebenundtdreissigk aymer außgezogen. Seindt der hoffnung, ehe sie die vier angedingten lachtern ersungken, das sie das wasser zu nodtdorft beweldigen wollen.*

01.November 1552 Der Baumeister an den Sekretär:
Der Baumeister war selbst im Brunnen und faßt seine Einschätzung wie folgt zusammen:

- das man den brunnen zue Leuchtenburg in die XXX eln hoch ausmauern mus, do zu [be]*darf man in die XVC* [1.500] *quader-stück und will hofen, umb II G*[ulden] *zu brechen und hauen …* [um die Quader] *aus dem bruch ins schlos zu fürn, möchte ein hofgeschirr ein wochen zwei hundert stück hinauffürn.*

– solche stein zu brechen sein noch nicht verdingt, dan man nicht weis, wie er zu brechen ist. Derhalben soln sie zu versuchen, ein wochen umb tagelon erb[rechen].

– die stein in den brunnen zu lossen, das mus mit einem kefferrade[239] *geschen, welchs zu machen bestelt; ein groß keffer seil hat man* [auf Burg Grimmenstein] *zu Gotta, das man auch am brunnen gebraucht, im vorradt.*

– die bergleudt haben am negsten [letzten] *dinstag uf der sollen* [Sohle] *drei quellen troffen, das in tag und nacht I schock eimher* [60 Eimer] *zu gehen, die bergleud wollen versuchen, ob sie noch ein lachter tiffer mögen sincken, wie wol es mit grosser* [Ge]*fahr mus geschen, dan das gebirge so faul, das es in den quellen gar schwimpt.*

01. November 1552 Der Schosser an den (ehem.) Kurfürsten:
… heut dato gegen dem abende seindt drey perckgesellen vom hause Leuchtenburgk zu mir … kommen, angezaigt, das einer irer gesellen, Michel von Kunßpergk genandt, diesen nachmittagk

239 Krünitz, J.G., Oeconomische Encyclopädie (1773–1858): Kefferrad, ein Hebezeug, welches durch ein Rad, das von Menschen getreten wird, seine Bewegung erhält.

in brunnen gefharen. Deme were ein schade zugestanden, also weil sie itzo alle dage perck und wasser auspharen müssen, were ein wenigk percks, der vom wasser erweichet, abgeschossen, davon er beschedigt, das sie ime mit nodt heraus gebracht; wüsten nicht wie es ime ergehen mochte. Nhun wären sie arme gesellen, hätten kleine kinder, wüsten in solcher gefaher weyter nit zu arbeiten.

Die Baustelle steht still.

War der Schriftverkehr bis hierher ursprünglich sicher noch dichter, so ergibt sich jetzt ein Zeitfenster von gut drei Wochen, über das nichts überliefert ist. Die Arbeitsvorbereitungen für die Ausmauerung laufen langsam an. Auf der Baustelle kämpft man gegen das Wasser.

25. November 1552 Der Schosser an den (ehem.) Kurfürsten:
Die steinbrecher, mit denen der bauhemeister meines abwesens unterrede gehalten an de[m] *steinbruch, der nahe under dem hause Leuchtenburgk gelegen, … haben hundert und achtzigk stück gebrochen, davon das tagelhon der person zwene groschen, welchs in summa sechs gulden nheun groschen macht.*

Der bauhemeister hat auch … vier steinmez gesellen von Waymar anher geschickt und an die arbeit des steinhauens treten lassen, mit denen er … kein gedinge vom stück, wochen- oder tagelhon abgeredt. … von deme, der under inen ir maister ist [habe ich erfragt], *wievil ein ider des tages ungeferlichen stück hauen und zurichten* [könne. Der Meister] *hat darauf diesen bericht gegeben: Es kundte einer über zweij stück und doch nicht wol fertigk machen, es würde auch kein steinmeze von einem solchen stück under XVIII d.* [Denar = Pfennig] *nicht nehmen.*

Der Schosser schlägt vor, *dieweil iziger zeit der tagk am allerkürzesten, das mhan das steinbrechen und also die vorgezogene summa der quaderstück* [endlich] *vordinget,* [egal] *ob mhan nhun gleich vom stück sieben oder acht pfennige geben müste … das also, ob gott will, das steinbrechen und hauen vorgangk haben würde.*

Diese Vorgehensweise des Schossers ist ungewöhnlich, zeigt aber, wie groß der Druck auf der Baustelle ist. Es muß endlich etwas geschehen, damit nichts passiert.

Weiter informiert der Schosser, *das gestrigen tages der perckmeister zu Salveldt einen steiger alhier gehabt, der hat den perckgesellen noch ein lachter zu sinken, davon mhan inen zehen gulden geben soll, angedingt.*

Es wird also noch ein zusätzlicher Anreiz geboten für die schwere und gefährliche Arbeit auf den letzten Metern im ständigen Kampf gegen das nachdringende Wasser.

Wie die perckgesellen sagen und berichten, wollen sie mit götlicher hülfe die lachter zwischen hier [heute: sonntags] *und freitags ersincken und eine notturft wasser beweldigen.*

Ein *zymmermhan zur Naustadt* wurde aufgefordert, *das wasser radt zu vorfertigen.* Doch das wird den Bergleuten bei ihrer schweren Arbeit kaum helfen. Der Schosser bemüht sich, daß sie wenigstens ihren gerechten Lohn bekommen. Er schreibt:

Dieweil mhan dan zu dem steinbrechen, steinhauen, dem zymmermhan und vor die perckgesellen geldes bedürfende sein wirdet und von dem vorigen nichts mher vorhanden, so thu Euer churfürstlichen gnade ganz undertheniglichen bittende, wollen in derselbten rentherey gnediglichen schaffen lassen, das bey gegenwertigen [Stand] *mir nach ECfG* [Euer Churfürstliche Gnaden] *gnedigs gefallen zu solchem bauhe eine Summa als sechtzigk Gulden überschickt werde.*

Mit der Bearbeitung läßt man sich Zeit. Der Kanzleivermerk datiert vom 3. Dezember 1552.

08. Dezember 1552 Der Rat der Stadt Kahla an den (ehem.) Kurfürsten:
Der Rat der Stadt war aufgefordert worden, *so lange man das bedorftig* die Spanndienste für den Transport der Steine zu übernehmen. Der Rat legt dar, daß das aus den verschiedensten

Gründen nicht möglich sei. *Aber denselbten zu underthenigem gefallen wollen wir eine woche mit unserm geschirre zu bemelten bronnenbaue fharen lassen.*

Wie das Transportproblem letztlich gelöst wurde, ist nicht überliefert. Auch brechen mit diesem Datum die Bauberichte ab, so daß nicht klar ist, wann genau Anfang des Jahres 1553 die Arbeiten erfolgreich abgeschlossen werden konnten.

Im nächsten überlieferten Bericht des Schossers an seinen Herrn vom 08. Juni 1553 geht es bereits um das Wasserziehen, *dieweil der brun in ECfG hauß Leuchtenburgk nuhn mahls fertigk.* Das Wasser, noch durch den Bau verunreinigt, war bereits ausgezogen worden. Jetzt galt es, durch regelmäßiges Wasserziehen den Brunnen sauber und rein zu halten. … *Do mahn solchs nicht thun dodurch das wasser ganz richende werden solte.* Genau so wird man später auf der Burg *Stolpen* [3] verfahren.

Der Eseltreiber solle *alle tage an der treibens stadt den brunen etzliche stunde zeihe und solch wasser, das er aus dem brunnen zeugt, solle er in gerynne, die* [der Schosser] *darzu solle machen lassen, von dem prunnen in die zysterne laufen lassen, bis dieselbige voller ist. Und do die Zeistern voll gemacht, doch nichts desteweniger den prunnen lassen zeihen und das wasser zum schlos hinaus, was mahn nicht bedarf, laufen … lassen.*

Die detaillierten Ausführungen zu den Arbeiten, die der Schosser in diesem Zusammenhang dem Zimmermann aufgibt, sollen hier nicht weiter verfolgt werden. Interessant aber ist folgender Hinweis: *So ist das wasser-zeihen einer person unmögelichen, müssen allewege zwene darzu gebraucht werden. … So werden auch vom thorwarther und dem eseltreiber alle tage etliche aymer wasser aus dem brun gezogen, wie ich dan heut dato vier und zwanzigk aymer habe außzihen lassen, ist reyn, klar und nicht richende, … do allein meister Paul der steynmetze den brunnen, wie er bericht hat, recht außgereiniget.*

Der Steinmetzmeister Paul Weismann aus Weimar war seit dem 25. November 1552 für die Ausmauerung in der Schlußphase des Brunnenbaues verantwortlich gewesen. Da die Ereignisse sich überschlagen hatten, war es zu Mißverständnissen gekommen, über die noch bis zum 25. November 1553 reger Schriftverkehr geführt wird.

Unter dem 04. Juli 1553 berichtet der Schosser: *Diesem steinmetzen Paull Weyßmahnn sindt die Quaderstück zu brechen und zu hauen angedinget. Davon und vom hundert ist ime neuhn gulden zu gebene versprochen. So ist ime der brun zehn lachtern hoch aus zu mauern, zwischen dem gebirge und gemeuer mit wolgeschlagnen stahn aus zu raumeln, das er nach der seyten wasser hebet; gegen dem wasser ist ime die stück mit maße zu belegen und in der mitte in kulck zu mauern, den brun oben dreier lachtern hoch auszumauern, der krantz oben sieben virtel hoch zu hauen und zu setzen und klammern. … Darzu sal er seine aygene hülfe und handtraichung haben. Davon hat mahn ime neuhntzigk gulden und ein malder korn zu geben zugesaget.* [Quader, Stein, Kalk etc. wurden gestellt.]

Hirauf hat der steynmetze elfe hundert drey undt dreisigk Quader-stück gebrochen und gehauen. Die habe ich ime aus dem steinbruch auf das haus Leuchtenburgk führen lassen. … hat vermüge seiner zedel [d. h. Verdingzettel] *hundert neuhntzig gulden allenthalben von mir von dieser gethanen arbeit entpfangen. Darzu habe ich ime vier schefel kahlisch-maß korn gegeben. Daran ist mahn ime noch einen schefel schuldigk.* – Die Annahme dieses Scheffels Korn hatte der Steinmetz verweigert, da er aufgrund seiner Herkunft davon ausgegangen war, daß Korn nach dem Weimarer Maß vereinbart worden war, wonach ihm noch zwei Scheffel zugestanden hätten.

Und er verlangte Entlohnung dafür, daß er – als Not am Mann war – befehlsgemäß beim Wasserziehen geholfen hatte. *Und ist wahr, das er auf der herren bevhel die vier zehen tage über neben den andern die tage und nacht das wasser getzogen … und letzlich do sie es beweldiget, hat*

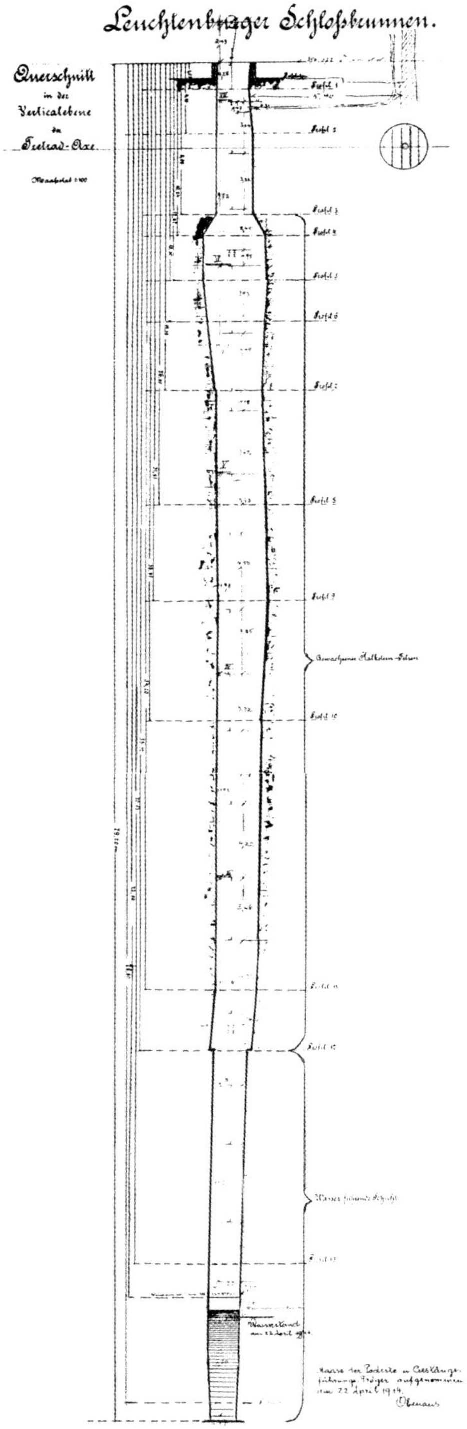

Abb. 82 Querschnitt des Brunnenschachtes der Leuchtenburg

er den brunnen gereiniget; ob er aber das holtz und reissigk [vom Verbau] *sampt den schudt alles reyn herauser gebracht, das bin ich weiter nicht, dan wie er selbst gesaget, das es reyn sey, gewisse.*

Do nuhn ECfG ime die vier lachtern, die er über die angedingten zehen gleich denselben sollte verlohnen lassen, müste mahn ime noch sechsundtdreissigk gulden, one das er den brun gereiniget, geben. Ich achte aber meines einfeldigen bedengekens, wie woll er große sorgliche gefahr getragen, das er mit fünfzehen gulden zu[frieden zu] *stellen sein sollte.*

Der Steinmetz Paul Weißmann war sofort aus Weimar herübergekommen, als man ihn rief, weil man ihn dringend brauchte. Er hatte gute Arbeit geleistet und Leistungen weit über den vereinbarten Rahmen hinaus erbracht. Am Ende wurden ihm *zu einer vergleichung aller seiner forderung, auch des kornes halben, noch zehen gulden zu geben bewilliget.* [Unterzeichnet] *Von Gots gnaden Johans Friderich der Elder, herzog zu Sachsen und geporner Churfürst.* Die deutsche Geschichtsschreibung gab dem ehemaligen Kurfürsten den Beinamen „der Großmütige".

Abschließend wollen wir das Baugeschehen nochmals kurz anhand einer Schachtzeichnung aus dem Jahre 1914 (Abb. 82) zusammenfassen. Alle Angaben zur Tiefe beziehen sich dabei auf die Oberkante des Brunnenkranzes. Der obere, enge Teil bis zur Tiefe von gut 10 m wurde Anfang 1553 von Steinmetz Paul Weißmann aufgemauert. Der nachfolgende Abschnitt bis zur Tiefe von ca. 54 m stammt aus der ersten Bauphase, die wir im 15. Jahrhundert sehen. Als dann 1552 mit der Vertiefung begonnen wurde, geriet der Schacht aus dem Lot. Nach etwa 4 m zeigt sich ein Versprung im Querschnitt bei 58,32 m. Der bergmännische Schacht wurde unterhalb dieser Marke komplett ausgemauert. Auch die Ausmauerung steht nicht lotrecht, so daß sich der Schacht heute insgesamt einseitig gekrümmt darstellt. Im untersten Teil verengt sich der Durchmesser von 1,85 m auf 1,40 m. Aus den Jahren 1886 und 1914 sind Wasserstände zwischen 6,10 m und 7,20 m verzeichnet.

Mit der Wasserförderung scheint es anfangs Probleme gegeben zu haben. Schon Anfang 1554 erbittet der Schosser Hilfe vom Baumeister, wie der Brunnen *mit dem ausziehen in andere wege, weil das wasser radt schweher und an der wellen fast brüchigk, zu vorfertigen sein möchte.* Im September gleichen Jahres teilt er nach der Brunnenreinigung mit, da *es mit dem wasserrade gantz beschwerlichen gewest, habe ich einen haspel setzen … lassen.* Es hätten aber *viere am haspel gezogen.*

3.07 Die Burg Breuberg im Odenwald

Die Ersterwähnung der Burg Breuberg im nördlichen Odenwald geht auf das Jahr 1222 zurück. Mit dem Bau aber wurde wohl schon gut 50 Jahre früher begonnen auf einem Bergkegel des unteren Buntsandsteins (306 m üNN), der im Süden und Osten von der ca. 160 m tiefer liegenden Mümling umflossen wird.

Abb. 83 Ansicht der Burg Breuberg um 1648

Mit dem Aussterben der Breuberger begann nach 1323 die Zeit der Besitzaufsplitterung, die über die nächsten 100 Jahre weitergehende Bauaktivitäten verhinderte. Im 15. Jahrhundert wurde die Burg dann zwar zum besseren Schutze des Tores um eine Vorburg erweitert. Wesentliche Änderungen für den Wasserbedarf ergaben sich daraus aber nicht.

Erst nachdem Graf Michael II. von Wertheim Alleinherr von Burg und Herrschaft Breuberg geworden war, begann ab 1497 der große Umbau zu einer landesfürstlichen Festung und Residenz mit Hofhaltung. Im Jahre 1556 starben die Wertheimer im Mannesstamm aus. Die Burg wurde zwischen den Grafen von Erbach und denen von Stolberg-Königstein geteilt.

In einer Urkunde vom 11. Dezember 1556 ist *vmb guter richtigkeit willen* festgehalten, wie die neuen Herren *sich einer gründlichen abtheilung der baw und wohnungen bemelts schloss Preubergs gutlich vnd freundlich mit einander verglichen haben … damit ire gnaden vnd die iren dester ruewiger vnd friedlicher bey vnd neben einander wohnen mögen.*[240]

Von der Aufteilung wird neben der Kirche ausdrücklich *aussgescheiden der brunnen, welcher gemein sein vnd pleiben soll.* Er befindet sich gemäß der Urkunde im sogenannten Altbau am inneren Tor, dort, wo heute der tiefe Brunnen zu finden ist (Abb. 84).

Ende des 16. Jahrhunderts übernehmen die Grafen von Löwenstein die Stolberger Anteile. Die Gemeinherrschaft der Erbacher und Löwensteiner währt bis zum Jahre 1806.

240 Aschbach, a.a.O., Nr. CCXXXVI, S. 377 ff

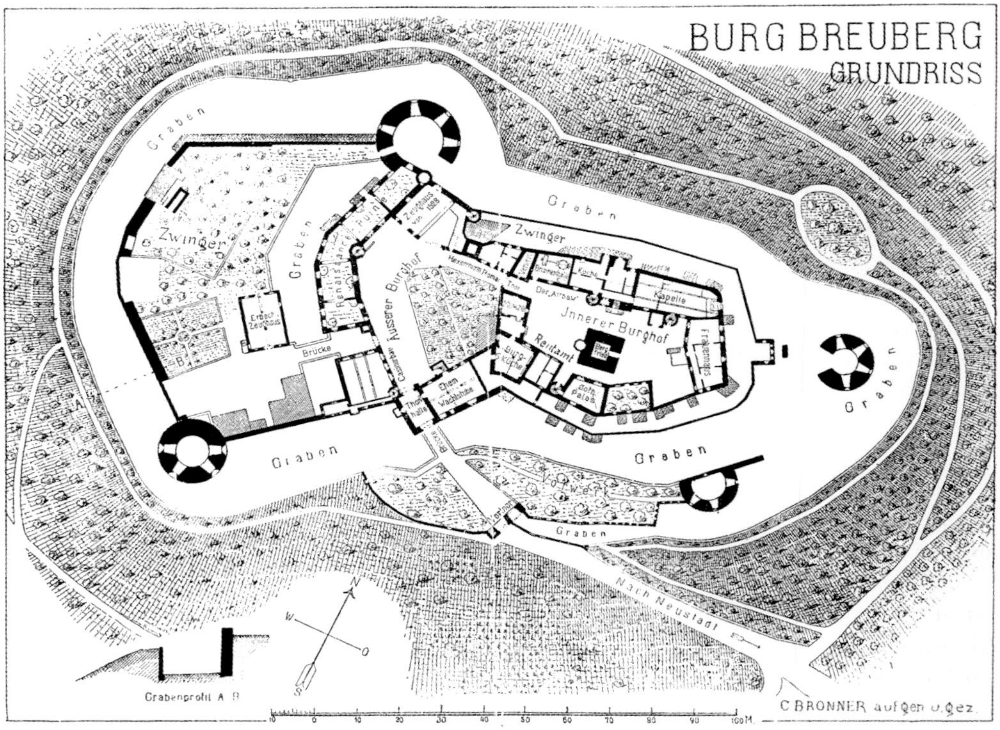

Abb. 84 Grundriß der Burg Breuberg

Überlieferungen zum Brunnenbau

Wenn in der Teilungsurkunde von 1556 von einem Brunnen gesprochen wird, so müssen wir uns vergegenwärtigen, daß der Begriff „Brunnen", mit dem man ursprünglich eine Quelle bezeichnete, in der Folgezeit gleichermaßen verwendet wurde für den Ziehschacht einer Zisterne, in die Oberflächenwasser zufloß, wie auch für einen Schachtbrunnen, der sich aus dem Grundwasser speiste. In der Teilungsurkunde werden keine genaueren Angaben zur Funktionsweise des Brunnens gemacht. Die wenigen zum Bau des tiefen Brunnens gefundenen Urkunden und Belege lassen aber den Schluß zu, daß es sich dabei nur um eine Schachtzisterne gehandelt hat.

Hinweise zum Bau des tiefen Brunnens ergeben sich aus einem schmalen Urkundenpaket, das im Staatsarchiv Darmstadt den Brand vom November 1944 auf wunderbare Weise überstanden hat.[241] Danach wurde im Jahre 1557 ein Brunnenmeister namens Eligius Knopf angestellt. Dieser erhielt für seine Dienste 1 Gulden pro Woche, dazu 4 Malter Dienstkorn (2 Malter Hafer, 1 Malter Gerste und 1 Malter Erbsen). Der Brunnenmeister *hatt einen starcken buben, soll auch arbaytten.* Dafür erhielt dieser wöchentlich 4 Batzen und freie Kost.[242]

Brunnenmeister Knopf fungierte darüberhinaus im heutigen Sinne als Generalunternehmer für einzelne Bauabschnitte des tiefen Brunnens. Ob er auch die Planungsverantwortung hatte, geht aus den wenigen verbliebenen Unterlagen nicht hervor. Zu den vorbereitenden Arbeiten gehörte zunächst die Erweiterung des Raumes, in dem sich die Schachtzisterne

241 StA Darmstadt, F 21 B, Nr. 344/12

242 1 Gulden = 15 Batzen; 1 Malter sind ca. 128 Liter

(der sog. Brunnen) befand. Dies ist ein Hinweis darauf, daß der Schacht einen gegenüber heute deutlich kleineren Durchmesser hatte, von geringer Tiefe gewesen sein muß und keiner aufwendigen Fördereinrichtung bedurfte, da Bau und Betrieb in dem Raum sonst nicht möglich gewesen wären.

Im Verdingzettel vom 17. November 1557 ist festgehalten, daß die Wand zum Nachbarraum bis auf einen noch tragenden Bogen abgebrochen werden sollte. Sodann waren eine neue Zugangstür und Fenster zu brechen; alles gegen einen festen Geldbetrag und diverse Naturalien. Da der Torweg vor den zusammengelegten Räumen im Gefälle liegt, mußte der Fußboden wegen der neuen Zugangstür insgesamt um rund einen Meter tiefer gelegt werden. Dieses Gewerk ließen die gräflichen Bauherren von ihren Handfrönern erledigen.

Im Jahre 1558 entstand also die sogenannte Brunnenhalle, wie wir sie heute sehen. Mit dieser Erweiterung des Raumes war die Aera der Schachtzisterne zu Ende. Im Jahre 1559 wurde – wahrscheinlich auch unter der Regie von Meister Knopf – die Baugrube für den neuen Brunnen bis auf den anstehenden Fels ausgehoben, ein Loch (10–12 m tief) fast 4 m im Durchmesser mit weitgehend ungesicherter Wandung. Für diesen Bauabschnitt fehlt zwar ein urkundlicher Beleg, es gibt aber einen Vertrag für die nächste Bauphase.

Ein Verdingzettel vom 11. Mai 1560 regelt zunächst die Behebung der Schäden, die durch das unsachgemäße Absenken des Fußbodens entstanden waren. *Nach dem umb denn Brunnen herumb die mauer des alten Bauß darüber bloßgestelt und die notturfft erfordert dieselbig widerumb zu underfanngenn und dem Boden gleich, wie man vom hoff* [durch die neue Tür] *hinnein geht, zu* [unter-]*fuedterenn, so ist mit obgedachtem Brunmeister gehandelt, Solches auch ufs best zu vermachen und zu versehhenn.* Er soll erhalten *von Jeder Rutten*[243] *zwantzig batzenn zu mauren und von den Steinen zu jeder Rutten zu brechen Sechs batzen … und Inn zehenn Rutten allemall Ein malter Khorns.* Diese Art der Vereinbarung entspricht der heutigen Abrechnung nach Aufwand.

Sodann werden die Arbeiten vertraglich vereinbart, die den Aushub der Baugrube zum Abschluß bringen. Es geht um die Herstellung der Ausmauerung zur Baugrubensicherung. Die Grafen von Erbach und der Graf von Stolberg erteilen Meister Knopf den Auftrag, *den Brunnen uff Breuberg vollendts auszufertigen.*

Diese Formulierung hat in der Vergangenheit zu dem Schluß geführt, daß damit die Abschlußarbeiten am Brunnen gemeint gewesen seien. Die Beschreibung der geforderten Leistungen aber zeigt, daß der Brunnen, wie er sich heute darstellt, mit diesen Arbeiten erst am Anfang stand. *Nemlich soll Itzgedachter* [Knopf] *gedachten Brunnen mit gutten gehaunen grossen Stückenn In der Runde wie der Brunnen ist, dreissig zwen Schuh* [ca. 9,5 m] *hoch herauf maurenn, damit er dem Obern Bodenn gleich werde.*

Und da man von den Ausschachtungsarbeiten her wußte, daß der Fels unterhalb etwa 9,5 m noch nicht massiv anstand, wird weiter geregelt: *Und dieweil unden der fels etwas murb ist, so soll er denselbigenn hinwegk zuhauen und dargegenn Neuwe gehauene Stück ann dieselbig Stat alles auf seinen Costen obgemelte 32 Schuhe hoch zu machen und zu fertigen schuldig sein.*

Hier wird also der obere ausgemauerte Teil des Brunnenschachtes beschrieben, der als Baugrubensicherung hergestellt werden mußte, bevor mit dem bergmännischen Abteufen des Schachtes begonnen werden konnte. Erstaunlich ist, daß in diesem Zusammenhang kein Wort über die zwingend notwendige Hinterfüllung des Schachtmauerwerkes gesagt wird. Es mag sein, daß man auch hierfür Hilfskräfte einsetzte, die sowieso verfügbar waren.

243 1 Rute hier 3,77 m

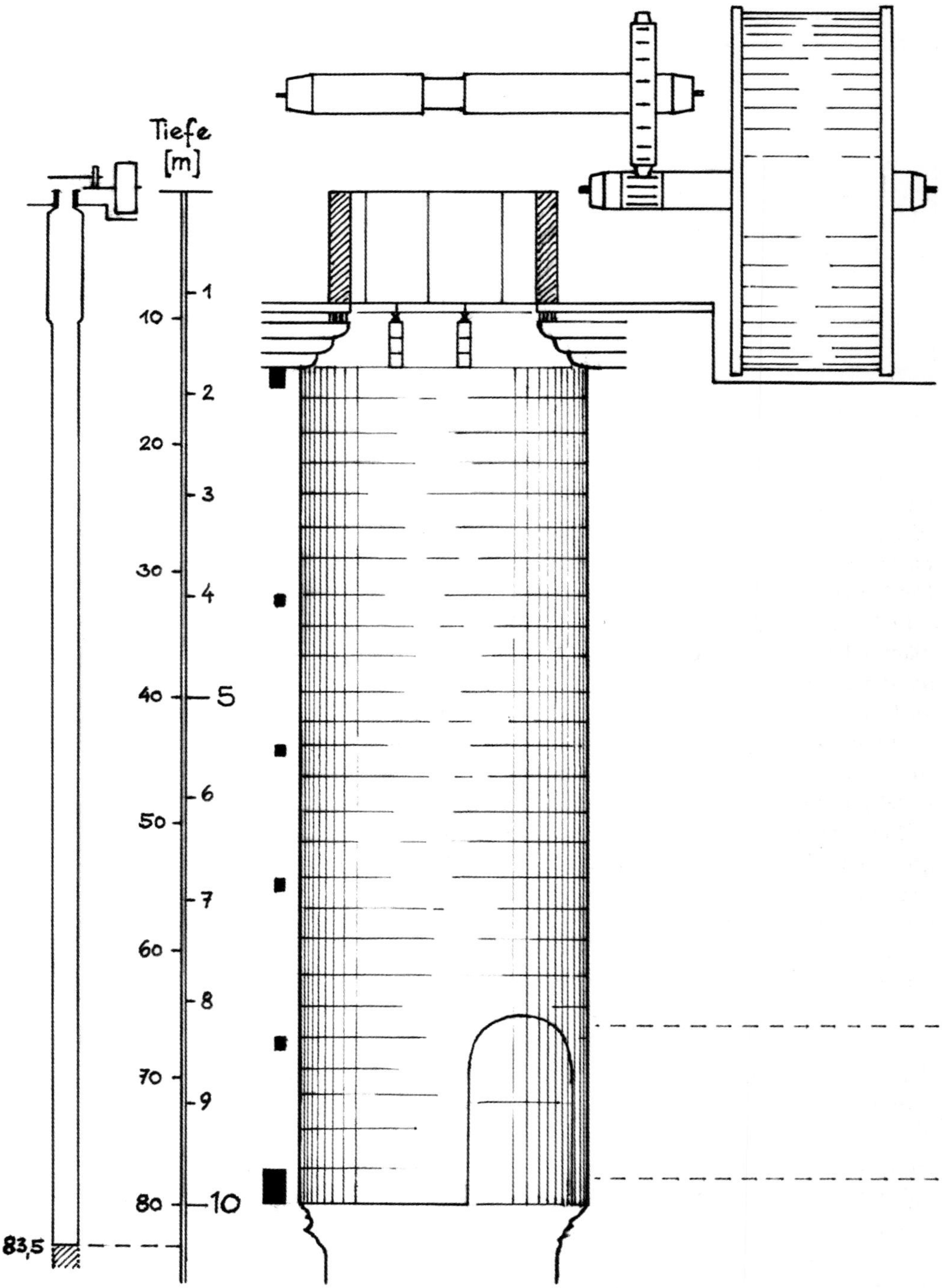

Abb. 85 Querschnitt des Brunnenschachtes der Burg Breuberg

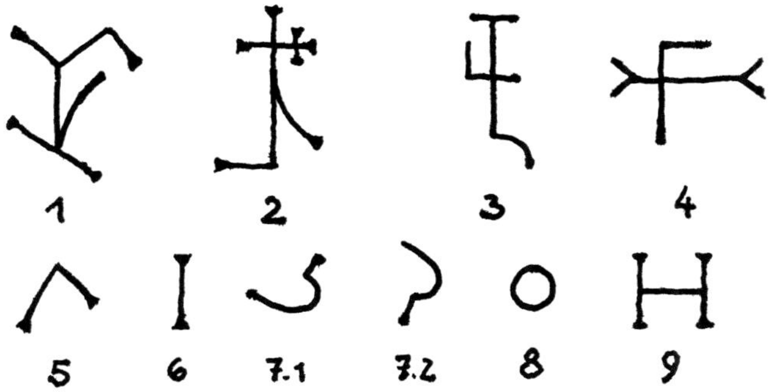

Abb. 86 Steinmetzzeichen am Brunnenkranz und im Schacht

Zur Veranschaulichung der Ausführungen erscheint es hilfreich, mit Abbildung 85 bereits an dieser Stelle den Endzustand des Brunnens vorzustellen. Der Schacht reicht ca. 85 m tief in den anstehenden Buntsandstein hinunter. Der obere Teil des Schachtes ist ausgemauert. Der Durchmesser beträgt hier 2,75 m. Im Übergangsbereich zwischen ausgemauertem und bergmännischem Schacht ist der Sandstein deutlich klüftig und verwittert. Die Ausmauerung beginnt unten also nicht mit einer vollen Schicht, sondern paßt sich den Gegebenheiten des Felsens an. Der Durchmesser des bergmännischen Schachtes beträgt 2 m.

Im Vertrag von 1560 wird zudem ein Arbeitsschritt vergeben, der der Vorbereitung des bergmännischen Abteufens dient. *Zu dem soll er* [Knopf] *Innwenndig, Im brunnen In der hohe wie im getzaigt worden einen Bogenn acht Schue hoch und Sibenn Schue weith hauen und solchen auch dasselbig vier schuh In felsenn hinein welben, und dermassenn versehen, und vermachen, damit der Brunnen nichts destewennig seine Runde wie sonnst behalte. Und mann also und der* [unter der] *erden zu einem Eynganng Im Brunnen ein anfang und dhür habenn, welchs darnach zu gelegener Zeith volnfurt werden megte.*

Hier wird die Anlage eines Stollens vorbereitet. Die ersten 1 ½ Meter sollen aus dem Fels gehauen und die zugehörige Öffnung im gemauerten Schacht fachgerecht ausgeformt und verwahrt werden. Der Weiterbau des Stollens soll und kann erst nach Fertigstellung der Ausmauerung erfolgen. Der Stollen wird später bis in den alten Burggraben führen, den man mit dem Abraum verfüllen will, der beim weiteren Abteufen anfällt.

Die Baugrube endete im Jahre 1560 also auf dem massiven Sandstein, der Schacht hatte erst eine Tiefe von 10 bis 12 m erreicht.

Für die Durchführung der Arbeiten mußte Meister Knopf sich diverser Subunternehmer bedienen, über die es keine Aufzeichnungen gibt. Überliefert aber sind auf den Quadern der Ausmauerung einige Steinmetzzeichen (Abb. 86), über die noch zu reden sein wird. Für die Durchführung seines Auftrages erhielt der Brunnenmeister an Geld 55 Gulden sowie an Naturalien 8 Malter Korn, 2 Malter Hafer und 2 Ohm Wein.[244]

Nach Fertigstellung der Baugrubensicherung wurde der begonnene Stollen unter dem Burgtor hindurchgetrieben bis in den alten Burggraben. Erst danach begann man mit dem Abteufen des Brunnenschachtes in den Fels. Für diese Vorgehensweise sprachen mehrere ganz praktische Gründe. Zum einen vermied man, daß der Baustellenbetrieb zu Behinderungen im engen

244 1 Ohm entspricht ca. 162 Liter.

Torbereich führte. Zum anderen erschloß man sich so den kürzest möglichen Weg für die Entsorgung des Abraumes. Der nutzlose Graben wurde verfüllt und man erhielt auf diese Art mehr Aufstellfläche in der Vorburg.

Da man nicht voraussagen konnte, wie lange die Bergleute brauchen würden, bis sie Wasser fanden, konnte das Leben in der Burg unabhängig von den Arbeiten unter Tage weitergehen. Und da die Arbeiten dann tatsächlich noch mehrere Jahre dauern sollten, erwies sich diese Vorgehensweise im Nachhinein als klug und richtig. Die zusätzlichen Mühen und Kosten für den Stollen haben sich ganz sicher für alle Beteiligten ausgezahlt.

Wann und an wen die Arbeiten für das anschließende Abteufen des bergmännischen Schachtes vergeben wurden, ist nicht überliefert. Bezüglich der Gesamt-Bauzeit läßt sich gleichwohl eine plausible Rechnung aufmachen.

Wenn wir den Zeitrahmen für den Kellerumbau und das Herstellen der Baugrube zum Maßstab nehmen, wird die Ausführung des Bauauftrages vom Mai 1560 inklusive des nachfolgenden Stollenbaues wenigstens drei Jahre gedauert haben. Damit wären wir schon – sofern alles glatt lief – Mitte oder Ende des Jahres 1563 angelangt. Der Schacht aber war immer noch erst 10–12 m tief.

Das bergmännische Abteufen der restlichen 73 m dauerte bei einer üblichen Arbeitsleistung von ca. 15 m pro Jahr noch einmal wenigstens 5 Jahre. Die Arbeiten im Brunnenschacht wurden also frühestens Ende des Jahres 1568 beendet. Das würde auch zu der Meldung[245] aus dem folgenden Jahr passen, in der es heißt: *der Bronn zu Breuberg hat gestanden 10 Woch do nichts darin gearbeitt worden, do er wied geschöpth hatt sollen werden Ist er gemessen, hat gehatt 18 schuh* [ca. 5 m] *dieff Wasser.*

An anderer Stelle[246] wird ohne Quellenangabe behauptet, der achteckige Brunnenkranz als Abschluß des Bauwerkes stamme aus dem Jahre 1560. Solange kein entsprechender Beleg dazu gefunden wird, gehen wir davon aus, daß der Brunnenkranz nicht vor 1569 aufgestellt wurde, zumal sich die Bauzeit des tiefen Brunnens anhand der überlieferten Urkunden plausibel auf die Jahre von 1559 bis 1568 datieren läßt.

Die nächste Meldung über den Brunnen in dem spärlichen Urkundenbestand[247] datiert aus dem Jahre 1670 und belegt, daß der Löwenstein'sche Miteigentümer *daß Brunnenwerck alhir besichtiget, vnd es also befunden, daß es villeicht mit pohlirlichen vnotz / so wie die formalia seines schreibens lauten / zu erheben sein mögte, die nothurft aber erfordern wollte, daß man selbiges reparire …* [Es sei gewiß,] *daß dieser brunnen ein ohn entbehrliches vnd höchst nöthiges pertinens dieses haußes ist, ohne welchem darauff nicht zu habsistiren*[248]. Auf die Verwendung des Begriffes „Brunnenwerk" werden wir im folgenden Abschnitt noch einmal zurückkommen.

Untersuchungen

Der Brunnenkranz, wie wir ihn heute sehen, ist in mehrfacher Hinsicht ein Kuriosum. Zum einen stellt er mit seiner ungewöhnlichen Höhe von 1,12 m eine Barriere dar, die für den normalen Arbeitsablauf des Wasserziehens eher hinderlich gewesen sein muß. Zum zweiten geht es um seinen Innendurchmesser von 1,75 m. Da der darunter liegende, gemauerte Teil des Schach-

245 Giess, a.a.O., S. 28; Giess datiert den Vertrag von 1560 fälschlich auf das Jahr 1550. Er weist demzufolge das Zitat dem Jahr 1559 zu. Da die zugehörige Urkunde aus dem Erbacher Archiv 1944 verbrannt ist, kann dieser Sachverhalt nicht mehr belegt werden.

246 Röder, A., Ein baugeschichtlicher Rundgang, in: Burg Breuberg im Odenwald, Breuberg-Bund 1951, S. 94

247 StA Darmstadt, Bestand F 21 B, Nr. 344/12, Kopie eines Schreibens vom 14. November 1670

248 „habsistiren" als Kunstform aus habitare (wohnen) und sistere (bestehen bleiben)

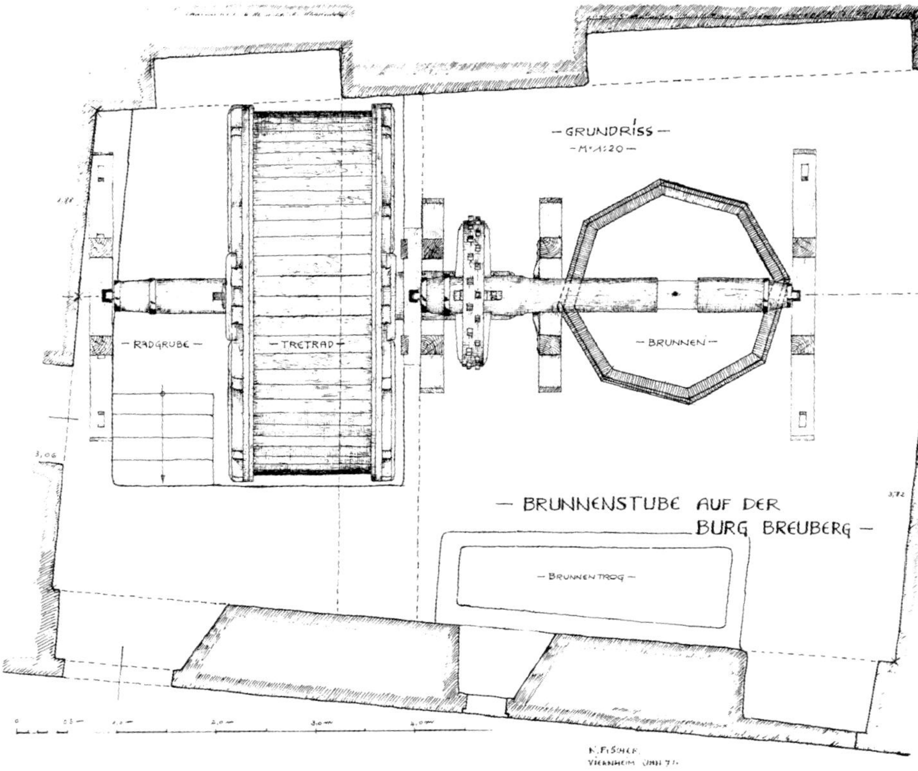

Abb. 87 Die Wasserförderanlage im Grundriß, 1971

tes einen Durchmesser von 2,75 m hat (Abb. 85), war eine aufwendige Konsolkonstruktion erforderlich, um den Brunnenkranz überhaupt aufsetzen zu können. Der von Meister Knopf nach 1560 erstellte Schacht der Baugrubensicherung mußte dazu um drei Lagen zurückgebaut werden. Die Zwischenräume zwischen den 3-lagigen Konsolsteinen wurden mit Bruchsteinen ausgeflickt. Das ausgebaute Steinmaterial wurde nicht wiederverwendet.

Drittens muß verwundern, daß der achteckige Brunnenkranz schräg im Raume steht, also nicht auf den Wellbaum der Wasserhebeanlage ausgerichtet wurde (Abb. 87). Seine anspruchsvolle Gestaltung wird durch die Überschneidungen mit der Stützkonstruktion der Tretradanlage konterkariert. Welche Gründe ausschlaggebend waren für eine Anordnung der Stützkonsolen, die zu der schrägen Aufstellung des Brunnenkranzes führte, wird deutlich, sobald wir über die Art der Wasserförderung sprechen.

Einen Hinweis auf die Entstehungszeit des Brunnenkranzes können möglicherweise die heute noch sichtbaren Steinmetzzeichen liefern (Abb. 86). Fünf der acht Segmente tragen ein Urheberzeichen (Nr. 1), wie es sich auch auf einem kleinen Torbogen zur Kellerei in Michelstadt findet, der um die Mitte des 16. Jahrhunderts eingebaut wurde. Und da belegt ist, daß der Anstellungsvertrag mit dem Brunnenmeister Knopf im Jahre 1557 im Beisein des Michelstädter Amtmannes geschlossen wurde, kann eine Verbindung zum Bau der dortigen Kellerei nicht ausgeschlossen werden.

Abb. 88 Einblick in den Brunnenschacht

Das einzelne Steinmetzzeichen (Nr. 2) ist deutlich jüngeren Datums. Es ist dem Ende des 16. Jahrhunderts zuzuordnen und kann auf eine spätere Auswechslung hindeuten. Diese insgesamt sechs Zeichen sind jeweils an der gleichen Stelle der zugehörigen Segmente eingearbeitet. Für die beiden restlichen Segmente kann keine Aussage gemacht werden, da hier der entsprechende Bereich entweder großflächig ausgebessert wurde oder durch die Stützkonstruktion der Tretradanlage verdeckt ist.

Auch im gemauerten Teil des Schachtes finden sich verschiedene Steinmetzzeichen (Nr. 3–9). Sie sind vom Brunnenrand aus erkennbar. Eine Kamerabefahrung vom Februar 2007 bestätigte zwar den Befund, wegen der Problematik der Ausleuchtung aber gehen wir davon aus, daß die Steinmetzzeichen nach Art, Anzahl und Verteilung bisher nicht vollständig erfaßt werden konnten.

Die Zeichen Nr. 5 und 9 wurden in dem Teil des Brunnenschachtes der Veste *Otzberg* [14] festgestellt, der nach 1550 erneuert werden mußte. Das Zeichen Nr. 7.1 findet sich später im Brunnen der **Wülzburg** [5]. Parallelen zu Nr. 3 und 4 finden sich auf der **Ronneburg** an Gebäuden, die im Zeitraum 1571–1573 fertiggestellt wurden. Abschließende Aussagen zu den Steinmetzzeichen und ihrer Datierung können jedoch erst nach der vollständigen Dokumentation des gesamten Mauerwerks getroffen werden.

An dieser Stelle müssen wir noch einmal zurückkommen auf den Verdingzettel aus dem Jahre 1560, wonach die Ausmauerung 32 Schuh hoch sein sollte. Heute sind davon noch 26 Lagen mit einer Gesamthöhe von 7,75 m erhalten, woraus sich eine Höhe der einzelnen Lagen von im Mittel 30 cm ergibt. Da für den Einbau der Konsolkonstruktion drei Lagen zurückgebaut wurden, hätte die Höhe der Ausmauerung ursprünglich nur ca. 8,65 m betragen. Das entspräche einem Fußmaß von ca. 27 cm.

Gemessen an diesem Fußmaß ist die vorhandene Bogenöffnung zum unterirdischen Stollen, den man später fertigstellte, deutlich kleiner als der ausgeschriebene Stollenanfang; sie ist im Lichten nur ca. 1,3 m breit und ca. 1,8 m hoch. Eine Höhe von 8 Schuh (2,16 m) und eine Breite von 7 Schuh (1,89 m) waren für die ersten 1,5 m des Stollens vereinbart. Die tatsächlichen Maße wären durch eine Befahrung zu überprüfen.

Es spricht einiges dafür, daß der Stollen nach Abschluß der Arbeiten nicht verfüllt worden ist. Am 14. Oktober 1968 brach er unter der Tordurchfahrt ein.[249] Man stellte fest, daß sich im Stollen Reste eines Abbruchs aus dem Jahre 1695 befanden. Es war also nicht der erste Einbruch. Im Jahre 1958 war beim Bau eines Löschwasserbehälters das Ende des Stollens im verfüllten Burggraben freigelegt worden. Die Befunde wurden nicht dokumentiert. Der Stollen ist heute mit Beton verfüllt.

In diesem Zusammenhang darf ein Romanfragment[250] nicht unerwähnt bleiben, das im Jahre 1793 auf Burg Breuberg entstanden ist. Hier wird erstmals nach 1560 ein unterirdischer Gang erwähnt, der vom Brunnenschacht ausgeht. Aufmerken lassen muß, daß es sich dabei nicht um einen geheimen Fluchtweg aus der Burg handelt, sondern um einen Gang, der seinen Zugang innerhalb der Burg hat, zum Brunnenschacht führt und als Kühlraum für Speisen und Fleisch dient.

Es wäre also durchaus denkbar, daß der Stollen bewußt nicht verfüllt wurde und nach dem Bau eine Zweitverwendung als Kühlkeller fand. Hieraus würde sich u. U. auch die Barriere erklären, die in die Einmündung des Stollens in den Schacht eingestellt ist (Abb. 88). Sie spannt sich mit einer Höhe von ca. 1 m geradlinig in die Bogenöffnung und schneidet daher deutlich sichtbar in den Schacht ein.

Anknüpfend an die ursprüngliche Verwendung des Stollens für die Entsorgung des Abraumes aus dem bergmännischen Schacht geben die Rüstlöcher im gemauerten Teil (Abb. 85) Aufschluß über die dabei verwendete Baustelleneinrichtung. In der untersten Lage der Ausmauerung finden sich vier Aussparungen für die Aufnahme von zwei Tragebalken (b = 20 cm, h = 30 cm). Mit einer Bohlenabdeckung wurde hier die Arbeitsebene hergestellt, von der aus der Abraum aus den Kübeln in den Gang verbracht werden konnte. Das Hebezeug stand ca. 8 m darüber. In der heutigen ersten Lage unterhalb der Konsolsteine sind dafür insgesamt sechs Rüstlöcher gegenüberliegend so angeordnet, daß hier drei Balken (ca. 15/20 cm) als Tragekonstruktion quer zu den unteren eingebracht werden konnten. Zwischen diesen beiden Ebenen sind im Abstand von jeweils ca. 1,5 m Rüstlöcher für Hilfsgerüste vorhanden, die dem Ein- und Ausstieg der Arbeiter dienten. Diese Aussparungen haben Abmessungen von ca. 10/10 cm.

Aufgrund der oben zitierten Meldung über den Wasserstand des Brunnens stellt sich natürlich die Frage, ob die Tretradanlage im Jahre 1569 bereits vorhanden war.[251] Das Wort *geschöpth* könnte ein Hinweis darauf sein, könnte u. U. sogar als Beleg für eine weitere Besonderheit des Brunnens der Burg Breuberg stehen.

249 Breuberg-Rundbrief 22/1968; Spieß, H., Vom Bauen auf Burg Breuberg; in: Der Odenwald, 3/1972, S. 91 f

250 Vogt, N., Graf Michel auf Breuberg; in: Der Odenwald, 3/1962, S. 84 ff. Der Universitätsprofessor Nicolaus Vogt (1756–1836) verließ Mainz wegen der dortigen Jacobinerherrschaft und fand Zuflucht auf der Burg Breuberg.

251 Die dendrochronologische Untersuchung der Achse ergab als Fälldatum das Jahr 1558. Die Achse ist also mit Sicherheit Teil eines Tretrades aus dem Jahre 1569.

Abb. 89 Zustand der Wasserförderanlage um 1938

Als man im Jahre 1781 den Brunnen wieder in Betrieb nehmen wollte, muß die Tretradanlage noch funktionsfähig gewesen sein, da nur über die Kosten für die Reinigung gesprochen wurde. Aus dem Jahre 1891 wird berichtet[252], *das alte Radwerk hat wenig gelitten.* Im Jahr 1924 heißt es: *In der Brunnenhalle ist der alte Radbrunnen noch erhalten*[253].

Aus dem Jahre 1938 ist ein Foto (Abb. 89) überliefert, das deutlich macht, warum zu dieser Zeit nur noch von dem *Brunnen mit den Resten des alten Tretrades* (d. h. der alten Tretradanlage) gesprochen wird.[254] Vom Tretrad war nur noch die Achse vorhanden, dazu Reste des Getriebes, des Wellbaumes und der Stützkonstruktion.

Die Wasserförderanlage, wie sie der Besucher heute vorfindet, ist ein Neubau aus dem Jahre 1971. Einzig originales Teil ist die Achse des Tretrades. Da alte Ansichten der Anlage fehlten, blieb die Neugestaltung der Fantasie der Verantwortlichen überlassen. Wie man zu der jetzt gezeigten Konstruktion kam, ist nicht mehr nachvollziehbar, da die einschlägigen Akten des

252 Schaefer, G., Kunstdenkmäler im Großherzogtum Hessen, Kreis Erbach, Darmstadt 1891, S. 29

253 Bronner, a.a.O., S. 40

254 Möller, a.a.O., S. 41

Abb. 90 Schöpfbecherwerk nach Agricola

Denkmalamtes unauffindbar sind. Augenfällig ist, daß das neue Tretrad im Vergleich zu alten, überlieferten Anlagen (z. B. **Kufstein, Otzberg, Romont, Ronneburg** und **Wülzburg**) insgesamt zu klobig ist. Mit einem solchen Rad wäre – wie wir gleich sehen werden – der Betrieb der Anlage nicht möglich gewesen.

Bezüglich der authentischen Bauteile der Anlage ist der geringe Abstand des Wellbaumes über der mit 1,12 m extrem hohen Brüstung des Brunnenkranzes bemerkenswert, der mit seinen 76 cm nicht ausreicht, um einen Kübel ziehen und stürzen zu können, ohne sichtbare Spuren am Rand der Fassung zu hinterlassen. Solche Gebrauchsspuren aber sind nicht vorhanden.

Weiter fällt die 4-kantige Ausnehmung in der Mitte des runden Wellbaumes ins Auge. Eine solche Ausnehmung diente dazu, auf den runden Wellbaum eine zweiteilige Radscheibe in der Breite der Ausnehmung aufzusetzen.[255]

Diese Indizien sprechen dafür, daß auf der Burg Breuberg das Wasser nicht – wie sonst üblich – mit zwei Kübeln am Seil im Pendelbetrieb aus dem Brunnen gefördert wurde. Alles deutet vielmehr darauf hin, daß ein Schöpfwerk mit einer umlaufenden Eimerkette zum Einsatz gekommen ist. Und es wäre möglich, daß deshalb in der Wasserstandsmeldung von 1569 bewußt das Wort *geschöpth* verwendet wurde.

Solch ein Schöpbecherwerk beschrieb schon Vitruv[256]: *Wenn aber das Wasser an noch höhere Punkte geliefert werden soll, so schlingt man um die Welle eines solchen* [Tret-] *Rades ein Paar eiserne Ketten, welches so eingerichtet ist, daß es bis unter den Wasserspiegel hinabreicht, und*

255 Der neue Wellbaum der rekonstruierten Anlage wurde achteckig gefertigt, die Ausnehmung bautechnisch falsch hergestellt. Die Gründe dafür sind nicht nachvollziehbar.

256 Vitruv, a.a.O., X 4, S. 351

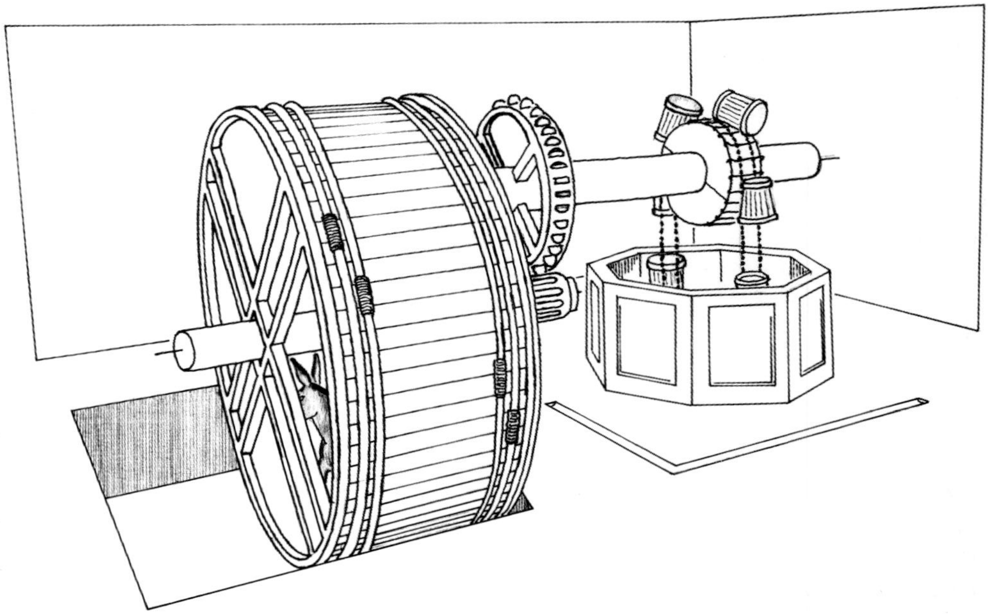

Abb. 91 Rekonstruktion des Schöpfbecherwerkes

hängende Bronzeeimer, die etwa einen Congius[257] *fassen, trägt. So wird die Drehung des Rades dadurch, daß die Doppelkette sich um die Welle herumwindet, die Eimer nach oben bringen, diese aber werden, sobald sie über die Welle gehoben sind, notwendig gestürzt und müssen ihren Wasserinhalt in den Sammelkasten entleeren.*

Auch Agricola[258] bezieht sich auf Vitruv und hebt den Vorteil der kleinen Eimer (Kannen) hervor. Ausdrücklich erwähnt er die untere Trommel, um die die Kette herumgeführt werden muß (Abb. 90). Vom Stand der Technik her war die Wasserförderung mit einer sogenannten Kannenkunst also grundsätzlich kein Problem.

Zusammen mit einem Schöpfbecherwerk würde auch der Wasserkasten in der Brunnenhalle einen Sinn machen, in den das Wasser über eine Rinne geleitet werden mußte, um die kleinen ankommenden Portionen sammeln zu können. Da bei diesem Vorgang zwangsläufig Wasser verschüttet wurde, wären die im Übergabebereich in den Fußboden eingearbeiteten Abflußrinnen ein weiteres Indiz.

In der oben bereits erwähnten Schrägstellung des 8-eckigen Brunnenkranzes vermuten wir wohl nicht zu Unrecht eine notwendige Korrektur, um einen reibungslosen Lauf der Eimerkette in der relativ engen oberen Schachtöffnung zu gewährleisten.

Die Verwendung eines Schöpfbecherwerkes hatte den Vorteil, daß man das Tretrad fortlaufend in der immer gleichen Richtung betreiben konnte. Und da der lichte Abstand zwischen Lauffläche und Drehachse im Tretrad aufgrund der baulichen Randbedingungen maximal 1,5 m betragen konnte, liegt es nahe, daß ein Esel den Antrieb besorgte. Bei dem neuen Rad aber ist

257 1 Congius = 3,2825 Liter

258 Agricola, a.a.O., S. 145 f

aufgrund der klobigen Bauweise nicht genügend Raum zwischen den Speichen, um einen Esel in den Radkäfig hinein oder wieder heraus zu bringen.

Außerdem läßt die Abbildung 87 erkennen, daß die Radgrube, die heute nur noch als schmaler Schlitz im Fußboden existiert, ursprünglich viel breiter war. Der Grund dafür lag im Betriebsablauf. Durch die neue Tür der Brunnenhalle kommend wurde der Esel die Treppe hinab in diese Grube geführt, so daß er parallel und fast niveaugleich zum Rad stand. Nachdem er in den Radkäfig hineinbugsiert worden war, versetzte man das Rad in Drehung. Der Esel mußte nun laufen, ob er wollte oder nicht. Wäre er stehen geblieben, hätte es ihn hinten hochgehoben und er wäre gefallen. Er lernte sehr schnell, daß es besser war zu laufen. Und da das Rad aufgrund seiner Masse wie ein Schwungrad wirkte, bedurfte es nur kleiner Impulse, um es in Bewegung zu halten.

Der Neubau der Tretradanlage im Jahre 1971 hat so viele Veränderungen mit sich gebracht, daß der ursprüngliche Ablauf des Wasserschöpfens heute kaum noch verständlich wird. Das ist um so bedauerlicher, als ein solches Brunnenschöpfwerk unseres Wissens nirgendwo sonst überliefert ist. Mit Abbildung 91 liefern wir jetzt eine Rekonstruktion, die nach Bau- und Funktionsweise der ursprünglichen Wasserförderanlage entsprechen dürfte.

Die beiden parallel laufenden, jeweils ca. 170 m langen Ketten und die ca. 60 Kannen, die über diese Länge verteilt waren, ergaben zusammen mit dem Gewicht des gehobenen Wassers eine Nutzlast von rd. 650 kg. Der ca. 180 kg schwere Wellbaum hatte im Bereich der 4-kantigen Ausnehmung zwar nur einen Querschnitt von 28/28 cm. Nach den heute gültigen Baunormen[259] aber ergibt sich dafür beim Spannungsnachweis eine mehr als 4-fache Sicherheit gegen Biegung und eine 9-fache Sicherheit auf Schub. Der verwendete Wellbaum war also weit überdimensioniert. Die kritischen Punkte im praktischen Betrieb waren die konstruktive Einbindung der geschmiedeten Drehbolzen in die hölzerne Welle und die Lagerschalen.

Da der Brunnenschacht im Jahre 1781 das letzte Mal gereinigt worden ist und das Schöpfwerk zu diesem Zeitpunkt noch intakt gewesen sein muß, könnten sich Reste der Ketten eventuell noch am Grunde des Schachtes finden lassen, wie auch Spuren der unteren Trommel.

Bedeutung des Brunnens

Abschließend muß noch die Frage beantwortet werden, welche Bedeutung der Brunnen für die Wasserversorgung der Burg Breuberg gehabt hat. Die Wasserstandsmeldung aus dem Jahre 1569 und die Tatsache, daß man eine aufwendige Anlage zur Förderung baute, sind Belege für die positiven Erwartungen aller Beteiligten. Der Bau einer Wasserkunst nur 50 Jahre nach Fertigstellung des Brunnens muß nicht unbedingt ein Zeichen dafür sein, daß sich diese Erwartungen nicht erfüllten. Wir sehen darin vielmehr einen Ausdruck gehobener Ansprüche, verbunden mit dem Wunsch, einen dekorativen Laufbrunnen im Burghof zu betreiben.

Noch im Jahre 1670 war – wie wir gesehen haben – auf die Bedeutung des Brunnens für die Wasserversorgung der Burg hingewiesen worden. Ungeachtet dieser Einschätzung aber scheint der Brunnen gleich zu Anfang des 18. Jahrhunderts trocken gefallen zu sein. Schon fünf Jahrzehnte später war auch das Wissen um seine genaue Tiefe untergegangen.

Im Jahre 1754 schreibt der Leibarzt der Grafen von Erbach, die nach wie vor Halbeigentümer der Burg waren, der Brunnen sei *orgyas*[260] *quatuor et sexaginta, pedes binos* tief. Das wären mehr

259 DIN 1052

260 Orgya (griechisch) für Klafter

als 120 Meter. Er mutmaßt, daß der Brunnen sein Wasser von der Mümling erhält, die den Berg im Süden und Osten umfließt. Das Wasser des Brunnens aber habe er nicht untersuchen können, da der Schacht mit Steinen, Ziegeln und Erdklumpen verfüllt sei.[261]

Nachdem um das Jahr 1720 auch noch die Wasserkunst endgültig den Dienst versagt hatte, spitzte sich dann im Jahre 1781 die Lage auf der Burg Breuberg zu. *Durch die außerordentliche dürre Witterung, die fast ein gantzes Viertel Jahr hindurch angefallen, ist alles Waßer dahier gäntzlich ausgetrocknet … Die Unterthanen weigern sich, täglich Waßer in der Frohnd anhero zu führen. … Es wäre also nöthig, das entweder noch ein Waßer-Esel angeschaffet, oder, welches man am verträglichsten hielte, der hiesige tiefe Brunnen wider gereiniget und hergestellet würde.*[262]

Es wird entschieden: *Da kein tertium Expediens vorhanden, wonach dem dermaligen Waßer Mangel auch in Betracht der Zukunft schickl*[ich] *vorgebogen werden kann; So mögte wohl die vorgeschlagene Reinigung und Wiederherstellung des schon Lang verfallenen tiefen Schloß Bronnens auf der Veste B*[reu]*berg das dienlichste Mittel dazu seyn.*[263]

Die Räumung des Schachtes kostete 150 fl, aber der Versuch, den schon lange verfallenen Brunnen wieder in Betrieb zu nehmen, schlug fehl. Der Brunnen blieb auch fortan trocken.[264] Wir gehen davon aus, daß er nicht einmal 150 Jahre lang Wasser führte. Ob bzw. wie lange er einen nennenswerten Beitrag zur Wasserversorgung der Burg geliefert hat, läßt sich anhand der verbliebenen Aufzeichnungen nicht abschließend klären. Der Nachweis, daß der Brunnen bei einer Belagerung der Burg die Versorgung der Bewohner hätte sicherstellen können, mußte nie erbracht werden.

Topographie und Geologie geben einen Hinweis darauf, warum der Brunnen langfristig versagen mußte. Die Brunnensohle liegt nur wenige Meter oberhalb der Austrittshöhe einer Quelle, die nördlich der Burg auf der Brunnenwiese des Wolferhofes austritt. Ursächlich für diese auch heute noch ergiebige Quelle ist eine wasserundurchlässige Schicht aus Schieferletten, die den Breuberg im unteren Buntsandstein durchzieht, mit Gefälle nach Norden hin. Diese Quelle entzog dem Brunnen über viele Jahrzehnte mehr Wasser, als von Süden nachfließen konnte, weil das Einzugsgebiet hier zu klein war. In der Folge senkte sich der Grundwasserhorizont allmählich ab. Der Wasserspiegel im Schacht folgte dieser Entwicklung, bis der Brunnen trocken fiel.

Eine Vertiefung des Brunnens, wie sie im Jahre 1781 auch überlegt wurde, wäre ein Versuch mit hohem Aufwand bei langfristig ungewissem Ausgang gewesen. Um diese Zeit aber hatte die Burg Breuberg ihre Bedeutung als herrschaftliche Residenz bereits verloren, so daß keine weiteren Anstrengungen mehr unternommen wurden.

261 Klein, L. G., De aere, aquis et locis agri Erbacensis atque Breubergensis …, Frankfurt 1754, S. 32

262 StA Wertheim, R-Rep. 5 b, Nr. 82, Schreiben des J. L. Gerner vom 9. Juni 1781

263 StA Wertheim, R-Rep. 5 b, Nr. 82, Resolution der Rentkammer vom 13. Juni 1781

264 Giess, a.a.O., schreibt 1893: der Brunnen (jetzt noch ca. 350 Fuss tief, aber ohne Wasser)

3.08 Schloß Heidecksburg an der Saale

Auf einem Bergsporn liegt heute das Schloß Heidecksburg 60 m hoch über dem ehemaligen Residenzstädtchen Rudolstadt in Thüringen. Von der einstigen Burg der Grafen von Orlamünde, die hier im 13. Jahrhundert erbaut und schon 1345 im Thüringer Grafenkrieg wieder zerstört wurde, sind keine sichtbaren Überreste mehr vorhanden. In der zweiten Hälfte des 14. Jahrhunderts wurde ein Nachfolgebau im Bereich des heutigen Schlosses errichtet. An ihn erinnern nur noch im Kellerbereich erhaltene Mauer- und Gewölbereste. Nach 1573 war die Burg durch den dreiflügeligen Neubau eines Renaissanceschlosses überformt worden, aus dem nach dem Brand von 1735 die heutige barocke Anlage entstand.

Abb. 92 Ansicht von Schloß Heidecksburg um 1830

Zu den ältesten noch erhaltenen Teilen der ehemaligen Burg gehört der tiefe Brunnen, der sich heute im Kellergeschoß des Nordflügels befindet. Steigt man die neun Stufen vom Hof aus hinab, so öffnet sich hinter einer Rundbogentür ein kleiner Raum mit einem ca. 3 m hohen Tonnengewölbe. Man geht davon aus, daß Bergleute aus dem Könitzer Revier den Schacht im 14. oder 15. Jahrhundert in den Zechstein abgeteuft haben.[265] *Die ersten schriftlichen Nachrichten stammen aus dem Jahre 1512. 18 Groschen erhielt ein Zimmermann, der das „prunrade uf dem schlos“ reparierte, 14 Groschen ein Schmied, der es frisch beschlug, und 54 Groschen mußte man aufwenden, um den hinabgefallenen Brunneneimer heraufzuholen, und zwar zweimal kurz hintereinander.*

265 Deubler, H., Der Tiefe und der Schöne Brunnen des Schlosses Heidecksburg, in: Eine Brigade und ihr Partner, Chemiefaserkombinat Schwarza 1977, S. 14 f

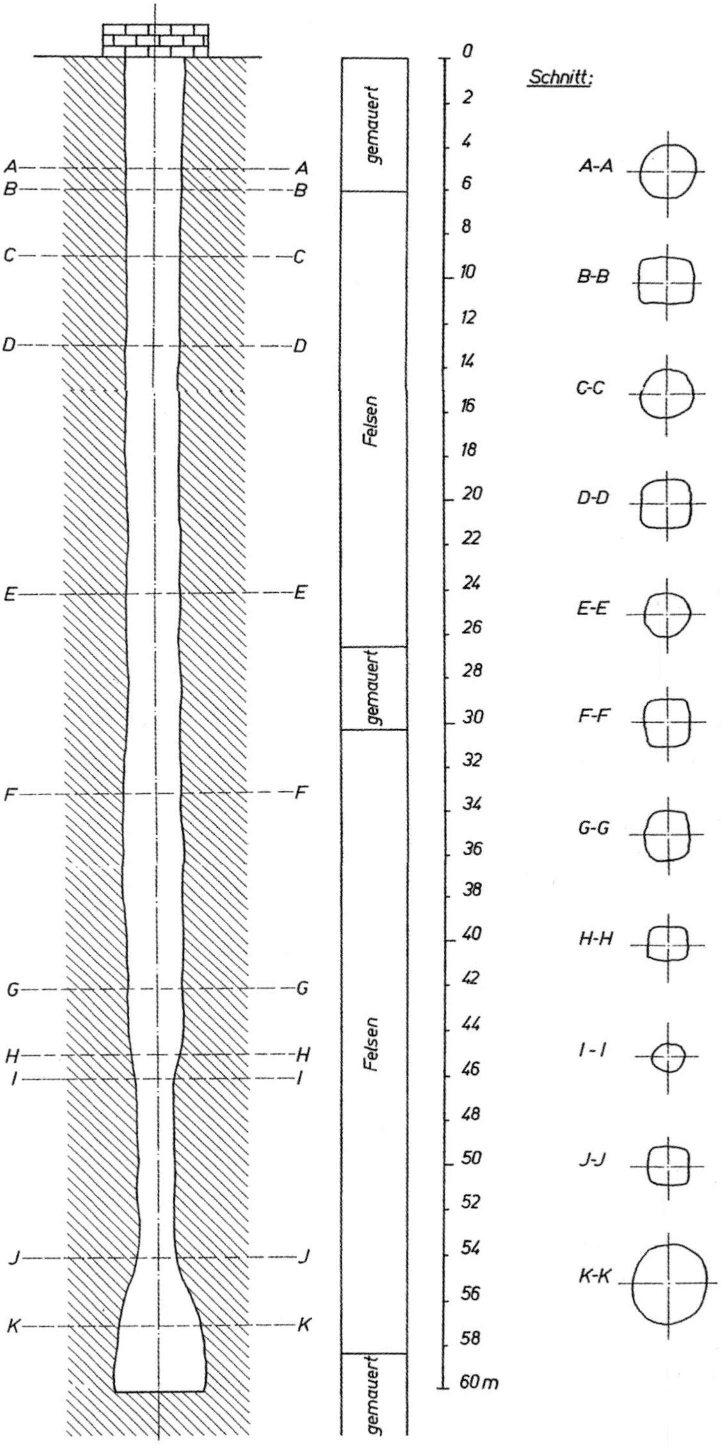

Abb. 93 Querschnitt des Brunnenschachtes der Heidecksburg

Auch die Amtsrechnungen der folgenden Jahre enthalten immer wieder Ausgabeposten für die Erhaltung des Brunnens. 10 Groschen gab man Christoffel dem Dreßler [Drechsler], *denn er hatte „den born im schlos Rudolstadt gereyniget", und weil er den Brunnen „ausgemauret vnnd dye kethe mit beyden eymern gewonen", erhielt er 2 Maß Korn. ... recht oft war es nötig, Kette, Eimer und Balken aus dem Brunnenschacht heraufzuholen.*

Der Brunnen kann nicht sehr ergiebig gewesen sein. *Man half sich mit Wasserfuhren aus dem Tale. Im Jahre 1528 besorgte man sich aus Schleusingen zwei Esel, damit das Wasser aus der Stadt „nach dem Schloß errauff gefuhrt" werden konnte.* Im folgenden Jahr schuf man, wohl schon im Vorgriff auf den Umbau des Schlosses, eine Röhrenleitung von Mörla zur Heidecksburg. Der Brunnen aber wurde gleichwohl betriebsbereit gehalten. Aus dem Jahre 1736 ist eine Notiz[266] überliefert, die besagt, daß in dem 230 Schuh tiefen Brunnen eine 120 ¾ Ellen lange eiserne Kette geborgen wurde. Nach dem Rudolstädter Fuß wäre der Brunnen also 64,9 m tief und die Kette 68,15 m lang gewesen.[267]

Im Jahre 1753 wird mit zwei Zimmerleuten ein Kontrakt geschlossen, für den *bey Hofe befindlichen tieffen Brunnen alhier ein Zugwerck zu leichter und comoder Herauf-Ziehung des Waßers* anzufertigen. Dieses Zugwerk sollte aus einem Zugrad, einem Stirnrad, einem Drehling und zwei Wellen bestehen und so gebaut sein, daß eine Person die gefüllten Eimer ohne fremde Hilfe herauf ziehen konnte. Dafür wurden 7 Reichsthaler gezahlt. Wir müssen uns diese Anlage zur Wasserförderung angesichts der Abmessungen des Kellerraumes wohl so vorstellen, wie sie in Abbildung 22 für die Feste **Dilsberg** dargestellt ist.

Untersuchungen

Die letzte Reinigung des Brunnens ist für das Jahr 1790 belegt. Danach wird es still um den tiefen Brunnen, bis im Jahre 1969 eine Brigade des Chemiefaserkombinates Schwarza die Aufgabe übernahm, den Brunnen und den Kellerraum für Besucher des Schlosses zur Besichtigung herzurichten.[268] Bei einer ersten Befahrung wurde eine Tiefe von 56 m gemessen; die Räumung begann im August 1970. Als man im Mai 1971 die Sohle des Schachtes erreicht hatte, wurde eine Tiefe von 60 m ermittelt. In der Endphase der Arbeiten trat Wasser auf.

Ergebnis der anschließenden Brunnenbefahrung ist eine Schachtzeichnung (Abb. 93), die auf eindrucksvolle Weise dokumentiert, mit welchen Schwierigkeiten die Bergleute beim Abteufen des Schachtes in den Zechstein zu kämpfen hatten. So mußten Teile des Schachtes ausgemauert werden, um mürbe Felspartien am Nachstürzen zu hindern. Die Wechsel zwischen runden und quadratischen Schachtquerschnitten lassen vermuten, daß für etliche Schachtabschnitte ein Verbau erforderlich war. Bemerkenswert ist die Einschnürung des Schachtes zwischen ca. 45 m und 54 m auf fast die Hälfte der sonst vorhandenen Weite sowie die Vergrößerung des Kammervolumens am Ende des Schachtes.

Diese Besonderheiten des Schachtquerschnittes werfen eine Reihe von Fragen auf, denen z. Z. leider nicht nachgegangen werden kann, da die Einsichtnahme in die im Jahre 1971 von der Brigade erstellte Fotodokumentation verweigert wurde. Verläßliche Aussagen zur Bautechnik sowie zur Wasserförderung lassen sich ohne eine erneute Befahrung des Schachtes nicht machen. Hilfreich wäre es, wenn zumindest eine Kamerabefahrung des Schachtes durchgeführt werden könnte.

266 LA Rudolstadt, Bestand CXXXIV 5 c, Nr. 7
267 Sobe, G., Die Brunnen der Heidecksburg, in: Rudolstädter Heimathefte 1955, S. 67
268 Neumann, K. und Fischer, P., Die Restaurierung des „Tiefen Brunnens", in: Eine Brigade und ihr Partner, Chemiefaserkombinat Schwarza 1977, S. 18 f

3.09 Die Bergfeste Dilsberg am Neckar

Die Bergfeste Dilsberg mit dem gleichnamigen Städtchen, nur 15 km östlich von Heidelberg gelegen, thront gut 180 m über dem Neckar. Ihre Geschichte beschreibt Widder[269] im Jahre 1786 wie folgt. *Es ist gewiß, daß ... Poppo* [Graf von Lauffen] *die Burg Dilighesberg schon im J. 1208 bewohnet habe. Diese Grafen von Lauffen waren ursprüngliche Dynasten von Düren oder Wald-Thüren in dem Kurmainzischen Amte Amorbach; bekamen die Burg Dilsberg von den Pfalzgrafen zu Lehen, von welcher sie endlich gar den Namen angenommen haben. Im Jahre 1261 bekannte Graf Poppo, daß er gegen empfangene 100 Mark Silbers ... des Pfalzgrafen Ludwigs II Burgmann sey, und sein Lehen Dilsberg in der Burg Heidelberg vermannen wolle.*

Abb. 94 Luftbild der Bergfeste Dilsberg

In der Rupertinischen Konstitution vom J. 1395 wird Dilsberg, Burg und Stadt, schon unter jene Schlösser gezählet, welche von der Pfalz ... auf keinerlei Weise getrennet werden sollen; wornach denn auch solche in der Theilung vom J. 1410 zum Kurtheile geschlagen worden.

Wenn und wie aber der nunmehrige Flecken dieser Burg angebauet worden, davon findet sich keine Spur. Es scheinet erst im XIII Jahrhunderte geschehen zu seyn. Im Zinsbuche [von 1369] *wird bemerket: „... Reidenbach und Reinbach, daz waren zwei Dörfer unter dem Berge gelegen, und die Armen Lute die darin sazen, die sint uf den Dilsperge in daz Stedelin gezogen."*

In der Burg und Vestung Dilsberg ist das sogenannte Fürstengebäu, der Marstall und die Kaserne noch in gutem Stande, die leztere auch mit einer Besazung von Invaliden und einem Commandanten versehen. Die Kurfürstliche Hofkammer hat einen Theil des Schlosses zu Fruchtspeichern, wie auch zu wohl verwahrten Kerkern einrichten lassen.

269 Widder, J. G., Versuch einer vollständigen Geographisch-Historischen Beschreibung der Kurfürstl. Pfalz am Rheine, 1. Theil, Frankfurt 1786, S. 361 ff

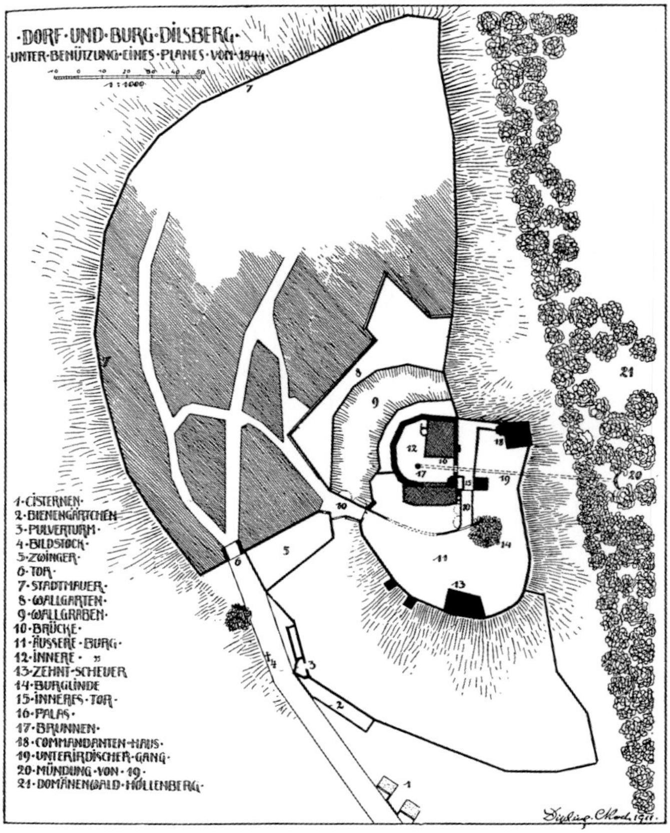

Abb. 95 Grundriß der Bergfeste Dilsberg

Dilsberg teilt also weitgehend die Geschichte der pfälzischen Veste **Otzberg** [14]. Zum Zeitpunkt der obigen Beschreibung ist Dilsberg Invalidengarnison und Unteramt zu Heidelberg. Die Urkundenlage zur Baugeschichte der Burg ist mehr als dürftig. Mit dem Wechsel vom 15. zum 16. Jahrhundert muß aber, wie die heute noch erhaltenen Reste eindrucksvoll belegen, eine rege Bautätigkeit eingesetzt haben. Aus der mittelalterlichen Burg wurde eine Bergfeste in den Umrissen wie sie Abbildung 95 zeigt.

Untersuchungen

Über die Art der Wasserversorgung der Burg gibt es keine Überlieferungen. Der Brunnen im Hof der Kernburg aber dürfte schon Bestandteil der ersten Ausbaustufe gewesen sein. Dafür spricht nicht nur seine Lage, sondern auch die Tatsache, daß der Schacht in zwei zeitlich getrennten Abschnitten entstanden ist (Abb. 96).

Der erste Bauabschnitt im oberen Buntsandstein war ca. 21,5 m tief. Aufgrund der Beschaffenheit der Formation mußte der Schacht auf ganzer Höhe mit Sandsteinquadern ausgemauert werden (Prinzip „Schacht im Schacht“). Im zweiten Abschnitt konnten die nachfolgenden fast 25 m nach dem Prinzip „Schacht aus dem Vollen“ abgeteuft werden. Der erhaltene

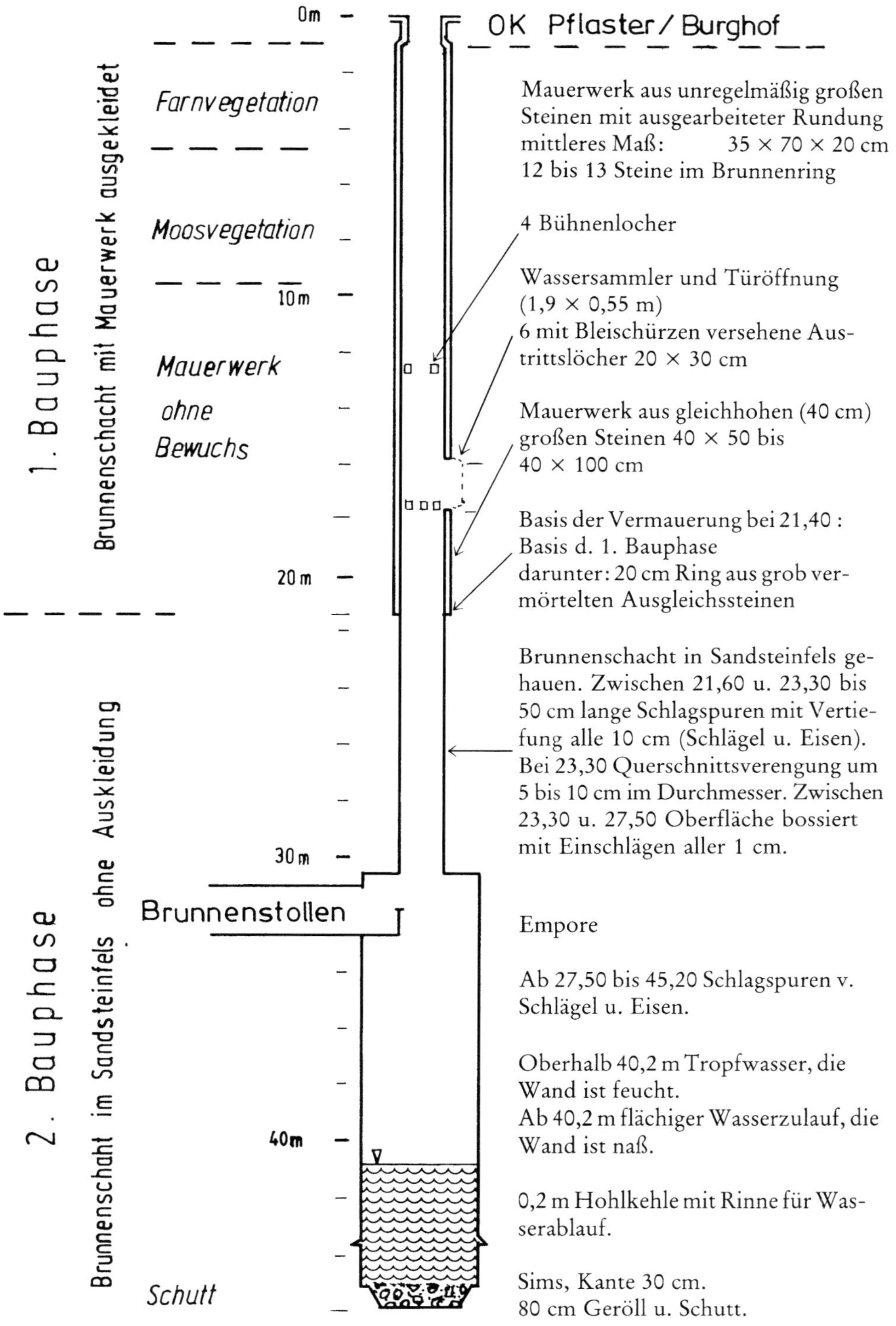

Abb. 96 Querschnitt des Brunnenschachtes der Bergfeste Dilsberg

Brunnenkranz hat einen Durchmesser von nur 1,35 m, der gemauerte Schacht darunter mißt 1,7 m im Lichten.

Der Brunnenkranz ähnelt auffallend dem auf der Veste **Otzberg** [14]. Eine Vielzahl von noch erhaltenen Aussparungen in den Sandsteinsegmenten deutet darauf hin, daß es wohl mehrere Varianten zu der in Abbildung 22 gezeigten Art der Wasserförderung gegeben hat.

Der Brunnen wurde im Jahre 1981 befahren, eine umfangreiche Dokumentation wurde erstellt.[270] Danach sollen die Quader schalenförmig sein, bei einer Dicke von 20 cm. Bezüglich der sichtbaren Maße der Quader sind die Aussagen widersprüchlich: Zum einen wird ein mittleres Maß von 35 x 70 cm angegeben, womit zumeist jeweils 7 Quader zu einer Lage gehören würden. Zum anderen heißt es, daß 12 bis 13 Steine einen Ring bilden. Damit wären die Quader im Mittel nur 40 statt 70 cm breit. Die veröffentlichten Fotos deuten auf ein mittleres Format von 35 x 40 cm hin. Selbst ein solcher Quader wiegt aber noch ca. 75 kg. Es muß daher erstaunen, daß auf keinem der Fotos Zangenlöcher zu sehen sind. Bei der angegebenen Dicke der Steine von nur 20 cm kann das Versetzen nicht mit dem Wolf (Abb. 40) erfolgt sein, da die dafür erforderlichen Aussparungen in die Schmalseiten nicht verläßlich hätten eingearbeitet werden können. Hier muß also eine andere Technik für Transport und Einbau der Quader verwendet worden sein.

Auffallend bei den veröffentlichten Fotos ist die Oberflächenbearbeitung der Ausmauerung: Die Quader weisen keinen Randschlag auf, die Flächen sind glatt abgearbeitet. Diese Bearbeitungsmerkmale deuten auf das 13./14. Jahrhundert als Bauzeit hin. Dafür spricht auch, daß keine Steinmetzzeichen dokumentiert wurden.

In einer Tiefe von fast 18 m findet sich der im allgemeinen Teil bereits erwähnte Wassersammler. Unterhalb dieser Ebene ändern sich die Formate der Ausmauerung. Die Schichthöhen betragen hier 40 cm, die Breiten schwanken zwischen 50 und 100 cm. Hier wird von Zangenlöchern berichtet.

Der Wassersammler im ersten Bauabschnitt des Dilsberger Brunnens stellt eine Besonderheit dar (Abb. 97). Dazu heißt es in der Dokumentation: *Im Bereich des Wassersammlers besteht der Brunnen aus einem Doppelring aus Sandsteinquadern. Der innere Ring enthält zehn Quader verschiedener Größe* [d. h. Breite]. *Zwischen diesen Sandsteinquadern sind sechs Lücken zwischen 14 und 18 cm breit und 30 cm hoch als Wasserzulauf offengelassen. … Zwischen dem inneren und äußeren Steinring ist ein ca. 12 cm breiter offener Freiraum als umlaufende Rinne belassen. Diese umlaufende Rinne ist mit Bleiblech ausgeschlagen.*

Auf gleicher Höhe wie der Wassersammler setzt [eine] *Türöffnung mit ihrer Unterkante an. Diese Türöffnung mißt 0,55 x 1,90 m. Auf der äußeren, dem Fels zugewandten Seite, ist in die den Türrahmen bildenden Steine eine umlaufende Aussparung in den Maßen 10 x 8 cm als Türanschlag ausgearbeitet worden. … Hinter diesem Türrahmen ist der Fels über die Höhe von 2,3 Meter, die Breite von ca. 1 Meter und die Tiefe von 0,5 Meter ausgebrochen, so daß eine Nische vorliegt, die … während der Aufzugsarbeiten zum Einstehen* gedient haben könnte.

Ob hier tatsächlich die Absicht bestand, einen Gang anzulegen, läßt sich nicht mehr klären. Die Öffnungsrichtung der Tür in einen solchen Gang hinein würde dafür sprechen. Fraglich ist, ob die begonnene Öffnung als Schutznische gedient haben könnte. Hier wäre zunächst an den Brunnenputzer zu denken. Da die Öffnung aber 3,5 m über dem zu säubernden Grund liegt, macht die Aussparung diesbezüglich keinen rechten Sinn. Hätte man also ursprünglich tatsächlich an den Bau eines Stollens gedacht, würde sich auch die auffällige Anordnung der

270 Dachroth und Wiltschko, a.a.O.

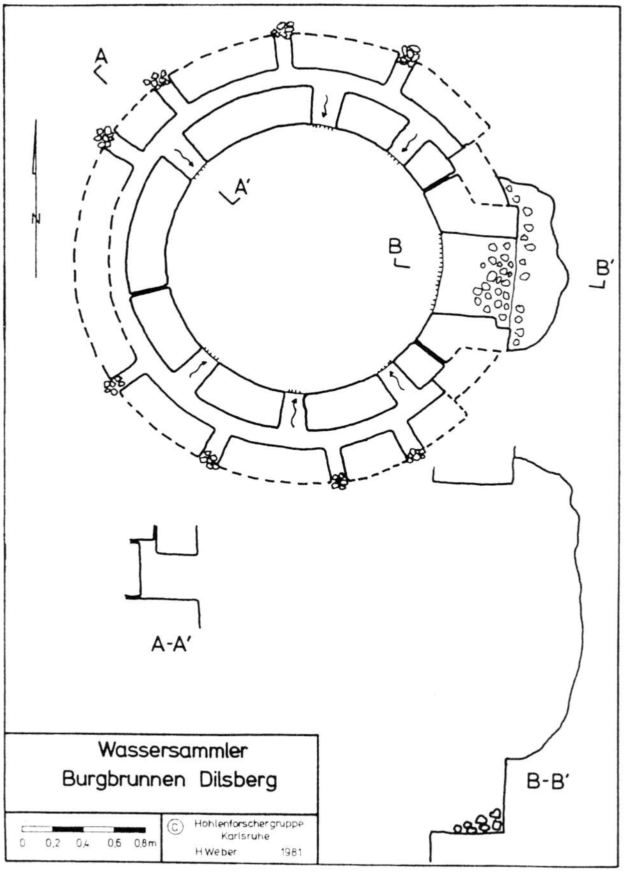

Abb. 97 Alter Wassersammler im oberen Teil des Brunnenschachtes

sechs Öffnungen für den Wasserzutritt in Abbildung 97 erklären. Da sich jeweils drei von ihnen paarweise gegenüberliegen, wären die Öffnungen als Rüstlöcher für eine Plattform vor der Tür nutzbar gewesen.

In diesem Lichte erklärt sich möglicherweise auch die Anordnung der vier Rüstlöcher in einer Tiefe von ca. 13 m. Da die Öffnungen Breiten zwischen 11 und 14 cm bzw. Höhen zwischen 11 und 18 cm aufweisen, war hier nur der Einbau eines Klettergerüstes möglich. Die Rüstlöcher sind durchgehend in die Quader eingearbeitet, so daß hier die Dicke der Steine gemessen werden konnte.

Bleibt hinsichtlich des ersten Bauabschnittes abschließend festzuhalten, daß das Volumen des möglichen Reservoirs unterhalb des Wassersammlers maximal 8 m³ betrug. Bei genügendem Zufluß wäre dies ein hinreichender Vorrat gewesen. Der geringe Einzugsbereich des nur 21,5 m tiefen Brunnens, vor allem aber wohl die hohen Versickerungsraten im oberen Buntsandstein, dürften bewirkt haben, daß der Wasservorrat kaum ausreichend war. Mit dem Ausbau der Burg zur Bergfeste mußte daher die Vertiefung des Brunnens als zweiter Bauabschnitt folgen, da es keine andere Möglichkeit der Wasserversorgung gab.

Unsere Datierung des zweiten Bauabschnittes in die Zeit um 1500 steht im Gegensatz zu der bisher veröffentlichten Auffassung[271], die Vertiefung sei in der Zeit zwischen 1650 und 1680 durchgeführt worden. Wir begründen unsere abweichende Meinung damit, daß Kurpfalz den Umbau und die Erweiterung der Burg zur Bergfeste zu Anfang des 16. Jahrhunderts nicht in Angriff genommen hätte, wenn die Wasserversorgung ungenügend geblieben wäre. Die Vertiefung des Brunnens muß u. E. also wesentlicher Teil der Umbaumaßnahme gewesen sein.

Darüberhinaus war Kurpfalz nach dem Ende des 30jährigen Krieges mehrere Jahrzehnte lang wirtschaftlich gar nicht in der Lage, sich eine solche Maßnahme zur Verbesserung der Wasserversorgung in einer bestehenden Festung zu leisten. Trotz der verheerenden Niederlage von 1620 hatte die Pfalz im Rahmen des Westfälischen Friedens 1648 zwar Teile ihres früheren Besitzes zurückerhalten, aber die Einkünfte waren mehr als kläglich, weil es an Arbeitskräften fehlte, um die heruntergekommenen Felder zu bewirtschaften. Pfälzische Bergfesten wie Dilsberg und **Otzberg** waren bis zum Ende des 17. Jahrhunderts regelmäßig nur mit 8 bis 10 Mann unter der Führung eines Leutnants belegt.[272] Wozu also hätte man in dieser Zeit einen solchen Aufwand treiben sollen?

Die Vertiefung des Brunnens von ca. 21,5 m auf 46 m erfolgte also um das Jahr 1500. Da der anstehende Sandstein sich als standfest und weitgehend kluftfrei erwies, teuften die Bergleute den Schacht zunächst um weitere 10 m mit fast gleichem Durchmesser von ca. 1,7 m ab. Eine Ausmauerung war nicht erforderlich. Warum aber fiel in dieser Tiefe die Entscheidung, den Querschnitt auf mehr als das Doppelte zu vergrößern?

Auslöser mag hier das Auftreten von Wasser gewesen sein, dessen Zufluß man mit der Aufweitung zu steigern suchte. Die Hoffnungen auf ausreichenden Zufluß erfüllten sich aber erst in einer Tiefe von 46 m, so daß wir heute ein riesiges, größtenteils ungenutztes Kammervolumen vorfinden. Als die Entscheidung zum Weiterbau mit dem großen Querschnitt anstand, mögen die Arbeiten an den Hochbauten es nicht mehr zugelassen haben, den Betrieb der Brunnenbaustelle vom Hof aus und den Abtransport des Abraumes durch das Tor beizubehalten. Der Bau eines seitlichen Stollens war die Lösung. Am Ende wurden auf diesem Wege über 150 m³ Fels abtransportiert. Als Lockergestein vergrößerte sich das anfallende Volumen noch einmal erheblich.

Es darf nicht unerwähnt bleiben, daß die Verfasser des Abschlußberichtes über die Befahrung von 1981 sehr umfänglich darlegen, es handele sich bei diesem Gang um einen Wetterstollen, dessen Funktion noch – analog zu dem eingangs beschriebenen Wetterofen – durch den gezielten Einsatz von Feuer und Lutten verstärkt worden sei. Wir haben im allgemeinen Teil ausführlich dargelegt und wissen aufgrund eigener Arbeitseinsätze in weit tieferen Brunnen, daß die in Veröffentlichungen gern heraufbeschworenen tödlichen Gefahren wegen schlechter oder mangelnder Atemluft übertrieben sind. Und wenn solche Gefahren für die Bergleute in diesem speziellen Fall tatsächlich bestanden hätten, muß man sich fragen, warum man einen im Idealfall 65 m langen Stollen allein zu diesem Zweck baute, wo doch der Brunnenschacht schon vorhanden und das Prinzip der senkrecht geführten Wetterlutten hinlänglich bekannt und erprobt war.

Die Legende zu einer frühen Brunnenzeichnung (Abb. 100) enthält unter Punkt H den Satz: *Der weite bronnen Canal, so theils gesprenget, theils gehauen ist.* Hieraus wurde gefolgert, der

271 Zuletzt Wiltschko, St., Burg und Gemeinde Dilsberg, Dilsberg 1994, S. 19, der damit die Schlußfolgerung von Dachroth, a.a.O., aufnimmt.

272 Bezzel, O., Geschichte des Kurpfälzischen Heeres, Bd. 1, München 1925

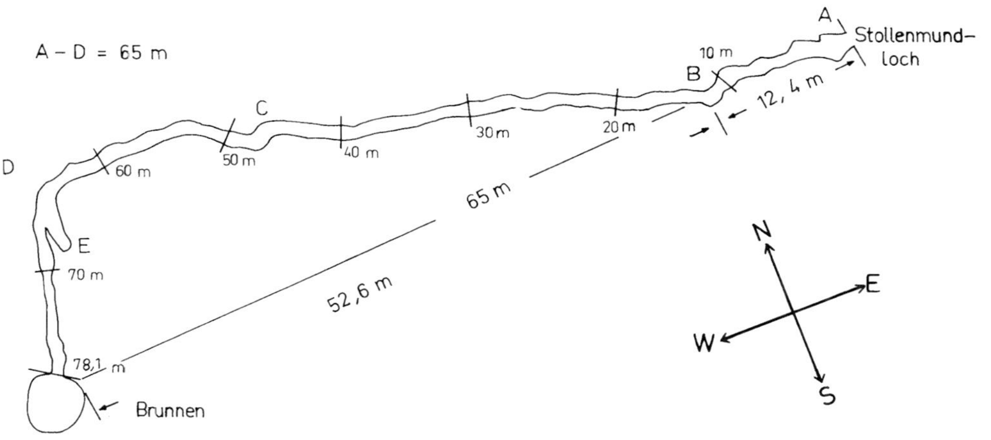

Abb. 98 Der Brunnenstollen im Grundriß

Einsatz von Pulver beim Bau des erweiterten Schachtabschnittes sei ein zusätzlicher Grund für den Bau des „Wetterstollens" gewesen. Der Begriff *sprengen* verbindet sich zwar seit dem 17. Jahrhundert auch mit dem Einsatz von Pulver, seine ursprüngliche Bedeutung aber ist *springen machen* bzw. *bersten lassen, mit Gewalt auseinander treiben.* Mit dem zitierten Satz wird also u. E. nur dokumentiert, daß beim Bau des weiten Schachtteiles Steinbrecher zum Einsatz kamen. Zu den Techniken der Steinbrecher gehörte es, Holzkeile in Bohrungen einzutreiben, durch Wasser zum Quellen zu bringen, und so den Stein zu sprengen.

Beim Bau des Brunnenstollens muß dem Markscheider allerdings ein Fehler unterlaufen sein. Nur so ist zu erklären, daß der Gang statt 65 m am Ende fast 80 m lang wurde, da man seine Richtung korrigieren mußte (Abb. 98). Die Breite des Stollens schwankt zwischen 0,7 m und 1,2 m, die Höhe zwischen 1,55 m und 2 m. Ungewollte Nachbrüche des Sandsteins haben teilweise zu größerer Deckenhöhe geführt (Abb. 99).

Der Brunnenstollen führte zwangsläufig zu der Sage vom geheimen Gang, die in diesem Fall einiges in Gang setzte: Der Schriftsteller Mark Twain übernahm den Hinweis in sein 1906 erschienenes Buch „Rafting down the Neckar" und regte damit das Interesse des Deutsch-Amerikaners Fritz von Briesen an, durch dessen Initiative der Stollen im Jahre 1926 freigelegt und der Schacht bis auf eine Tiefe von 38 m geräumt wurde.

Die Restberäumung erfolgte im Jahre 1956, so daß bei der Befahrung von 1981 nach dem Abpumpen des Wassers nur noch eine Schlammschicht von 0,8 m verblieb. Diese Reste wurden nicht entfernt, die Ausformung des Schachtendes mußte mit Sonden ertastet werden. Bei ca. 43,5 m wurde eine umlaufende Einkerbung von ca. 10 cm Tiefe dokumentiert, deren Sinn sich nicht erschließt, da sie ständig unterhalb des Wasserspiegels liegt.

Der Zufluß des Wassers wurde sodann über einen längeren Zeitraum beobachtet (Abb. 8). Nach nur 1 ½ Monaten war der Wasserstand bei 41 m wieder erreicht. Das entspricht einem gespeicherten Volumen von fast 60 m³ in 45 Tagen. Andererseits war der Tagesbedarf mit nur 5 Litern pro Mann anzusetzen. Bei einer Ausnahmebelegung der Bergfeste mit z. B. 100 Mann wäre also nur ½ m³ pro Tag verbraucht worden. Damit wird deutlich, daß der Brunnen als Wasserspender mehr als ausreichend war, solange Dürreperioden ausblieben.

Abb. 99 Der Brunnenstollen

Bezüglich der Wasserförderung ergeben sich Anhaltspunkte aus einer ansonsten wenig Vertrauen erweckenden, alten Zeichnung, die wir abschließend noch vorstellen werden. Anders als die Details in der Tiefe des Brunnens war die Förderanlage (Abb. 22) für den Zeichner sichtbar und kann damit als realitätsgetreu angesehen werden. Sie besteht aus einem Haspel mit großem Schwungrad und einem nachgeschalteten Getriebe.

Auch wenn in der Darstellung nur ein Seil gezeigt wird, gehen wir davon aus, daß das Wasser – wie allgemein üblich – mit zwei Kübeln im Pendelbetrieb gefördert wurde. Da die Öffnungsweite des Brunnenkranzes nur 1,35 m beträgt, können hier nur kleinere als die üblichen 50 bzw. 60 Liter-Eimer zum Einsatz gekommen sein. Da aber wegen der Seilwanderung selbst bei einer solchen Kübelgröße ein ordnungsgemäßer Betrieb nicht möglich gewesen wäre, müssen sich auf dem Wellbaum Sprossensterne zur Seilführung befunden haben. Damit aber war ein Seil erforderlich, dessen Länge mehr als der zweifachen Tiefe des Wasserstandes entsprach. Die einschlägigen Archivalien belegen diesen Sachverhalt.[273]

273 GLA Karlsruhe, Abt. 229/19 126 „Acta Den Dilsberger Bronnen, und die Anschaffung des Bronnen Sails Item Unterhaltung desselben betr."

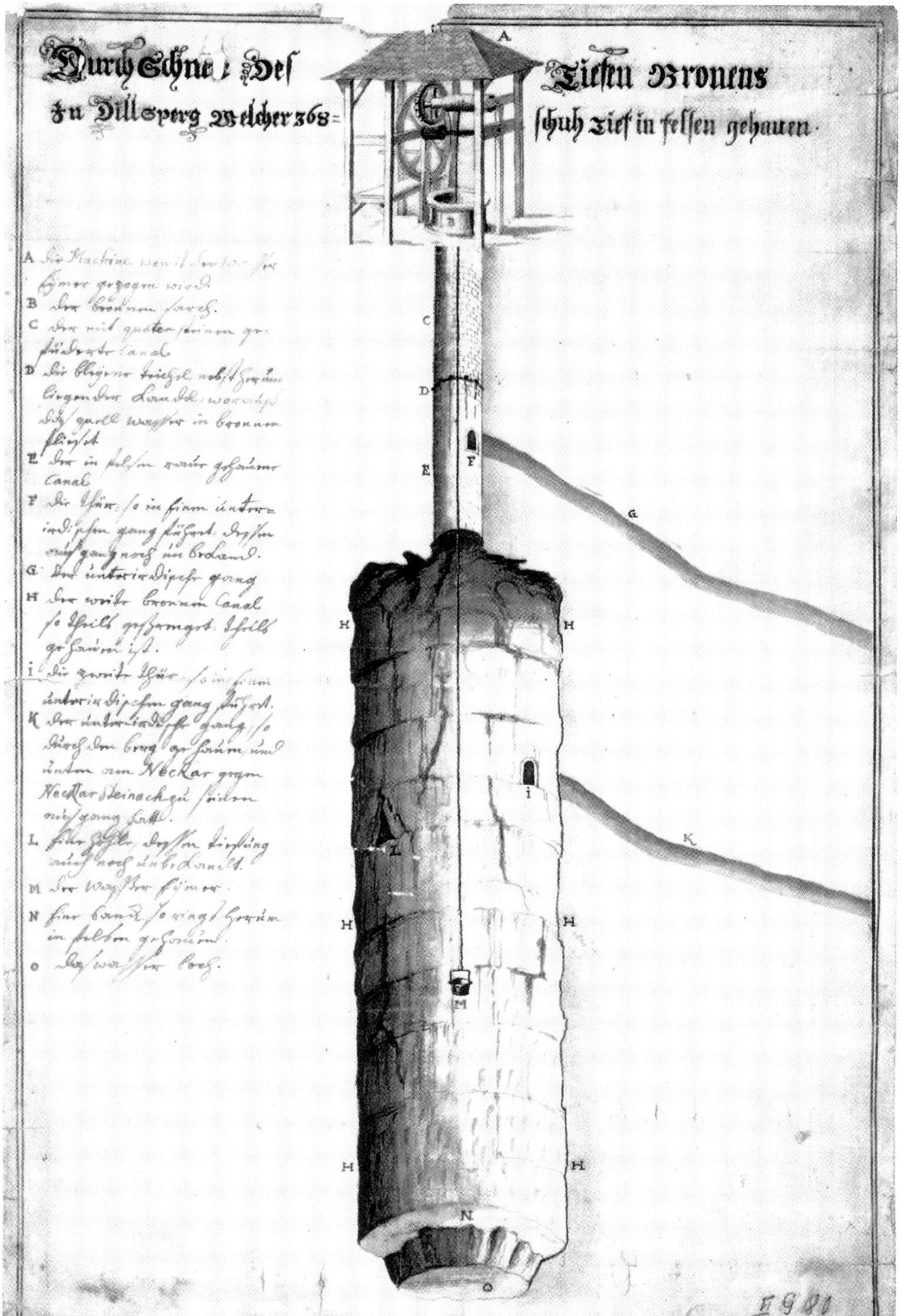

Abb. 100 Brunnenzeichnung von Mitte des 18. Jahrhunderts

Als weiteres Detail, welches aus dem praktischen Betrieb heraus bekannt und verständlich war, ist in der Abbildung eine Kette zwischen Seil und Kübel dargestellt. Diese Kette bewirkte das Umkippen des Kübels beim Befüllen und sollte zugleich verhindern, daß das Seilende ständig naß war und faulte.

Die bereits erwähnte, eindrucksvolle Darstellung des Brunnens[274] aus der Mitte des 18. Jahrhunderts (Abb. 100) haben wir ans Ende unserer Ausführungen gestellt, da sie überwiegend vom Hörensagen geprägt ist und nur in wenigen Punkten die Realität widerspiegelt. Auch dies scheint uns ein Hinweis darauf zu sein, daß der Brunnen um das Jahr 1500 fertig wurde und die technischen Ausführungsdetails nach über 200 Jahren weitgehend in Vergessenheit geraten waren.

So werden gleich mehrere Stollengänge gezeigt, wobei es zu dem tatsächlich vorhandenen heißt: *der unterirdische gang, so durch den berg gehauen, und unten am Neckar gegen Neckar Steinach zu seinen ausgang hatt.* Die Legende der Zeichnung gibt also bereits die Sage wieder, die sich bis heute im Volksmund erhalten hat. Außerdem wird dem Brunnen hier eine Tiefe von 368 Schuh (ca. 100 m) bescheinigt. Übertreibungen bei den Tiefenangaben sind häufig zu beobachten. Hier aber mag das Wissen um die Länge des Seiles, gepaart mit dem Unwissen über die Fördertechnik, den Zeichner zu einer solchen Überschrift verleitet haben.

274 Kurpfälzisches Museum der Stadt Heidelberg, Planarchiv Z 2205

3.10 Die Burg Windeck bei Weinheim

Anlaß für den Bau der Burg Windeck war der Schutz des Lorscher Klosterbesitzes. Bereits kurz nach Baubeginn kam es im Jahre 1114 zur Schleifung der Burg Windeck, da sie auf fremdem Grund errichtet worden war. Nachdem die Grundstücksfragen im Jahre 1125 geklärt waren, konnte das Kloster mit dem Neubau beginnen. Nach langwierigen Streitigkeiten um die Besitzverhältnisse kam die Burg Windeck 1344 an die Pfalz und wurde – wie die Feste **Dilsberg** [9] – im Jahre 1368 unlösbarer Bestandteil der Kurpfalz.

Während der Bergfried in seinen wesentlichen Teilen aus dem 12. Jahrhundert stammt, dürfte die Burganlage, wie sie Abbildung 102 zeigt, nach 1368 entstanden sein. Die Verteidigung

Abb. 101 Ansicht der Burg Windeck vor 1648

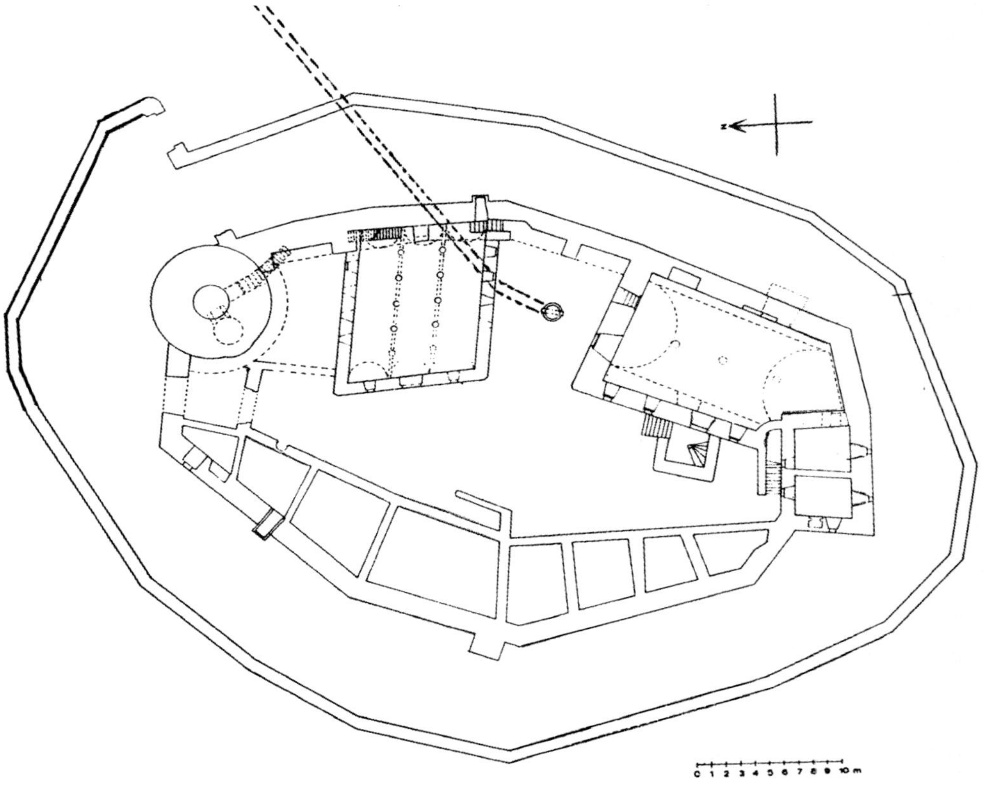

Abb. 102 Grundriß der Burg Windeck nach Aufmaß 1906

oblag zunächst den dem Pfalzgrafen verpflichteten Burgmannen, die später durch ein kleines Kontingent des sogenannten Ausschusses ersetzt wurden. Nur in Kriegszeiten leistete sich die Pfalz Soldtruppen.

Nach dem 30jährigen Krieg war die Burg ruiniert. Die wirtschaftliche Lage der Kurpfalz ließ einen Wiederaufbau nicht zu, so daß die Anlage ab 1685 als unbewohnte Ruine geführt wurde, die 1803 an das Großherzogtum Baden fiel. Im Jahre 1900 erwarb Graf von Berckheim die Ruine und begann, den Bestand zu sichern.[275]

Interpretation neuerer Quellen

Die Darstellung des Grundrisses basiert auf einem Bestandsplan aus dem Jahre 1902.[276] Erstmals erscheint hier der Brunnen, der gerade erst entdeckt und freigelegt worden war. Vom Brunnenschacht aus führt ein begehbarer Stollen in nordöstliche Richtung. Auch dieser wurde bei den Instandsetzungsarbeiten gefunden. Über einen Brunnen hatte es bis dahin nur Mutmaßungen gegeben. Die in einem kurz zuvor veröffentlichten Plan[277] angenommene Lage aber erwies sich als falsch.

275 Die Kunstdenkmäler des Landkreises Mannheim, bearb. von H. Huth, München 1967, S. 441 ff

276 RP Karlsruhe, Planarchiv Ref. 25 Denkmalpflege, Nr. 209/181

277 Naeher, J., Die Burgenkunde für das Südwestdeutsche Gebiet, München 1901, S. 120 ff

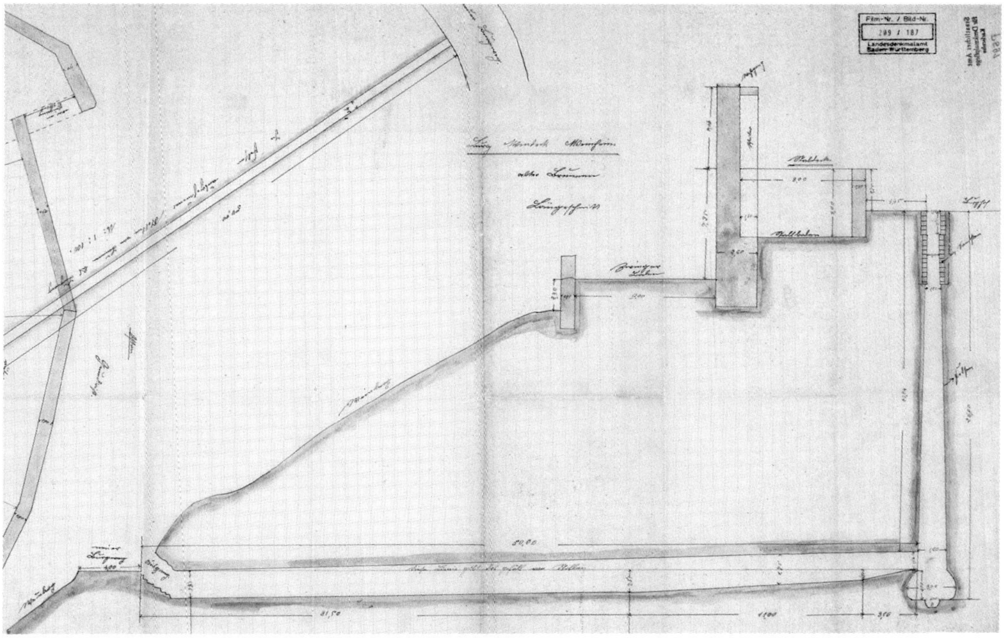

Abb. 103 Querschnitt des Brunnenschachtes der Burg Windeck mit Stollen

Wir gehen davon aus, daß der Brunnenschacht bald nach 1368 hergestellt wurde. Zu dieser Zeit regierte Kurfürst Ruprecht I. (1353–1390), der der eigentliche Schöpfer und geniale Organisator des Territoriums Kurpfalz gewesen ist. Getreu dem Grundsatz „kein Ausbau ohne gesicherte Wasserversorgung", entspräche dies den Gepflogenheiten, wie sie bei all seinen Zuerwerbungen in dieser Zeit zu beobachten sind. Auch der Standort des Brunnens im Raumkonzept der Anlage deutet auf ein frühes Baukonzept hin. Urkundliche Überlieferungen zum Brunnenbau gibt es nicht.

Aus dem Jahre 1906 existiert eine Bauaufnahme (Abb. 103) von Brunnen und Stollen mit exakter Vermaßung[278]. Die Tiefe des Schachtes wird mit 26 m angegeben. Ein Brunnenkranz war zu diesem Zeitpunkt nicht mehr vorhanden. Der Schachtmund hat auf einer Tiefe von 5 m nur eine Öffnungsweite von 90 cm. Darunter wird der Durchmesser des Schachtes mit 1,20 m angegeben. Bemerkenswert ist die Aufweitung des Schachtes mit zunehmender Tiefe von 1,2 m bis auf rd. 2 m. Am unteren Ende des Schachtes ist eine 2 m tiefe Kaverne bis zu 3 m weit ausgebildet mit einem Fassungsvermögen von ca. 7 m³. In der Mitte der Kaverne befindet sich ein 50 cm tiefer Sumpf.

Bei einem Tagesbedarf von 5 Litern pro Mann war dies eine ausreichende Reserve für die Besatzung der mittelalterlichen Burg. Wie Abbildung 101 aus der Zeit zu Beginn des 30jährigen Krieges eindrucksvoll belegt, hat Burg Windeck einen festungsartigen Umbau, verbunden mit der Stationierung einer ständigen, größeren Garnison, nicht erlebt.

278 RP Karlsruhe, Planarchiv Ref. 25 Denkmalpflege, Nr. 209/187

Abb. 104 Einmündung des Brunnenstollens in den Schacht

Der insgesamt 50 m lange Brunnenstollen ist durchgehend ca. 1,75 m hoch und zum Schacht hin leicht ansteigend. Seine Breite wurde mit rd. 75 cm gemessen. Er führt gradlinig auf den Schacht zu, mit einer minimalen Richtungskorrektur um ca. 10° auf den letzten 2,5 m.

Die Zeichnung (Abb. 103) ist in Zusammenhang zu sehen mit einem Antrag des Gräflichen Rentamtes vom 2. März 1905. Dort heißt es: *Wir beabsichtigen, die Windeck mit Wasser zu versorgen, u. zwar durch Wiederherstellung der alten Wasserversorgung, die von dem Grundstück des Herrn Münch oberhalb des „Hummel"-Weges ausgehend, in den in neuerer Zeit wieder ausgegrabenen Brunnenschacht auf der Windeck einmündet.*

Es handelt sich hier um ein Unternehmen, das an sich für die Allgemeinheit nützlich ist, wie es auch eine sonst selten vorkommende historische Merkwürdigkeit wieder entstehen läßt, insofern als es zeigen wird, wie die Wasserleitung zugleich als Notausgang benutzt worden ist.[279] Man beantragt wegen der Leitungsführung die Mitbenutzung des Gemeindeweges *bis zu der Stelle, wo vor einiger Zeit der Gang zum Brunnenschacht entdeckt wurde.*

279 Stadtarchiv Wertheim, Reg. 15, Nr. 163/11

Abb. 105 Brunnenstube für die Wasserleitung

Abbildung 104 zeigt, daß im Rahmen dieser Aktion am Ende des Stollens eine Schürze hergestellt wurde, um das Wasser höher aufstauen zu können. Zugleich wurde der bauchige Sammelbehälter mit einer dicken Dichtungsschicht ausgekleidet, so daß die Brunnentiefe heute von der Oberkante des zugekauften Brunnenkranzes aus 26,50 m mißt.

Dem Antragsschreiben von 1905 liegt die Vermutung zugrunde, der Gang bzw. Stollen habe bereits in früherer Zeit der Wasserversorgung gedient. Möglicherweise hatte man bei der Freilegung des Stollenganges Reste von Deichelrohren gefunden. Über solche Funde im Rahmen von Wegebauarbeiten gibt es mündliche Überlieferungen.

Weiter heißt es im Antragsschreiben, der Gang sei auch Fluchtstollen gewesen. Die Aussage entbehrt aber jeder Grundlage: Ein Fluchtstollen, der in die einzig mögliche Angriffsrichtung führt, die Nutzer also zwangsläufig in die Hände der Angreifer bzw. Belagerer treibt, wäre absurd.

Die Annahme, der Stollen sei angelegt worden, um dem Brunnenschacht von außen Wasser zuzuführen, erscheint plausibel. Aus der Topographie ergibt sich, daß dem nur 26 m tiefen Schacht ein potentielles Einzugsgebiet von maximal 7.000 m^2 zuzuordnen gewesen wäre. Da

Abb. 106 Dem Boten zur Erfrischung

die befestigte Fläche der Burg gut 2.000 m² ausmachte, blieben somit nur knapp 5.000 m² im stark hängigen Gelände. Hier aber flossen die Niederschläge überwiegend oberirdisch ab, so daß der Schacht zu keiner Zeit dauerhaft als Brunnen funktionieren konnte. Nur durch einen langsamen, aber stetigen Zulauf von außen konnte die Reserve in der Kaverne geschaffen und erhalten werden.

Die Quelle, die in dem Antragsschreiben des Gräflichen Rentamtes zitiert wird, wurde zwischenzeitlich gefunden. (Abb. 105) Sie befindet sich etwa 370 m nordöstlich der Burg und liegt mit ca. 220 m ü.NN etwa 20 Meter höher als der Schachtabschnitt, der als Kaverne ausgebildet ist.

Es stellt sich nun die Frage, ob das Abteufen des Schachtes nach 26 m eingestellt und die Zuleitung des Wassers von außen nur als Notlösung gewählt wurde, oder ob hier von Anfang an eine Schachtzisterne mit unterirdischem Zulauf geplant war, deren Tiefe sich aus der Möglichkeit der Wasserzuführung ergab. Wir neigen der zweiten Variante zu.

Schachttiefe, Stollenführung und Lage der Quelle scheinen optimal aufeinander abgestimmt zu sein. Der Schacht wurde gerade so weit abgeteuft, daß der Stollen aus dem Gelände heraus vorgetrieben werden konnte, womit die Voraussetzungen für die Heranführung einer gedeckten Wasserleitung gegeben waren. Die einstige Eingangssituation zum Brunnenstollen wurde durch Wegebaumaßnahmen stark verändert. So beginnt der Stollen heute scheinbar viel zu hoch über dem Gelände.

Auffallend ist, daß der Stollen zum Schacht hin ansteigt und unmittelbar davor noch einmal deutlich anzieht. Bei einer Gefälleleitung würde man eher das Gegenteil erwarten. Hier aber lag die Quelle so hoch, daß man den Anstieg verkraften konnte. Es kam darauf an, das Speichervolumen des schon vorhandenen Schachtes nicht unnötig zu reduzieren bzw. weiteres Abteufen zu vermeiden.

Der Stollen der Burg Windeck unterscheidet sich zwar nicht in seiner Bauweise, wohl aber hinsichtlich seiner Funktion grundsätzlich von dem der Feste **Dilsberg** [9]. Mit der Ableitung von tödlichen Gasen haben beide nichts zu tun. Als Fluchtstollen konnten beide nicht benutzt werden, zumal der Stollen zumindest teilweise wieder verbaut werden mußte, um möglichen Belagerern den unterirdischen Zugang zum Brunnen zu verwehren. Während aber der Stollen der Feste **Dilsberg** nur für die Bauphase des Brunnenschachtes benötigt wurde, war der Stollen der Burg Windeck langfristig für das Funktionieren der Schachtzisterne erforderlich.

Die Vorgeschichte der Burg Windeck läßt nicht erwarten, daß sich heute über dem Schacht ein gut erhaltener Brunnenkranz befindet. Bei genauerem Hinsehen wird man leicht feststellen, daß hier mehrere ursprünglich nicht zusammengehörige Teile zu einer quadratischen Fassung mit steinernem Joch zusammengebaut wurden. Dieser Zukauf ist Ergebnis der Instandsetzung des Grafen von Berckheim.

Das steinerne Joch aber weist – gewollt oder ungewollt – darauf hin, daß das Wasser aus der Schachtzisterne nicht wie sonst üblich mit zwei Kübeln am Seil im Pendelbetrieb gefördert werden konnte. Da der maßgebliche Durchmesser des oberen, gemauerten Schachtteiles nur 90 cm beträgt, konnte man nur mit einem Kübel Wasser ziehen. Bei der geringen Tiefe war das unproblematisch. Zum Winden hätte man einen Haspel verwenden können. Einfacher aber wäre ein Joch oder Galgen mit einer Rolle gewesen, über die man das Seil von Hand führen konnte (Abb. 106).

3.11 Schloß Hellenstein in Heidenheim an der Brenz

Für das Jahr 1096 ist zwar ein *Gozbert de Halensteine* urkundlich belegt[280], zu diesem Zeitpunkt aber gab es die Burg Hellenstein noch nicht. Sie wurde erst im 12. Jahrhundert von den Herren von Hälenstein auf dem Uferfelsen zwischen dem Zusammenlauf von Brenztal und Stubental gegründet. Dieser Massenkalkfelsen aus Weißjura erhebt sich heute ca. 70 m steil über die Stadt Heidenheim. Herzog Friedrich I. von Württemberg (1593–1608) ergänzte die stauferzeitliche Burg Hellenstein um einen Schloßbau, der noch vor Beginn des 30jährigen Krieges fertiggestellt wurde (Abb. 108).

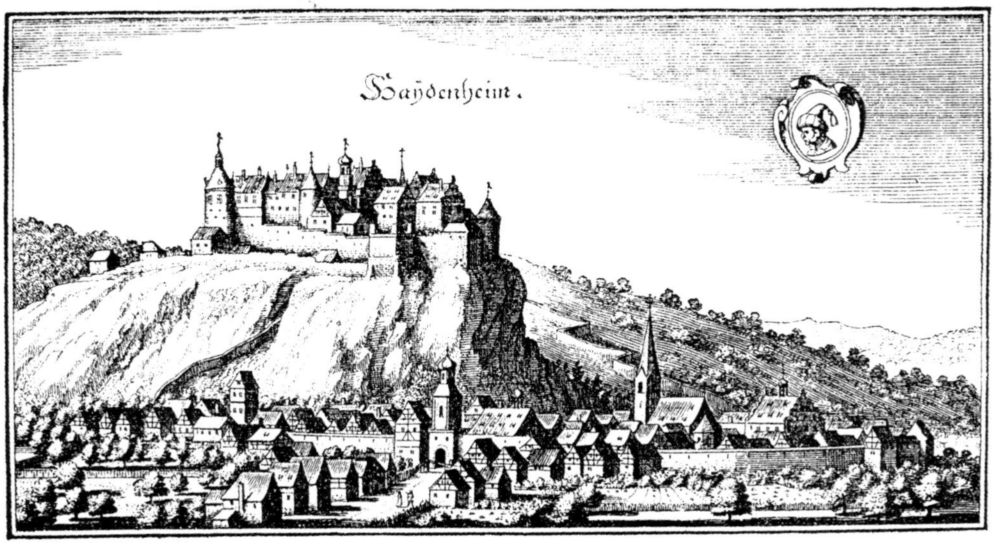

Abb. 107 Ansicht von Heidenheim mit dem Hellenstein, 1643

War das Heidenloch auf dem **Heiligenberg** [1] ein Beispiel aus der Frühzeit, so ist Hellenstein ein Beispiel aus der Spätzeit des Brunnenbaues. Die Notwendigkeit für dieses Bauvorhaben ergab sich, nachdem im 30jährigen Krieg die externe Wasserversorgung von Schloß Hellenstein[281] komplett zerstört worden war. Da die Lage nach dem Westfälischen Frieden von 1648 keineswegs friedliche Zeiten versprach, war eine Wiederherstellung der Wasserleitung nicht angezeigt. So kam es zum Bau des tiefen Brunnens zwischen 1666 und 1670.

Überlieferungen zum Brunnenbau

Der Bau des Brunnens ist ausnahmsweise gut dokumentiert. Im Hauptstaatsarchiv Stuttgart sind Bauberichte des Factors[282] von Königsbronn in großem Umfang erhalten.[283] Diese Berich-

280 Oefele, E.v., Geschichte der Grafen von Andechs, 1877, S. 225 f, Urkd.-Nr. 2

281 Im Jahre 1606 hatte Heinrich Schickhardt eine Druck-Wasserleitung von der Brunnenmühlquelle zum Schloß geplant, mit deren Bau noch im gleichen Jahr begonnen wurde. Aus der Leitung speisten sich wenigstens drei Röhrenbrunnen.

282 Factor (lat. Macher), Geschäftsführer der Eisenhütte Königsbronn

283 HStA Stuttgart, Bestand A 249, Bü 963, Baul. Reparatur am Schloß Hellenstein, insbes. Herstellung des tiefen Brunnens, 1666–1739

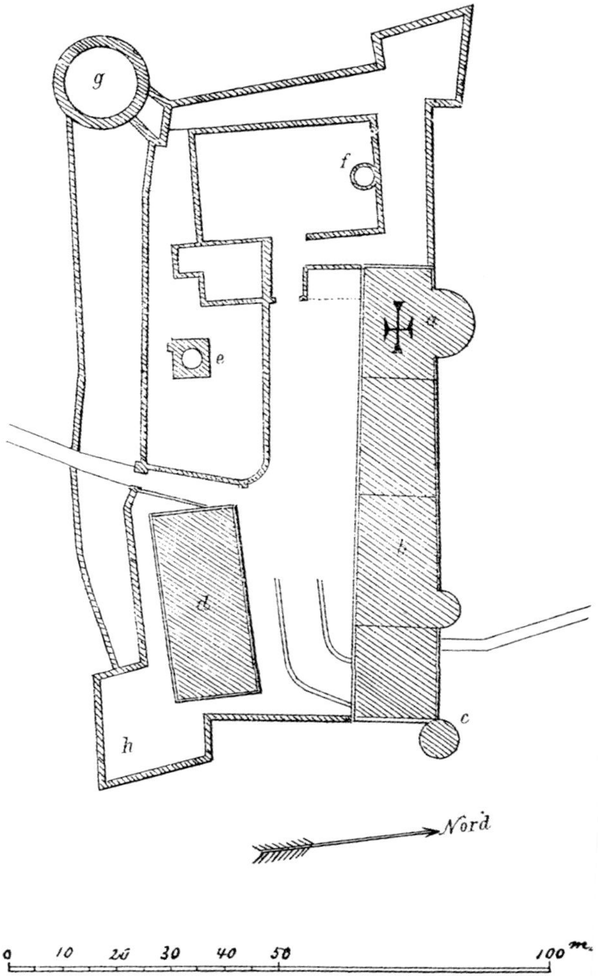

Abb. 108 Grundriß von Schloß Hellenstein

te, die 14-tägig abgegeben werden mußten, vermitteln einen Eindruck von der Situation auf der Baustelle und liefern konkrete Angaben zum Baufortschritt sowie zu den Kosten. Daneben finden sich einige Handlungsanweisungen für den Factor. Das überlieferte Material enthält somit eine ganze Reihe von wertvollen Hinweisen zu organisatorischen und bautechnischen Fragen des Brunnenbaues und wird daher im Folgenden detailliert ausgewertet.

Am Anfang des Bauvorhabens steht ein ausführlicher Kostenvoranschlag vom 8. Februar 1666, den wir hier wegen seiner Einmaligkeit in voller Länge vorstellen. Bei der späteren Schilderung des Bauablaufes wird sich zeigen, wie lange die Annahmen dieses Voranschlages der Wirklichkeit standgehalten haben.

Underthgst. Gehorsamste Relation und Unvorgreiflicher Baubericht
Waß ein Bronnen uf dem Schloß Hellenstein zuegraben vngefehrer Costen möchte
Mit beyfügung zwejer abriß Lit: A et B

Durchleüchtigster Herzog, Gnädigster Fürst und Herr

Uf E: Hochfürstl: durchlt: vnderm zweyten iez laufenden Monats februarij ertheilten mundlich gettan befehls, waß ein bronnen, vf dero Schloß Hellenstein durch denn felßen, vf dem Plaz bey der Kuchen[284]*, allwo bey anweßenheidt dero hoffstaathes, die gutschen zue stehen Pflegen, zue graben*

1. vngefehrer Costen,

2. ob solcher felß sich würde gewältigen laßen, und dann

3. wer dieße arbeit zue verrichten sich vnderstehen möchte

meinen vnderth[änig]*sten bericht vnd yberschlag zu erstattung.*

Solle deroselben Ich Pflichtschuldigst nicht pergen, daß zwar einig bequemere orth vf dero Schloß Hellenstein meines vnderth[änig]*sten vnvorschreiblichen erachtens nicht ist, alß wo bey dero Hochfürstl: Hoffstaats anweßenheit die gutschen zue stehen pflegen, es ist aber darbey sowohlen die härtigkeit deß felßen, für welchen außer zweifel auch die allten sich gescheüet, alß höhe deß gebürges zue beobachten, und darbey nicht nur die erforderende mühe: sondern auch betragender Zeit ohnschwehr zuermeßen, wie dann im gegensaz, wann vf dieses schön vnd wohl fundirte hauß, einig lebendige quelle, auß der diefe geleitet: für freünd und feinden deßen versichert: benebens in stetiger nuznießung gebracht würde, das commodum ebenso bald zu appraehendiren.*

Nun ist ohne sonderbahre weitleüftigkeit, daß das stättlein heydenheim in seinem grund voller bronnen-quellen: und die höhe deß Schloßes sich allein von 50 in 60 Lachter vngefehrl: erstrecket, bekannt, dannenhero die berechnung in gleiche tieffe zue richten, weder die vnmüglichkeit noch die costbarkeit ableinen möchte, ohnerachtet, ehender eine gute waßerquell in dem felßen an zu treffen, alß dem stättlein gleich zu graben, gute hoffnung abhanden.

Dießes bronnengebeü vorzuenemmen, habe ich mich zu gehorsamster vollg nach verstendigen leüthen beworben, auch dißer tagen, vnderm recommando deß obrist weiel wizens einen Steinhauer, Nahmens Caspar Rackhen, welcher sich zue Mergenthal[285] *burgerlich: und zu weickhersheim in grävl: hohenloische*[r] *arbeit enthält, an hand gebracht, der nach besichtigung deß orthes, so beregte arbeit vorzunemmen sich zu vnderstehen anerbotten, dafern Ihme volgender lohn vnd beding geraicht würde.*

Nemlichen

Vonn iedem werckhschuh dieff: und 8 schuh weit 3 fl oder von ieder lachter à 6 schuh dieff und 8 schuh weit, zue graben 18 fl, thut vf 50 lachter 900 fl.

6 Scheffel rockhen ins verding .... thut 15 fl

vnd dann ein logament zue 12 Personen

ferner müste auch alle benötigte zimmer: und schmid arbeit ohne seine Costen iedes mahlß wo nötig gefertigt, und irzo zum anfang gemacht werden

50 zweispiz, 6 schwehr Schlegel, 4 hebeisen, 24 Schrotmeißel, 2 geißfüeß, 300 stein: oder stoßkeidel, 12 schauflen, 6 breite hauen, und 6 starckhe bikkel,

sodann zue gruben lichtern

4 Centner unschlitt[286]*.*

Ob nun wohlen Ich dießen Steinhauer ein mehreres herunder zu bringen einen Versuch gethan, so hatt Er doch im geringsten nicht abweichen wollen, der ursachen Ich thue auch biß auf ferner schreiben, hinweg gehen laßen.

284 Die Grundmauern des Küchenbaues sind im heutigen Brunnengarten erhalten; J. Hartmann, Geschichte des Schlosses Hellenstein, Stuttgart 1892, nennt fälschlich einen Platz bei der Kirche.

285 Mergenthal (heute Bad Mergentheim), Oberamtsstadt im württembergischen Jagstkreis

286 Unschlitt (ahd.), auch Unselt, Inschelt oder Inselt, ist Rinder- oder Hammeltalg, wie er auch heute noch zur Herstellung von Kerzen verwendet wird.

Wann dann gnädigster fürst und herr, daß dieser steinhauer an lohn und geschürr all zu vihl gefordert, Ich in vnmaßgebl[iche]*n: gedanckhen stehe,*

Alß habe ich auch hierüber die mir gn[ädig]*st: anvertraute bergleüth zur vernemmen nicht ermanglet, Ihnen vihlberegt Gn*[ädig]*ste intention eröffnet, und Ihre gedanckhen zu melden erfordert, worauf der Erste*

Peter wiser, bergmann zu Rökert[287] *und burger zu ahlen deponirt, Er hette zerschiden burgerliche güter daselbst im bestand, woher bey dergleichen durchschrottung der felßen nie geweßen, und könnte auch umb willen der Rökerter Örzgruben, stündlichen bau vnderworfen, mit nuzen nicht davon abgehen, Pitte Ihn dießer arbeit zu entlaßen, wolle hingegen desto mehrern fleiß in der Stueff örzgruben*[288] *anwenden,*

Der andre, Simon Dörfling, bergmann im burgstall[289]*, meldet, Er hette 12 Jahr zue glaßthal am harz, in Silber bergwerckhen gearbeitet, woher der harten felßen schon gewohnt, und stünde sein vnderth*[änig]*ster fleiß zu dero gn*[ädig]*en Herrschafts gehorsamsten diensten,*

Der dritte, Hanß Christmann, bergmann im Ahlamer velld, bedeütet, Er hab zu grenoble einen bronnen 50 lachter dief meist felßen: und die straßen yber das gebürg daselbst außhauen helfen, getraue auch mit göttl: hülfverleihung, einen bronnen nacher Hellenstein zue graben.

Diese beide bergleüth, Simon dörfling und hanß Christmann, offerieren diesen bronnenbau an die hand zue nemmen, und mit göttl: gnadensgebung zue vollführen, wann Ihnen

1. *alles geschürr, von dero gn*[ädig]*ster herrschaftl Eisen und stahl*[290]*, gemacht und erhalten:*
2. *Haspel, gestell, zug, trög, Kübel, sail und die fehrten* [Fahrten] *ebenmeßig gelüfert:*
3. *daß benötigte unschlit, tigel und Pulver nach nottdurft geraicht:*
4. *iedem wochentlich wie bißhero: also auch hinfüro, neben dem gn*[ädig]*st bewilligten Jährlichen warttgeltt*[291] *und früchten, 1 fl 30 kr Costgeltt: und denen gebrauchenen zwejen gehülfen der ordinari lohn, bekantlich iedem wochentlich 1 fl 48 kr gegeben:*
5. *beeden bergleüthen, iedem eine wohnung so lang dieße arbeit wehre, eingeraumet:*
6. *auch iedem gleich andern bedienten bey denn werckhen 4 Clafter brennhollz dahin gelüfert:*
7. *Ihre gruben ohnersezt indeßen gelaßen werd: dann*
8. *nach solch vollendenter arbeit, iedem eine ergözlichkeit, und nachlaß derer ohnedem, wegen all zu geringen lohnes gemachter bergwerckhes schulden, nach hochfürstl: gn*[ädig]*ster Clemenz, und Iherm alßdann erscheinenden verdienst, gedeyhen möchte.*

Erfordern zum anfang vollgenden Zeüg
Vom Zimmermann
Einen Zug mit doppelten Kurben, wohlversorgt, *abriß Lit: A* (Abb. 33)
90 schuhe lang fährt oder Leitern,
Vom Schmid
2 handschlegel, 1 starckhen vorschlag[hammer]*, 1 hebeisen, 24 gelochte Stufeisen, 2 Krazen, 2 Keilhauen, 6 Steinspeidel, 6 bergtrög*

287 Die Aalener Erzgrube Röthardt gehörte ehemals zum Kloster Königsbronn.

288 Stuefferz (Stuferz, Stufenerz), die abgeschlagenen Stücke Erz; im Aalener Revier ein oolithisches Eisenerz, das sich einst im Uferbereich des Jurameeres abgelagert hat.

289 Die Aalener Erzgrube „Burgstall" links des Kochers gehörte ehemals zum Kloster Königsbronn.

290 Zedler, a.a.O., Bd. 39, 1744: *Stahl ist Eisen, welches geglühet und wieder abgelöschet, dannhero viel härter und dichter, geschmeidiger und feiner gemacht worden ist.*

291 Wartegeld wird für ein Anstellungsverhältnis gezahlt, das ständige Einsatzbereitschaft voraussetzt. Dahinter steht zunächst keine konkrete Leistung pro Zeiteinheit. Für die Betroffenen ist es ein geringes, aber sicheres Einkommen, das man so leicht nicht aufgibt.

Inn gemein
Ein starckhes Zugsail 100 Lachter lang,
zwen Centner unschlit zue bronnenlichtern,
zwen wohlbeschlagene aymer.

So vihl nun
1. die hergebung Eisen und Stahlß belanget, könnte selbiges ohne bezahlung von der vnderfactori Mörgelstetten[292] *gegeben: vnd von dem fürstl. Schmid zue Heidenheim, Hanß Jacob Jaustern, erhalten werden, welcher hierran seine noch vnbezahlte groneisische schuld verdienen, vnd vollgenden lohn acceptiren will, nemmlichen*

von 2 Kurben, 2 Radlen und Zungen am Zug	*1 fl 30 kr*
von einem Stueffeisen zu machen und zu stählen	*8 kr*
darvon zu spizen	*1 kr*
vom bickhel zu machen und an zuefaßen	*10 kr*
Ein Schrotmeißel	*6 kr*
Ein Spizhammer	*12 kr*
Ein Schlegel, vf beden seithen gestählt	*24 kr*
Ein Schaufel zue machen	*6 kr*
Möchte disem nach deß Schmidts arbeit inner 50 wochen sich vngefehr belaufen	*95 fl*
2. denn hapel, gestell, zug vnd die fährten, will von [dero] *gn*[ädig]*ster herrschafts hollz, der werckhmeister lüfern, vmb*	*12 fl*
100 lachter Sail, iedr 15 kr thut	*25 fl*
2 Kübel	*1 fl*
3. Zwen Centner unschlit	*28 fl*
4 tigel	*40 kr*
20 Pfund Pulver	*5 fl*
4. beden bergleüthen iedem wochentlich 1 fl 30 kr Costgeltt thut in 50 wochen vngefehr	*150 fl*
beden gehülfen, iedem wochentlich 1 fl 48 kr thut in obiger Zeit	*180 fl*
der bergleüth warttgelt	*40 fl*
20 Scheffel besoldung frucht	*40 fl*
5. die wohnung könnte in einem geringen orth bey der stell gegeben werden, so er Costet	*0*
6. beden 8 Clafter hollz, betregt	*8 fl*

7. weilen genugsamer Stufförz vorrath vf 2. in 3. Jahr Gottlob zugegen, können diße beede gruben wohl im bau ohne arbeit erhalten werden.

Den grund außzufürdern einem Karrenmann vf 25 wochen, iede 3 fl vngefehr	*75 fl*
Möchte demnach die bahraußlag vf 50 lachter ohne Eisen und Stahl vngefehrlich sich erstreckhen	***659 fl 40 kr.***

8. Vnd wann auch denen bergleüthen doppelte belohnung (:ohne iedoch wenigste maßgab:) nach erwisenem fleiß, an Ihren ohne dehm lebenslang zu bezahlen vnmüglich: und hinkünftig noch jährlich zuenemmenden schulden, decortirt: auch iedem eine ergözligkeit gn[ädig]*st bewilligt würde, dörfte daß hierdurch befürderende commodum, daß in deßen erheischende incommodum, meines einfältigen erachtens, dannoch bey weitem ybertreffen, vornehmlichen aber dießes ansehenliche grenzzhauß vieler gefahr enteüßern.*

292 Eisenhütte Mergelstetten, aus deren Überschüssen später das gesamte Brunnenbauwerk bezahlt wird.

Falls dann schließlichen der bronnen gegraben: und mann der menge waßers in der tiefe vergewisert wehre, könnte neben zwejen durch den drellzug treibenden aymern auch eine Pomppen neben angefügt, und mithin zum selbstlauf durch eine Kurben, ohne großen Costen leicht angeleitet: .... Abriß Lit: B (Abb. 110)
auch zeit solchen grab: und bauens dero vndervogten zu heidenheim hanß Jerg wochennauern die einlaß: und logaments verschaffung: und dann dem Neübestellten vnderfactor zue Mergelstetten, hanß wolf dörner, die obsicht: und haltung ordenlicher wochen zettel, sambt der baucostens Spezification anbefohlen werden.
Stelle iedoch E: hochfürstl: dhlt: vnd dero mehr bauverstendigen[293]*, alles vnvorschreiblich vnderth*[änig]*st anheims, und thue dero zur Continuirenden hochfürstl: gnaden hulden mich wie allwegen ganz gehorsamlichst ergeben,*
d. 8. february 1666
Factor zu Königsbronn
Johann Ludwig Glaser

Fassen wir zusammen:

Der Factor der Eisenhütte Königsbronn geht davon aus, daß man das Wasser in einer Tiefe von ca. 85 m nach einer Bauzeit von 50 Wochen antreffen wird. Auf dieser Grundlage rechnet er zwei Alternativen durch. Das Angebot eines freiberuflichen Steinhauers, der eine Entlohnung nach Arbeitsfortschritt verlangt, erscheint ihm zu teuer. Deshalb greift er auf drei Bergleute zurück, die in seinen Erzgruben angestellt sind. Da der Erzvorrat für 2 bis 3 Jahre ausreicht, sind die Bergleute vorübergehend entbehrlich. Als „Landesbedienstete" können sie sich der Versetzung nur entziehen, sofern sie für die spezielle Arbeit des Brunnengrabens ungeeignet sind. Einer der Befragten erklärt glaubhaft, daß er solche Arbeit noch nie gemacht habe, die beiden anderen willigen ein, da sie entsprechende Erfahrungen haben und sich von diesem Sondereinsatz Zulagen (Kostgeld, Wohnung und Brennholz) zu ihrem festen jährlichen Einkommen versprechen. Außerdem erwarten sie, daß ihnen ihr Arbeitsplatz in der Erzgrube erhalten bleibt.

Die Vorstellung, es mit eigenen Leuten billiger machen zu können, zeigt sich auch bei der Kalkulation der Schmiedearbeiten. Das benötigte Eisen aus eigener Produktion bleibt bei dem Vergleich ohne die Angabe eines Geldwertes. Der Ansatz für die erforderlichen Geräte und Werkzeuge aber ist bei der favorisierten Lösung nach Anzahl und Lohnkosten mit Abstand zu gering. Daß die Schwierigkeiten beim Abteufen unterschätzt werden, zeigt der Ansatz für das Pulver, der aufgrund seiner Größe wohl nur als Eventualposition gedacht war. Der Steinhauer hatte den Einsatz von Sprengmitteln überhaupt nicht vorgesehen.

Eine eventuelle Ausmauerung des Schachtes scheint in dieser Phase noch kein Thema zu sein. Bemerkenswert ist der abschließende Hinweis auf Lit. B (Abb. 110), wonach das Tretrad nicht nur zwei gegenläufige Kübel bewegt, sondern zusätzlich noch eine Pumpe betreiben soll.

Am **2. Februar 1666** war der Factor aufgefordert worden, die Durchführbarkeit des Bauvorhabens zu untersuchen, am **8. Februar** hatte er seinen Vorschlag eingereicht. Parallel dazu war eine detaillierte Kostenrechnung erarbeitet worden *wegen deren waßerkunst vff daß Schloß hellenstein, solches widerumb zu alten standt vnd Gang zu bringen.* Die dafür errechneten Gesamtkosten von 5.385 Gulden waren sehr viel realistischer als der Voranschlag für einen 50 Lachter tiefen Brunnen, der *ohne Eisen vnd Stahl vngefehrlich* auf 659 Gulden 40 Kreuzer

293 Dahinter verbirgt sich der Baumeister Matthias Weiss.

veranschlagt wurde. Am **16. Februar 1666** gibt Herzog Eberhard III. (1628–1674) den Befehl, mit dem Brunnenbau zu beginnen. Die Entscheidung war innerhalb von nur 14 Tagen vorbereitet worden und gefallen.

Bereits ab März laufen die Arbeiten. Am **11. März 1666** informiert der Faktor darüber, was er bezüglich der beiden Erzgruben veranlaßt hat, von denen *Simon Dörfling vnd Hanß Christman sambt beeden heuern, Wolf Schneider und Adam lehner* [abgezogen und] *nacher Hellenstein überbracht* [wurden.] *Alß haben bißhero Sie allein 8 tag gearbeitet, den Haspelzug richten helfen, und bey heütiger visite* [wurde festgestellt], *daß sie 10 Schuhe dieff und so viel Schuhe weit*[294], *in die tieffe, halb felßen, halb Letten durchschrottet* haben.

Am **2. Mai** ist dann bereits eine Tiefe von 5 Lachtern (ca. 9,2 m) erreicht. Zum Felsgestein heißt es unter diesem Datum: *Ist zu geweltigen ganz fest, dahero die bergleüth zum schieß: oder sprengen geleitet werden, zu welchem ende sie dann fürdersamst einer thonnen guten Musqueten Pulwers benötiget.* Der Pulververbrauch wird mit großer Sorge verfolgt, da der Zentner mit 25 Gulden zu Buche schlägt und nur 20 Pfund im Voranschlag angesetzt waren.

Vorrangig aber beschäftigt sich dieser Bericht des Johann Ludwig Glaser, zwischenzeitlich Rat bei der Rentkammer, mit den *zwischen denen bergleüthen schwelenden mißhelligkeiten.* Strittig ist die Frage, ob der Schachtquerschnitt viereckig oder rund ausgeführt werden soll. Glaser empfiehlt, daß *zwar die angefangene weite observirt: iedoch in die Runde gebaut: und zu beßerm haft und beschleünigung der arbeit, gesambte vier Eckh ohnerbrochen sollten gelaßen werden.* Der runde bergmännische Schacht wird mit der erstaunlichen Weite von 12 Schuh (ca. 3,40 m) abgeteuft.

Eine Begründung für den großen Durchmesser findet sich nicht. Dem Angebot des im Februar 1666 ausgeschiedenen Mitbewerbers hatte eine Weite von nur 8 Schuh zugrunde gelegen. Vielleicht wußte Glaser jetzt schon, daß eine Ausmauerung erforderlich werden würde, und hoffte zugleich, nach Fertigstellung des Brunnens mit größeren als den üblichen Gefäßen Wasser ziehen zu können.

Unter dem **5. Mai 1666** erfahren wir von seinem Nachfolger[295], Hans Bernhardt Brodthagen, daß die Arbeit nicht vorangekommen ist, da sich die Bergleute nach wie vor uneins seien, *wie und welcher gestalten die durchschrott: und grabung deß bronnens fortgesetzet werden solle.* Am 19. Mai *continuiren sie auf ihrer Zwitträchtigen opinion noch immerfort.* Mit Datum **11. Juni 1666** ergeht dann endlich die schriftliche Weisung an den Factor, *du sollst denn ainen von solchen zweyen bergleuthen, der denn bronnen bißanhero in der Vierung gegraben, nunmehr darvon abzustehen* [anhalten] *und an seine vorige bergarbeitstelle zurückschicken.* Hans Christmann ist jetzt der verantwortliche Meister-Bergmann vor Ort.

Das Abteufen gestaltet sich zunehmend beschwerlicher. Bis zum **29. Juli** sind bereits 130 Pfund Pulver verbraucht, am **11. August** aber *noch nicht gar 10 clafter* erreicht, so daß der Meister-Bergmann unter dem **21. August 1666** resigniert feststellt, *daß vnder so vihlen bronnen, so ich durch stein vnd felßen gefaren, kein solcher harter, der Arbeit widerhaltender …* gewesen. Unter dem **10. November** ist vermerkt, *daß Hannß Christmann … im abfahren, wegen einer durch daß schießen zerschmetterte Poteste, in 2 clafftern hoch unglücklich hinabgestürtzet* sei.

Bis zum **27. Januar 1667** wird die Bergmannschaft verstärkt auf 6 Bergknappen, die jetzt *miniers* genannt werden. Zusammen mit 4 Weibern und 11 Kindern logieren sie auf dem

294 Später wird die Weite mit 12 Schuh angegeben. Der Württembergische Schuh/Fuß entspricht 0,286 m.

295 Das gespannte Verhältnis zwischen Glaser und Brodthagen wird beschrieben in: Thier, M., Geschichte der Schwäbischen Hüttenwerke, 1965, S. 152

Schloß. Hans Ernst Jäger wird dem Hans Christmann an die Seite gestellt. Die Arbeit geht nun schneller voran. Am **23. Februar** wird eine Tiefe von 17 Claftern gemessen. Man hat in 4 Wochen 3 Clafter geschafft, das entspricht ca. 20 cm pro Tag. Aber so wird es nicht weitergehen.

Unter dem **6. April 1667** teilt der Factor mit, *daß bey heüttiger visitation deß bronnbaws … selbiger mit gar 19 claftern tief außgegraben: … daß der felß nunmehr gantz, deß wegen der bergmann hannß Ernst Jäger vor nötig haltet, … vom felßen vf 2 Schue braith rings umbher stehen zu laßen, hernach deß Bronnens weite vf 9 Schue fürter abzusinkhen, und mit dem werckh also fort zufahren.* Da die Weite bisher mit 12 Schuhen angegeben war, paßt das zwar rechnerisch nicht ganz zusammen, aber die Tendenz ist klar: Es geht um den Sockel für die Ausmauerung im oberen Schachtbereich, deren Höhe später mit 20 ½ Claftern angegeben wird.

Am **4. Mai 1667** werden die Bergleute vorstellig, daß *zum Aufzug deß bergs und Kummers*[296] *noch 2 mann angestelt: vnd darauf in Einem Jahr 200 fl ohngefahrlich uncosten verwendet werden müßten.* Sie schlagen stattdessen vor, ein Tretrad, *so ohne daß vnd entlich gebauet werden muß, bejnahe dahin zu stellen und aufzubawen, nach gehendts auch weiter kein bergmann vonnöthen, vnd Einer von den vorhandenen im Rad 2 oder 3 mahl mehr schwereren last aufziehen: und bei aufmaurung deß bronnens hinabführen könnte, alß mit dem Haspel Ihre 4 zuwegen zu bringen vermögen.* Zu diesem Zeitpunkt ist der Schacht noch keine 35 m tief.

Die Diskussion um den Einsatz des Tretrades wird noch zweieinhalb Jahre lang geführt. Zum Einsatz während des Abteufens aber wird es nicht kommen. Mit Datum vom 8. Januar 1668 ist ein Kostenvoranschlag für das Rad überliefert, aber im Juli des gleichen Jahres wird angeordnet, mit dem Bau so lange zu warten, bis das Wasser erreicht sei. Als man Anfang des folgenden Jahres das Wasser erreicht, zeigt sich, daß die Wasserkunst, bestehend aus Tretrad und Pumpe, nicht einsatzreif ist.

Bereits am 11. August 1666 hatten die Bergleute Klage geführt, es sei *keine feür noch licht in der Tiefe, so noch nicht gar 10 clafter ist,* [zu] *behalten und zur fortsezung ihrer arbeit* vorhanden. Am **22. Juni 1667** spitzt sich die Sache zu. Hans Ernst Jäger gibt zu Protokoll, *daß Er neben seinen mitarbeitenden knechten nicht mehr forthzuekhommen getrawe, es were gar zue kalt, vnd en dem boden wolle ihnen kein licht mehr brennen, vnd steige der dunst von dem springen, nicht über sich, sondern bleibe mehrentheils bey ihnen drinden warum die lichter ie länger ie mehrens abgelöscht würden, vnd da schon der windt* [durch die Lutten] *zue ihnen hineingeführt werde, so seye es doch nur ärger vnd werde vom boden vff nur kälter vnd die lichter hiervon vßgelöscht vnd gedämpff; bey tag vnd hübsch hellen wetter khönnen nicht mehr als ihrer vier arbeiten, bey nacht aber gar nicht.*

Durch das ständige Sprengen wurde die Luft immer schlechter. Wetterlutten, die erstmals am 8. Juni 1667 bei einer Tiefe von 35 m erwähnt wurden, hatten keine Besserung gebracht. Drei der Bergleute – Hans Christmann, Hans Mayerhofer und Ruprecht Trenck – bitten, aus dem Dienst entlassen zu werden. Nur Adam Lehner und Wolf Schmidt wollen mit Hans Ernst Jäger weitermachen. Zunächst aber versuchen sie, das Zusammenspiel von Lutten und Blasebalg zu verbessern. Als vierter Bergmann kommt Jörg Kofler hinzu.

Ohne die Sprengungen mit Schwarzpulver kommen die Bergleute nicht voran. Laut Aufstellung vom 15. Oktober 1667 sind bis dato über 11 Zentner Pulver verbraucht. Bei den Spren-

296 Berg steht für Abraum; Kummer, mhd. kumber, für Schutt, Müll, Belastung, Mühsal. Die Bedeutung „Schutt" ist noch im westlichen Mittel- und in Norddeutschland üblich.

Abb. 109 Das Schießzeug der Bergleute

gungen fahren sie zur eigenen Sicherheit aus dem Schacht aus. Diese Vorgehensweise führt bei zunehmender Tiefe zu beträchtlichen Zeitverlusten. Unter dem **30. September 1667** – der Schacht ist 42 m tief – erfahren wir, daß die Bergleute *einen außstand, in welchem sie sich vorm miniren und schießen etwaß behenders alß mit dem auffahren salviren könden, außgehawen* haben. Da bei den Untersuchungen von 1988 in diesem Bereich keine Schutznische festgestellt wurde, kann es sich hier nur um eine Art Schutzvorrichtung handeln, die im Zusammenhang mit den auffälligen Rüstebenen (Abb. 114) zu diskutieren sein wird.

Und dennoch passieren Unfälle wegen der mangelnden Erfahrung im Umgang mit dem Schwarzpulver. So teilt die Frau des Bergmanns Balthes am **6. Dezember 1667** mit, daß *mein mann seelig sein leben durch eine gesprungene mine erbärm: vnd elendiglich geendet vnd mich … vnd 3 ohnerzogne Kinder in höchster betrübnis, Kummer und Mangel verlaßen.*

Am **8. Januar 1668** übermittelt der Factor einen Voranschlag für die spätere Aufmauerung mit Sandsteinquadern. Aus Kostengründen wird diese Lösung verworfen. Und da man sich bereits im Oktober 1667 ausgerechnet hatte, daß noch zwei weitere Jahre erforderlich sein würden, um das Wasser zu erreichen, wird gleich weiter eingespart. Das liest sich dann wie folgt: *es sollen die orth, wo es kein gewachsenen felßen hatt, mit dem außgebrochenen gestein ausgemauert: und außen … allein ein geschell*[297] *verfertigt: und das Bronnenhauß vnderlaßen werden.*

Der Baumeister schiebt ein halbes Jahr später einen überarbeiteten Kostenvoranschlag für die Ausmauerung mit Sandstein nach – ohne Erfolg. Am **13. Februar 1669** gibt dann der Factor zu bedenken, *daß mann dises so costbare und schwere Bronnenwerckh innwendig nur mit dem außgebrochenen gestein biß uf den gantzen felßen außmauren sollte, welches doch weder Berg: noch ander leüth immer mehr für Thunlich erachten könden, a*[b]*gesehen daß vnder allen außgebrochen und mit continuirlichem miniren zerspringten Stainen, nicht sovil der tüchtigen und bequemen vorhanden, daß man nur ein einige Clafter (:deren doch über 20. erfordert werden:) werschafftlich und sicher darmit aufführen: und mauren köndte.* Dieser Einwand bewirkt, daß der Baumeister über Backsteine als kostengünstigere Alternative für die Ausmauerung nachdenkt.

297 Geschell oder Geschähl steht für Brunnenkranz.

Während der zwölf Monate des Jahres 1668 war es den Bergleuten gelungen, den Schacht um weitere 19 m auf nunmehr 70 m abzuteufen. Mitte des Jahres waren die Gesamtkosten bereits auf 2.728 Gulden angewachsen, *außer dem Inwendigen Bawholtz, und Frohnfuhren, so die haydenheimer verrichtet.* Insgesamt 17 Zentner Pulver hatte man verbraucht. Und der Factor machte bei 60 m Tiefe einen erneuten Vorstoß wegen des Tretrades, *weils solche Tieffe den Haspelzug täglich mehr beschwerlich macht; Alß werden in gnädigst befohlen längerer vnderlaßung deß Bronnenrad vnd Haußbawes, beraits 6 Mann erfordert; Namblich den M*[eister] *Bergmann sambt 3 seiner gesellen vnd Einen Handlangern, neben dem ad op: publ: condemnirten Michel Hoffen*[298]*; Sintemahlen der Eine continuè den Blaßbalg vnd wetterlutten: der andere den Bergaymer fürdern: vnd die übrige entweder miniren: oder am Haspel ziehen müßen.*

Am **9. Januar 1669** berichtet der Factor, *daß daß gestein nunmehr in etlichen tagen her sich vihl härter alß vorhin erzaiget, in deme Sie Ein Schießloch*[299] *zu bohren 3 ½ Stund haben müßen, welches Sie vorher in 2 Stunden zu wegen bringen könden.* Gemäß Mitteilung vom 3. Januar 1667 mußte man *5–6 Pfund pulver zu einer mine*[300] *haben.* Nimmt man das Ergebnis der Schlußrechnung vom 11. Juni 1671 vorweg, wonach für den Brunnenbau insgesamt *30 Centner 26 Pfund Pulver* verbraucht wurden, so ergibt sich, daß für die 65 m, die mit Hilfe des Sprengens abgeteuft wurden, im Mittel 9 Minen pro laufendem Meter erforderlich waren.

Vom **30. Januar 1669** liegt die vorerst letzte Meldung über die aktuelle Tiefe des Schachtes vor. Man hatte 41 ½ Clafter (ca. 71,4 m) erreicht. Die Bergleute waren in den nächsten Tagen ausschließlich damit beschäftigt gewesen, den runden Querschnitt aus- und nachzuarbeiten. Als sie sich daran machen, weiter abzuteufen, passiert das lange Ersehnte. Unter dem **11. Februar 1669** lesen wir: *Vergangenen Montag aber hat sich daß erste mahl eine waßerader erzaiget und heütigen donnerstag, als die bergleüth neben dieser ader Ein Schießloch gebohrt vnd verferttiget … hat sich in selbigem gleichmäßig ein quellendes waßer ergeben.* Und so ist es nur zu verständlich, daß die folgenden Berichte von der Baustelle vorrangig von diesem Thema handeln.

Unter dem **13. Februar** ergänzt der Factor, *daß der allerhöchste daß Bronnenbaw weesen uf hellenstein nunmehr also gesegnet, daß die Bergleüth bey heütiger derselben ordinari visitation nicht allein gewißen bericht erstattet, wie sie bereits sowohl in größern Schmeer: als auch cleinern haar clüften völlig uffs waßer kommen, sondern haben auch mit außhebung viler Kübel voll, solch ihre wahrhaffte aussag augenscheinlich erwüsen.*

Nun hat es die grundtliche beschaffenheit bey disem Bronnen, daß allein noch ohngefahrlich 8: oder höchst 10. wochen in demselben feür, licht vnd Tügel brennend bleibet; deßwegen Hannß Ernst Jäger Maister Bergmann, vmb von dem waßer nicht verhindert zu werden, sondern in iezt besagter Früelingszeit, darinnen Er noch gueth wetter, licht und Tügel brennent haben kann, die benöttigte Tiefe deß Bronnens im waßer zuwegen zu bringen, heütigen Tags noch 5. Mann anstellen laßen, also daß nunmehr sambt 2. delinguenten Ihrer 12. sind, die fürauß mit 8. stündiger Schicht: als 3. Bergmänner im Bronnen und 3. oben am [Haspel]*zug, Tag und nacht arbeiten: vnd gnade Gott übermorgen am Montag den anfang also machen müeßen, soll anderst bey dem zusit-*

298 Es handelt sich um den *auff ein iahrlang ad opus publicum contemnirten Schmiden,* dem am 8. März 1669 *ein Monat hausgnaden darangeschenckht und nachgelassen* wird.

299 Schießloch, im Bergbau die Löcher, welche in das Gestein gebohrt und hernach mit Schießpulver geladen werden, wenn geschossen oder gesprengt werden soll; man bohrt sie mit einem eisernen, gestählten Bohrer 30 bis 42 Zoll tief in das Gestein [Krünitz, J.G., Oekonomische Encyklopädie, 1773–1858].

300 Zedler, a.a.O., Bd. 21, 1739: *Mine, Spreng-Grube, ein Graben, hohler Gang oder Untergrabung der Erde gegen ein feindliches Boll-Werck oder ander Werck, welches man durch das darin versperrte Pulver in die Höhe zu sprengen und nieder zu stürtzen Willens ist. … Eine Mine springen lassen, heisst dieselbige anzuzünden, oder ihr Feuer geben.* (Der Begriff Mine wird hier im übertragenen Sinne verwendet.)

zenden vihlen waßer (:vnderdeßen biß daß Bronnenrad vnd die benöttigte Pompwerckhs verfertti-get:) etwaß fruchtbahrlicher außgerichtet werden.

Der Wettlauf gegen das Wasser scheint begonnen zu haben und deshalb stellt der Factor die verständliche Frage, *wie tieff dieser Bronnen* [noch] *ins waßer gesenckhet und außgegraben wer-den solle.* Die Antwort darauf ist nicht überliefert. Es steht aber zu vermuten, daß er keine brauchbare Hilfe vom verantwortlichen Baumeister erhalten hat. Die überlieferten Urkunden vermitteln vielmehr den Eindruck, daß in allen praktischen Fragen der Bauausführung die entscheidenden Antworten von den Bergleuten auf der Baustelle gegeben wurden. Der Factor reichte sie als Bericht an die Rentkammer ein, mit der abschließenden Formel: *stelle iedoch Ewer hochfürstl: dhlt: vnd dero mehr bauverstendigen alles vnvorschreiblich vnderth*[änig]*st anheim.* Und wenn der Baumeister sich dann endlich einschaltete, machte er, wie am Beispiel der Aus-mauerung belegt, keine überzeugende Figur.

Den Einbau der sonst üblichen Sandsteinquader hatte die Rentkammer trotz Überarbeitung des Voranschlages durch den Baumeister abgelehnt. Die Anweisung, das ausgebrochene Ge-stein für die Ausmauerung zu verwenden, wurde nicht vom Baumeister, sondern durch den Einwand der Bergleute bzw. des Factors in Frage gestellt. Daraufhin schlug der Baumeister als kostengünstige Alternative Backsteine mit einem ungewöhnlichen Format (15 x 8 x 4 Zoll) vor. Als die ersten dieser 17.600 bestellten Ziegel auf die Baustelle geliefert wurden, stellte sich heraus, daß sehr viele zerbrochen und zerfallen waren.

Der Factor teilt dem Baumeister mit, der Bergmann Jäger habe *in sorgen gestanden, diese Steine in so großer dickher form möchten nicht gnug getruckhnet und außgebrändt werden könden, und dahero in dem warmen und feüchten Bronnendampff nicht gut thuen. Derowegen Meinen Hochgeehrten Herrn ich solches berichten: und darbej erkhundigen sollen, ob nicht diese Stein, zwar in der länge bleiben, an der Braite und dickhe aber geringert: und zu beßerer wehrschafft bestelt: und gebrändt werden köndten.*

Der Baumeister ziert sich lange, gesteht dann aber zu, *daß vmb beßerer sücherheit wüllen füro-hin dieße gebachene stein in der Tückne 1 ½ vnd breitte 2 Zoll verringert, aber in der lenge 15 Zoll gelaßen* werden sollten. Zwei Monate später heißt es, daß der Schacht nun mit den vom Bau-meister *wider de novo angegebenen 20.000 Bachensteinen, lang 15 zoll, vornen 8: hinden brait in 13: und dickh 3 zoll aufzuführen und außmachen zu laßen* sei. Eingebaut aber wurden am Ende – wie die Untersuchung des Brunnens zeigen wird – Steine mit einem abermals geänderten Format.

Die bereits erwähnte mangelnde Einsatzfähigkeit der Wasserkunst ist nicht nur ein weiteres Zeugnis schlechter Arbeitsvorbereitung, sondern letztlich wohl auch entscheidend dafür, daß sich der Fortgang der Brunnenbauarbeiten im Jahre 1669 über Monate hin unnötig verzögerte. Andererseits wäre eine frühere Fertigstellung wegen des Durcheinanders mit den Backsteinen gar nicht möglich gewesen, so daß sich diese beiden Fehlleistungen ideal ergänzten.

Um die Frage beantworten zu können, warum die Wasserkunst in der entscheidenden Phase des Brunnenbaues zum Problem wurde, muß man die Technik dieser Anlage kennen. Es ist mehr als kurios, daß die entscheidenden Aussagen dazu von dem Apotheker Georg Christoph Werner aus Memmingen stammen, den man offensichtlich als Gutachter hinzugezogen hatte. Unter dem **11. Mai 1669** verfaßt er ein *Memoriale den Schlosßbronnen zu Hellenstein betr.*

1. Derselbe ist nun mehrer fast in seiner perfection … so vil das schopfwerk belanget.

2. Indem auch bereits an Teücheln, Stangen, Kästen deren in allem Zehen sein, mit altgewohn-lichen Schiffventilen, Rad und anderm fertig, vnd ich dermalen nicht sehen kann, etwas sonders ohne nachteil zu ändern …

3. Alß giengen meine vnterthänigste gedancken dahin, disß werck also wie es angefangen gnä-digst fortsegen zu lasßen.

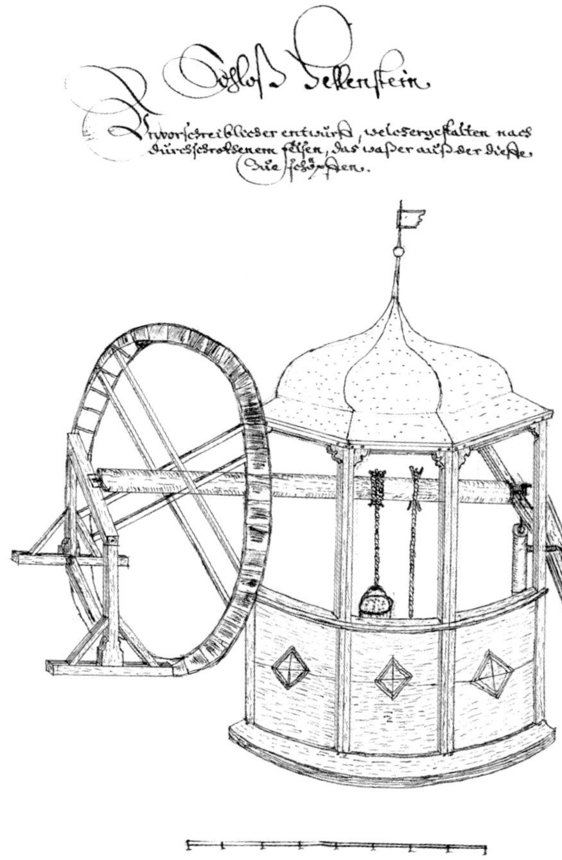

Abb. 110 Wasserförderanlage von 1666

Den Voruntersuchungen des Johann Ludwig Glaser zur Durchführbarkeit des Brunnenbaues war als Lit. B eine Zeichnung (Abb. 110) beigegeben, die ein Tretrad ohne Getriebe zeigt, mit dem Wasser im Pendelbetrieb in Kübeln gefördert werden konnte. Auf dem Wellbaum sind dazu zwei getrennte Seile in jeweils eng begrenztem Bereich geführt. Das Besondere dieser Zeichnung aber ist eine Pumpe, die ihr Wasser in eine Rinne abgibt.

Einer der Befehle, mit denen der Herzog den Brunnenbau in Gang setzte, begann wie folgt: *Demnach wir vf unser Schloß Hellenstein … einen Bomp: und Schöpfbronnen graben zu laßen gewillet …* Es war also von Anfang geplant, das Wasser nicht nur in Kübeln zu heben, sondern zusätzlich noch eine Pumpe durch das Tretrad anzutreiben. Die im Memoriale des Apothekers aufgeführten Bauteile erinnern an eine Pumpenkonstruktion, die von Agricola[301] überliefert ist. (Abb. 111) Er nennt sie die *neue Ehrenfriedersdorfer Radpumpe,* die *vor zehn Jahren erfunden* wurde. Sie dürfte also um 1545 beim dortigen Zinnbergbau eingesetzt worden sein und bestand aus mehreren Pumpensätzen, die, übereinandergestellt, das Wasser von Wasserkasten zu Wasserkasten hoben. Der Hinweis auf die insgesamt 10 Wasserkästen ergibt 11 Pumpensätze,

301 Agricola, a.a.O., S. 154 ff

Abb. 111 Die Ehrenfriedersdorfer Radpumpe

von denen jeder gemäß Agricola das Wasser 24 Fuß hoch heben konnte. Die Wasserkunst wäre danach auf gut 77 Meter Tiefe ausgelegt gewesen.

Diese Pumpenkonstruktion, die man ursprünglich schon einsetzen wollte, um den Bergleuten die Wasserhaltung zu erleichtern, wurde nicht rechtzeitig fertig. Unter dem **19. Juni 1669** lesen wir: [Was] *die waßerkunst belanget, gehet selbige in der iezigen manier sehr langsam und gemach; es solle aber biß solche zu gebrauchen nöthig, nach einer andern invention*[302] *getrachtet: und der sachen, ohne sondern vncosten, also geholffen werden, daß selbige zu erhebung deß ankommenden waßers sufficient und wohl dienlich sein würdt.*

302 Inventio (lat.), die Erfindung; hier: technische Lösung

Gleichzeitig wird berichtet, *daß die Bergleüth … nunmehr mit all ihrem gebäw gantz fertig, den bißhero eingestürtzten Kummer und Berg völlig erhebt, und daß erstemahl wider mit 5 Schuß miniret, dabey Sie dann gewahr worden, daß die vorher erzaigte Quell so gar Truckhen sich gelegt, das anders nichts alß ein Steinfeüchte daran zu verspühren; dahero muthmaßen, daß man noch etliche Clafftern under sich graben müeße, biß die Quell wider erreichet werden möchte.* Bereits am **3. Juli 1669** *sind die Bergleüth vf Hellenstein mit miniren so weit under sich kommen, daß sie aller orthen unden im Bronnen, mit dem Schußboren, Waßer antreffen, also daß nunmehr bey dieser ohne daß sehr trockhenen Sommerszeit, an der völlig vorhandenen waßerquell kein Zweifel.*

Die Bergleute warten auf die Wasserkunst, *welche erster Tagen hoffentlich zur Perfection gebracht wird.* Sie stellen das Abteufen ein und arbeiten zunächst den Schacht in der Runde aus. Bis Ende August haben sie *so vil Wasser erlanget, daß Ihre Bergkübel sich im schöpffen mit Wasser selbsten anfüllen.*

Am **13. September 1669** heißt es, daß *die Wasserquell Im Bronnen vf Hellenstein sich biß dahero mit dem Zughaspel und Bergkübeln also erschöpfen laßen, daß die Bergleüth mit dem miniren ungehindert fürfahren mögen; So ist auch die wasserkunst nunmehr dergestalt verfertiget, daß selbige hoffentlich bey erlangender mehrer Tiefe deß Bronnen und zunehmenden wassers, denen Bergleüthen zu fortsezung Ihrer Arbeith zimblich befürderlich sein und zustatten kommen möchte.* Diese Hoffnung erfüllte sich nicht. Noch wenige Tage vor Abschluß der Arbeiten wird am **4. Dezember 1669** berichtet, daß *die quellen im Bronnen … sich so reich erzaigen, das die bergleüth nunmehr gezwungen sind, mit 18 Mann in allem, Tag und nacht, 8 stündigen Schichten, Sonn- und feyertag continuè zu arbeiten, damit sie vom waßer nicht gehindert werden.* Doch dieser Großeinsatz dauert kaum drei Wochen.

Unter dem **29. Dezember 1669** schreibt der Factor, *daß dieser tagen daß Bronnenbaw weesen uf Hellenstein also befunden worden,*

1. *Ist deßen völlige Tieffe, wie durch Eine abgesinckhte Bleyschnur erkundiget, 45 Claffter vnd 1 Schue, Thuet … 271 Schue;* [entspr. 77,5 m]
2. *Noch 2. Schue zu stuoffen und zuzuführen biß uf die Sohlen;*
3. *Von dem ersten zugeseßenen waßer, welches die Bergleüth im Februaris ao. 1669 angetroffen, biß uf die Sohlen 15. Schue.*

Und weiter heißt es: *Alß nun die feries herbey kommen, und 18 Laboranten*[303] *bey disem Bronnenbaw, beederley Religionen, ieder seinen Gottesdienst abzuwartten vorgenommen, habe ich und der Bergmann nöthig befunden, uncosten zu erspahren, außerhalb den Bergleüthen, die andern alle heimgehen: und daß werckh biß nach den feyertagen stehen zu laßen; Hat sich ergeben, daß daß waßer anizt 5 Schue weniger 1 Zoll in allem hochgestiegen.*

Man hatte also 77,5 m Tiefe erreicht. Der Versuch, den Schacht noch um weitere 2 Fuß abzuteufen, schlug fehl, da das Wasser unverhofft anstieg. Am **23. Januar 1670** heißt es: *Nachdem die Bergleüth uf Hellenstein in 14. Taglang, weilen Sie in der Tieffe vorm waßer weiter nicht miniren und schießen könden, von unden* [h]*in biß an die mitte zum Crantz oder Absatz, nicht allein die Ronde vollendts zugeführt, und gleich gemacht, sondern auch rings umbher die Schmeer: oder lettenclütten best möglichst abgeschwemmt, gewaschen und gesäubert; hat sich durch so schnell und ohnverhofft angelassenes Regen: und Schneewaßer, auch daß waßern in solchem bronnen biß uf 12. Schuw tieff erhöhet, und auffgeschwellt; deroweg vor 2. Tagen die anstalt gemacht worden, mit 18. Mann und 6. stündigen Schichten Tag und nacht continuirlich zu schöpfen und zu trach-*

303 Laborator [lat.], Arbeiter, Tagwerker

ten, wie daß waßer wider zu Sumpf: und so weit herauß gebracht werden möchte, damit die Bergleüth die verstopften 3. Schießlöcher ... wider eröffnen: und die darinn erzaigte Quellen lauffen laßen köndten; Es haben aber ... ohnerachtet, daß in vorgedachten 48. Stunden, ieder 18. Tonnen, zu 3. Imj haltendt, und in allem berechnetermaßen 162 Eymer wasser herauff gezogen worden, mehr nit als 9. Zoll ... sich gewalttigen und Erschöpffen laßen, also daß solcher Bronnen aniezt noch 11. Schue hoch mit wasser angefüllt steht.

Die Angabe hinsichtlich des geförderten Wassers ist erklärungsbedürftig. Im Klartext hieße das, daß je Stunde 18 Kübel zu 55 Liter gehoben wurden. Über 48 Stunden entspräche das dann dem Maß von 162 Württembergischen Eimern oder 47.628 Litern. Es erscheint aber mehr als zweifelhaft, daß man aus 70 m Tiefe 18 Kübel je Stunde ziehen konnte. Damit hätte man nur 3,3 Minuten pro Kübel gebraucht, was einer Hubgeschwindigkeit von 0,35 m/sec entsprochen hätte. Hier muß es sich um eine dramatische Übertreibung handeln.

Die 18 Laboranten werden am 23. Januar endgültig entlassen, da die Bergleute es für unmöglich halten, die Wasserhaltung zu bewerkstelligen. Damit war das Abteufen nach fast genau vier Jahren endgültig beendet. Der Brunnenschacht war – soweit möglich – gesäubert und der Absatz für die Aufmauerung vorbereitet. Den Auftrag für die Backsteine erteilte der Factor erst am **23. Februar 1670**, so daß die Maurer frühestens ab April mit ihrer Arbeit begonnen haben können. Für die folgenden neun Monate sind keine weiteren Berichte überliefert.

Unter dem **30. November 1670** teilt der Factor dann mit, *daß besagter Bronnenbaw vor etlichen Wochen schon ... 21. Clafter oder 126 Schue hoch von dem gantzen felsen an, biß auf die eußerste höhe der Erden gleich, mit denen darzu absonderlich gemachten grossen Bachensteinen aufgeführet und außgemauert: auch als die Maurer fertig: alle wasser und Bronnen dazumahlen sehr klein und seucht waren, noch dannach solcher Bronnen 6 Schue hoch und heutig tags ... 9 ½ Schue tieff, mit gutem, schönen und clarem wasser befunden worden.*

Stark wechselnde Wasserstände waren also charakteristisch für den Brunnen auf Hellenstein. Besonders bemerkenswert aber ist, daß die ca. 36 m hohe Ausmauerung in etwa sieben Monaten hochgezogen werden konnte. In Abbildung 112 ist der Baufortschritt zusammenfassend noch einmal graphisch dargestellt. In der Zeit von März 1666 bis Januar 1669 erfolgte das Abteufen trotz aller Schwierigkeiten langsam aber stetig mit durchschnittlich ca. 1,25 m pro Monat. Für die letzten 4,5 m allerdings wurden nach dem Antreffen des ersten Wassers noch volle 12 Monate gebraucht.

Die Baukosten, die sich zunächst recht gleichmäßig entwickelten, stiegen naturgemäß in der letzten Phase des Brunnenbaues überproportional an. Die Gesamtkosten, die mit rund 6.750 Gulden angegeben werden, sind dem Ende des Jahres 1670 zugeordnet, da der Aufbau des Brunnenkranzes und des kleinen Brunnenhauses sowie die Arbeiten an der Wasserkunst erst zu diesem Zeitpunkt abgeschlossen gewesen sein dürften. Erinnert sei an dieser Stelle an den Kostenvoranschlag vom Februar 1666, der von rund 660 Gulden ohne Eisen und Stahl ausgegangen war.

Vom **11. Juni 1671** datiert eine *Specification, Waß ... bey der Underfactorei Margellstaten biß auf* [dieses] *Datum uf dem Schloß Hellenstein under handen habenden Bronnenbaw, sowohlen an Geldt alß auch Materialien, Außgeben und verwendet worden.* Die Aufschlüsselung der Gesamtkosten zeigt, daß der Lohn der Bergleute – wie nicht anders zu erwarten – mit 28,9 % den größten Anteil ausmacht. Rechnet man die Kosten für verbrauchtes Pulver (11,2 %), für Seile, Unschlitt und Lichte (3,6 %) sowie die Handlanger (7,3 %) hinzu, ergibt das zusammen 51 % der Gesamtkosten.

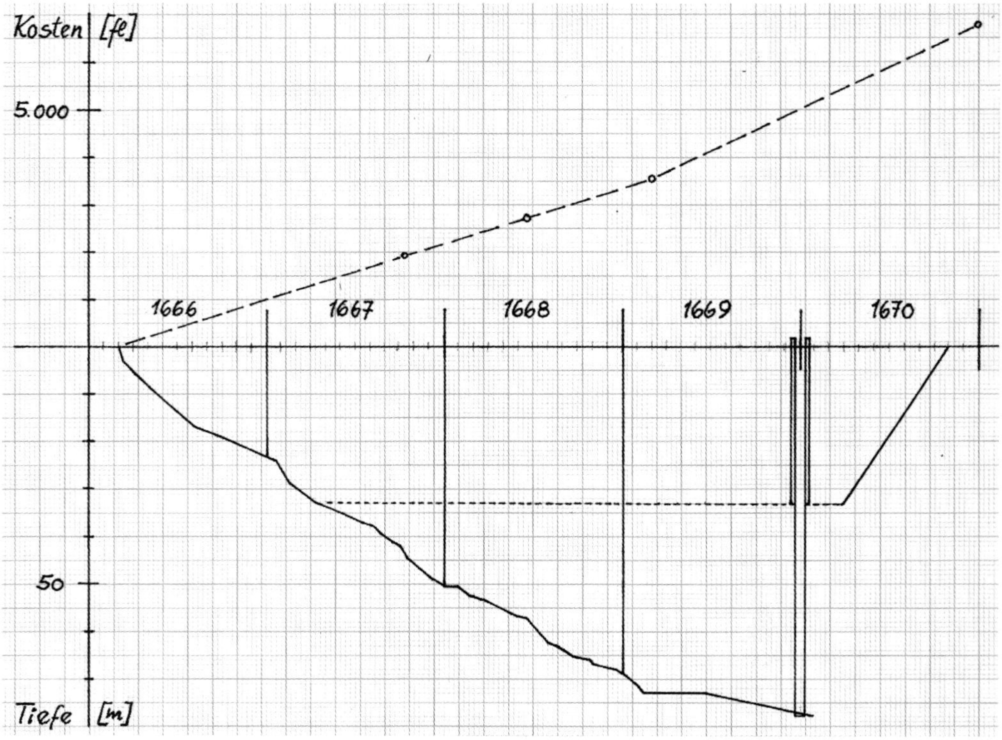

Abb. 112 Baufortschritt am Brunnen Hellenstein

Der zweite große Kostenblock von 26,2 % setzt sich zusammen aus dem Lohn für die Schmiede (17,1 %) und Materialkosten für Eisen und Stahl (9,1 %). Vergleichsweise gering ist der Kostenanteil für Maurer, Ziegler und Steinbrecher, der mit nur 7,1 % auch die gelieferten Backsteine für die Ausmauerung beinhaltet. Auf Fuhrlöhne entfallen 4,1 %, und die Zimmerleute schlagen nur mit 3,4 % zu Buche. Die restlichen 8,3 % entfallen zur guten Hälfte auf eine Position *Umb geschirn vnd Zeug,* sodann auf Wartgeld, *Zehr: und Außloßungen* sowie Hauszins, Bretter, Latten und dergleichen.

Nicht unerwähnt bleiben darf, daß sich zwischen den Bauberichten ein zweiter, undatierter Entwurf für eine Wasserförderanlage (Abb. 113) befindet, der wohl erst nach Fertigstellung des Brunnens entstanden ist. Er zeigt ein Tretrad mit Schneckengetriebe, das senkrecht zum Wellbaum steht. Die endlose Schnecke war bereits aus vorchristlicher Zeit bekannt. Der Schneckenantrieb hatte zwar den Vorteil, selbsthemmend zu sein und große Untersetzungen zu ermöglichen, war aber mit hoher Gleitreibung verbunden, die bei ungenauer Fertigung und Lagerung zu vielfältigen Problemen führen mußte. Der Vorteil dieser Konstruktion wird auch durch den mitgelieferten Randvermerk nicht erhellt, der unter anderem besagt: … *die Spintlen ohne Endt ist zu dem Ende genaigt, damit das wasser in dem vf vnd abziehen leicht zue ziehen, vnnd nit zur Kurbel lauffen kann.*

Bereits im Jahre 1720 *ist an dem Tieffen Bronnen das Geschehl und alle rösch Thill und wellen dergestalten vergangen und verfault, daß man alle Tag befahren muß, daß diß alles zusahmen ein:*

Abb. 113 Wasserförderanlage mit endloser Schnecke

und in den Bronnen hinunder falle. Die Wasserförderanlage war nach 50 Jahren unbrauchbar. Und der Brunnenkranz war – obwohl man den gelben Sandstein *mit öhltränkhung waßerbeständig* hatte machen lassen – nach dieser Zeit bereits vergangen. Ob die Wasserförderanlage mit der endlosen Schnecke danach zum Einsatz kam, ist nicht überliefert.

Untersuchungen

Der „Kindlesbrunnen", wie der Volksmund den Schloßbrunnen auf Hellenstein nennt, wurde in den Jahren 1982/1988 mehrfach durch Höhlenforscher befahren; die Ergebnisse sind in einem Untersuchungsbericht[304] dokumentiert. Wir wollen uns an dieser Stelle nicht mit den Interpretationen dieses Berichtes auseinandersetzen, da diese nach der vorstehenden ausführlichen Auswertung der Stuttgarter Urkunden weitgehend keinen Bestand mehr haben. Der veröffentlichte Schachtquerschnitt (Abb. 114) aber ist eine wertvolle Ergänzung zu den überlieferten Bauberichten.

Die Tiefe des Brunnenschachtes wurde mit 77,6 m gemessen. Da wegen des Wasserstandes bei 76,47 m darauf verzichtet wurde, die Dicke der Ab- bzw. Einlagerungen über der Sohle zu ermitteln, bleibt die ursprüngliche Tiefe nach wie vor offen. Nach der Aktenlage aber dürfte der Schacht nicht tiefer als 78 m sein.

Als Höhe der Ausmauerung im oberen Teil des Schachtes wurden 37,2 m ab der Oberkante des Brunnenkranzes gemessen. Auch dieser Wert stimmt mit den Aussagen der

304 Heinzelmann und Jantschke, a.a.O.

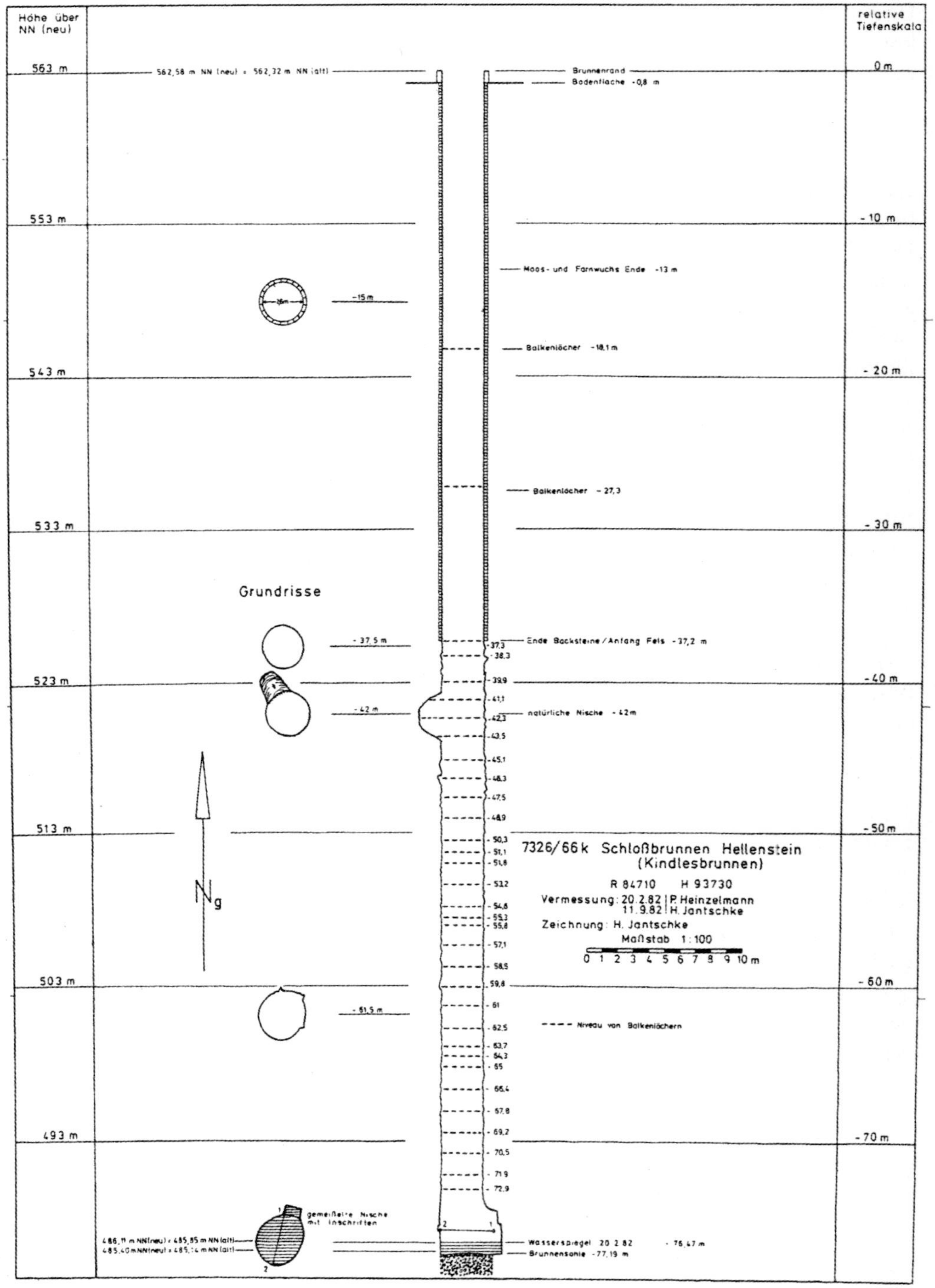

Abb. 114 Querschnitt des Brunnenschachtes von Schloß Hellenstein

Urkunden gut überein. Die Differenz von ca. 1 m resultiert aus der Höhe des Brunnenkranzes. Eine gleich gute Übereinstimmung ergibt sich hinsichtlich des gemessenen Durchmessers von 2,60 m.

Von den weiteren Ergebnissen des Untersuchungsberichtes erscheinen uns die folgenden bemerkenswert:

1. Die Rüstlöcher

In diesem Zusammenhang müssen wir zurückkommen auf den Baubericht vom 30. September 1667, der bei einer Tiefe von ca. 42 m erwähnt, die Bergleute hätten *einen ausstand, in welchem sie sich vorm miniren und schießen etwaß behenders alß mit dem auffahren salviren könden, außgehawen.* Eine Nische, die man dahinter vermuten könnte, wurde bei der Befahrung aber nur an der Sohle des Schachtes festgestellt. Im Zusammenhang mit dieser Bemerkung aber könnten die Rüstlöcher stehen, die in überraschender Anordnung gefunden wurden.

Während im oberen, ausgemauerten Abschnitt Rüstlöcher in den für Klettergerüste üblichen Abständen vorhanden sind, wurden unterhalb von ca. 37 m insgesamt 31 Rüstebenen auf einer Länge von nur 35,6 m dokumentiert. Das System der in den Fels eingearbeiteten Rüstlöcher deutet auf jeweils zwei Lagerbalken hin, deren Ausrichtung und Abstand in allen Fällen gleich ist. (Abb. 30) Die geringen Abstände zwischen 1 m und 1,5 m ergaben sich wohl aus dem Arbeitsablauf, der erforderlichen Arbeitshöhe unter der jeweils letzten Gerüstlage und der Möglichkeit eines schnellen Aufstiegs in eine Höhe, in der man bei der Sprengung durch die Bohlenlagen auf den Lagerbalken einigermaßen geschützt war. Der Unfall vom 10. November 1666 läßt vermuten, daß hinter der Ausmauerung eine ähnliche Anordnung von Rüstlöchern vorhanden ist.

Da ständig Abraum aus dem Schacht gehoben werden mußte, war es sinnvoll, die Balken der Rüstebenen jeweils annähernd parallel übereinander anzuordnen. Möglicherweise hat man die Rüstebenen wieder aktiviert, als in den letzten Wochen die Wasserhaltung unter hohem Personalaufwand versucht wurde.

2. Die angeblichen Bohrlöcher

Bei der Untersuchung im Jahre 1988 will man Reste von Bohrlöchern an der Schachtwand im unteren Teil gefunden haben. Das Sprengen aber hatte den Sinn, das Gestein im Umkreis des Bohrloches gebrech zu machen, um es danach leichter abbauen zu können. Die Anzahl der erforderlichen Bohrungen und deren Verteilung auf der Grundfläche ergaben sich aus den erfahrungsgemäß zu erwartenden Wirkbereichen um die Bohrlöcher. Es wäre widersinnig gewesen, Bohrlöcher am äußersten Rand anzulegen. Sie waren hier nicht nur extrem schwer herzustellen, bei einer Sprengung im Randbereich wäre gerade der Fels aufgelockert worden, der doch stehenbleiben sollte bzw. mußte.

Die Nacharbeiten, d. h. das Ausbrechen des Gesteins, insbesondere aber das Abarbeiten der Schachtwand *in die Ronde* erfolgte grundsätzlich bergmännisch, wie auch die Berichte des Factors vom 11. Februar und 31. Juli 1669 sowie vom 23. Januar 1670 belegen. Man war froh, im unteren Abschnitt des Schachtes auf eine Ausmauerung verzichten zu können, weil der Fels dicht und standfest war. Niemand wäre hier auf die Idee gekommen, unmittelbar an der Schachtwand zu sprengen. Die *wenigen an der Schachtwand erhaltenen Reste*[305] von Bohrungen können also keine Reste von Bohrlöchern für Sprengungen gewesen sein.

305 Heinzelmann und Jantschke, a.a.O., S. 236

3. Die Schutznische

Erwähnt wurde bereits die Nische für den Brunnenputzer am Schachtende. Im Bericht vom 9. Oktober 1669 hatte es geheißen, daß die Bergleute noch *Ein oder 2. benöttigte Außständt verferttigen müeßen; sich deren sowohl bey säuberung: alß auch under wehrendem völligen außmachen deß Bronnens, haben füeglich zu gebrauchen.* Wie üblich ist es dann aber bei einer Nische geblieben, deren Abmessungen allerdings mit einer Höhe von ca. 3 m, einer Breite von ca. 1 m und einer Tiefe von ebenfalls ca. 1 m geradezu komfortabel sind. Wie hoch über der Sohle diese Schutznische angeordnet wurde, konnte wegen der unterlassenen Räumung nicht festgestellt werden. Zum Zeitpunkt des Aufmaßes lag die Schutznische teilweise im Wasser.

4. Die Ausmauerung

Eine Besonderheit des Hellensteiner Brunnens sind die im oberen Schachtteil mit Kalkmörtel vermauerten Backsteine. Ihre Abmessungen werden im Untersuchungsbericht mit 27 x 13 x 7 cm angegeben.[306] Wie die Länge bzw. Tiefe von 27 cm festgestellt wurde, wird nicht gesagt. Ein zugehöriges Foto zeigt einen halbsteinigen Läuferverband mit dem Seitenverhältnis 2 : 1.

Gemäß der Vergabe vom 23. Februar 1670 sollten Steine *lang 15 Zoll, vornen 8: hinden braitt in 13: und dickh 3 Zoll* hergestellt werden. Demnach wären heute Sichtflächen im Verhältnis 2,7 : 1 zu erwarten gewesen.

Andererseits wird die Mauerstärke im Untersuchungsbericht mit 35–40 cm angegeben, was bei den angeblich festgestellten Steinformaten kaum plausibel erscheint. Mit der überlieferten Länge von 15 Zoll aber wäre eine solche Mauerdicke denkbar, auch wenn wir nicht wissen, ob der Normalfuß zu 10 Zoll oder der Werkfuß zu 12 Zoll gemeint gewesen ist. Die Länge könnte sich demnach zwischen 36 und 43 cm bewegen.

In den Bauberichten sind zwischen März 1669 und Februar 1670 drei verschiedene Vorgaben des Baumeisters bezüglich der Steinformate festgehalten. Da die Belege aber zum Ende der Bauzeit hin nur noch lückenhaft überliefert sind, können wir nicht ausschließen, daß er die Breite der Steine nach der Vergabe nochmals um 2 Zoll verringern ließ. Das Grundformat als Kreisringsegment aber wird man beibehalten haben. Insoweit ist die Formatangabe aus dem Untersuchungsbericht irreführend.

306 Das zweite angegebene Maß 27 x 14 x 7 cm ändert an der Sachlage nichts.

3.12 Die Burg Homberg an der Efze

Die Burg Homberg, zuweilen auch Hohenburg genannt, erhebt sich auf einem Basaltkegel oberhalb der gleichnamigen hessischen Stadt an der Efze. Die Ersterwähnung der Burg im Jahre 1162 geht zurück auf einen Rentwich de Hohenberc.
Nach dem Übergang der Burg Homberg an den Landgrafen von Hessen beginnen ab dem Jahr 1451 umfangreiche Umbau- und Ausbauarbeiten. Wie die Burg davor ausgesehen hat, ist nicht überliefert. Bekannt ist nur, daß der Bergfried 1431 vom Blitz getroffen und nicht mehr aufgebaut wurde. Im Jahre 1472 fällt das Nutzungsrecht der Burg an den Bruder des Landgrafen, Erzbischof Hermann von Köln, der ab 1504 den schloßartigen Umbau der Anlage veranlaßt.

Abb. 115 Ansicht der Burg Homberg, 1605

Nach dem Tode des Erzbischofs im Jahre 1508 fällt die Burg an den Landgrafen zurück. Die erste größere Baumaßnahme am „Hermannschen Schlößchen“ folgt knapp 100 Jahre später. In der Zeit zwischen 1605 und 1613 entsteht ein Brunnen, der hinsichtlich seiner Tiefe und seines technischen Anspruchs zu den herausragendsten Bauwerken für die Wasserversorgung einer Höhenburg zählt.

Die Antwort auf die Frage, warum der Bau eines solchen Brunnens auf dem „Schlößchen“ erforderlich wurde, liegt wohl ganz in der Persönlichkeit des Bauherrn begründet. Landgraf Moritz (1592–1627), der mit 20 Jahren die Regentschaft übernommen hatte, war zwar ein Mann von hoher Bildung; seine militärische Unfähigkeit und seine Verständnislosigkeit für die politische Wirklichkeit aber sollten die Landgrafschaft Hessen-Kassel schon bald in eine wirtschaftliche Krise stürzen.[307] So ist der Bau des tiefen Brunnens auf dem befestigten Platz über der Stadt Homberg als eine der ergänzenden Maßnahmen zu sehen bei dem Versuch, den Plan eines Landesdefensionswerkes wirksam umzusetzen.[308] Homberg war Standort des 4. Fähnleins mit 120 Defensionisten im Quartier an der Schwalm.

Schon zu Beginn des 30jährigen Krieges hatte Moritz nicht nur das fürstliche Vermögen sowie den Kriegsschatz von 330.000 Gulden verschleudert, sondern darüber hinaus seinem Land

307 Demandt, K. E., Geschichte des Landes Hessen, Kassel 1972, S. 245 ff

308 Thies, G., Territorialstaat und Landesverteidigung. Das Landesdefensionswerk in Hessen-Kassel unter Landgraf Moritz, Quellen und Forschungen zur hessischen Geschichte Bd. 23, Hrsg. Historische Kommission für Hessen, 1973, S. 158 ff

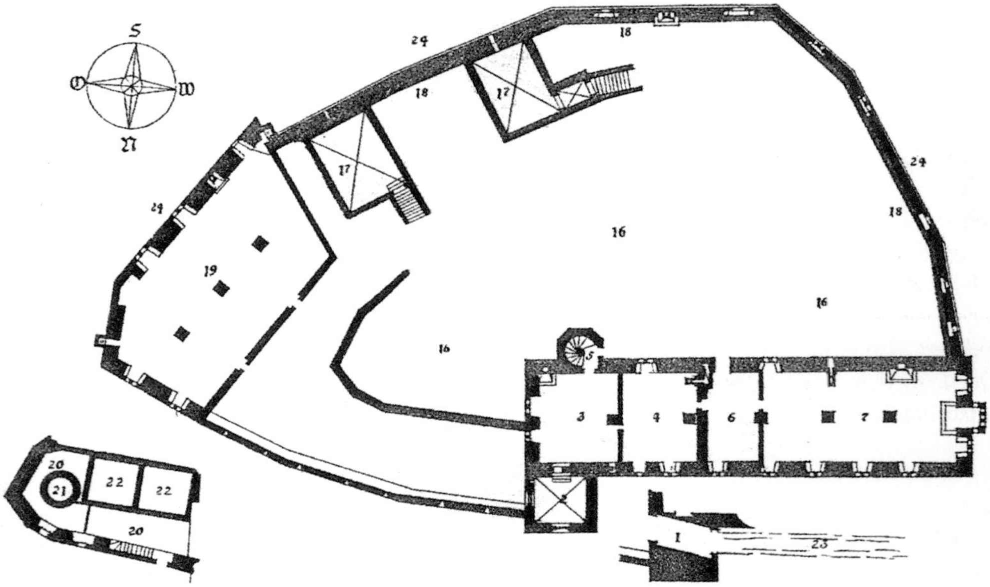

Abb. 116 Grundriß der Burg Homberg, 1613

eine Schuldenlast von einer Million Talern[309] aufgebürdet. Mit dem Einmarsch der Liga-Truppen unter Tilly zeigte sich dann das völlige Versagen der von ihm organisierten Landesverteidigung. Der Landgraf konnte fliehen, mußte aber auf Drängen der Stände im Jahre 1627 abdanken. Als Sündenbock wurde sein Kanzleidirektor nach einem Schauprozess ein Jahr später öffentlich hingerichtet. Möglicherweise ist die horrende Summe von angeblich 25.000 Gulden, die für den Brunnenbau auf Burg Homberg ausgegeben worden sein soll, im Lichte dieser Zusammenhänge zu sehen.

Den Ausbauzustand der Burg im Jahre 1613 zeigt Abbildung 116. Wir sehen keinen Turm, abgeräumte Gebäude an der Südseite, von denen nur noch die Keller vorhanden sind und ein Gewölbe (Nr. 20) tief unter der Erde, das neben dem Brunnen (Nr. 21) auch noch zwei große Zisternen (Nr. 22) enthält. Das Brunnengewölbe liegt unter einem weiträumigen Schloßplatz (Nr. 16), der nur im Norden und Osten von größeren Gebäuden begrenzt wird. Eine bescheidene Vorburg wurde noch rechtzeitig vor Beginn des 30jährigen Krieges erstellt.

Die Ironie der Geschichte ist, daß die Burg bzw. das Schloß schon bald nach Fertigstellung des tiefen Brunnens niedergebrannt wurde. Notdürftig wieder hergerichtet erfolgte 1640 die völlige Zerstörung. Die ruinierte Burg aber diente kaiserlichen Truppenteilen weiterhin als Stützpunkt, weil der Brunnen unversehrt geblieben war. Während der Belagerung Anfang 1648 soll der Kommandant seine Lage wie folgt geschildert haben: *Kein Brunnenseil und die Soldaten leiden Mangel an allem. Ohne Hoffnung harren wir aus im Steinhaufen und sehen unserem Ende entgegen.*[310] Nachdem die Ruine für Hessen zurückerobert worden war, blieb sie ungenutzt. Der Brunnen wurde verschüttet.

309 Zu dieser Zeit entspricht dem ein Betrag von ca. 1,23 Millionen Gulden.

310 Hause, H., Die Burgruine Hohenburg auf dem Homberger Schloßberg, Hrsg. Burgberggemeinde e.V. Homberg, 2001

Überlieferungen zum Brunnenbau

Die Urkundenlage über den Bau des Brunnens ist lückenhaft.[311] Der erste Bericht datiert vom 1. Januar 1606 und nennt eine erreichte Tiefe von 18 Lachtern.[312] Im Jahr 1607 werden nur 17 ½ Lachter zusätzlich abgeteuft. *Zu diesen 17 ½ Lachter haben die Bergleute 48 Wochen gearbeitet. Die anderen vier Wochen haben sie mit Hochzeiten, Kindtaufen und feierlichen Festzeiten zugebracht.* Diese Zahlenverhältnisse erlauben den Schluß, daß im Jahre 1605 mit den Arbeiten begonnen wurde.

Am 13. Juni 1607 berichtet Rentmeister Leuchter, daß 45 Lachter erreicht seien. *Wann dann solcher Bronnen Schacht durch Gottes hülff Und fleißige fortgetriebene arbeit bieß in die 45 Lachtern Tieff gepracht, Und sich itzo in den beiden Stößen, so nach dem HausBronnen senken, also anlasset, dass da selbst das wasser geffüret wirtt, … Und dahero zu hoffen, dass man gewißlich der Quelle nahe sein werde, im jetzigen auf -2 Lachtern getroffenen gedinge, so sie den 8. Mai … zu sinke angefangen, das Wasser fallents an Zutreffen …*

Wie bei der **Leuchtenburg** [6] findet sich also auch hier der Hinweis darauf, daß das Abteufen des Schachtes in relativ kurzen Abschnitten (hier 2 Lachter) vergeben wurde. In diesem Fall verbindet sich dieses Vorgehen zwar mit der Hoffnung des Auftraggebers, innerhalb dieser 2 Lachter auf Wasser zu stoßen; ansonsten aber war es bergmännische Praxis, da der Lohn jeweils abhängig gemacht wurde von dem Schwierigkeitsgrad der Arbeit.

Der angesprochene Hausbronn, von dem die Bewohner der Burg ihr Frischwasser zu holen pflegten, ist als Bezugshöhe in einer Zeichnung (Abb. 117) von Wilhelm Dilich dargestellt, die auf den 7. Februar 1608 datiert ist und im Zusammenhang mit dem Arbeitsfortschritt zu diesem Zeitpunkt steht. Die Hoffnung, in der Quellebene des Hausbronns auf Wasser zu stoßen, hat sich nicht erfüllt.

Mit 45 Lachtern befinden sich die Bergleute in einer Tiefe von mehr als 75 m. Offensichtlich sind auf der Baustelle Maßnahmen zur Bewetterung des Schachtes eingeleitet worden. Rentmeister Leuchter berichtet, *so warten auch tag und nacht auf den plasbalck 2 Mann.* Acht Bergleute sollen in vier Schichten zu je sechs Stunden arbeiten. Am 12. August 1607 ist man bei diesem Einsatz bis auf eine Tiefe von 48 Lachtern gekommen. Nimmt man den Lachter hier zu zwei Meter an, würde sich daraus ein täglicher Fortschritt von 11 bis 12 cm ergeben. Da der Querschnitt des bergmännischen Schachtes bei wenigstens 3 x 3 m gelegen haben dürfte, entspräche das einem abgebauten Volumen von einem Kubikmeter pro Tag.

Bemerkenswert ist der Hinweis aus diesem Baubericht, die Steinhauer hätten *in fleißiger arbeit / außer was auf dem Schloss vorhanden / 300 Schuh aus 13 Circuly* [auf Vorrat gefertigt], *das also zu künfftiger Notwendigkeit und schleuniger fortbringung des Bronnens kein Mangel sein wird.* Es wäre interessant zu wissen, wann man begonnen hatte, Quader für die spätere Ausmauerung auf Vorrat zu produzieren. Wir werden sehen, daß es noch lange dauern wird, bis diese Steine gebraucht werden.

Vom 7. Februar 1608 datiert der nächste überlieferte Baubericht, zu dem die oben bereits erwähnte Zeichnung (Abb. 117) gehört. Man hat zwischenzeitlich eine Tiefe von 56 ½ Lachtern erreicht und immer noch kein Wasser gefunden. Aus der Zeichnung von Dilich geht hervor,

311 Soweit nicht anders erwähnt, stützen wir uns hier auf die Aufzeichnungen von Dr. Georg Textor, Gründer der Burgberggemeinde, wie sie Eingang gefunden haben in den Beitrag von Oskar Breiding, a.a.O. Die Originale der zitierten Urkunden waren im StA Marburg nicht mehr auffindbar.

312 Der Lachter als Längenmaß im Bergbau schwankte regional zwischen 1,7 m und ca. 2 m. Es konnte nicht geklärt werden, welcher Berglachter dem konkreten Fall zugrunde liegt.

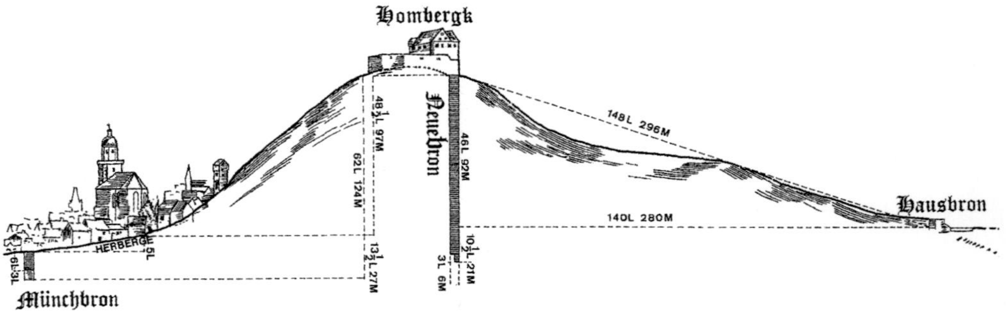

Abb. 117 Schnittzeichnung vom Burgberg

daß man jetzt hoffnungsvoll auf das Niveau des Münchsbronn schaut. Dessen Schachtsohle aber liegt noch 19 Lachter tiefer. Beiläufig erwähnt der Rentmeister, daß es 100 Gulden und mehr kostet, einen Lachter abzuteufen. Mit *unbetrüglichem Lachtermaß*, d. h. mit geölter Schnur, wird am 17. April 1608 eine Tiefe von 56 Lachtern 2 ½ Schuh gemessen. Die Ausgaben bis dato werden mit 6.100 Reichstalern (ca. 7.500 Gulden) angegeben.

Auffällig in den Stadtrechnungen[313] der Jahre 1608 bzw. 1609 sind Ausgabenposten, wonach der Stadtschmied Geörg Waitz 3.700 bzw. 1.030 Spitzen gemacht hat, jeweils 100 zu 3 ½ Albus[314]. Es steht zu vermuten, daß es sich bei diesen Arbeiten um das Nachschärfen der Bergeisen für die Bergleute auf der Burg Homberg gehandelt haben könnte.

Über den weiteren Bauablauf, soweit er das bergmännische Abteufen des Schachtes bis zur Endtiefe von 150 m betrifft, sind keine Bauberichte überliefert. Am 17. April 1608 stehen noch ca. 38 m aus, was – gemessen am bisherigen Fortgang – einer Bauzeit von wenigstens zwei weiteren Jahren entsprechen würde. Aber es scheint nicht alles planmäßig verlaufen zu sein. In der Homberger Amtrechnung von 1609 werden 310 Stämme zur Beseitigung eines Brunnenschadens erwähnt. In der Rechnung von 1610 sind es 109 Stämme *zu Kragstempeln, als der Bronnen schaden genommen und oben vom tage herein von Neuem verzimmert und verbauet worden.* Fünf Jahre nach Beginn der Arbeiten muß es also eine Unterbrechung des Bauablaufes gegeben haben, weil die Auszimmerung des bergmännischen Schachtes versagte. Wir vermuten, daß das Abteufen des Schachtes erst zu Anfang des Jahres 1612 beendet wurde.

In einer Urkunde[315] vom 2. April 1612 berichten Hanns Muller und Hans Meürer, *das wir diensttages morgenns, Ehe die Arbeitter ahn gefahren, die höe des Waßers gemeßen, weill den solches vom Osterabendt umb 12 uhr gestanden biß auf den diensttag umb 4 uhr, haben wir befunden, das Gott Lob das Waßer im Brunnen 1 ½ schus gewachsen, des Huhe altzeitt – 8 schue vndt – 6 Zoll befunden worden, vndt stehen der hoffnung, wenn sich das Erdtrich vndt Klüfte mitt dem waßer erfüllen, das solcher Brunnen ahn waßer von tag zu tag zu nehmen solde, voraus.*

Als Zweites wird indirekt mitgeteilt, daß mit dem Aufmauern des Schachtes begonnen wurde. Die Grundsteinlegung habe man selbst vorgenommen. *Wan dan auch … Im anfang des Brunnens aus zu mauern den grundt stein ahn stat vndt nahmen e*[uer] *f*[ürstliche] *g*[naden], *weil die selbe ahn solchen ortt selbestens parsohnlichen nicht kommen konnen, ich vor meine*

313 StA Marburg, Bestand 330 Homberg, Verz. 1 Amtsbücher
314 Albus (Weißpfennig), ein Silbergroschen, seit 1362 geprägt, dessen Wert bis zum 17. Jh. auf ½ Batzen (2 Kreuzer) gefallen war.
315 StA Marburg, Bestand 17 e Homburg/Efze, Nr. 30

Abb. 118 Der Brunnen und die Zisternen im Jahre 2006

geringe vndt wenige persohn legen müßen vndt das die arbeitter deswegen … will ein altes herkommen vnderthenigk bitten, … Ihnen aus gnaden eine gnedige verehrung geben zu laßen.

Vom Mai 1612 ist ein *Vertzeuchnis des Brunnenbaues zu Homburgk* überliefert, in dem es zum Wasserstand heißt: *Das waßer pleibet in seinem Stande, ob man schon die 2 großen donnen, ein jedes von 72 maßen* [rd. 75 Liter], *ein Schicht gehen lest, das sein acht Stunden, so befindet man doch Nach vor fahrenn Schicht 8 schu 9 Zoll, das also das Waßer In seinem vollen Stande pleibet.*

Anknüpfend an die Mitteilung vom 2. April über die Grundsteinlegung heißt es jetzt: *Seindt mitt dem gemaurr aus dem Fundimendt auf gefahren - 15 Lachtern 2 schu.*[316] Wir hatten gesehen, daß man bereits im Jahre 1607 dabei war, Quader auf Vorrat zu fertigen. Diese gute Arbeitsvorbereitung hat wohl mit dazu beigetragen, daß in kaum zwei Monaten ca. 30 m Schachtmauerwerk aufgesetzt werden konnten. Setzt man gleichbleibendes Arbeitstempo voraus, wäre der Abschluß der Maurerarbeiten im Frühjahr 1613 denkbar.

In das Jahr 1612 fällt folgender Ausgabevermerk: *5 ¾ Wagen Schiebersteine seind diß jahr aufm schloß und zum Ausmauern des Bronnens zum Verzwicken gebraucht.* Unebenheiten der Quader wurden beim Aufsetzen mit dünnen Schieferplättchen ausgeglichen. Der größte Teil aber wurde in die Rückseite des Mauerwerkes eingearbeitet, um die Ringe zu stabilisieren.

316 1 Berglachter zu 7 Schuh

Abb. 119 Einblick in den Brunnenschacht

Neben dem Brunnenbau muß bis zum Jahre 1614 auch noch das eingewölbte Brunnenhaus mit den beiden großen Zisternenbecken vollendet worden sein. Es existiert ein *Inventarium Etzlicher Bauw Materialien, so aufm Schloß Hombergk nach außgebawtem Bronnen, den beyden Cysternen, item des Bronnen Gewölbes, und darüber gefertigten Mauern … noch im Vorraht Anno Domini 1614*. Das, was Wilhelm Dilich 1613 im Grundriß (Abb. 116) unterhalb des Schloßplatzes dargestellt hat, war also gerade erst fertig geworden bzw. stand unmittelbar vor der Fertigstellung.

Allein sieben Seile zwischen 73 und 113 Lachter Länge waren nach Abschluß der Arbeiten verblieben, ein Blasebalg und 531 Satz Bergeisen. Aufhorchen lassen muß die Position *vier beschlagene Rollen zur Hängebühne, 4 eiserne Nägel in die Rollen*. Es ist kaum denkbar, daß das Aufmauern des Schachtes von einer Hängebühne aus erfolgt sein soll. Dies um so weniger, als im Zuge der Ausräumung des Schachtes in den Jahren 1997 bis 2001 Rüstlöcher in einer einmaligen Anordnung im Schachtmauerwerk dokumentiert wurden.

Untersuchungsergebnisse

Der Initiative der Homberger Burgberggemeinde ist es zu danken, daß der Brunnen in den Jahren 1997 bis 2001 wieder vollständig geräumt wurde. Nach den Sanierungsmaßnahmen im Kopfbereich mißt der Schacht heute eine Tiefe von 150 m. Er ist auf ganzer Länge mit Tuff- und Sandsteinen ausgemauert bei einem Innendurchmesser von ca. 2,30 m. Bedauerlich ist, daß

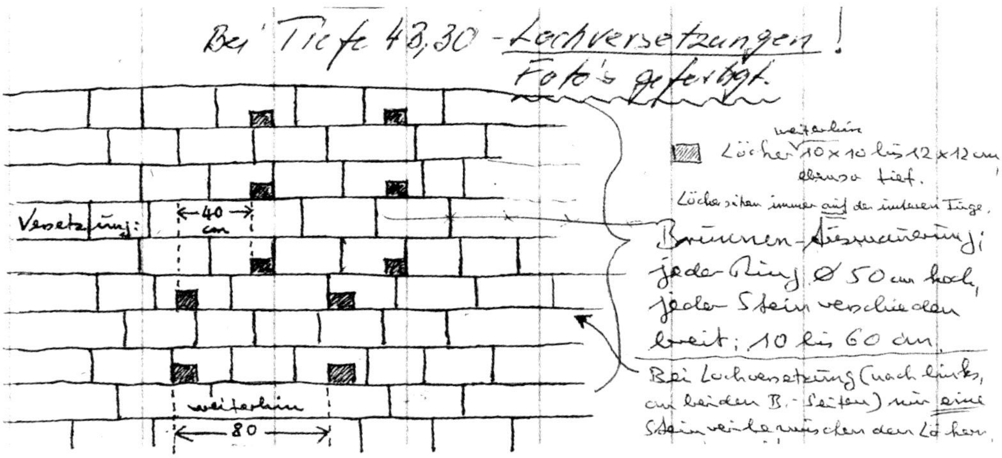

Abb. 120 Anordnung der Rüstlöcher gemäß Grabungsbuch

eine systematische Dokumentation dessen, was an der Schachtwand mühsam freigelegt wurde, bisher nicht erfolgt ist.

Wie heute vom Brunnenrand aus leicht einzusehen ist, liegen sich in der Schachtwand jeweils zwei Rüstlöcher im Abstand von 80 cm paarweise gegenüber (Abb. 119). So weit das Auge sehen kann, sind sie im Abstand zweier Steinschichten in senkrechter Folge übereinander bis weit in den Schacht hinein angeordnet. Ausgebildet sind sie als Aussparungen von 10/10 bzw. 12/12 cm in der Unterseite der Decksteine. Wie aus dem Grabungsbuch[317] ersichtlich, sind die Rüstlöcher auf ganzer Höhe der Ausmauerung vorhanden. Eine Unregelmäßigkeit stellt ein Versatz um 40 cm in einer Tiefe von 43,30 m dar, ohne dazwischenliegende Steinschicht (Abb. 120).

Die Ausnehmungen für die Rüstlöcher in der Unterseite der Decksteine mußten vor dem Einbau hergestellt werden. Die Anlage dieser Nuten erforderte eine vorausschauende Planung von höchster Genauigkeit, damit nach dem Einbau der Schichten im Verband der Quadersteine möglichst keine übereinanderliegenden Stoßfugen entstanden. Da die Quader keine einheitlichen Breiten aufweisen, muß es Einbauhilfen gegeben haben, Zeichen oder Markierungen, die sicherstellten, daß jeder Stein an den vorbestimmten Platz kam. Entsprechende Versetzzeichen wurden auf den Sichtflächen nicht festgestellt. Wir müssen also davon ausgehen, daß sie jeweils auf der Oberseite der Quader angebracht waren und daher heute im eingebauten Zustand nicht mehr zu sehen sind.

Die Rüstlöcher dienten der Aufnahme zweier Tragbalken für das Arbeitsgerüst der Maurer, ausgelegt auf das Körpergewicht der Männer, die die herabgelassenen Quader von dieser Ebene aus in die richtige Position zu bugsieren hatten. Da die Höhe der Quaderlagen mit jeweils ca. 0,5 m angegeben wird, heißt das, daß – abgesehen von der Stelle des Versatzes – eine Anpassung der Gerüsthöhen in Abständen von jeweils einem Meter vorgenommen wurde.

317 Grabungsbuch 1997–2001, geführt von Dr. Rainer Nier-Glück, Löffingen

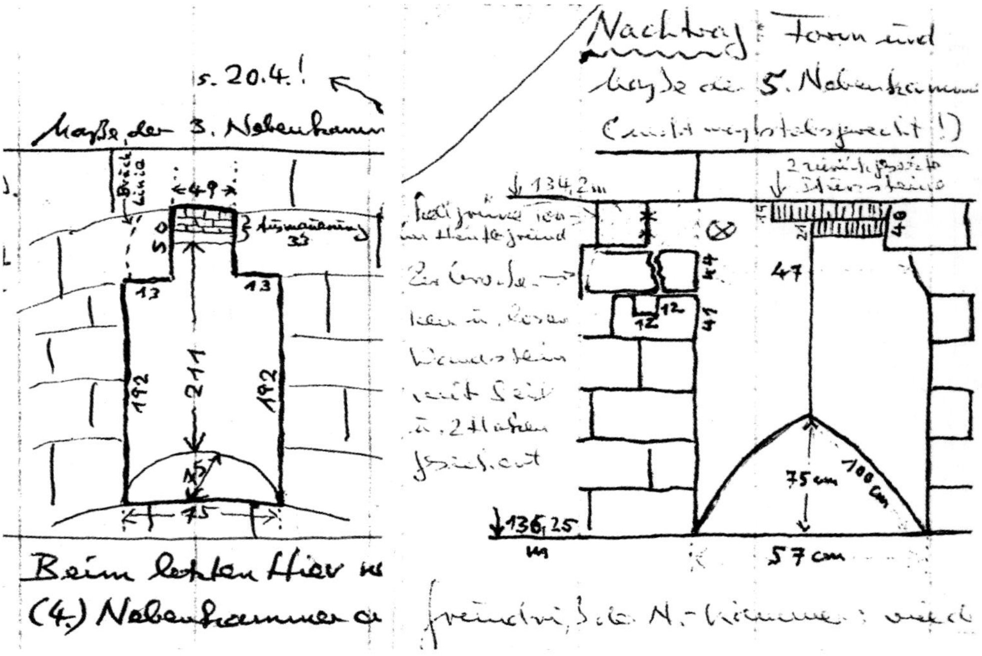

Abb. 121 Ausbildung der Nischen gemäß Grabungsbuch

Offen bleibt die Frage, warum man auf die strenge vertikale Ausrichtung der Rüstlöcher übereinander Wert legte und wie der Versatz zustande kam. Eine vertikale Ausrichtung ließe sich nur im Zusammenhang mit der Freihaltung eines über alle Ebenen gleich großen Fördertrums erklären. Das aber macht in der Phase des Aufmauerns keinen Sinn.

Für ein Hilfsgerüst, wie es später bei Bergungsarbeiten erforderlich werden konnte, hätten weit weniger Rüstebenen gereicht. Für den Einbau eines Arbeitsgerüstes war die Anordnung der Ausnehmungen in der Unterseite der Decksteine ideal. Der auf die Zwischenschicht aufgelegte Tragbalken konnte durch das Eigengewicht des aufgesetzten Quaders mit der vorgerichteten Nut problemlos und ausreichend fixiert werden.

Aus dem Grabungsbuch wissen wir, daß in der Tiefe zwischen 86 und 130 m insgesamt sechs, abwechselnd um ca. 180 Grad gegeneinander versetzte Nischen angelegt wurden (Abb. 121). Mit ca. 2 m Höhe und jeweils 75 cm Breite bzw. Tiefe könnte es sich um Schutznischen handeln, zumal oben teilweise die Kopf-Schulter-Partien nachgeformt wurden. Anzahl und Anordnung der Nischen geben Rätsel auf. Die unterste liegt in dem bereits im Mai 1612 aufgemauerten Abschnitt. Die These, wonach Schutznischen im Zusammenhang stehen mit Räumungsarbeiten, scheint hier zu versagen. Die Bauzeit für das Aufführen der Ausmauerung ist dafür zu kurz.

Aber ohne Not wird man sich nicht die Mühe gemacht haben, diese Nischen auszubilden, zumal die Statik der Schachtausmauerung dadurch empfindlich gestört wurde. Es ist bedauerlich, daß zur Klärung dieser Frage während bzw. nach Räumung des Schachtes keine systematischen Detail-Untersuchungen durchgeführt wurden.

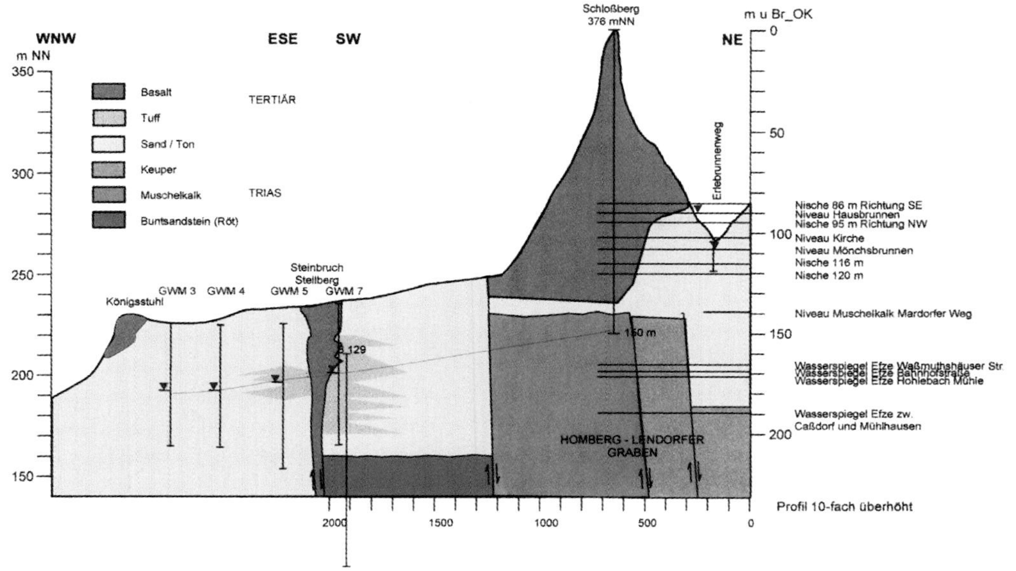

Abb. 122 Geologisches Profil des Homberger Schloßberges

Das geologische Profil (Abb. 122) zeigt einen Schnitt, der von ONO über den Burgberg nach WSW verläuft. Er macht deutlich, daß der Schacht auf ca. 135 m Länge durch Basalt abgeteuft werden mußte, bevor er eine wasserführende Schicht im Muschelkalk erreichte. Dieser Grundwasserhorizont liegt noch fast 20 m über dem Wasserspiegel der südlich fließenden Efze. Der Verlauf des Grundwasserhorizontes in Richtung WSW ist angedeutet. Eingetragen sind vier der sechs Nischen, die sich nach dieser Darstellung alle im Bereich des Basaltes befinden.

3.13 Die Ronneburg im Main-Kinzig-Kreis

Die Ronneburg, wenige Kilometer südwestlich der Stadt Büdingen gelegen, wurde auf einer Sandsteinkuppe des Rotliegenden erbaut, auf der wie ein Deckel eine bis zu 12 m starke Basaltschicht liegt.

Einem Kaufvertrag aus dem Jahre 1258 verdanken wir den Hinweis auf *Cunradum militem de Roneburg.*[318] Wenige Jahrzehnte nach dieser Ersterwähnung kauft das Erzstift Mainz die Burg im Jahre 1313 für die Summe von 4.500 Pfund Heller.

Abb. 123 Ansicht der Ronneburg von 1627

Ein Grund dafür, daß ein solcher Kaufpreis für die noch sehr kleine Anlage erzielbar war, könnte u. a. darin bestanden haben, daß der tiefe Brunnen zu dieser Zeit bereits vorhanden war und eine gesicherte Wasserversorgung versprach. Damit wären die Voraussetzungen für den weiteren Ausbau der Burg gegeben gewesen. Abbildung 124 zeigt den heutigen Grundriß der Burg. Der Brunnen befindet sich in der Brunnenhalle, die Teil der Toranlage (Nr. 8) der alten Kernburg ist. Urkundliche Belege zum Bau des tiefen Brunnens wurden bisher nicht gefunden.

Interpretation neuerer Quellen

Die Diskussion um die Erbauungszeit des Brunnens hat bisher zu keinem abschließenden Ergebnis geführt. Nieß[319] glich die Steinmetzzeichen auf der Ausmauerung des Schachtes mit

318 Reimer, H., Hessisches Urkundenbuch, 2. Abtlg., Urkundenbuch zur Geschichte der Herren von Hanau, 1. Bd., Leipzig 1891, Nr. 338

319 Nieß, a.a.O., S. 37 ff

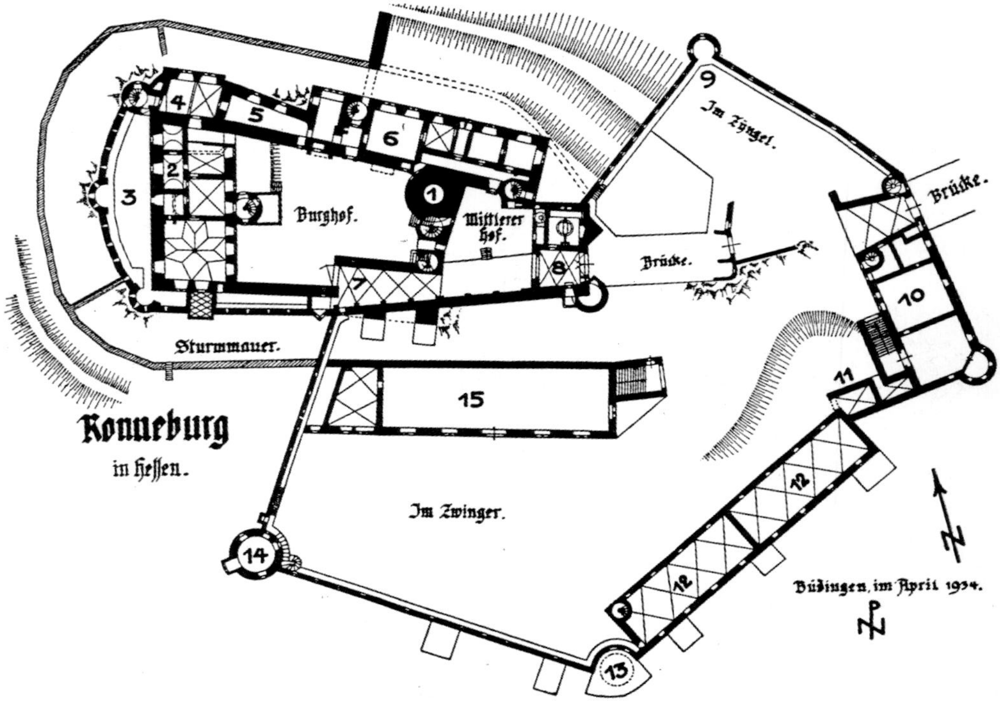

Abb. 124 Grundriß der Ronneburg

denen des Mainzer Domes ab und folgerte daraus, daß der Brunnen vor 1247 entstanden sein müsse, da der Zeitraum zwischen 1247 und 1313 aufgrund der Besitzverhältnisse dafür nicht in Frage kommen könne. *Trotzdem* – so schreibt er – *wirft sich aber für uns nunmehr die Frage auf, ob der Brunnen nicht erst im 14. Jahrhundert vollendet worden sein könnte.*

Seine Überlegungen stellt er wie folgt dar: *Wenn man mit einem hellen Licht das Quadermauerwerk des Brunnens genau ableuchtet, so wird man finden, daß das Mauerwerk des Brunnenschachtes eine nachträgliche Erhöhung* [um etwa 1 m] *erfahren hat. … Bei dieser Besichtigung wird uns ferner die merkwürdige Tatsache auffallen, daß die Quader des Brunnenmauerwerks am oberen ursprünglichen Rande, etwa nach Südosten hin, sehr stark ausgeschliffen sind.* (Abb. 125) *Diese Beschädigungen des alten oberen Brunnenrandes können nur in jahrzehntelanger Dauer durch die Reifen des Wassereimers verursacht worden sein, wenn man diesen nach der Seite hin herauszog, um ihn zu entleeren. Aus diesem Umstande müssen wir auf die Benutzung des Haspels schließen, denn bei einem Brunnenrad ist eine derartige mühevolle Entleerung, infolge des größeren Wellenabstandes vom Brunnenrande, unnötig. Endlich sei daran erinnert, daß die sogenannten „Treträder" in Deutschland erst im 14. Jahrhundert aufkamen. …*

In Mainz ist der Rheinkran bereits 1383 urkundlich erwähnt, soll aber … viel älter sein. Es steht außer Zweifel, daß der Mainzer Kran in dieser Zeit sein Tretrad hatte. … Und was man in Mainz erprobt hatte, davon dürfen wir überzeugt sein, das kam auch auf der mainzischen Burg Ronneburg zur Anwendung, wenn es deren Sicherheit und Bequemlichkeit erforderte. …

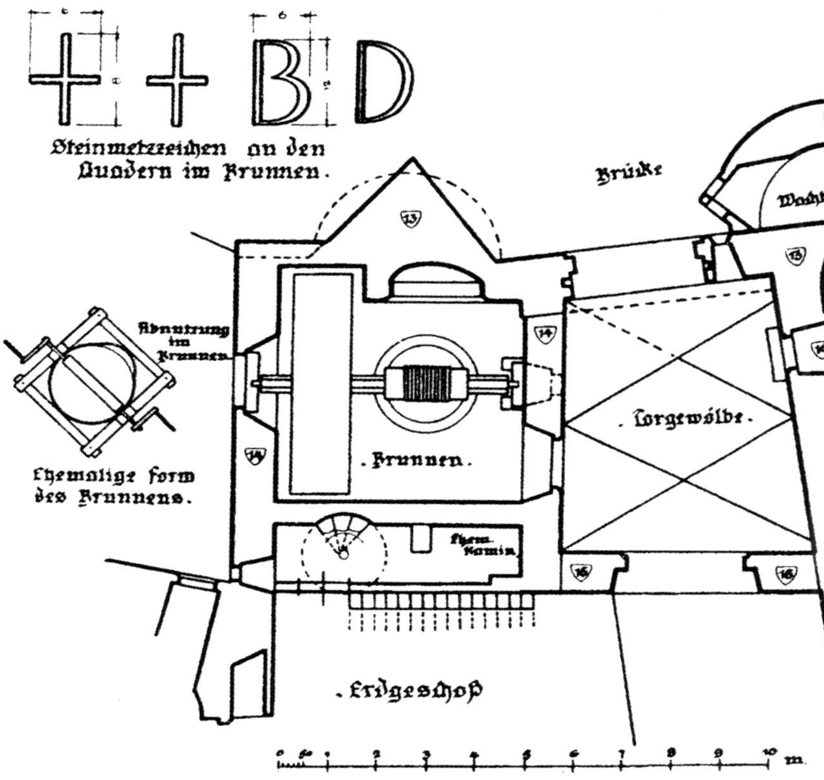

Abb. 125 Grundriß der Brunnenhalle

Wir kommen deshalb zu dem Schluß, daß vielleicht um die Mitte oder am Ende des 14. Jahrhunderts der Einbau des Tretrades erfolgte, wobei mit Rücksicht auf den Durchmesser des Rades das viel zu enge Brunnenhaus[320] *gänzlich umgebaut werden mußte und der Boden der Brunnenstube die bereits erwähnte Erhöhung erfuhr.*

Eine Erhöhung des Bodens wäre zur nachträglichen Unterbringung eines großen Rades nicht folgerichtig gewesen. Aber die obige Beweiskette geht sicher zu recht davon aus, daß die Abnutzungsspuren im oberen Schachtteil zeitlich vor dem Einbau eines Tretrades der heute vorhandenen Bauart entstanden sind. Ungeklärt aber bleibt die Frage, warum das Wasser in genannter Richtung aus dem Schacht gezogen wurde. Unabhängig von der Art der Förderanlage hätte es sich damals wie heute vom Arbeitsablauf her angeboten, das Wasser zu der Seite hin aus dem Schacht zu heben, die dem Torweg am nächsten lag. Im Übrigen deuten die Abnutzungsspuren darauf hin, daß zu jener Zeit das Wasser nicht mit Kübeln, sondern mit Ledersäcken gezogen wurde. Aber diese Erkenntnis hilft in der Sache nicht weiter.

Die Wasserförderung aus einer Tiefe von gut 80 m war mit Hilfe eines einfachen Haspels technisch kaum möglich. Beim Heben eines 50 Liter Behältnisses hätte das Anfangsgewicht aufgrund der Seillänge ca. 150 kg betragen. Wir gehen daher davon aus, daß das Wasser

320 Analog zur Burg Breuberg sprechen wir hier von der Brunnenhalle. Die im Zitat nachfolgende Variante Brunnenstube ist irreführend, da damit im Brunnenbau eine Quellfassung bezeichnet wird.

Abb. 126 Blick in die Brunnenhalle, 1934

anfänglich mit einer Wippmaschine gehoben wurde, die auf dem uralten Prinzip des Schwingbaumes basierte.

Dieses Hebezeug bestand aus einem drehbar gelagerten, doppelarmigen Hebel, mit dem Wasserbehälter an dem einen und einem Gegengewicht am anderen Ende. Normalerweise wurden Schwingbäume nur bei Ziehbrunnen von geringer Tiefe verwendet, und das Seil war am ausladenden Ende des Baumes befestigt. Dieses einfache Prinzip ließ sich sinnvoll ergänzen durch einen Haspel, indem das Seil am Ende des Hebelarmes über eine Rolle geführt wurde.[321] So konnte ein Behältnis auch aus tiefen Brunnen durch Wippvorgänge gehoben werden.

Nachteilig war, daß sich das Seil mit dem Behältnis dabei entsprechend der jeweiligen Ausladung des Schwingbaumes von einer Seite des Schachtes zur anderen bewegte. So konnte es zu Berührungen mit der Schachtwand kommen, vor allem beim Herausziehen des Behältnisses. Dieser Sachverhalt erklärt die Abnutzungen am alten Schachtmund. Aus der

321 Mariano di Jacopo (1382–1453), genannt Taccola, hat eine solche Wippmaschine dargestellt in seinem Werk De ingeneis, Libri I-II, Cod. Lat. Monacensis 197 II (BSBM), c. 96 r.

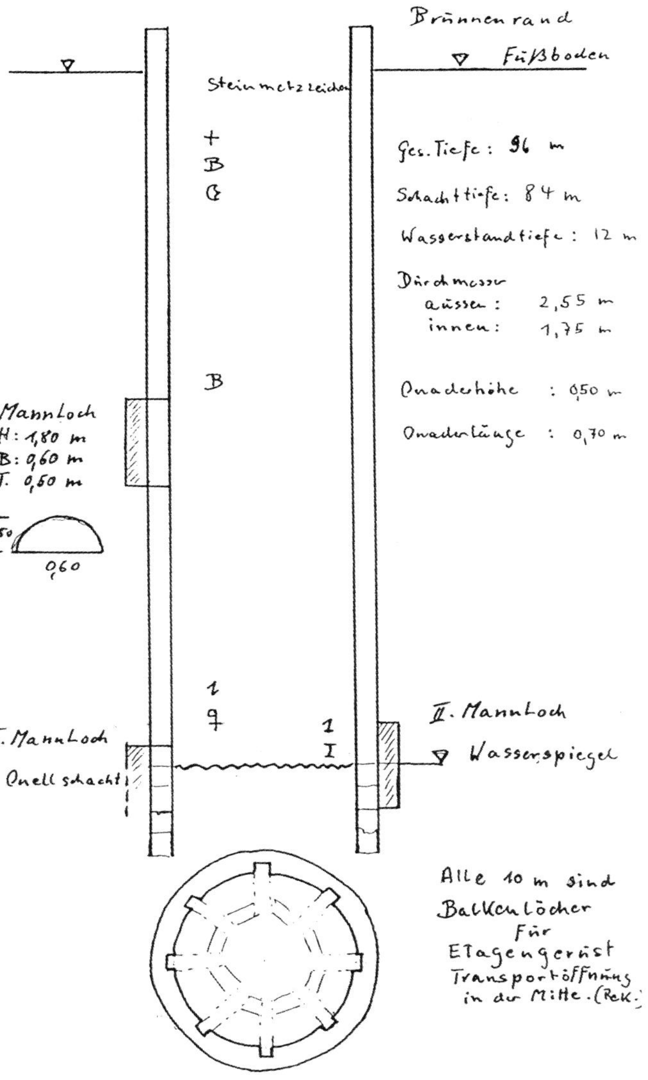

Abb. 127 Querschnitt des Brunnenschachtes der Ronneburg

Aufstellung der Wippmaschine in der Brunnenhalle resultiert dann wohl auch die heute kaum noch verständliche Richtung, in der die Behältnisse über den Schachtrand herausgezogen werden mußten.

Andererseits ist es zwar richtig, daß die erste bildliche Darstellung eines Tretrades aus dem Jahre 1356 stammt (Abb. 17); daß Treträder schon vor diesem Zeitpunkt eingesetzt wurden, ist damit jedoch keineswegs ausgeschlossen. Außerdem müssen wir uns in diesem Zusammenhang fragen, wie denn der Bau des Brunnens abgelaufen sein soll, wenn nur ein Haspel zur Verfügung gestanden hätte. Die Quader der gesamten Schachtausmauerung weisen Zangenlöcher auf. Also muß es auch ein entsprechendes Hebezeug gegeben haben.

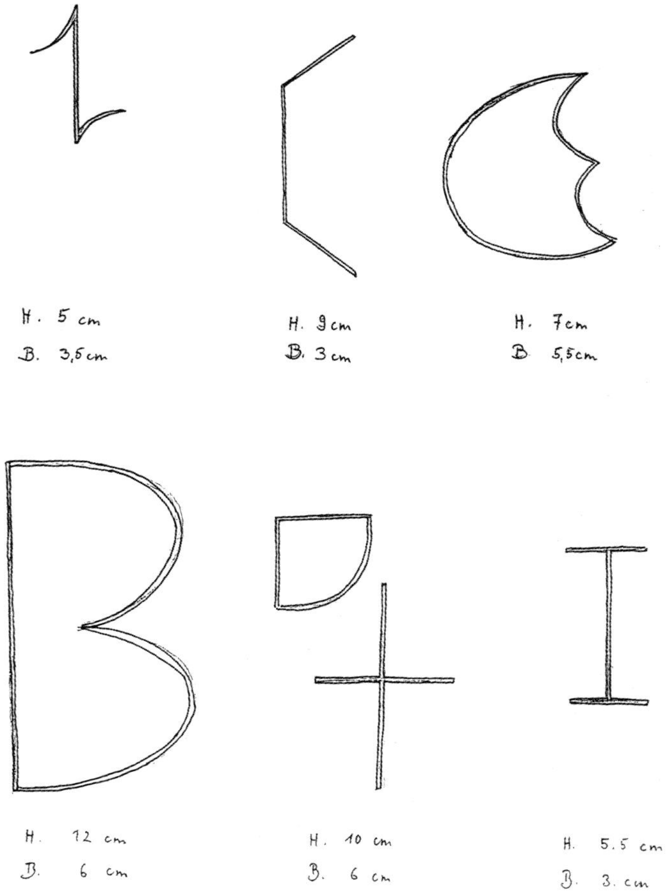

Abb. 128 Steinmetzzeichen gemäß Befahrung von 1984

Die Frage der Wasserförderung eignet sich demnach nicht als Anhaltspunkt für die Datierung. In einer neueren Publikation[322] bemüht man zur Datierung *Steinmetzzeichen, wie man sie etwa von der Burg Büdingen aus dem frühen 13. Jahrhundert kennt, andererseits auch Zangenlöcher, die erst in die zweite Jahrhunderthälfte gehören. Der Brunnen kann somit frühestens 1260/70 gegraben worden sein.* Bau und Einbau des Tretrades werden ins 16. Jahrhundert verlegt. Ergänzende Hinweise oder Belege dazu werden nicht geliefert.

Unabhängig davon aber, ob der Brunnen nun in der ersten oder zweiten Hälfte des 13. oder gar erst im 14. Jahrhundert entstanden ist, bleibt festzuhalten, daß wir es hier nach dem augenblicklichen Forschungsstand mit dem ältesten komplett ausgemauerten Brunnen zu tun haben. Die besondere Faszination dieses Bauwerkes wird noch dadurch erhöht, daß auch die

322 Decker, P. und Großmann, G.U., Die Ronneburg, Bd. 6 der Reihe Burgen, Schlösser und Wehrbauten in Mitteleuropa, Hrsg. Wartburg-Gesellschaft 2000

Brunnenhalle mit der Tretradanlage (Abb. 126) funktionsfähig erhalten ist. Das hölzerne Tretrad weist mit seinen acht Speichen bei einem Außendurchmesser von 4,80 m eine selten leichte Bauart auf. Auch der Bremsschuh des großen Rades, eine einfache aber wirkungsvolle Konstruktion, ist erhalten.

Im Jahre 1984 wurde eine Brunnenbefahrung mit einfachsten Mitteln durchgeführt[323], deren Ergebnis u. a. eine schematische Schachtzeichnung (Abb. 127) ist. Die Tiefe des Brunnens konnte leider nicht abschließend geklärt werden. Sie wurde mit ca. 96 m angegeben, wobei nach 84 m ein Wasserstand von ca. 11 m ermittelt wurde. Genauere Angaben waren wegen einer Schlammschicht, über deren Dicke (ca. 3–4 m) nur Vermutungen angestellt wurden, nicht möglich. Beobachtungen des Wasserspiegels aber führten zu dem Schluß, daß es sich hier möglicherweise um einen Quellschacht handelt.

Der Durchmesser des Schachtes wird im Bereich oberhalb des Wasserspiegels durchgängig mit ca. 1,8 m angegeben. Die Sandsteinquader der Ausmauerung weisen Höhen von ca. 40 cm auf, wobei i. d. R. acht Quadersteine eine Lage bilden. Die Sichtflächen der Steine haben Breiten zwischen 60 und 80 cm, auf allen sind Zangenlöcher vorhanden. Die Dicke der Ausmauerung konnte nicht festgestellt werden.

In acht Ebenen befinden sich jeweils acht Rüstlöcher in der Ausmauerung für den Einbau von „Etagengerüsten". Die Abmessungen der Rüstlöcher wurden nicht aufgenommen, die Lage der Rüstebenen vereinfachend mit einem Abstand von ca. 10 m angegeben. In der Ausmauerung wurden zwei „Mannlöcher" festgestellt, die Funktion einer dritten Öffnung konnte wegen des Wasserstandes nicht geklärt werden. Die Abmessungen der Nischen wurden in der Höhe mit ca. 1,8 m sowie in der Breite mit ca. 0,6 m angegeben. Die Einwölbung in den Fels war ca. 0,5 m tief.

War man bei der Darstellung der Steinmetzzeichen im Jahre 1935 (Abb. 125) allein auf Beobachtungen vom Brunnenrand aus angewiesen gewesen, so konnten 1984 insgesamt sieben verschiedene Zeichen (Abb. 128) von den Quadern ab- bzw. durchgezeichnet werden. Die Datierungsversuche gründeten sich bisher auf die Ergebnisse von 1935. Ein Abgleich der 50 Jahre später aufgenommenen Steinmetzzeichen ist bisher nicht erfolgt.

323 Die Aktennotiz vom 30.05.1984 über diese Aktion verdanken wir Dr. Walter Nieß, der die Arbeit seines Vaters Peter Nieß durch die Brunnenbefahrung ergänzt hat.

3.14 Die Veste Otzberg im Odenwald

Die Burg Otzberg, auf einem Basaltkegel am nördlichen Rande des Odenwaldes gelegen, wird im Jahre 1231 als *castrum Othesberg* erstmals erwähnt.[324] Im Jahr darauf wird *Hartwicus de Otsberc* als Burgmann genannt.[325] Die Burg war zu dieser Zeit ein militärischer Außenposten des Klosters Fulda, das sich Hartwicus und weitere Burgmannen zur Wahrung seiner Interessen vor Ort verpflichtet hatte.

Abb. 129 Ansicht der Veste Otzberg um 1850

Die wirtschaftlichen Verhältnisse des Klosters Fulda führten im 14. Jahrhundert dazu, daß die Burg verpfändet werden mußte. Für die Geschichte des Brunnenbaues bedeutsam ist die mehr als 30jährige Pfandschaft, die im Jahre 1332 begann[326] und mit der Auflage verbunden war, 200 Pfund Heller an der Burg zu verbauen. Im Jahre 1390 verkaufte Fulda die Burg an den Kurfürsten Ruprecht von der Pfalz[327]. Kurpfalz war allerdings erst nach 1427 allein verfügungsberechtigt. Die Burg wurde zum pfälzischen Militärstützpunkt mit kleiner Garnison.

Ab 1507 begann die bauliche Anpassung an die Anforderungen der modernen Waffentechnik. Ein Kanonenwall – fälschlich als Zwinger bezeichnet – wurde um die Burg gelegt, im Burghof entstanden Kasernenbauten. Dieser Ausbau (Abb. 130), der um das Jahr 1583 abgeschlossen war, erhielt sich praktisch unverändert bis zum Ende der militärischen Nutzung im Jahre 1818.

324 Koch, A. und Wille, J., Regesten der Pfalzgrafen am Rhein, Bd. I, Nr. 344, Innsbruck 1894

325 Böhmer, J. Fr., Urkundenbuch der Reichsstadt Frankfurt, Bd. 1, Nr. 98, Frankfurt 1901

326 StA Darmstadt, Bestand A1, 180/3

327 Koch und Wille, a.a.O., Nr. 5203

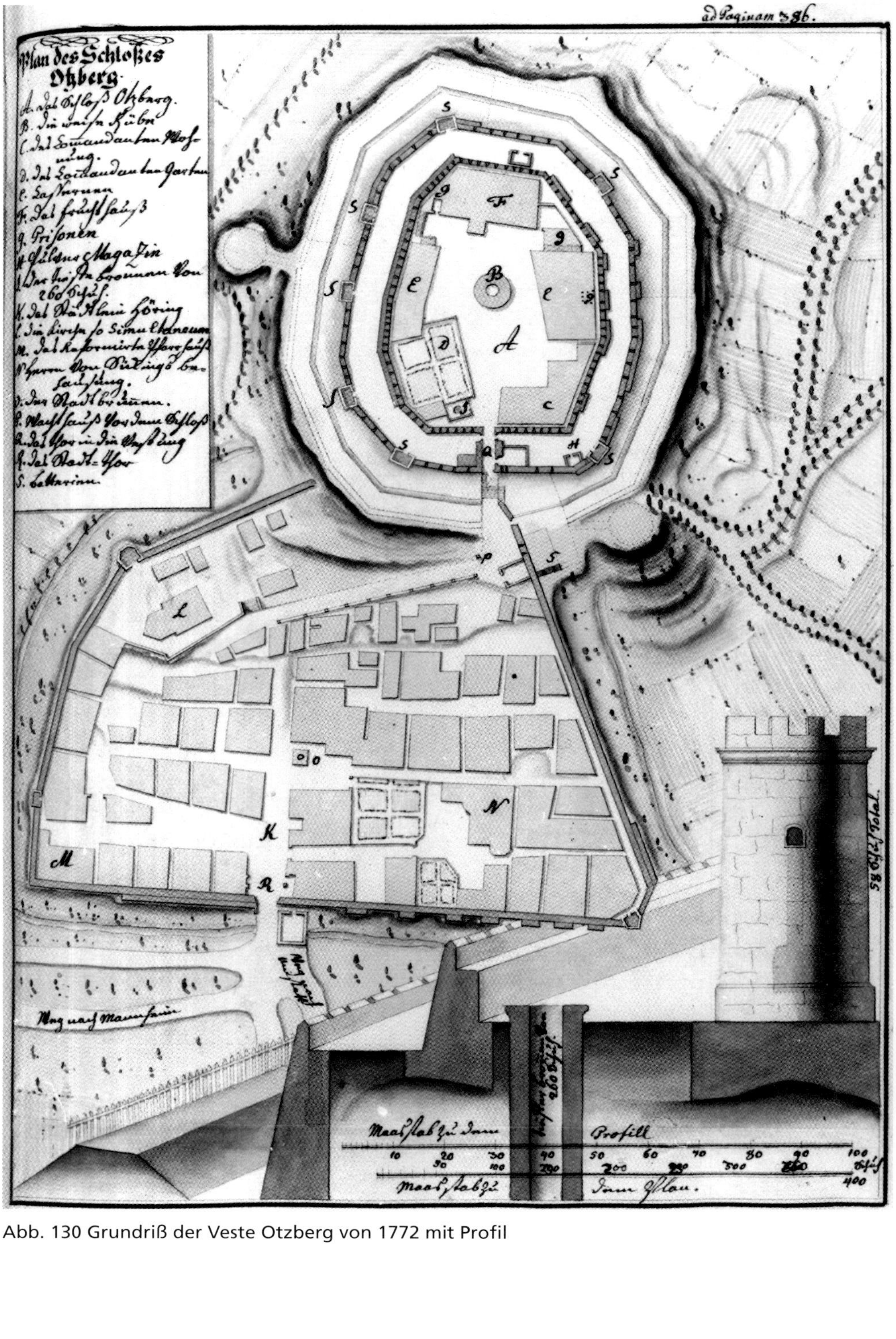

Abb. 130 Grundriß der Veste Otzberg von 1772 mit Profil

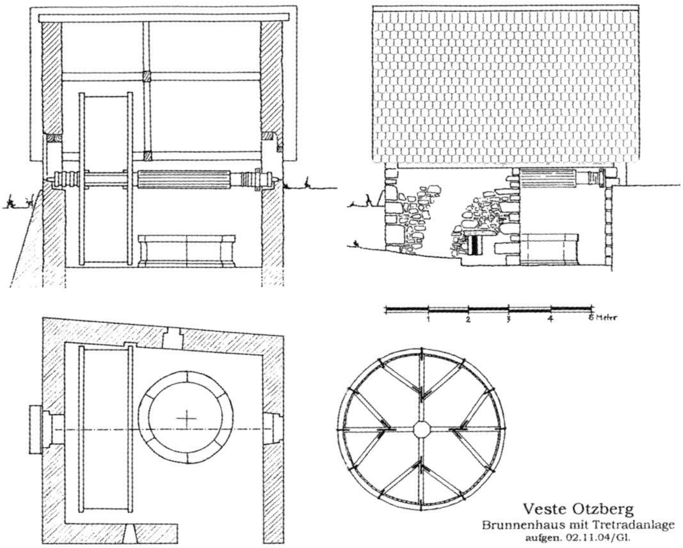

Abb. 131 Das Brunnenhaus

Anfang des 30jährigen Krieges war die Veste Otzberg vorübergehend an Hessen-Darmstadt gefallen. Umgehend ließ der Landgraf untersuchen, ob weitere militärische Verbesserungen der Anlage durchführbar waren. Auf einem Plan[328] von 1624 wird erstmals der tiefe Brunnen erwähnt. *Dieser Brunnen ist 170 Schuhe tief und hatt im Junio 21 Schuhe hoch waßer gehalten.* Man hatte also eine Schachttiefe von ca. 50 m festgestellt und einen Wasserstand von ca. 6 m gemessen.

Das Brunnenhaus

Der Brunnen wurde – wohl wegen der Arbeitsersparnis beim Abteufen des Schachtes – an der tiefsten Stelle innerhalb der mittelalterlichen Kernburg angelegt. Darüber befindet sich heute ein Brunnenhaus, das aus dem späten 16. Jahrhundert stammen könnte (Abb. 131). Es wird in seinem Innern dominiert von der hölzernen Tretradanlage, bestehend aus einem Laufrad von 4,40 m Durchmesser und dem über dem Brunnenkranz liegenden Wellbaum (d = 48 cm). Die Laufbreite im Tretrad von 1,10 m reicht bequem aus für einen ausgewachsenen Mann, der dieses Rad fortschreitend zu bewegen hatte. Die Lauffläche ist fugendicht verbrettert und mit aufgenagelten Trittleisten versehen.

Der Wellbaum ist im Trommelbereich, d. h. im Laufbereich des Seiles aufgebrettert. Diese Aufbretterung, die bei Bedarf erneuert werden konnte, sollte die Abnutzung des Wellbaumes verhindern. Gleichzeitig erhöhte sich dadurch der wirksame Durchmesser bzw. Umfang des Wellbaumes. Der Wasserknecht mußte im Radkäfig 30 Runden gehen, um einen vollen Kübel zu heben. Dabei legte er rd. 400 m zurück. Eine Umdrehung des Tretrades dauerte mehr als eine halbe Minute. Die Zeit für das Heben eines vollen Kübels summierte sich so auf etwa eine Viertelstunde.

328 Hess. Landes- und Hochschulbibliothek Darmstadt, Mappe 155/16, Grundriß des Haußes Otzberg und wie solches zu befestigen sey, gefertigt d. 10te Augusti An. 1624

Abb. 132 Das Brunnenhaus um 1900

Die Konstruktion der äußeren Radscheiben des Tretrades ist insofern beachtenswert, als sie aus dem sonst üblichen Rahmen fällt (Abb. 48). Sie basiert auf dem 4-speichigen Rad mit je zwei schrägen Aussteifungen innerhalb der Quadranten. Dieses Prinzip scheint sehr alt zu sein, da es schon in der Weltchronik des Rudolf von Ems aus dem Jahre 1365 gezeigt wird (Abb 17). Auch im *Château_de_Romont* in der Schweiz ist ein solches Tretrad noch vorhanden.

Zeugnisse darüber, wann die Tretradanlage erstmals erbaut wurde, gibt es nicht. Eine Inschrift auf der Radnabe belegt die Erneuerung im Jahre 1788 durch einen örtlichen Zimmermann. Der wird sich aller Erfahrung nach bei seinem Nachbau an die leichte und elegante alte Vorlage gehalten haben, zumal die speziellen schmiedeeisernen Beschläge sicher noch brauchbar waren.

Die Seilführung um den Wellbaum gemäß Abbildung 132 veranschaulicht den gegenläufigen Betrieb mit zwei Kübeln, ist in der Praxis so aber nicht funktionsfähig. Ein Hanfseil von 3 bis

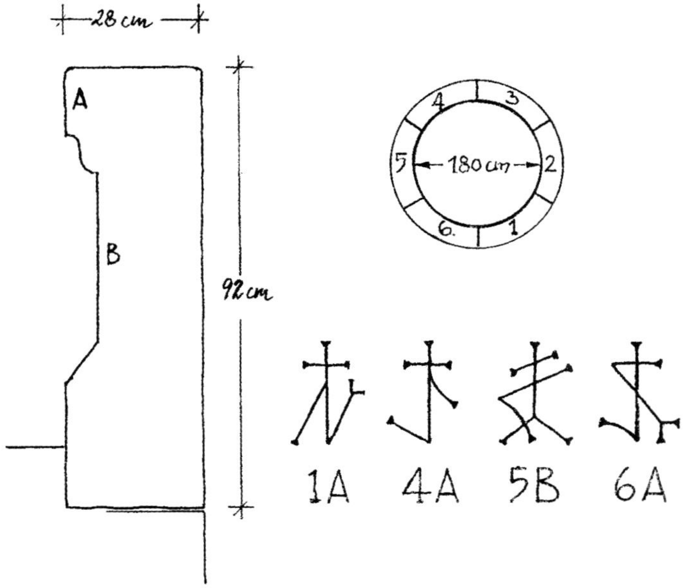

Abb 133 Der Brunnenkranz und die Steinmetzzeichen

4 cm Dicke, wie es früher verwendet wurde, wäre beim Heraufziehen eines Kübels um mehr als 90 cm seitlich auf dem Wellbaum gewandert. Bei einem Schachtdurchmesser von nur 1,82 m hätte der Kübel die letzten Meter entlang der Schachtwand schrammen müssen. Da aber Abnutzungsspuren aus dem Jahrhunderte währenden Betrieb nicht vorhanden sind, wird man dafür gesorgt haben, daß sich die ab- und auflaufenden Seilteile nur in einem genau begrenzten Bereich seitlich bewegen konnten. Auf der **Wülzburg** [5] hatte man zu diesem Zweck Sprossensterne installiert. Nachteilig war, daß dadurch die doppelte Seillänge erforderlich wurde. Vorteilhaft war die höhere Hubgeschwindigkeit, weil sich der Durchmesser des Seilpaketes schnell vergrößerte.

Der Brunnenkranz, der die 1,82 m weite Brunnenöffnung nach oben hin faßt, ist 92 cm hoch. Er setzt sich zusammen aus sechs profilierten Sandstein-Segmenten von 28 cm Stärke. Besondere Aufmerksamkeit verdienen die Steinmetzzeichen, die auf vier Segmenten erhalten sind (Abb. 133). Der rote Sandstein der beiden nicht gezeichneten Segmente zeigt auffallende Spuren der Verwitterung. Vermutlich sind dies die ältesten Teile des Brunnenkranzes.

Am Eingang zum Brunnenhaus fällt eine ältere Holztafel auf mit folgender Inschrift:

Brunnen erbaut im Jahre 1510
von Kurfürst Ludwig V. v.d. Pfalz
Tiefe ca. 80 m

Aus dem Jahre 1758 ist ein Plan des Ingenieurs Phister überliefert[329], der in einem Profil neben Turm und Mauern erstmals auch den Brunnen darstellt mit dem Zusatz: *die Tiefe des bronens ist 260 Schu und 6 Schu weith*. Da der Planmaßstab der rheinische Schuh ist, entspräche dies einer

329 Wehrkreisbücherei VII, München, Inv.-Nr. 4356

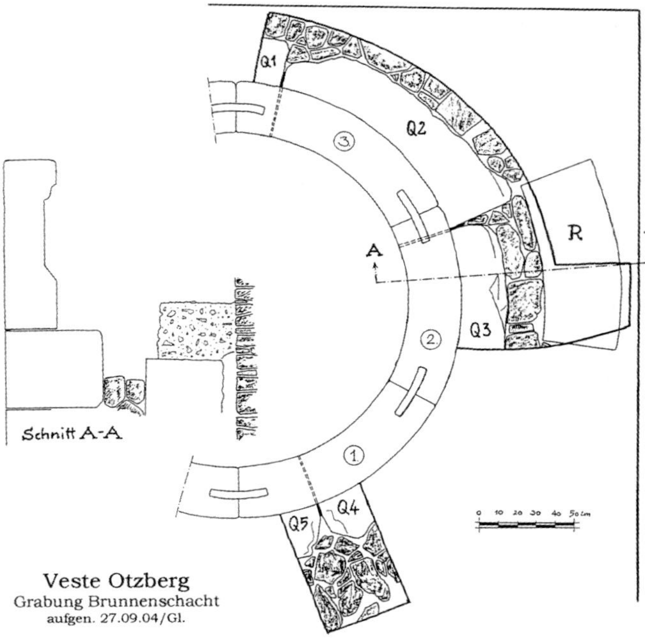

Abb. 134 Die Grabungsergebnisse

Tiefe von ca. 80 m. Dieser Plan war 1772 Vorlage für Abbildung 130. In einem Plan des bayerischen Kriegsministeriums vom Ende des 18. Jahrhunderts[330] findet sich der Hinweis: *der brunnen, so 127 Schue tief bis auf das Wasser.* Das wären dann also rd. 40 m bis zum Wasserspiegel. Eine daraus resultierende Wassertiefe von weiteren 40 m aber ist kaum vorstellbar.

Im Jahre 1874 zitiert Kromm[331] aus den Notizen des Umstädter Rentamtmanns Sior wie folgt: *Der Brunnen ist 6 ½ Fuß weit, hat eine 3' hohe Brüstung, ist 171 Fuß tief und ganz von Quadern.* Wenn wir davon ausgehen, daß die mit 6 ½ Fuß angegebene Öffnung von jedem jederzeit leicht und sicher zu messen war und damit den vorhandenen 1,82 m entspricht, so liegt der Angabe des Rentamtmannes ein Fußmaß von 0,28 m zugrunde. Damit entsprächen dann 171 Fuß einer Tiefe von rd. 48 m.

Von Naeher[332] ist eine Bestandsaufnahme aus dem Jahre 1891 überliefert, in der die Tiefe des Brunnenschachtes wiederum mit ca. 80 m angegeben wird. Mit einer Veröffentlichung aus dem Jahre 1901 korrigiert er diesen Wert auf 60 m.

Im Jahre 1913 schreibt Schuster[333]: *Das größte Werk aber, das bei dem Ausbau der Veste geschaffen wurde, war die Anlage des Brunnens oberhalb des Torgebäudes. Bedenkt man, daß dieser Brunnenschacht von oben an durch Basaltfelsen getrieben werden mußte, und daß er 50 m tief durch die Steinmassen läuft bis zur Sohle des Berges … Der Eifer der Brunnenbauer wurde belohnt. Der Brunnen führt stets ein köstlich klares und frisches Wasser, das 10 m hoch im Schachte steht.* Und auch in neueren Veröffentlichungen schwanken die Angaben zur Brunnentiefe deutlich.

330 Wehrkreisbücherei VII, München, Inv.-Nr. 3212

331 Kromm, H., Die Veste Otzberg und ihre Umgebung, Darmstadt 1874

332 Naeher, J., Die Baudenkmäler der unteren Neckargegend und des Odenwaldes, Heidelberg 1891

333 Schuster, Fr., Der Otzberg und seine Geschichte, in: Neue Heimat, 1913

Die letzte Brunnenreinigung[334] datiert vom 9. Juli 1813. Im Jahre 1818 wurde die Garnison auf dem Otzberg aufgelöst, der Brunnen aber blieb in Betrieb. Von 1826 datiert eine Verfügung des hessen-darmstädtischen Finanzministeriums[335], wonach unter anderem das Brunnenhaus auf jeden Fall zu erhalten sei, während andere Gebäude der Burg zum Abbruch freigegeben waren. Das ehemalige Kommandantenhaus wurde zum Forsthaus, der Brunnen diente der Versorgung der Forstbediensteten noch bis in die Mitte des 20. Jahrhunderts.

Die Untersuchungen

Nach dem extrem trockenen Sommer des Jahres 2003 fiel der tiefe Brunnen im folgenden Jahr trocken. Von einem solchen Fall war aus vergangenen Zeiten nichts bekannt. Diese überraschend eingetretene Situation wurde genutzt für eine breit angelegte Untersuchung, in deren Rahmen die tatsächliche Tiefe des Brunnens geklärt werden sollte.

Am 9. Juli 2004 wurde der Abstand zwischen der Oberkante der Brunnenfassung und der Schutteinlagerung mit 45,50 bis 45,70 m gemessen. Die Mächtigkeit der Einlagerung konnte vom Brunnenrand aus naturgemäß nicht festgestellt werden. Dazu war es notwendig, den Brunnen zu befahren. Eine Befahrung bot zugleich die einmalige Möglichkeit, Erkenntnisse über die Konstruktion des Schachtes zu sammeln und nach Hinweisen auf die Bauzeit des Brunnens zu suchen.

Untersuchungsphase 1: Grabungen

Begonnen wurden die Untersuchungen zunächst mit Grabungen am Brunnenkopf. Dahinter stand die Frage nach der Beschaffenheit der Außenseite des Brunnenschachtes. Soweit die räumlichen Verhältnisse im Brunnenhaus es zuließen, wurde etwa der halbe Schachtumfang Abschnitt für Abschnitt freigelegt. Die Befunde sind in Abbildung 134 dokumentiert und lassen sich wie folgt zusammenfassen:

- Die Quader Q1 bis Q5 der ersten Lage reichen deutlich (25–30 cm) über die Stärke des Brunnenkranzes mit seinen 28 cm hinaus. Da sie im rückwärtigen Bereich fest mit Basaltbrocken ausgeraumelt sind, konnten tiefere Lagen ohne Störung des Gefüges nicht untersucht werden. Es ist aber davon auszugehen, daß über die ganze Höhe des Schachtes Steine im Überformat verwendet wurden. Der rückwärtige Überstand der Quader war – wie wir noch sehen werden – bautechnisch geboten und kam der ohnehin notwendigen Verfüllung der Zwischenräume zum anstehenden Fels entgegen. Exakt zugerichtet sind die Quader im Verlauf der Innenrundung und in den Fugen der vier Anschlußbereiche. Der Teil der Quader, der nach hinten über die Stärke des Brunnenkranzes hinausragt, ist nur grob zugerichtet.
- Dem Brunnendurchmesser von 1,82 m entspricht ein Umfang von fast 5,70 m. In den oberen 5 Lagen unterhalb des Brunnenkranzes bilden jeweils 6 bis 7 Quader einen Ring. Bei einer Schichthöhe von 43 cm sind im 6-teiligen Ring Steinformate von bis zu 1,50/0,60/0,43 m (entspr. ca. 0,4 m^3) vorhanden. Ein solcher Sandsteinbrocken hat ein Gewicht von rd. 1.000 kp bzw. 1,0 t.
- Die senkrechten Anschlußfugen zwischen benachbarten Quadern sind von hinten mit Schieferplättchen verzwickt, d. h. ausgekeilt.
- Bei dem gefundenen Ringsegment R fällt auf, daß es genau ausgerichtet ist auf die Seelenachse des Schachtes und zu einem Ring von ca. 3,20 m Innendurchmesser zu gehören scheint. Die Zurichtung des Steines und seine Tiefe von ca. 40 cm deuten darauf hin, daß dies der Rest der ehemaligen Baugrubensicherung im Kopfbereich des Schachtes ist.

334 StA Darmstadt, Bestand E 8, B 41/9

335 StA Darmstadt, Bestand E 14, A 96/1

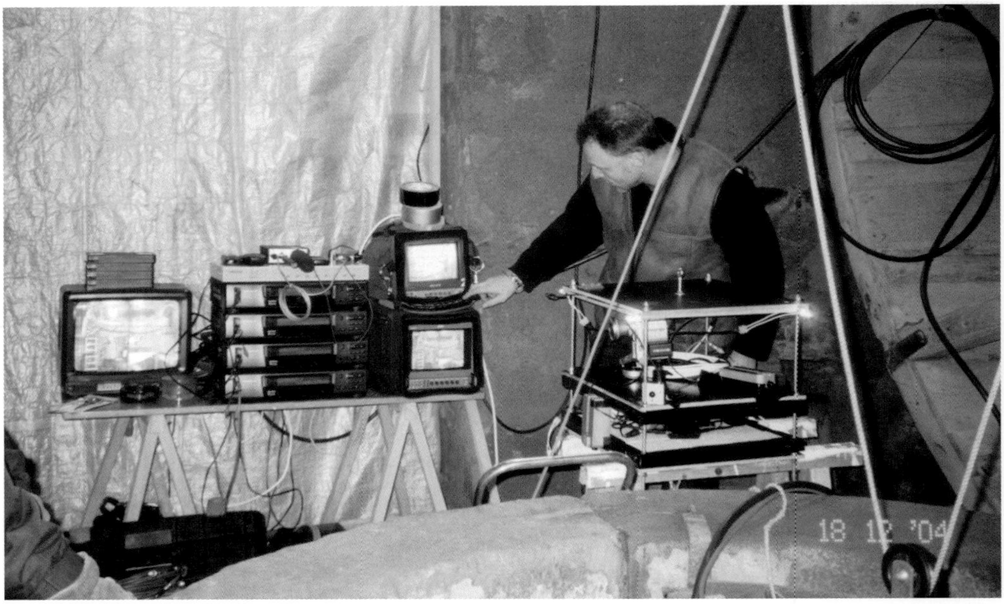

Abb. 135 Vorbereitung der Kameraplattform BrunO II, 18.12.2004

- Vor dem Brunnen ist die alte unregelmäßige Pflasterung erhalten, deren Höhe an der Oberkante der Steine der obersten Lage ansetzt und zum Torweg hin deutlich fällt.

Die Tiefe des Hilfsschachtes, wie er auf dem Otzberg als Baugrubensicherung gebaut wurde, kennen wir nicht. Als man später den gemauerten Brunnenschacht herstellte, verblieb die Hilfskonstruktion in der Erde. Der Zwischenraum zwischen Brunnenschacht und Hilfsschacht wurde – wie auch im tieferen Bereich der Zwischenraum zwischen Brunnenschacht und anstehendem Gebirge – mit Bruchsteinen ausgeraumelt. Die drei Bauphasen des Otzberger Brunnens wurden bereits in Abbildung 35 dargestellt.

Untersuchungsphase 2: Kamera-Befahrung

Sinn und Zweck dieser Untersuchungsphase war zunächst die eingehende Erkundung des Brunnenschachtes im Hinblick auf seinen baulichen Zustand. Darüber hinaus sollte ein Überblick über die Gesamtsituation gewonnen werden zur Vorbereitung der weiteren Detailuntersuchungen, die nur durch persönliche Inaugenscheinnahme vor Ort erledigt werden konnten. Art und Umfang dieser weiteren Untersuchungen waren entscheidend für die Frage, mit welchen Hilfsmitteln der Einstieg in den Brunnen zu erfolgen hatte.[336]

Am 28.10.04 und am 18.12.04 wurden mehrstündige Befahrungen mit Fernsehkameras durchgeführt. Dazu war eine spezielle Versuchsanordnung (Abb. 135) entwickelt worden, bei der von einer Plattform aus mit zwei Kameras, ausgerüstet mit Weitwinkelobjektiven von je 110°, bei

336 Die Genehmigung zur „Grabung im tiefen Brunnen auf der Veste Otzberg" war bereits am 4. Aug. 2004 von der Verwaltung der Staatlichen Schlösser und Gärten, Bad Homburg, erteilt worden.

Abb. 136 Schachtbefahrung am 14. April 2005

entsprechender Überlappung jeweils die Hälfte der inneren Schachtwand erfaßt werden konnte, während eine dritte Kamera ein Maßband zur Positionskontrolle fixierte. Ebenfalls an der Plattform installiert waren Beleuchtungskörper, deren Anordnung und Stärke während der Befahrungen mehrfach verändert werden mußte. Das kontrollierte Ablassen und Heben der Kameraplattform erfolgte über einen Seilzug mit zwei Rollen. Bei der zweiten Befahrung wurde zusätzlich eine Vertikalkamera verwendet.

Die Daten der erfaßten Bilder wurden über Kabel bzw. eine Funkstrecke direkt auf Monitore übertragen, so daß vom Brunnenrand aus das aktuelle Geschehen verfolgt werden konnte. Als besonders hilfreich erwies sich die Verwendung einer Quadsplitanlage, die es ermöglichte, alle vier Aufzeichnungsergebnisse auf einem Bildschirm vergleichend parallel zu betrachten. Die Aufzeichnungen der einzelnen Kameras wie auch der Quadsplit wurden auf Datenträger gespeichert.[337]

Die Kamerabefahrungen führten zu folgenden Ergebnissen:

Ein Einstieg war aufgrund des guten baulichen Zustandes der Ausmauerung ohne zusätzliche Risiken möglich.

Bei der Untersuchung war auf eine Vielzahl konstruktiver und handwerklicher Details zu achten. Überraschend war vor allem die Vielzahl der Steinmetzzeichen.

Da anschließend eine Altersbestimmung versucht werden sollte, war eine lückenlose Dokumentation erforderlich, d. h. jeder Stein innerhalb des Schachtes mußte einzeln untersucht und aufgenommen werden.

Wegen des zu erwartenden Dokumentationsumfanges mußte der Plan, die Arbeiten vom hängenden Seil aus durchzuführen, aufgegeben werden. Die zeitraubenden Arbeiten waren nur von einer gesicherten Plattform aus zu erledigen.

337 Besonderer Dank gebührt Thilo Heine, Königstein, durch dessen Zutun die Kamerabefahrung die Ergebnisse lieferte, die für die weitere Untersuchung wegweisend waren.

Untersuchungsphase 3: Schachtbefahrung

Die Befahrung des Schachtes mit einer 2-Personen-Hebebühne (Abb. 136) fand statt in der Zeit vom 11. bis 18.04.05. Die Tragekonstruktion bestand aus zwei A-Stützen, die – nach oben verlängert – durch eine Traverse verbunden wurden, an der die Antriebe der Förderseile sowie die Verankerungen der Sicherungsseile befestigt waren (Abb. 138). Die Steuerung der Hebebühne erfolgte per Funk aus dem Schacht heraus.
Ziel der insgesamt 6-tägigen Befahrung[338] war:

Klärung der Höhe der Schutteinlagerung, ggfs. Räumung.
Untersuchung und Dokumentation der konstruktiven Details des Schachtes.
Vermessung des Brunnenschachtes im Querschnitt.
Dokumentation der Steinmetzzeichen im Schacht.

Der Versuch, durch Handgrabung entlang der Schachtwand den Grund zu erreichen, mußte abgebrochen werden. In einem zweiten Anlauf wurde ein handbetriebenes Sondiergerät eingesetzt. Wegen der Enge des Raumes konnten nur drei Sondierungen im Abstand von jeweils ca. 50 cm niedergebracht werden. Während ein Versuch bei ca. 1,60 m endete, wurde mit den beiden anderen eine Tiefe von ca. 2,95 m erreicht. Der helle Klang beim Aufsetzen des Gestänges gab zu der Vermutung Anlaß, daß damit der Basalt auf der Sohle des Schachtes erreicht sein könnte. Beim Ziehen des Sondiergestänges wurde der Wasserstand im Schutt mit ca. 2 m festgestellt. Die Räumung mußte auf einen späteren Zeitpunkt verschoben werden, da die zu erwartende Menge an Aushub eine Modifizierung der Hebebühne erforderte.

– Das Schachtbauwerk

Die Darstellung der weiteren Ergebnisse berücksichtigt bereits die Tatsache, daß der Schacht des tiefen Brunnens der Veste Otzberg aus zwei Abschnitten besteht, die deutlich unterschiedlichen Bauzeiten zuzurechnen sind. Für die Dokumentation wurde die Numerierung der Schichten der Ausmauerung von oben nach unten fortlaufend vorgenommen, da die Tiefe des Schachtes noch nicht bekannt war. So konnten die Ergebnisse nach der Räumung problemlos ergänzt werden.

Das Quadermauerwerk des oberen Schachtteiles besteht unterhalb des Brunnenkranzes aus 89 Schichten, wobei jeweils 6 bis 8 Sandsteinquader einen geschlossenen Ring bilden. Das Mauerwerk dieses Schachtteiles (Anlagen 1.1 bis 1.5) zeichnet sich aus durch

- exakte Maßhaltigkeit der Quader (keine Höhenabweichungen innerhalb eines Ringes),
- exakte Fugenausbildung horizontal wie vertikal (nur an drei Stellen wurde mit dünnen Schieferplättchen korrigiert),
- gleichmäßige Oberflächenbehandlung (gespitzte Fläche mit umlaufendem Randschlag von 2 bis 3 cm Breite),
- Steinmetzzeichen auf 92 % aller Quadersteine (von 583 Quadern sind nur 45 nicht gezeichnet),
- Zangenlöcher auf allen Steinen (nur in fünf Fällen wurde ein zweites Zangenloch nachgearbeitet),
- je 4 Rüstlöcher in den 5 Ebenen zwischen den Schichten 1/2, 20/21, 39/40, 61/62 und 75/76,
- eine auffallende Gleichförmigkeit der Schichthöhen (66 der 89 Schichten sind – unter Berücksichtigung ihrer Erfassung in vollen Zentimetern – 43 cm hoch. Die restlichen

338 Je ½ Tag wurde für Montage und Demontage benötigt, am 16. und 17. April wurde nicht gefahren.

Abb. 137 Detail des oberen Schachtteiles

Höhen betragen 2 mal 41 cm, 5 mal 40 cm, 5 mal 39 cm, 2 mal 36 cm, 4 mal 35 cm, 4 mal 34 cm und 1 mal 33 cm.). Die Antwort auf die Frage, wie es zu dem „Ideal-Maß" von 43 cm gekommen ist, gibt uns Agricola[339], der – ausgehend von der alten sächsischen Elle – den Lachter bzw. Klafter von 1,699 m zugrundelegt. Danach ergeben zwei Spannen den Wert von 0,4248 m. Die offenbar angestrebte Einheitlichkeit der Schichthöhen war, wie die weiteren Untersuchungsergebnisse zeigten, eine bautechnische Notwendigkeit.

Bezüglich der nicht sichtbaren Teile der Ausmauerung hatten die Grabungen gezeigt, daß die einzelnen Schichten entgegen den Erwartungen nicht aus schalenförmigen Quadern bestehen, sondern eine Tiefe von stellenweise über 60 cm aufweisen. Die großen Auflageflächen und die gute Verzahnung mit dem anstehenden Basalt-Felsgestein waren ebenfalls bautechnisch gewollt.

In nur fünf Ebenen des oberen Schachtteiles sind Rüstlöcher vorhanden. Zu einer Rüstebene gehören jeweils vier annähernd quadratische Aussparungen (8/8 cm), die 15–20 cm weit in die obere Fläche eines Quaders eingearbeitet sind und durch den darüberliegenden Quader gedeckt werden (Abb. 137). Die Öffnungen der Rüstlöcher sind einseitig schräg aufgeweitet, da sich ihre Funktion aus der paarweisen Zuordnung gegenüberliegender Öffnungen ergibt. Die Rüstlöcher zwischen den Schichten 1/2 und 20/21 sind so angeordnet, daß die Tragkonstruktion in O-W-Richtung verläuft. In den folgenden drei Ebenen ändert sich deren Ausrichtung gegenüber der vorhergehenden jeweils um 90°.

Bei den Rüstlöchern handelt es sich aufgrund ihrer Abmessungen und des großen Abstandes, in dem die Ebenen untereinander angeordnet sind, zweifelsfrei um Vorrichtungen für leichte Klettergerüste, wie sie bei Wartungs- und Bergungsarbeiten verwendet wurden, die nicht mit Hilfe der Tretradanlage ausgeführt werden konnten. Für ein Baugerüst sind die Rüstlöcher mit ihrer Abmessung von 8/8 cm viel zu klein.

339 Agricola, G., De mensis, quibus intervalla metimur, Basel 1550; Danach: 1 passus (Lachter, Klafter) = 3 Ellen = 1,699 m; 1 cubitus (Elle) = 2 Fuß = 0,5664 m ; 1 pes (Werkschuh, Fuß) = 1 1/3 Spanne = 0,2832 m; 1 dodrans (Spanne) = 0,21224 m.

Abb. 138 Lagebesprechung am Förderkorb

Bemerkenswert sind zwei umlaufend etwas breitere horizontale Fugen zwischen Schicht 72 und 73 (1 cm) sowie zwischen Schicht 74 und 75 (1–3 cm). Beide Fugen sind sorgsam mit flachen gebrannten Steinen und Schieferplättchen ausgestopft und vermörtelt. Wir werden darauf zurückkommen. Die Trennfuge zwischen oberem und unterem Schachtteil (zwischen Schicht 89 und 90) ist als Ausgleichsschicht ausgebildet, mit der Differenzen von bis zu 3 cm gleichmäßig umlaufend korrigiert wurden.

Vom Quadermauerwerk des unteren Schachtteiles konnten zunächst nur 18 Schichten (90 bis 107) aufgenommen werden. (Anlage 1.6) Jeweils 7 bis 9 Sandsteinquader bilden hier einen geschlossenen Ring. Die weitere Inaugenscheinnahme war durch den eingelagerten Bauschutt versperrt. Das Mauerwerk zeichnet sich aus durch

- ein insgesamt gestörtes Gefüge,
- geringere Maßhaltigkeit der Quader (Höhenabweichungen innerhalb eines Ringes),
- variierende vertikale Fugenbreiten zwischen den Quadern,
- auffallend glatte Oberflächen,
- das Fehlen jeglicher Steinmetzzeichen,
- Zangenlöcher auf allen Quadern,
- 4 Rüstlöcher in der Ebene 102/103 (N-S-Ausrichtung),
- Schichthöhen zwischen 33 und 53 cm.

Besonders bemerkenswert ist die zwischen 5 und 13 cm breite Fuge zwischen den Schichten 91 und 92. Die in der Fuge liegenden flachen Formziegel gehören zu einer Ausmauerung, die nur noch an einer Stelle als solche erkennbar ist. In allen anderen Bereichen dieser Fuge ist der Mörtel aufgelöst und ausgespült.

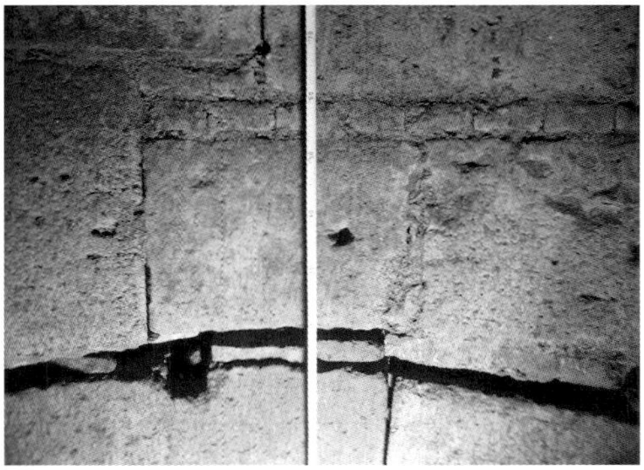

Abb. 139 Mauerwerkdetails des unteren Schachtteiles

Die Formziegel lassen sich sämtlich ohne Mühe herausnehmen und ermöglichen so einen guten Einblick in die Situation hinter den Quadersteinen. Es öffnen sich große Hohlräume, die nur (noch) unzureichend mit Basaltbruch gefüllt sind. Der notwendige Verbund mit dem anstehenden Felsgestein ist hier also zumindest teilweise verlorengegangen. Bei der breiten Fuge (zwischen Schicht 91 und 92) handelt es sich um einen Abriß bzw. Setzungsriß. Und man muß kein Bausachverständiger sein, um in Anlage 1.6 den diagonalen Riß zu erkennen, der sich über die ganze Höhe dieses Schachtteiles zieht.

Das im gesamten Bereich des unteren Schachtes gestörte Gefüge des Mauerwerks deutet auf Erdbewegungen hin, unter denen das Schachtbauwerk gelitten hat. Die Erdbewegungen, deren Auswirkungen im unteren Schachtteil ablesbar sind, werden im oberen Schacht zu noch größeren Schäden und letztendlich zum ganz oder teilweisen Einsturz geführt haben, so daß dieser Schachtteil neu aufgesetzt werden mußte. Daraus resultiert also die markante Zweiteilung der Schachtausmauerung. In diesem Zusammenhang erklären sich auch die zwei Fugen im oberen Schachtteil (kleinere Setzungsrisse zwischen den Schichten 72 und 73 bzw. 74 und 75), die nach dem Aufsetzen des oberen Schachtteiles entstanden, als durch dessen Gewicht der untere Teil zusammengedrückt wurde und sich stabilisierte.

Die Quader des unteren Schachtteiles sind bei einer durch die Fugen gemessenen Dicke zwischen 25 und 30 cm erkennbar schalenförmig. Ihre Sichtmaße übertreffen also deutlich ihre Dicke, wodurch sie bei Erdbewegungen eine nur eingeschränkte Stabilität im Verbund der jeweiligen Schicht gehabt haben. Mit Entstehen der rückwärtigen Hohlräume vergrößerte sich diese Instabilität naturgemäß noch mehr. Besonders deutlich wird das durch Quader, die aus ihrer ursprünglichen Lage herausgerückt wurden. Ein Quader der 100. Schicht ist wie eine Drehtür um seine vertikale Achse gedreht und ragt so um fast 10 cm in den Schacht hinein.

Auf der anderen Seite war die mangelnde Präzision in der Fugenausbildung im unteren Schachtteil offenbar gewollt, da durch die Fugen das Kluftwasser eintreten sollte. Dies stimmt überein mit den in der Vergangenheit beobachteten Wasserständen, die über den unteren Schachtbereich hinauf nicht bekannt sind. Wir haben oben die Inschrift eines Planes zitiert, wonach der Wasserstand Ende des 18. Jahrhunderts bei rd. 40 m unterhalb des Brunnenkranzes lag. Außerdem kennen wir Meßergebnisse aus den letzten Jahrzehnten, die von 40 bis 42 m sprechen. Daß der Wasserstand starken Schwankungen unterworfen war, belegen Fugen unterschiedlicher Höhenlage, in denen Einspülungen von Holzstückchen, einem Kugelschreiber, Teilen von Kinderspielzeug und anderen Kleinteilen registriert werden konnten.

Die scheinbar gleichmäßig flächige Abnutzung der Quadersteine im gesamten Bereich des unteren Schachtes ist ein sicheres Zeichen für das hohe Alter dieses Schachtteiles. Friederich[340] weist in seinem Standardwerk über die Steinbearbeitung die Herstellung glatter Wandoberflächen am Beispiel des Straßburger Münsters gar dem 12. Jahrhundert zu. Er führt dazu aus: *Meistens … ist das Ornament* [der Steinbearbeitung] *nur noch in schwachen Spuren erkennbar, als sähe man es durch einen Schleier hindurch. … Man wollte diese Verwischung schon als natürlichen Vorgang erklären, etwa so, als seien die vorstehenden Wulste im Laufe der Jahrhunderte durch die mit ihren Kleidern vorbeistreifenden Gläubigen allmählich abgerutscht und abgeschliffen worden. Wie die Betrachtung an Ort und Stelle überzeugend ergibt, ist die Glättung aber gewollt, und mittelst eines scharfen Werkzeugs erfolgt. … Glücklicherweise erfolgte dieses Nacharbeiten nicht ganz gründlich, so daß die ursprüngliche Behandlung stellenweise immer noch leicht durchschimmert. … Dieses nachträgliche Abarbeiten geschah mittelst eines neuen Werkzeuges, der glatten Fläche. Sie wurde genau wie der Zweispitz zweihändig geführt, trug aber an Stelle der Spitzen beilartige Schneiden.*

Die Oberflächenbearbeitung mit der sogenannten glatten Fläche, die im Hochbau als eine vorübergehende Mode anzusehen ist, wurde ganz offenbar im Brunnenbau länger beibehalten, denn der untere Schachtteil des Otzberger Brunnens stammt – wie wir sehen werden – aus dem 14. Jahrhundert. Ausschlaggebend dafür wird die Zweckmäßigkeit solcher Oberflächen im Hinblick auf die Sauberhaltung gewesen sein. Gut möglich, daß die vielen im Laufe der Jahrhunderte durchgeführten intensiven Brunnenreinigungen, die sich ja in erster Linie auf diesen unteren Teil konzentrieren mußten, ein übriges dazu beigetragen haben, daß die Oberflächen der Quadersteine zunehmend glatter geworden sind.

Unabhängig davon wird die Vermutung, einst hier vorhandene Steinmetzzeichen könnten durch Abnutzung verschwunden sein, widerlegt durch die Tatsache, daß an einigen Quadern stellenweise noch Spuren des Randschlages zu finden sind. Steinmetzzeichen sind i. d. R. tiefer in den Stein eingeschlagen, so daß auch hiervon Spuren hätten erhalten bleiben müssen.

340 Friederich, a.a.O., S. 29

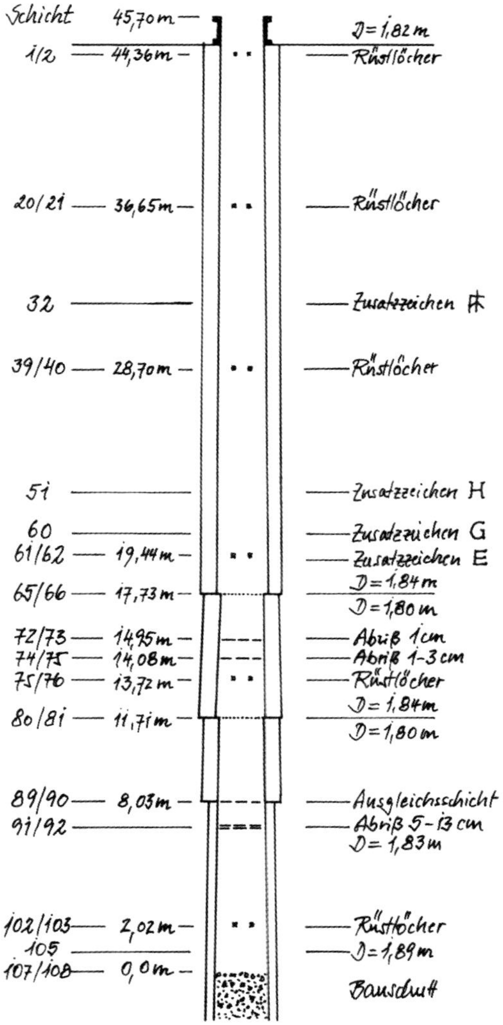

Abb. 140 Konstruktionsprinzip des Brunnenschachtes

Wie aber ist der Umstand zu bewerten, daß im unteren Schachtteil des Otzberger Brunnens von Anbeginn an keine Steinmetzzeichen vorhanden waren? Ihr Fehlen liegt nicht in der Tatsache begründet, daß dieser Teil deutlich älter ist als der obere Schacht. Es wird vielmehr an der Art der Arbeitsverträge gelegen haben, die Steinmetzzeichen überflüssig machte. Im Gegensatz zum späteren neuen Schachtteil war der alte Brunnenschacht wohl insgesamt im Werklohn vergeben worden. Somit war die Kennzeichnung einzelner Quader zur Abrechnung nicht erforderlich.

Unerwähnt geblieben sind bisher die Veränderungen des Schachtdurchmessers, der am Kopf des Brunnens mit 1,82 m gemessen wurde. Bis hinunter zur Schicht 65 vergrößert sich die lichte Weite auf 1,84 m, wird aber mit Schicht 66 auf 1,80 m zurückgenommen (Versprung

Abb. 141 Untersuchung im Schacht

umlaufend gleichmäßig 2 cm). Das gleiche wiederholt sich im oberen Schachtteil zwischen den Schichten 80 und 81 (Abb. 140).

Eine Schrägstellung der Schachtwände wurde auch im unteren Schachtteil festgestellt. Nach der breiten Fuge zwischen den Schichten 91 und 92 mißt der Durchmesser 1,83 m, bei Schicht 105 bereits 1,89 m. Da das Gefüge des alten Schachtes nach unten hin gleichmäßiger wird (Anlage 1.6), ist eine nachträgliche Aufweitung durch Erdbewegungen auszuschließen. Wir müssen vielmehr davon ausgehen, daß die Schrägstellung der Schachtwände in den vier Abschnitten bewußt gesucht wurde, um eine höhere Stabilität zu erreichen. Zusammen mit der größeren Auflagerbreite der Quader im oberen Schacht und der Verankerung ihrer Auskragungen an den Rückseiten gegen den anstehenden Fels wurde eine gute Verzahnung bei möglichen weiteren Senkungen erreicht.

Bleibt nachzutragen, daß die Verwitterung der Segmente des Brunnenkranzes, die nicht mit Steinmetzzeichen versehen sind, unter dem Aspekt der Ruinierung und Wiederherstellung des Schachtes verstärkt darauf hindeutet, daß es sich um Teile eines älteren Brunnenkranzes handelt.

– Die Steinmetzzeichen

Voranstellen wollen wir die Frage, woher das Steinmaterial für die Schachtausmauerung kam. Die Vermutung, daß die Steine für den oberen Teil des Brunnens im Otzberger Steinbruch nördlich des Weilers Zipfen gebrochen und bearbeitet wurden, liegt nahe, da dieser ehemals auch zum pfälzischen Amt gehörte. Alle anderen Brüche im ehemaligen Amtsbereich sind kleiner und jüngeren Datums. Ob die Quader des älteren Schachtteiles ebenfalls aus diesem Bruch stammen, könnte durch eine mineralogische Untersuchung geklärt werden.

Im allgemeinen Teil haben wir ausgeführt, daß die Quader nahe dem Steinbruch bearbeitet wurden. Jede fertiggestellte Schicht mußte hier zunächst auf dem Reißboden ausgelegt

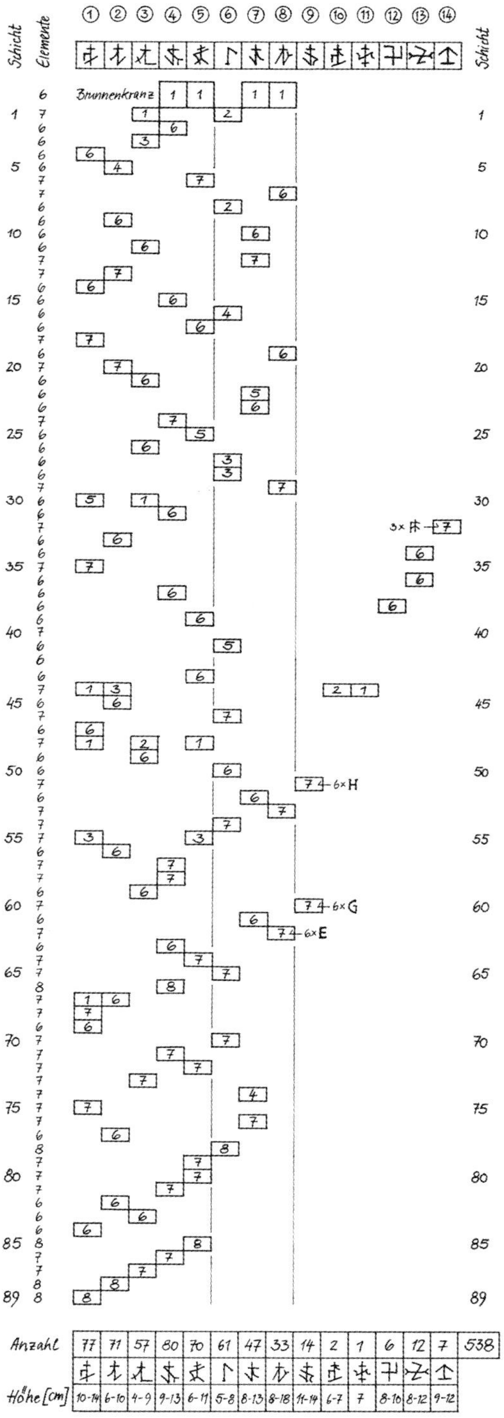

Abb. 142 Verteilung der Steinmetzzeichen im oberen Schachtteil

werden. Nur so konnte der Parlier prüfen, ob sie den bautechnischen Anforderungen genügte. Wenn die Werkstücke im Verband geprüft und für gut befunden worden waren, brachte der Steinmetzmeister sein persönliches Zeichen an. Dieses Zeichen nennen wir im folgenden das Urheberzeichen.

Es ist wohl selbstverständlich, daß der Steinmetzmeister sein persönliches Zeichen aufrecht auf das Werkstück setzte. Danach wurden die Quader einzeln auf die Baustelle transportiert. Wenn wir heute also das eine oder andere auf dem Kopf stehende Urheberzeichen finden, so deutet das darauf hin, daß der Quader im Zuge des Einbaues von den Maurern gedreht wurde. Und so erklärt sich auch, warum wir vielfach solche Zeichen im Bereich der Zangenlöcher finden. Der Steinmetz hatte sein Urheberzeichen im Steinbruch da angebracht, wo es ihm genehm war. Der Maurer mußte das Zangenloch auf der Baustelle dort schlagen, wo es im Hinblick auf das Versetzen des Quaders am zweckmäßigsten war. Er konnte und durfte dabei keine Rücksicht auf ein bereits vorhandenes Urheberzeichen nehmen.

Steinmetzzeichen finden sich auf der Außenseite des Brunnenkranzes (Abb. 133) und im oberen Teil des Schachtes auf den Quadern der Schichten 1 bis 89. Dokumentiert wurden insgesamt 563 Zeichen, davon 559 auf Quadern im Schacht. Der obere Schachtteil besteht aus 583 Quadersteinen, von denen nur 45 ungezeichnet sind. Somit verteilen sich die 559 Zeichen auf nur 538 Quadersteine, weil 21 von ihnen doppelt gezeichnet sind. Neben dem Urheberzeichen wird auf diesen Quadern noch jeweils ein Zusatzzeichen verwendet. Wir kommen darauf zurück.

Die Anlagen 1.1 bis 1.5 enthalten die vollständige Dokumentation des oberen Schachtteiles mit allen gefundenen Steinmetzzeichen. In diesem Zusammenhang sei nochmals darauf hingewiesen, daß die Numerierung der Schichten entgegen dem Bauablauf von oben nach unten festgelegt wurde, weil wegen der Schutteinlagerungen die tatsächliche Anzahl der Schichten zum Zeitpunkt dieser Untersuchung noch nicht bekannt war.

Die Urheberzeichen

Aus Gründen der Übersichtlichkeit wurde eine schematisierte Darstellung entwickelt, aus der Art und Anzahl der Steinmetzzeichen je Schicht ablesbar sind (Abb. 142). Die Urheberzeichen sind entsprechend der Reihenfolge ihres zeitlichen Auftretens mit den Nummern 1 bis 14 versehen. Die Schicht mit dem Urheberzeichen Nr. 1 war die erste neue Schicht, die auf den alten Schachtteil aufgesetzt wurde.

Die Numerierung der Schichten wird auf der linken Seite begleitet von Angaben zur Gesamtzahl der Ringsegmente bzw. der Anzahl der Quader je Schicht. Für jede Schicht ist angegeben, wie oft sich hier ein bestimmtes Urheberzeichen findet. Aus dem Vergleich der Anzahl der Quader mit der Anzahl der Urheberzeichen ergibt sich so die Anzahl der gezeichneten bzw. nicht gezeichneten Quader jeder Schicht.

Urheberzeichen, die auf den Quadern einer Schicht gemeinsam mit einem Zusatzzeichen auftreten, sind in der jeweiligen Schicht mit entsprechenden ergänzenden Hinweisen versehen. In der Schlußzeile sind die Einzelsummen für das Auftreten der verschiedenen Urheberzeichen gebildet. Und schließlich sind zu jedem Urheberzeichen die gefundenen Größenbereiche angegeben.

Von den oberen 89 Schichten sind

- in 70 Schichten alle Quader einer Schicht jeweils mit dem gleichen Urheberzeichen versehen,
- in 11 Schichten die Quader unvollständig, aber jeweils gleich gezeichnet,
- in 4 Schichten (Nr. 1, 30, 55 und 67) jeweils zwei verschiedene Urheberzeichen vorhanden, in einer (Nr. 48) drei und in einer weiteren (Nr. 44) gar vier,
- in nur 2 Schichten (Nr. 40 und 42) alle Quader ohne Steinmetzzeichen.

Insgesamt finden sich am Otzberger Brunnen die Urheberzeichen von 14 verschiedenen Steinmetzmeistern.[341] Die vier Steinmetzzeichen vom Brunnenkranz (Abb. 133) finden sich auch im Schacht bis hinunter zur Schicht 86, d. h. die vier „Meister des Brunnenkranzes" (Nr. 4, 5, 7 und 8) haben praktisch während der gesamten Bauzeit des neuen Schachtteiles mitgewirkt.

Rekonstruieren wir den Arbeitsablauf anhand der zeitlichen Reihenfolge, in der die Urheberzeichen auftreten, so stellen wir fest, daß für die Herstellung der Schachtringe zunächst nur fünf Steinmetze (Nr. 1 bis 5) verpflichtet worden waren, die dann bis zum Ende mitarbeiteten. Sie zeichneten insgesamt 355 der 538 gezeichneten Quader. Zwei von ihnen fertigten je ein Segment des Brunnenkranzes. Schon dies ist ein hinreichender Beleg dafür, daß dieser Teil des Brunnenschachtes in einem Zuge ohne Unterbrechungen erbaut wurde.

Nach 10 Schichten scheint der kontinuierliche Produktionsprozess dieser Fünf gestört. Offensichtlich lieferte Nr. 3 nicht rechtzeitig. Zwei neue Steinmetze (Nr. 6 und 7) kamen hinzu. Auch diese blieben bis zum Abschluß der Baumaßnahme. Sie zeichneten zusammen 108 Quader. Die Nr. 7 fertigte ein Segment des Brunnenkranzes.

Mit der Schicht 62 taucht ein neuer Steinmetz (Nr. 8) auf, dessen Zeichen (nur) in dieser Schicht zusammen mit dem Zusatzzeichen E erscheint. Auch er blieb auf der Baustelle, zeichnete insgesamt 33 Quader und fertigte ein Segment des Brunnenkranzes.

Mit Schicht 60 erscheint ein weiterer Neuling (Nr. 9), der in dieser seiner ersten Schicht zusammen mit dem Zusatzzeichen G zeichnet. In seiner zweiten und letzten Schicht 51 steht sein Urheberzeichen gemeinsam mit dem Zusatzzeichen H. Die bunteste Mischung zeigt sich in Schicht 44, wo neben zwei Steinmetzen der Stammbelegschaft (Nr. 1 und 2) noch zwei „wandernde Gesellen" (Nr. 10 und 11) ihr Zeichen auf gerade mal drei Quadern hinterlassen.

Der Steinmetz Nr. 12 fertigt die Schicht 38, der mit der Nr. 13 die Schichten 36 und 34. Der letzte „wandernde Geselle" (Nr. 14) zeichnet in seiner Schicht 32 gemeinsam mit einem Zusatzzeichen, dessen Bedeutung sich nicht erschließt. Den Rest der Arbeit erledigen von da an die Steinmetzmeister Nr. 1 bis 8 in einem deutlich ablesbaren kontinuierlichen Ablauf.

Warum, so müssen wir uns fragen, wurde die Stammbelegschaft der acht Steinmetzmeister (Nr. 1 bis 8) im Bereich der Schichten 60 bis 32 um weitere sechs Steinmetze (Nr. 9 bis 14) aufgestockt, wo diese doch letztlich keine sieben Schichten dazu beigetragen haben? Wir haben oben bereits auf „wandernde Gesellen" hingewiesen. Und tatsächlich findet sich das Urheberzeichen Nr. 11 mit eben dieser Zuweisung auch am Straßburger Münster wieder. Der dortige Baumeister Knauth[342] weist dieses Zeichen bei seiner Bestandsaufnahme gleich dreimal nach.

Es war also gute Sitte, den „wandernden Gesellen", sofern man sie nicht auf Dauer beschäftigen konnte oder wollte, zumindest kurzfristig Arbeit zu geben, damit sie sich genügend Geld verdienten, um weiterziehen zu können. Und in der Zeit der begrenzten Mitwirkung solcher Steinmetze treten dann im Schacht des Otzberger Brunnens auch die Zusatzzeichen auf, über die noch zu reden sein wird. War also der Steinmetz Nr. 8, der sich zusammen mit dem Zusatzzeichen E erstmals in Schicht 62 einbringt, ebenfalls einer der Gesellen auf Wanderschaft und somit der einzige dieser Gruppe, der auf der Baustelle bis zum Abschluß der Arbeiten blieb?

Steinmetzzeichen sind in der baugeschichtlichen Forschung seit Beginn des 20. Jahrhunderts ein Mittel, um einzelne Bauabschnitte großer Bauvorhaben voneinander zu trennen bzw.

341 Beim Abgleich der Steinmetzzeichen werden wir sehen, daß Steinmetze unterschiedlicher Qualifizierung zum Schachtbauwerk beigetragen haben. Gleichwohl sprechen wir insgesamt von Steinmetzmeistern.

342 Knauth, J., Die Steinmetzzeichen am Straßburger Münster, 1906; veröffentlicht in Friederich, a.a.O.

Aufschlüsse über zusammenhängende Bauteile zu erhalten. Sie können aber auch Aussagen liefern über Bauunterbrechungen, Nacharbeiten und Wiederherstellungen.

Wir hatten anhand der Abbildung 44 bereits erläutert, daß Art und Ausformung der individuellen Steinmetzzeichen über die Jahrhunderte ihres Auftretens hin deutlichen Veränderungen unterworfen waren. Da an großen Bauvorhaben wie z. B. dem Straßburger Münster über viele Jahrhunderte gebaut wurde, war hier die Zusammensetzung der Bauhütte einem ständigen natürlichen Wechsel unterworfen. Auf seinen Steinen finden sich so alle Entwicklungsstufen der Steinmetzzeichen vom Beginn des 11. bis zum Ende des 18. Jahrhunderts.

In unserem Fall, wo der Schacht des Brunnens in relativ kurzer Zeit in einem Zuge hergestellt wurde, konnte die zeittypische Erscheinungsform der Steinmetzzeichen genutzt werden, um den Zeitraum für den Wiederaufbau des oberen Schachtteiles einzugrenzen. Der Versuch der Datierung stützte sich auf den Abgleich mit anderen Bauwerken, deren Bauzeit bekannt ist.

Steinmetze haben selten ihre gesamte Lebensarbeitszeit am gleichen Ort verbracht. Sie mußten jeweils dorthin gehen, wo es Arbeit gab. Wurde der Bau unterbrochen oder war das Bauvorhaben beendet, suchten sie sich eine neue Anstellung. Dies ist der Grund dafür, daß sich gleiche Zeichen häufig an räumlich weit auseinanderliegenden Orten finden. Und ein solches Zeichen dürfte – wenn wir den Regeln der Hüttenordnungen glauben – auch nur innerhalb des Zeitraumes auftreten, während dessen der Steinmetz seine Profession ausübte. Dafür setzen wir maximal 40 Jahre.

Auffallend ist, daß sehr einfache Zeichen über Zeiträume hin anzutreffen sind, die weit über das Wirken von zwei oder drei Generationen hinausgehen. Da diese Zeichen zudem aus der zeittypischen Systematik herausfallen, könnte man dahinter Handwerker vermuten, die außerhalb der strengen Ordnung der Bauhütten standen.

Für den folgenden Abgleich der dokumentierten 14 Urheberzeichen (Abb. 143) wurden neben den eigenen Beständen an Steinmetzzeichen u. a. herangezogen die Sammlung J. Knauth vom Straßburger Münster sowie Arbeiten von H. Koppelt für Ost-Unterfranken und W. Nieß für die Grafschaft Büdingen.

Zum Urheberzeichen Nr. 1 wurden nur vergleichbare Formen gefunden, die aber der gleichen Entwicklungsstufe zuzurechnen sind. Allen gemeinsam ist das lateinische Kreuz, dem in der Mitte des unteren Balkens nach rechts oder links ein Winkel angesetzt ist. In dieser einfachen Grundform findet sich ein Zeichen am Sakristeibau des Mainzer Domes für den Zeitraum 1514–1545.

Am häufigsten gefunden wurden Fortentwicklungen mit einem Aufstrich nach links oder rechts oben vom Fuße des Kreuzes aus. Wie das Beispiel des Schweinfurter Rathauses zeigt, scheint es nicht ausschlaggebend, ob der Winkel auf den unteren Balken des lateinischen Kreuzes aufgesetzt ist oder über diesen hinausgeführt wird. Beide Fälle finden sich hier für 1570–1572. Weitere Beispiele sind der Büdinger Oberhof (1569), das Rathaus in Marktbreit (1579) und die Universität Würzburg (1582–1592).

Mit einem kurzen Schweif, vom Kreuzungspunkt ausgehend, als weiterem Zusatz versehen finden wir ein Zeichen am Deutschherrnhof von Münnerstadt dann für 1611–1621.

Das Urheberzeichen Nr. 2 ist eines der einfachen Zeichen, das in dieser Grundform häufig zu finden ist, am Dom zu Regensburg schon für die Zeit 1430/40. In der Ausformung, die unser Steinmetz verwendet, ist das Zeichen vergleichbar dem am Torturm von Kitzingen-Etwashausen (1565), am Schloß Bundorf (1567), am katholischen Pfarrhaus in Wimpfen am Berg (1588) und dem Deutschherrnhof in Münnerstadt (1611–1621).

Abb. 143 Die Urheberzeichen im oberen Schachtteil

Die Grundform des Urheberzeichens Nr. 3 – ein lateinisches Kreuz, dem rechtwinklig ein Fuß einseitig angesetzt ist – findet sich schon für 1511 an der Gochsheimer Kirche. Zusätzlich mit einem vom Kreuzungspunkt nach unten abgehenden Schweif versehen sind Zeichen am Schloß Aschbach (1527–1572), auf der Festung Marienberg bei Würzburg für die zweite Hälfte des 16. Jahrhunderts sowie am Pfarrhaus in Neustadt/Saale (1602).

Das Urheberzeichen Nr. 3 konnte auch im Schloßbrunnen *Grimmenstein* nachgewiesen werden. Hier verbindet es sich mit der Bauzeit der Schachtausmauerung in den Jahren 1536 bis 1538. Die Tatsache, daß das Zeichen hier unter insgesamt 19 nur ein Mal auftaucht, mag mit dem Umstand zusammenhängen, daß die Schachtausmauerung in den Jahren 1798/99 zum Teil erneuert wurde.

Die „Mode", den Schweif zu einem kleinen Kreuz umzubilden, deutet grundsätzlich auf die zweite Hälfte des 16. Jahrhunderts. Und so findet sich dieses Urheberzeichen auch am Uhrgewölbe im südlichen Querschiff des Straßburger Münsters.

Ein direkter Nachweis des Urheberzeichens Nr. 4 gelang für die Umbauten auf der heutigen Festung Marienberg bei Würzburg, die in der zweiten Hälfte des 16. Jahrhunderts begonnen wurden. Eine spiegelverkehrte Version (mit rechtwinklig angesetztem Fuß) ist für die Kilianskapelle (vor 1604) in Wertheim belegt. Die Spolie mit diesem Zeichen wurde nach Reicholzheim verbracht.

Eine Variante des Urheberzeichens Nr. 5, bei der der obere Kreuzbalken waagerecht liegt, ist im Rundbogen eines Kellerabganges im nahen Schaafheim (Haus Friedrich-Ebert-Str. 8) vorhanden, verbunden mit der Jahreszahl 1575.

Beim Urheberzeichen Nr. 6 handelt es sich der Grundform nach um ein sehr altes Zeichen. Es erscheint für das 13. Jahrhundert auf der Ronneburg, findet sich aber auch für 1518 auf der Marienkapelle in Ebern. Im Brunnen der Burg **Breuberg** verbindet sich dieses Zeichen mit der Bauzeit 1560/61. Dieses Steinmetzzeichen liegt außerhalb der Systematik, wie sie von den Bauhütten bei der Zuteilung persönlicher Zeichen im 16. Jahrhundert üblich war.

Wir gestatten uns zudem den Hinweis, daß dieses Urheberzeichen der germanischen Rune gleicht, die für „Wasser" steht.[343] Dieser Hinweis soll nicht als Versuch verstanden werden, die alte Theorie neu zu beleben, wonach Steinmetzzeichen eine gemeinsame germanische Runenschrift zugrundeliegen soll. Es ist sicher unbestreitbar, daß den Zeichen eine gewisse symbolische Bedeutung anhaftet, der Streit über die Runentheorie aber ist ausgestanden. Im Zusammenhang mit einem Brunnen erschien der Hinweis dennoch im wahrsten Sinne des Wortes „bemerkenswert".

Das Urheberzeichen Nr. 7 findet sich in seiner Grundform häufig. (Abb. 44, Nr. 84) Es sieht zunächst aus wie die spiegelbildliche Version des Zeichens Nr. 2. In der Fachliteratur wird häufig angemerkt, die seitenverkehrten Darstellungen eines Zeichens seien durch verkehrtes Auflegen einer Schablone entstanden.

Wir müssen nicht kommentieren, ob ein Steinmetz für das Stellen seines Ehrenzeichens einer Schablone bedurfte. Arbeitsleistung und Arbeitstakt bei der Herstellung der Quader unseres Brunnenschachtes belegen aber zweifelsfrei, daß es sich hier um zwei Steinmetze gehandelt hat. Zu verschieden ist auch die jeweilige handwerkliche Ausarbeitung ihrer Zeichen.

Urheberzeichen wie unsere Nr. 7 finden sich auf einem Speichergebäude in Wülfershausen/Grabfeld (1570), am Schweinfurter Rathaus (1570–1572) sowie am Rathaus von Marktbreit (1579). Auf der Feste Dilsberg sind Werksteine des Kommandantenhauses und eine der obersten Stufen des sechseckigen Turmes zum „Palas", beide im 16. Jahrhundert erbaut, mit diesem Zeichen versehen.

Das Urheberzeichen Nr. 8, das sich bei uns mit dem Zusatzzeichen E verbindet, konnte weder in reiner noch in vergleichbarer Ausformung an anderen Bauten ausgemacht werden.

Eine mögliche Variante des Urheberzeichens Nr. 9, bei der der Bogen am Ende des diagonalen Durchstrichs nach oben weist, findet sich am Gaibacher Schloß für die Zeit um 1600.

Für das Urheberzeichen Nr. 10 eines wandernden Gesellen konnte bisher kein Abgleich vorgenommen werden. Die Charakteristik aber spricht für die zweite Hälfte des 16. Jahrhunderts.

Das Urheberzeichen Nr. 11 begegnet uns am Straßburger Münster drei Mal. Die von Friederich[344] vorgenommene Zuweisung zum Zeitraum 1655–1749 allerdings entbehrt jeder nachvollziehbaren Grundlage. Am Erdgeschoß des Aschaffenburger Schlosses wurde dieses Zeichen bisher vier Mal festgestellt auf Werkstücken, die unmittelbar nach 1600 gefertigt worden sind; davon drei am Portal zur Schloßkapelle. Der Zeitraum, während dessen das Zeichen verwendet wurde, umfaßt damit die angenommene Lebensarbeitszeit eines Steinmetzes von etwa 40 Jahren.

Mit anders herum schräg laufendem Mittelbalken findet sich das Zeichen an der Universitätskirche Würzburg, die 1583–1591 erbaut wurde. Eine fortentwickelte Version unseres Zeichens, bei der die Schweife des Mittelbalkens zu kleinen Kreuzen ausgeformt sind, zeigt sich an der Stadtpfarrkirche St. Veit in Iphofen und verbindet sich dort mit dem Baujahr 1594.

343 Jensen, H., Die Schrift in Vergangenheit und Gegenwart, Berlin 1958

344 Friederich, a.a.O., S. 95

Das Urheberzeichen Nr. 12 findet sich spiegelbildlich am Ulmer Münster auf einem Bauteil, das der Zeit um 1460 zugerechnet wird. Ergänzen müssen wir hier, daß dieses Zeichen in unserem Schacht auch einmal spiegelverkehrt auftaucht. Ein Nachweis für die Verwendung eines solchen Zeichens in jüngerer Zeit konnte nicht geführt werden. Für den Zeitraum des 16. Jahrhunderts aber liegt diese einfache Form außerhalb der Systematik, wie sie von den Bauhütten bei der Vergabe persönlicher Zeichen verwendet wurde.

Das Urheberzeichen Nr. 13 fällt zwar aus dem üblichen Rahmen. Basierend auf der gleichen Grundform eines querliegenden, beidseitig verzweigten Stabes aber finden sich auf der Ronneburg Zeichen auf Bauteilen, die im Zeitraum 1570–1573 fertiggestellt wurden. Im Brunnen der Burg **Breuberg** [7], dessen Ausmauerung aus der Zeit 1560/61 stammt, findet sich eine verblüffend ähnliche Variante (Abb. 86).

Beim Urheberzeichen Nr. 14 handelt es sich um ein der Form nach sehr altes Zeichen. (Abb. 44, Nr. 47) Es findet sich am Ulmer Münster für die Bauzeit 1377–1420. In der Grafschaft Büdingen wurde das Zeichen in Hirzenhain (1437) und Friedberg (1484) nachgewiesen. Bei der Sebastians Kapelle von Englar (Südtirol) verbindet sich eine nur 3 cm hohe, geritzte Version mit dem Baujahr um 1450.

Eine Verwendung dieses Zeichens in der zweiten Hälfte des 16. Jahrhunderts konnte anderenorts bisher nicht nachgewiesen werden. Wie die Urheberzeichen Nr. 6 und 12 liegt auch dieses außerhalb der im 16. Jahrhundert von Bauhütten benutzten Systematik.

Als Ergebnis halten wir fest, daß durch den Abgleich der 14 Urheberzeichen mit denen anderer Bauwerke insgesamt zehn gleiche bzw. vergleichbare Zeichen für den Zeitraum Mitte und zweite Hälfte des 16. Jahrhunderts nachgewiesen werden konnten, drei davon sogar in Brunnenschächten. Für vier Urheberzeichen konnte kein Abgleich erfolgen. Das muß angesichts der insgesamt hohen Trefferquote nicht irritieren, zumal ein anerkannter Grundsatz besagt: *Wenn … auch im allgemeinen nur die Gesamtheit der vorkommenden Zeichen befragt werden darf, so vermag doch in vereinzelten Fällen schon ein einzelnes Zeichen besonderen Aufschluß zu geben.*[345] Ein solches Zeichen wäre z. B. unsere Nr. 11. Unter Berücksichtigung der Befunde am Aschaffenburger Schloß wird eine Reparatur des Otzberger Schachtes in der zweiten Hälfte des 16. Jahrhunderts sehr wahrscheinlich.

Die Tatsache, daß im jüngeren Schachtteil des Otzberger Brunnens 45 Quader ohne Steinmetzzeichen vorhanden sind, kann nicht mit der Wiederverwendung alter Steine in Zusammenhang gebracht werden. Zum einen ergibt sich das aus der geänderten Bauweise, die deren Verwendung ausschloß, zum anderen aus der Tatsache, daß die Oberflächen bei allen Quadern des oberen Teiles gleichartig sind. Abnutzungsspuren, die zu einer teilweisen Glättung der Oberfläche ähnlich dem unteren Schachtteil führten, finden sich hier nur an einigen übereinanderstehenden Quadern der obersten Schichten. Steinmetzzeichen sind allerdings auch hier noch erkennbar. Die Abnutzungsspuren resultieren offensichtlich aus dem zeitweiligen Wasserziehen mit Ledersäcken.

Die Zusatzzeichen

Insgesamt vier verschiedene solcher Zeichen (Abb. 144) treten im Otzberger Brunnen getrennt in je einer Schicht auf. Das im Bauablauf erste Zusatzzeichen E verbindet sich in Schicht 62 mit

345 Friederich, a.a.O., S. 23 f

Abb. 144 Die Zusatzzeichen im oberen Schachtteil

dem ebenfalls erstmals auftretenden Urheberzeichen Nr. 8 eines der „Meister des Brunnenkranzes“. Dieser Steinmetz hat, wie wir gesehen haben, von da an bis zum Abschluß der Baumaßnahme mitgewirkt.

Die drei anderen Zusatzzeichen treten im folgenden zusammen mit den Urheberzeichen zweier Steinmetze (Nr. 9 und 14) auf, die nur kurz bei der Herstellung von Quadern mitgewirkt haben (Schicht 60 und 51 sowie 32). Das Urheberzeichen Nr. 9 wiederum verbindet sich jeweils mit zwei verschiedenen Zusatzzeichen: in Schicht 60 mit dem Zusatzzeichen G und in Schicht 51 mit dem Zusatzzeichen H.

Ergänzend zu den Angaben in Abbildung 142 sind hier noch die Größen der Zusatzzeichen nachzutragen: Der Buchstabe E mißt 10 bis 13 cm, das G 10 bis 12 cm und das H 9 bis 12 cm in der Höhe; das Zusatzzeichen in Schicht 32 dagegen nur 6 bis 9 cm. Dieses Zeichen ist inhaltlich (Leiter, Galgen?) kaum zu deuten. Eine sehr ähnliche Form findet sich in einer Stichbogennische auf der Südseite des Langhauses der evangelischen Kirche in Wimpfen am Berg.

Zu den Zusatzzeichen in Form großer lateinischer Buchstaben (E, G und H) sei folgendes angemerkt:

Große lateinische Buchstaben sind als Urheberzeichen z. B. aus der römischen Zeit bekannt. Mit der Entwicklung der Bauhütten und der in den Hüttenordnungen geregelten Vergabe individueller Zeichen treten Buchstaben als Urheberzeichen aber bald in den Hintergrund und sind nach Beginn des 15. Jahrhunderts zunächst nicht mehr zu finden. Friederich weist zu Recht darauf hin, daß sich an Bauten bzw. Bauteilen aus der Zeit der Romanik und Gotik viele lateinische Buchstaben finden. Für den Dom zu Mainz wie auch für das Straßburger Münster verweist er insbesondere auf *den auch andererorts vielgebrauchten Buchstaben* E.[346] Gleiches gilt – wie die Knauthsche Sammlung zeigt – auch für den Buchstaben H. Nicht vertreten ist an diesen Bauten der Buchstabe G. Auf Mauerwerksquadern des Aschaffenburger Schlosses taucht u. a. der Buchstabe H um 1610 wieder auf.

Naheliegend wäre eine Deutung der Buchstaben als Namenskürzel eines Steinmetzes. Dann aber ist nicht zu erklären, warum Urheber- und Zusatzzeichen auf einem Quader nicht immer beide aufrechtstehend verwendet werden. Sein Namenskürzel würde ein Steinmetz stets im Zusammenhang mit seinem aufrechtstehenden Urheberzeichen verwenden. Außerdem tritt das gleiche Urheberzeichen (Nr. 9) in der Schicht 60 mit dem Zusatzzeichen G und in Schicht 51 mit dem Zusatzzeichen H auf.

Hinweise auf ein gemeinsames Auftreten von Urheberzeichen und großen lateinischen Buchstaben finden sich nach Knauth am Straßburger Münster für die Zeit nach der Gotik nur da, wo es sich um Meisterschilde handelt. Hier werden Urheberzeichen und Namenskürzel immer aufrecht nebeneinandergestellt.

Große lateinische Buchstaben finden sich als Versetzzeichen z. B. auf den Konsolsteinen einer Bastion von Pfalzgrafenstein bei Kaub.[347] Die Bastion wurde in den Jahren 1605–1607 erstellt. Sämtliche Steine einer Lage tragen hier den gleichen Buchstaben. Die Bezeichnung der Lagen beginnt unten mit A und endet in der neunten Lage mit I.

Da sich Zusatzzeichen in unserem Fall auf nebeneinanderliegenden Quadern beidseits der vertikalen Fuge finden, könnte es sich auch hier um Versetzzeichen handeln. Wie aber sind dann isoliert stehende Zusatzzeichen E, G und H zu erklären? Welche Bedeutung hätte dann z. B. der Buchstabe G, der auf der einen Seite der vertikalen Fuge aufrechtstehend, auf der anderen kopfstehend verwendet wird?

Eine Deutung als Versetzzeichen kann bei einem nach Schablone gearbeiteten und auf dem Reißboden geprüften Schachtring ausgeschlossen werden, zumal die Quader des oberen Schachtteiles so exakt zugerichtet sind, daß zusätzliche Einbauhinweise nicht erforderlich waren. In den 70 von 89 Fällen, wo alle Quader eines Ringes das gleiche Urheberzeichen tragen, kommt dem Urheberzeichen die Funktion eines Versetzzeichens zu, da es die Quader als zusammengehörend kennzeichnet.

Kann aus alledem gefolgert werden, daß Urheberzeichen und Zusatzzeichen eines Quaders von unterschiedlichen Personen zu unterschiedlichen Zeiten eingeschlagen wurden? Dann fragt sich, welches Zeichen zuerst da war. Sicher scheint zunächst nur, daß die Zusatzzeichen wie die Urheberzeichen vor dem Einbau der Quader geschlagen wurden.

Aus Schicht 62 ersehen wir, daß alle Urheberzeichen (Nr. 8) aufrecht stehen, während zwei der sechs Zusatzzeichen E auf dem Kopf stehen. In Schicht 60 stehen ebenfalls alle Urheberzeichen (Nr. 9) aufrecht, während drei der sechs Zusatzzeichen G auf dem Kopf stehen. Beim Zusatzzeichen H kann nicht unterschieden werden zwischen einem aufrecht stehenden und einem kopfstehenden Buchstaben. Also müssen wir davon ausgehen, daß in der Schicht 51 Urheber- und Zusatzzeichen (zufällig?) gleichgerichtet sind.

Die Ordnung in den Schichten 62 und 60 läßt darauf schließen, daß die Buchstaben E und G eingeschlagen wurden, bevor das Urheberzeichen hinzugesetzt wurde. Zu diesem Zeitpunkt aber war die gerundete Fläche, der schwierigste Teil der Arbeit am Quader, bereits fertiggestellt. Doch zu welchem Zweck wurden die Zusatzzeichen vorab eingeschlagen und der Quader anschließend in dem einen oder anderen Fall nochmals gedreht? So etwas tut man nicht ohne Not.

346 Friederich, a.a.O., S. 20

347 Höhne und Hopf, a.a.O., S. 66

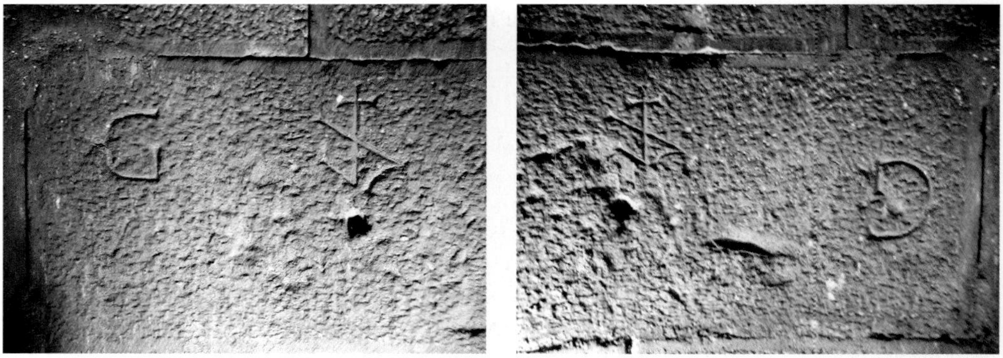

Abb. 145 Kombination von Urheber- und Zusatzzeichen

Die Zusatzzeichen könnten spezielle Phasen des Bauablaufes markieren. Im gemauerten Schachtteil des Brunnens der Burg **Breuberg** [7] findet sich auf 9 von 14 Quadern der obersten Schicht, auf die später die Konsolen zur Aufnahme des Brunnenkranzes aufgesetzt wurden, der lateinische Buchstabe H. Da der Schachtbau mit dieser Schicht abgeschlossen war, könnte es sich um ein Abnahmezeichen handeln, das möglicherweise sogar erst im Schacht geschlagen wurde. Für den Otzberger Brunnenschacht aber, bei dem die lateinischen Buchstaben E und G nicht einheitlich stehen, paßt diese Theorie vom Zeugnis der Abnahme nicht. Oder wurde auf diese Weise nur die Arbeit wandernder Gesellen zur Kontrolle gekennzeichnet? Warum aber erfolgte diese Kontrolle dann nicht bei allen?

Könnte sich in den Zusatzzeichen etwa eine Gesamtverantwortung im Sinne einer Bauleitung widerspiegeln? Dann hätte im Rahmen der Wiederherstellung des Schachtes „E“ die Verantwortung für den Abschnitt von Schicht 89 bis einschließlich Schicht 62 gehabt. Danach war „G“ verantwortlich für Schicht 61 und 60, „H“ für die Schichten 59–51. Das schwer zu deutende Zusatzzeichen würde eine Zuständigkeit für Schicht 50 bis einschließlich 32 bedeuten. Und wer zeichnete für die restlichen 31 Schichten verantwortlich? Das Auftreten von Zusatzzeichen allein im Zusammenhang mit Urheberzeichen der wandernden Gesellen schließt diese Version aus.

Warum schließlich wählte man gerade die lateinischen Buchstaben E, G und H? Warum nicht A, B und C oder eine andere Aufeinanderfolge von Buchstaben?

Wir wissen, daß in der Romanik und Gotik, ja bis in die Renaissance hinein ein besonders breit entwickeltes System von Symbolen die Kunst und das Handwerk belebt hat. Und das Thema Symbolik prägte auch das Wesen der Bauhütten bis hin zu den Steinmetzzeichen. Es ist also nicht auszuschließen, daß die lateinischen Buchstaben E, G und H einen symbolischen Hintergrund haben. Es ist bekannt, daß z. B. den griechischen Buchstaben Zahlenwerte zugeordnet waren, da es spezielle Zahlen im Griechischen noch nicht gab. Diese Verbindung zwischen Buchstaben und Zahlen hatte sich bis ins 16. Jahrhundert erhalten und wurde von den Kabbalisten bis zur Perfektion verfeinert. Den Eingeweihten dieser Zeit waren die Zusammenhänge klar: E stand für 5, G für 3 und H für 8. Und in der Zahlensymbolik[348] wiederum stand 5 für den Menschen, 3 für das Christentum und 8 für die Ewigkeit.

348 Ifrah, G., Universalgeschichte der Zahlen, Frankfurt 1991; Cooper, J. C., Illustriertes Lexikon der traditionellen Symbole, London 1978; Heinz-Mohr, G., Lexikon der Symbole, München 1998

Abb. 146 Die geborgenen Holzkübel

Letzte Klarheit über die Bedeutung der Zusatzzeichen gibt es also nicht, solange nicht andere Schächte aufgetan werden, die eine ähnliche Dichte und Mischung von Urheber- und Zusatzzeichen aufweisen. In dieser Hinsicht ist der Schacht des Brunnens der Veste Otzberg bisher einmalig in seiner Art.

Untersuchungsphase 4: Die Schachtberäumung

Nachdem am 11.04.05 festgestellt worden war, daß die Höhe der Schutteinlagerungen im Schacht mit mehr als drei Metern veranschlagt werden mußte, wurde nach Mitteln und Wegen gesucht, die Beräumung in einem zweiten Anlauf durchzuführen. Großzügige Unterstützung fand das Vorhaben durch die Verwaltung der Staatlichen Schlösser und Gärten in Bad Homburg v. d. H. Ergänzt durch private Kostenbeiträge war so die Realisierung des Vorhabens im Februar 2006 gesichert.

Der Umbau der bereits im April 2005 verwendeten Hebebühne betraf im wesentlichen die Anordnung der Traverse mit den Zugwinden. Sie wurde höhenmäßig so verändert, daß der Förderkorb über die Oberkante des Brunnenkranzes aufgefahren werden konnte. Das Entladen war so durch seitliches Herausziehen der Schuttkübel leichter möglich.

Aufbau und Probefahrt der Anlage erfolgten am 14.03.06. Die Räumung des Schachtes wurde an den folgenden fünf Tagen durchgeführt. Noch immer war der Wasserstand im Brunnen so weit abgesunken, daß mit den Arbeiten in 45,7 m Tiefe trockenen Fußes begonnen werden konnte. Die Dokumentation des freigelegten Schachtteiles fand am 20.03.06 statt, so daß bereits am 21.03.06 wieder abgebaut werden konnte.

Das Aufnehmen und Verladen des Schuttes war Handarbeit im wahrsten Sinne des Wortes, da wegen der Durchmischung mit Holz, Dachziegeln, Ziegel- und Bruchsteinen nicht geschaufelt werden konnte. Ein Mann füllte den Schutt von Hand in Eimer, die der zweite Mann im Korb in den Kübel umfüllte. Nach knapp einem Meter Aushub trat Wasser auf, das in seitlichen Gruben gesammelt und nach Bedarf ausgeschöpft werden konnte. Auf diese Weise wurden an fünf Tagen insgesamt rund 7 m^3 Bauschutt, 2 m^3 Holz, Schrott, Glas und Kunststoffteile sowie 5.200 ltr Wasser gehoben. Erforderlich dazu waren 80 Fahrten, die im Schnitt jeweils ca. 30 Minuten dauerten. Die beiden Brunnenreiniger fuhren jedesmal mit auf.

Die Räumung wurde durchgeführt, bis der gewachsene Otzberger Basalt erreicht war. Da sich aufgrund der Gesteinsstruktur die Gründungssohle als nicht eben, sondern geklüftet erwies, wurde die mittlere Tiefe in diesem Bereich gemessen und mit 49,50 m als die Brunnentiefe des Otzberger Burgbrunnens definiert.

Wie oben bereits erwähnt, ist eine Brunnenreinigung aus dem Jahre 1813 dokumentiert. Dabei dürfte es sich um die letzte Maßnahme dieser Art gehandelt haben. Insoweit also waren bei der jetzigen Beräumung des Schachtes keine besonderen Funde zu erwarten. Geborgen wurden mehrere Münzen, die älteste mit Prägedatum 1936, sowie die Reste der Bockflinte des Försters Kauß, die dessen Sohn 1945 in dem Brunnen versenkt hatte.

Wesentlicher Fund sind drei Holzkübel (Abb. 146), die in der Vergangenheit zum Heben des Wassers verwendet worden waren. Einer dieser Kübel ist identisch mit dem auf einer Postkarte (Abb. 132) gezeigten aus der Zeit um 1900. Er besteht aus Weichholz und wird mit vier Spannreifen (b = 3 cm) zusammengehalten, die jeweils nur einfach vernietet sind. Der Kübel ist 50 cm hoch. Aus seinen Innenmaßen ($h = 45$ cm, $d_{oben} = 46$ cm, $d_{unten} = 41$ cm) ergibt sich ein Fassungsvermögen von max. 67 Litern. Der auf dem Foto erkennbare Sturzbügel wurde ebenfalls gefunden.

Nach Aussagen alter Heringer Bürger hat es nur einen solchen Kübel gegeben; was darauf schließen läßt, daß der Kübel nicht eigentlich der Wasserförderung, sondern vorrangig als Schauobjekt gedient hat. Dieser Kübel hat durch das Abwerfen des Bauschuttes in den Schacht stark gelitten. Er ist deshalb sehr bald untergegangen und wurde demgemäß zuletzt tief unten im Schutt gefunden.

Die beiden anderen Kübel hingegen waren nur gut einen Meter von Schutt bedeckt. Sie sind baugleich aus Hartholz (Eiche) gefertigt und mit drei geschmiedeten Spannreifen (b = 4 cm) umgürtet, die jeweils zweifach vernietet sind. Beide Kübel sind 52 cm hoch. Aus ihren Innenmaßen ($h = 45$ cm, $d_{oben} = 43$ cm, $d_{unten} = 37$ cm) ergibt sich ein Fassungsvermögen von max. 57 ltr. Auffallend bei beiden ist ein fester Bügel quer zum beweglichen Henkel, der – anders als bei der Nachbildung von ca. 1900 – stark verformt scheint. Da diese Form aber bei beiden Exemplaren gleich ist, können wir davon ausgehen, daß die Form gewollt war und im Zusammenhang stand mit dem Stürzen der Kübel. In Verlängerung der Haltungen der Henkel und der Sturzbügel sind Stahlbänder unter dem Boden der Kübel kreuzweise durchgeführt (vergl. Abb. 46).

Das Auffinden eines baugleichen Paares deutet darauf hin, daß diese beiden Kübel am gegenläufigen Seil beim täglichen Wasserziehen für die Garnison im Gebrauch waren. Nach dem Abzug der Garnison im Jahre 1818 war dann 1826 verfügt worden, das Brunnenhaus zu erhalten. Da werden die Kübel also noch am Förderseil gehangen haben. Wann und von wem sie danach in den Brunnen geworfen wurden, läßt sich nicht rekonstruieren. Rekonstruieren aber läßt sich aufgrund der Gebrauchszeiten solcher Kübel im allgemeinen und der Bauweise dieser Kübel im besonderen, daß sie aus der Zeit um 1800 stammen, mithin wenigstens 200 Jahre alt sein müssen.

Bei dieser Datierung darf die Verwendung von Schrauben und Muttern als Befestigungsmittel für Henkel und Sturzbügel nicht irritieren. Befestigungsschrauben, bestehend aus einem

Bolzen mit Rundkopf und Außengewinde sowie einer Mutter mit einem Innengewinde, sind seit der Mitte des 16. Jahrhunderts bekannt. Das Außengewinde wurde für jeden Bolzen einzeln auf hölzernen Drehbänken gefertigt. Das Gewinde wurde leicht konisch angelegt. Das entsprach der Herstellungstechnik und versprach besseren Halt im Gegenstück. Die Mutter wurde als Scheibe von einem Vierkantstab geschnitten und mittig vorgebohrt, das Innengewinde sodann mit dem Gewindebolzen in die Mutter kalt eingepreßt. Jede Schraube war ein Einzelstück, selten paßte die Mutter der einen Schraube auf eine andere.

Bei beiden Kübeln sind die Sturzbügel mit je vier Vierkantschrauben befestigt, die Seitenlängen zwischen 13 und 17 mm aufweisen. Die Henkel als die Bauteile, die der größten Belastung ausgesetzt waren, sind mit je vier Sechskantschrauben befestigt, die sämtlich der Normgröße 17 entsprechen. Da die Normung von Schrauben und Muttern erst nach 1800 aus England übernommen wurde, müssen diese Schraubverbindungen in der letzten Phase der Nutzung erneuert worden sein.

In Fortsetzung der Ausführungen zur baulichen Ausbildung des Schachtbauwerkes soll nun das freigelegte Schachtende unterhalb der Schicht 107 beschrieben werden. Dazu wird auf die Schachtabwicklung in Anlage 1.7 verwiesen. Auch hier zeigt das Mauerwerk die oben bereits beschriebenen Merkmale der Steinbearbeitung.

Mit der Schicht 110 wurde der Sturzbogen einer Nische sichtbar, die sich nach vollständiger Freilegung als Schutznische für den Brunnenputzer erwies (Abb. 147). In der Höhe mißt diese Nische ca. 160 cm, in der Breite ca. 50 cm und in der Tiefe mittig ca. 32 cm sowie seitlich jeweils ca. 23 cm. Auffallend ist die ausgetretene Schwelle der Schutznische.

Die Schicht 112 bildet in einer Tiefe von 47,78 m das Ende der umlaufenden Ausmauerung mit Sandsteinquadern. Damit besteht der gemauerte Schacht aus 89 Schichten mit insgesamt 583 Quadern aus der Zeit der Reparatur in der zweiten Hälfte des 16. Jahrhunderts sowie 23 Schichten mit insgesamt 179 Quadern aus der ersten Hälfte des 14. Jahrhunderts.

Unterhalb der Schicht 112 beginnt ein Bereich, der bautechnisch besonders aufschlußreich ist. Der Frage, wie ein gemauerter Schacht im Basalt gegründet ist, konnte man bisher bei keiner der bekannten Brunnenuntersuchungen nachgehen. Von Schutt und Wasser befreit zeigte sich beim Otzberger Brunnen ein überraschendes Ergebnis (Abb. 148).

Da die Basaltsäulen im Bereich des Schachtes unter etwa 60° geneigt sind, konnte man auf der einen Seite den Schacht auf die aufsteigenden Säulen gründen, während man auf der anderen Seite die zum Schacht einfallenden Säulen bis auf den Grund entfernen mußte, um den Schachtquerschnitt in etwa beibehalten zu können. Die bei der Abtragung des Basaltes entstandene Lücke füllte man mit Sandsteinen verschiedenster Formate auf und paßte sie entsprechend den Gegebenheiten an den anstehenden Basalt an. Bei genauerer Untersuchung erwiesen sich diese Steine teilweise nur als 12 cm starke Verblender. Dieser Bereich bot sich zudem an für die Ausbildung der Schutznische.

Da es auf der anderen Seite für die Gründung auf den freigelegten Köpfen der Basaltsäulen einer Ausgleichsschicht bedurfte, wurden zwei jeweils ca. 1,50 m lange, in der Rundung zugerichtete Eichenbalken (b = 30 cm, h = 20 cm) über den Basalt gelegt, die man mit einer Verblattung verbunden hatte. Die eigentliche Gründungsebene unterhalb der Schicht 112 ist also ein Mix aus Holz und Sandstein. Unterhalb dieser Gründungsebene gab es keine statisch wirksame Verbindung zwischen Basalt und Sandstein.

Abb. 147 Die Schutznische für den Brunnenputzer

Abb. 148 Die Gründung des Brunnenschachtes

So ganz konnte man diesem Flickwerk nicht trauen, zumal wegen der Schutznische auch in den darüberliegenden Schichten 111 und 112 die notwendige Gewölbewirkung durch noch so sorgfältiges Hinterfüllen nicht erreichbar war. Durch die Nische war ein Schlitz im Rund des Schachtes entstanden. Die Quader konnten sich nicht gegenseitig abstützen und es bestand die Gefahr, daß sie bei der geringsten Bewegung nach innen gedrückt würden.

Um die Standsicherheit des Bauwerkes dennoch zu gewährleisten, griff man zur Bauklammer, einem altbekannten Hilfsmittel. Insgesamt 46 solcher Klammern waren aus Sicht der für den Bau Verantwortlichen nötig, um ausreichend Stabilität zu schaffen. Bis auf wenige Ausnahmen, wo Bauklammern durch die Setzungen von Steinen abgerissen sind bzw. beim Abkippen des Bauschuttes abgeschlagen wurden, erfüllen die geschmiedeten Hilfsmittel noch heute ohne sichtbare Korrosionsschäden ihren Zweck.

Durch Erdbewegungen bzw. gerissene Klammern hat die Sandsteinverblendung stark gelitten. Mehrere Steine sind abgerutscht, so daß das Eichenbalkenlager teilweise in der Luft hängt. Und die Aufmauerung darüber steht trotzdem seit Jahrhunderten, weil der Schacht sich seitlich im Fels aufgehängt hat. Das Auflager hält, solange die Eichenbalken im Wasser liegen. Sollte der Brunnen dauerhaft trocken fallen, würde das Holz langsam verrotten, womit sich Stein um Stein allmählich nach unten verabschieden könnte.

Das Wasser, während der Räumung bis auf den Grund gehoben, war nach drei Wochen so weit angestiegen, daß die Eichenbalken wieder unter dem Wasserspiegel lagen und somit die Voraussetzungen für weitere Standfestigkeit gegeben sind – so lange kein neues Erdbeben die Struktur verändert.

An dieser Stelle muß die Frage des Wasserzutritts zum Brunnen noch einmal aufgegriffen werden. Bereits nach dem ersten Untersuchungsabschnitt war festgestellt worden, daß es eine ausgebildete Wasserfassung für den Otzberger Brunnenschacht nicht gibt. Daraus wurde gefolgert, daß das Wasser unkontrolliert durch die Klüfte des Basaltgesteins in den Schacht sickert.

Nachdem das Wasser im Zuge der Räumung fast vollständig gehoben worden war, konnte kein Wasserzutritt durch die Gesteinsfugen der Ausmauerung festgestellt werden. Auch von der Sohle nachquellendes Wasser wurde nicht beobachtet. Die Ausmauerung aber ist vom anstehenden Fels durch einen Zwischenraum getrennt, der mit Steinmaterial verfüllt wurde, um das Schachtgefüge zu stabilisieren. Das aus den Basaltklüften austretende Sickerwasser tröpfelt in diesem Zwischenraum nach unten und fließt dem Schacht in Höhe des jeweiligen Wasserspiegels zu. Die Oberfläche des im Gründungsbereich freiliegenden Basaltes blieb deshalb auch nach der Räumung ständig feucht.

Der Wasserzulauf vollzog sich ab dem 20.3.2006 sehr langsam (Abb. 8). Innerhalb von 18 Tagen wurde nach der Räumung ein Anstieg des Wasserspiegels um nur 92 cm gemessen. Das sind durchschnittlich 5 cm in 24 Stunden bzw. 127 ltr pro Tag. Der Zulauf verlangsamte sich in den folgenden 18 Tagen auf nur noch 42 ltr pro Tag. Eine so geringe Schüttung war sicher für die Wasserversorgung der Garnison nicht ausreichend. Da andererseits von einem Wassermangel nichts überliefert ist, müssen wir davon ausgehen, daß der Zulauf entweder durch äußere Einflüsse insgesamt deutlich zurückgegangen ist oder aber der langsame Zufluß nach der Räumung in unmittelbarem Zusammenhang steht mit einem Zeitintervall geringer Niederschläge, das der Räumung vorausgegangen war.

Um dieser Frage genauer nachgehen zu können, wurde der Wasserstand noch bis Mitte des Jahres 2008 wöchentlich gemessen. Die daraus ermittelten Zu- und Abflußraten zeigten – bezogen auf den Schachtdurchmesser von 1,82 m – eine Schwankungsbreite zwischen plus 500 und minus 200 Litern pro Woche. Beim Abgleich dieser Daten mit entsprechenden Meßreihen für die Niederschlagsmengen ergab sich, daß der Wasserstand im Brunnen mit einer Zeitverzögerung von etwa 5 Monaten auf starke Veränderungen der Niederschlagsmenge reagierte. Bezogen auf die Tiefe von rd. 50 m entspräche das einer Sickergeschwindigkeit von ca. 30 cm/Tag.

Die Schlußfolgerungen

Ergebnis der Untersuchungen ist zunächst, daß der Brunnenschacht rd. 50 m tief ist und aus zwei Teilen besteht, die hinsichtlich ihrer Bauzeit weit auseinanderliegen. Schriftliche Belege zum Brunnenbau wurden bisher nicht gefunden.

Für die Beantwortung der Frage, wann der Brunnen gebaut wurde, liefern die noch erhaltenen älteren Schichten 90 bis 112 einen ersten Hinweis. Die Art der Steinbearbeitung auf den Stirnflächen dieser Quader läßt eine Bauzeit ab dem 12. Jahrhundert möglich erscheinen. Aus der Baugeschichte der Burg sowie deren Besitz- und Pachtverhältnissen ergeben sich weitere Anhaltspunkte für eine genauere Datierung.

Bei ihrer Ersterwähnung im Jahre 1231 war die Burg im Besitz des Klosters Fulda. Sie diente als Fliehburg. Bewohnt war nur die Vorburg, da die Wasserversorgung hier durch Brunnen geringer Tiefe sichergestellt werden konnte. Da sich das Kloster bereits zu dieser Zeit in wirtschaftlichen Schwierigkeiten befand, mußte die Burg schon bald darauf verpachtet werden. Eine längere Pachtzeit ist ab dem Jahre 1332 belegt.

Dieses Pachtverhältnis war verbunden mit der Auflage, eine Summe von 200 Pfund Silber an der Burg zu verbauen. Der Betrag war zu groß, um nur der Bauunterhaltung zu dienen. Er war aber groß genug, um ein Projekt wie den Bau eines Brunnens anzugehen. Und die Pfandschaft bestand insgesamt 30 Jahre, Zeit genug, um einen Brunnenbau erfolgreich durchzuführen.

Ein Baubeginn in der ersten Hälfte des 14. Jahrhunderts erscheint uns daher als eine realistische Annahme; dies um so mehr, als Kurpfalz 1390 beim Kauf der Burg einen Preis zu zahlen bereit war, der eine gesicherte Wasserversorgung durch einen tiefen Brunnen wohl zwingend voraussetzte.

Die Pfalz hatte also die Burg mit einem funktionsfähigen Brunnen übernommen. Und die gesicherte Wasserversorgung durch diesen Brunnen war mit Sicherheit ein wesentlicher Grund für die Entscheidung, die kleine Burg ab dem Jahre 1507 in eine zeitgemäße Veste umzubauen. Dieser Umbau dauerte bis zum Jahre 1583. Die Schäden im Brunnenschacht müssen also während des Umbaues aufgetreten sein, zumal die Steinmetzzeichen auf den Quadern der obersten 89 Schichten eindeutig auf eine Bauzeit nach der Mitte des 16. Jahrhunderts hinweisen.

Der Hessische Erdbebendienst (HED) im Landesamt für Umwelt und Geologie hat die Verteilung aller seit ca. 1000 n. Chr. beobachteten Erdbeben in einer Karte zusammengestellt. Danach konzentrieren sich die Erdbebenaktivitäten vor allem auf Südhessen. Ein besonders starkes Beben aus der Zeit um die Mitte des 16. Jahrhunderts ist zwar nicht verzeichnet; wir müssen aber wohl davon ausgehen, daß die Überlieferung solcher Beobachtungen zumal für Gebiete weitab der Städte mehr als lückenhaft ist. Der Oberrheingraben ist tektonisch auch heute noch nicht völlig zur Ruhe gekommen.

Ein sicheres Indiz dafür, daß in dieser Zeit ein Beben am Otzberg zu Bauschäden geführt hat, ist der Brunnen des Gans'schen Hauses in der ehemaligen Vorburg der Veste (Abb. 14, G). Hier mußten die oberen vier Schichten der Ausmauerung und der Brunnenkranz erneuert werden. Auf dem Brunnenkranz aber findet sich ein Steinmetzzeichen, das sich im Gebäude mit der Jahreszahl 1549 verbindet.

Da der Brunnen des Gans'schen Hauses wie der der Veste lebensnotwendig war, wird man mit der Erneuerung des ruinierten Schachtteiles in beiden Fällen nicht unnötig lange gewartet haben, zumal eine provisorische Versorgung mit Wassereseln auf dem Otzberg ausschied. Der Schaden am Brunnen des Gans'schen Hauses war vergleichsweise gering und konnte zeitnah behoben werden. Der Erneuerung des Brunnenschachtes auf der Veste mußte die zeitraubende und gefährliche Räumung bzw. Demontage vorausgehen.[349]

Es scheint also naheliegend, daß das Erdbeben, das zu den Schäden führte, am Ende der ersten Hälfte des 16. Jahrhunderts stattgefunden hat. Die Reparatur des Brunnenschachtes kam als nicht vorhersehbares Ereignis zu den laufenden Umbauarbeiten hinzu. Die Reparatur aber mußte ausgeführt werden, da ansonsten der seit Jahrzehnten laufende Umbau der Burg zur Veste umsonst gewesen wäre. Die Reparaturarbeiten werden sich bis in die zweite Hälfte des 16. Jahrhunderts hingezogen haben.

Möglicherweise haben die Steinmetze mit der Herstellung der neuen Sandsteinquader schon vor Abschluß der Räumungsarbeiten begonnen, nachdem die Entscheidung gefallen war, die Reparatur des Brunnens durchzuführen. Eine exakte Datierung war anhand der Steinmetzzeichen im Schacht trotz systematischer Auswertung umfangreichen Vergleichsmaterials bisher nicht möglich. Die Personen, die hier als Handwerker tätig waren, bleiben weiterhin im Dunkeln.

Aus der Entstehungszeit um 1350 sind noch 23 Schichten mit insgesamt 179 Steinquadern vorhanden. Der nach 1550 neu aufgebaute obere Teil des Schachtes besteht aus 89 Schichten mit insgesamt 583 Quadersteinen. Insgesamt finden sich heute also in den 112 Schichten des gemauerten Schachtes 762 Sandsteinquader.

349 Justi, a.a.O., S. 102 f, berichtet über die Räumung des Marburger Brunnens im Jahre 1672.

Da die geräumten Steine des alten Schachtes für den Neubau wegen geänderter Bauweise nicht wiederverwendet werden konnten, müssen wir davon ausgehen, daß insgesamt weit über 1.300 Steinquader für den Brunnen im Steinbruch auf dem Zipfen unterhalb des Otzberges geschlagen wurden. Die größten der 583 Sandsteinquader für den Wiederaufbau hatten ein Gewicht von bis zu 20 Zentnern. Mit Ochsengespannen mußten alle diese Steine von den Bewohnern im Frondienst auf die Burg geschafft werden. Vom Steinbruch bis zur Baustelle auf der Burg waren auf einer Wegstrecke von rd. 2,5 km gut 155 Höhenmeter zu überwinden.

Generationen von Otzberger Schülern haben gelernt, daß der Brunnen der Veste 80 m tief ist und im Jahre 1510 gebaut wurde. Und diese Version wird sich noch lange halten, zumal das altehrwürdige Schild am Brunnenhaus wohl so schnell nicht ausgewechselt wird. Irgendwann aber werden die Besucher der Veste vielleicht ein kleines Zusatzschild entdecken, auf dem zu lesen steht:

Brunnen erbaut um 1350,
durch Erdbeben um 1550 teilweise zerstört
und bald danach wiederhergestellt.
Tiefe 50 m

Anlage 1.1 Schachtabwicklung Schicht 1 bis 18

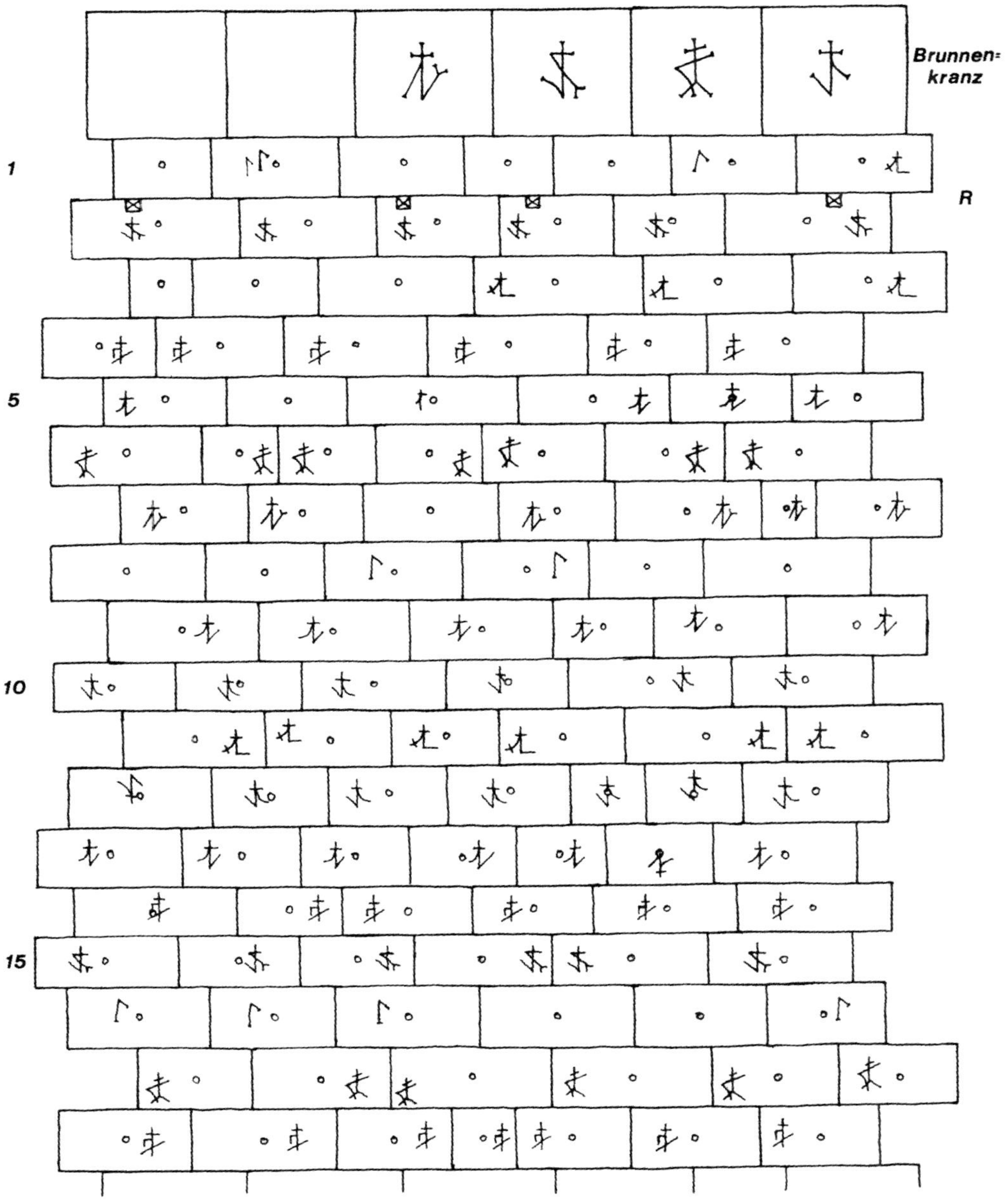

Anlage 1.2 Schachtabwicklung Schicht 19 bis 36

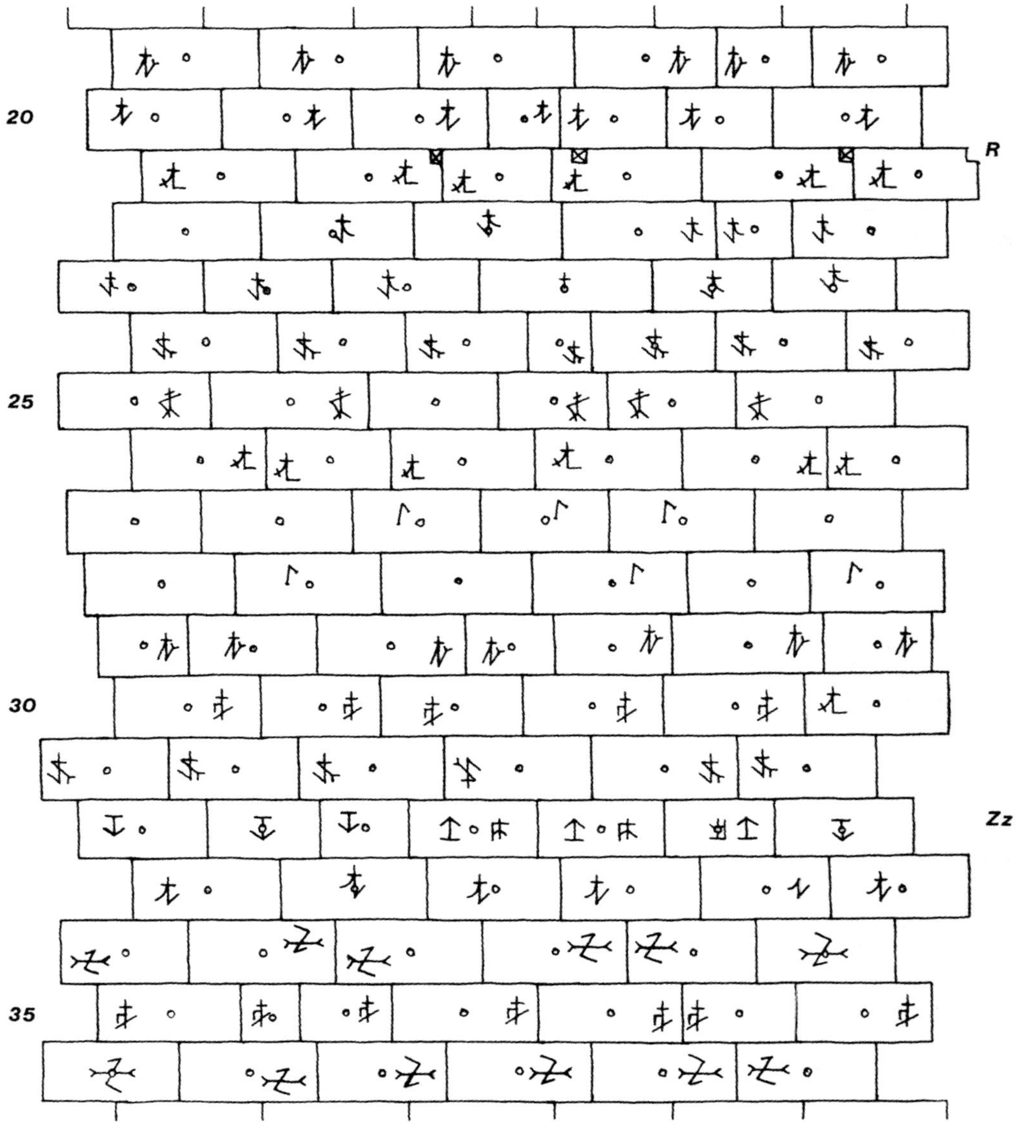

Anlage 1.3 Schachtabwicklung Schicht 37 bis 54

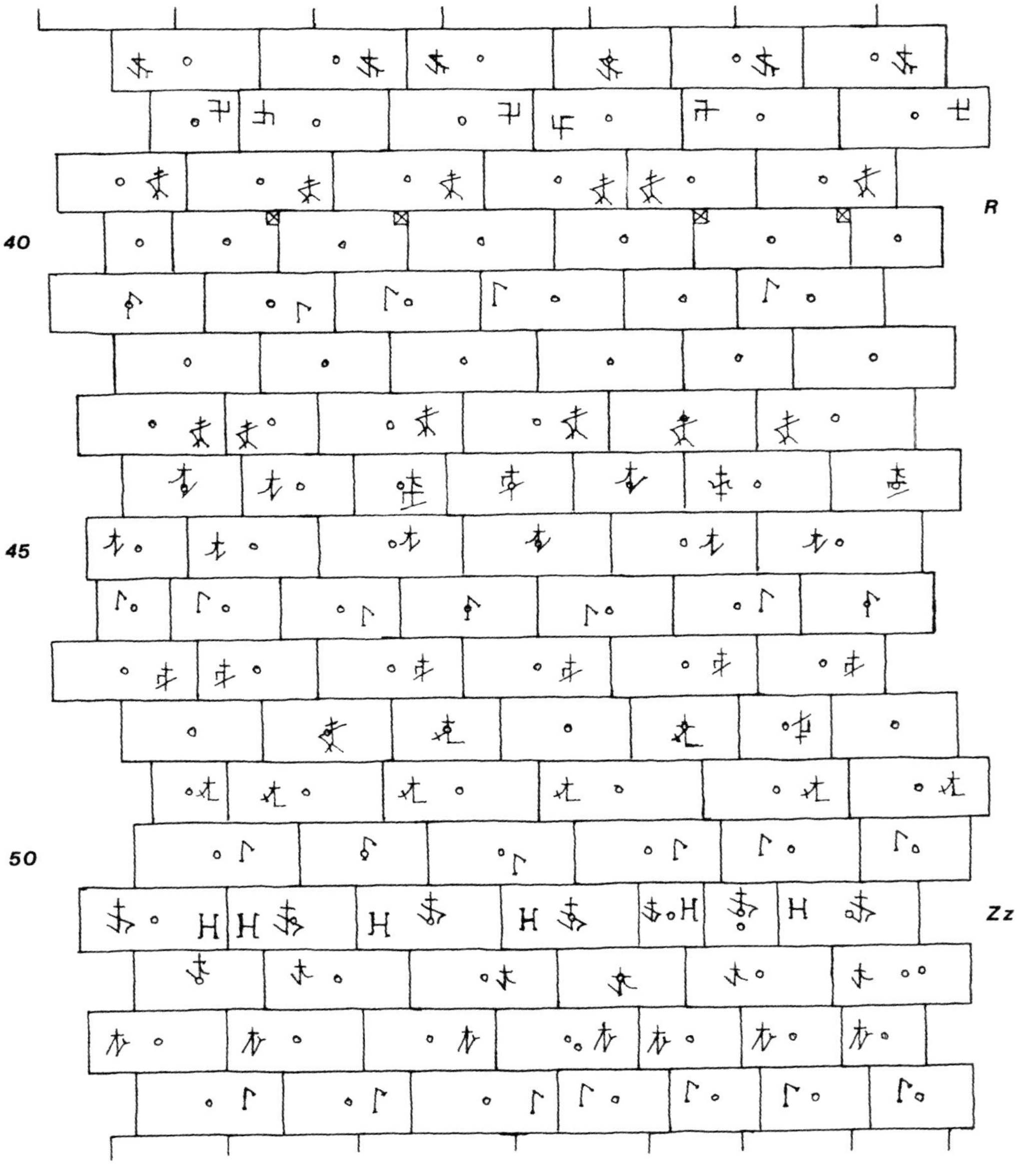

Anlage 1.4 Schachtabwicklung Schicht 55 bis 72

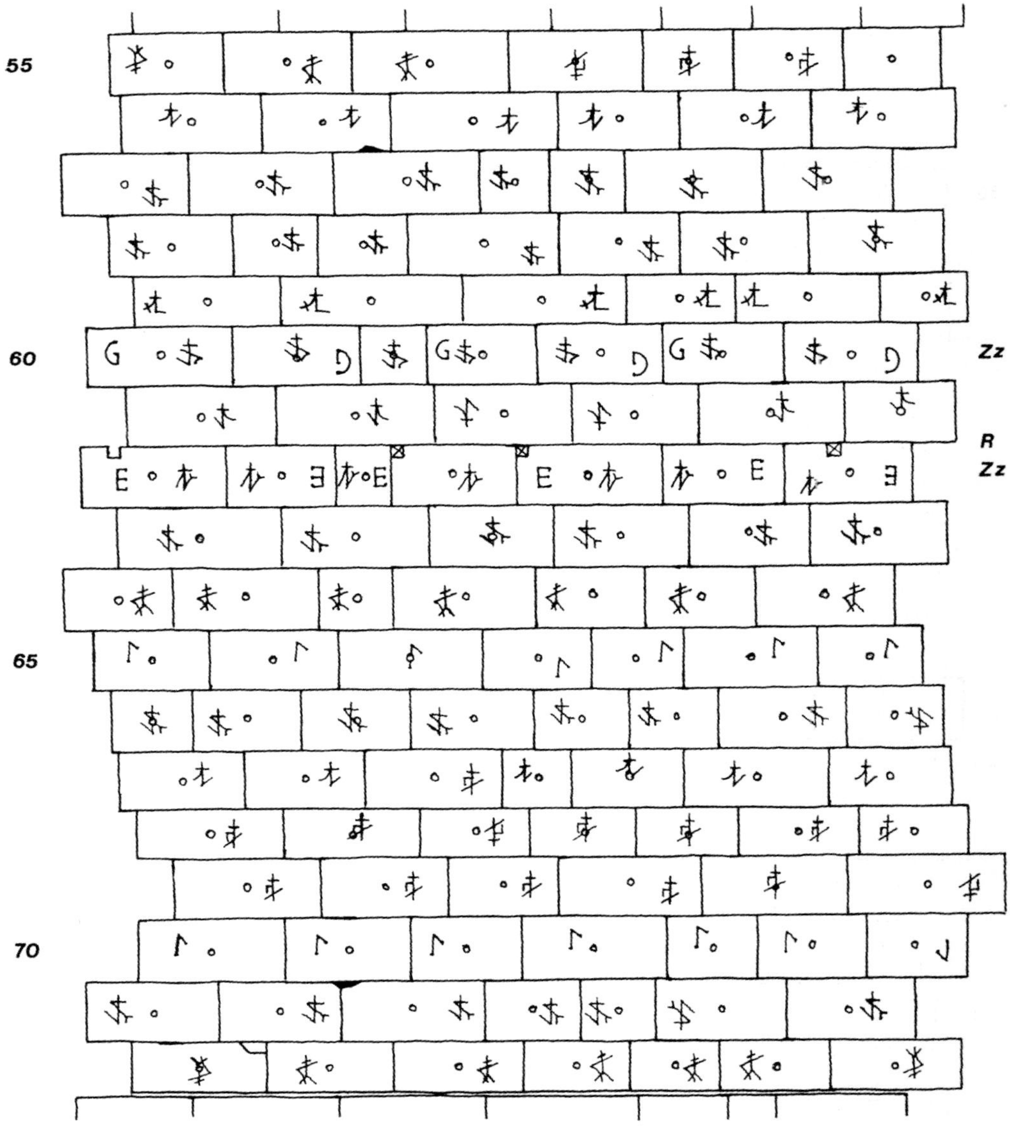

Anlage 1.5 Schachtabwicklung Schicht 73 bis 91

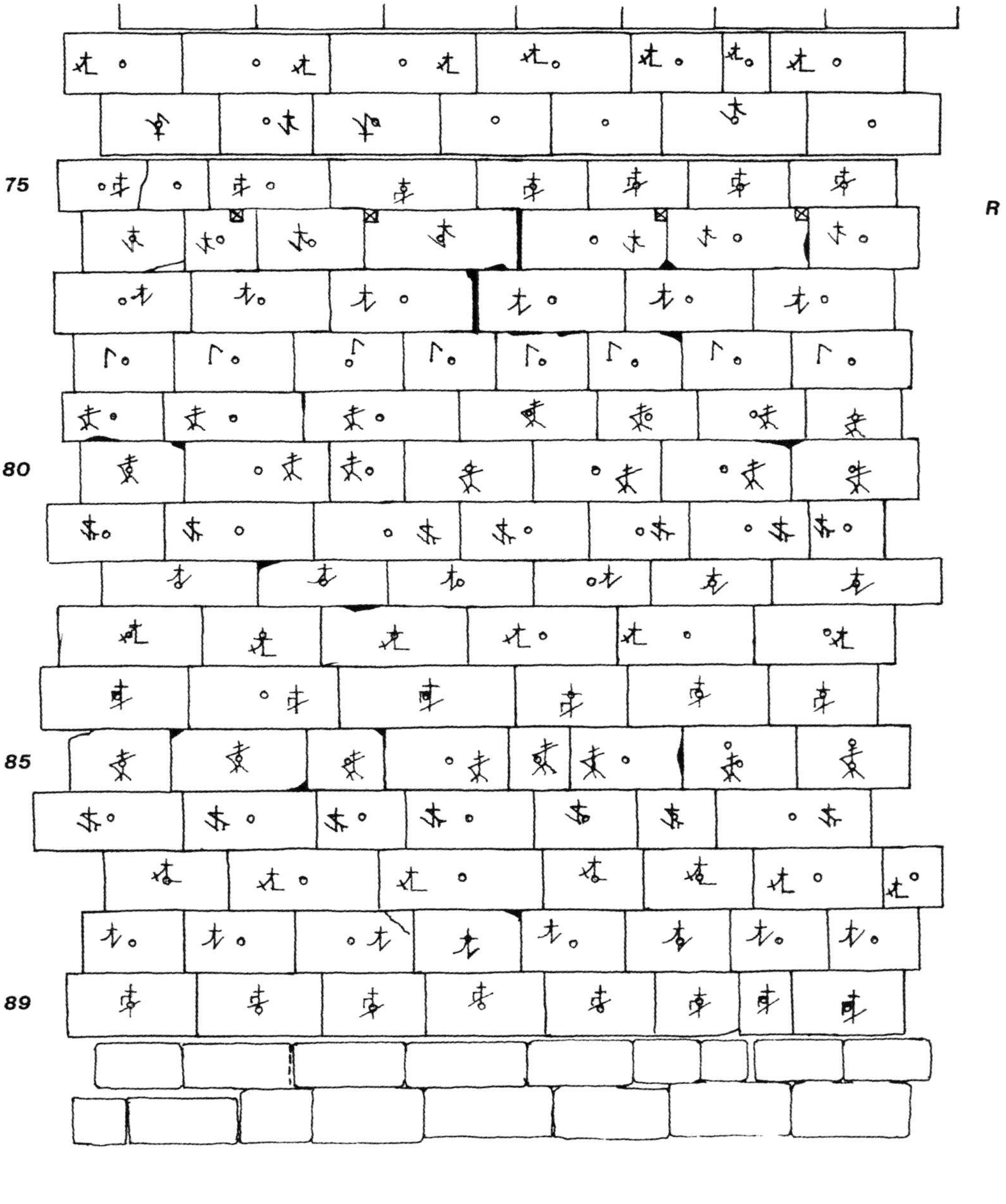

Anlage 1.6 Schachtabwicklung Schicht 89 bis 107

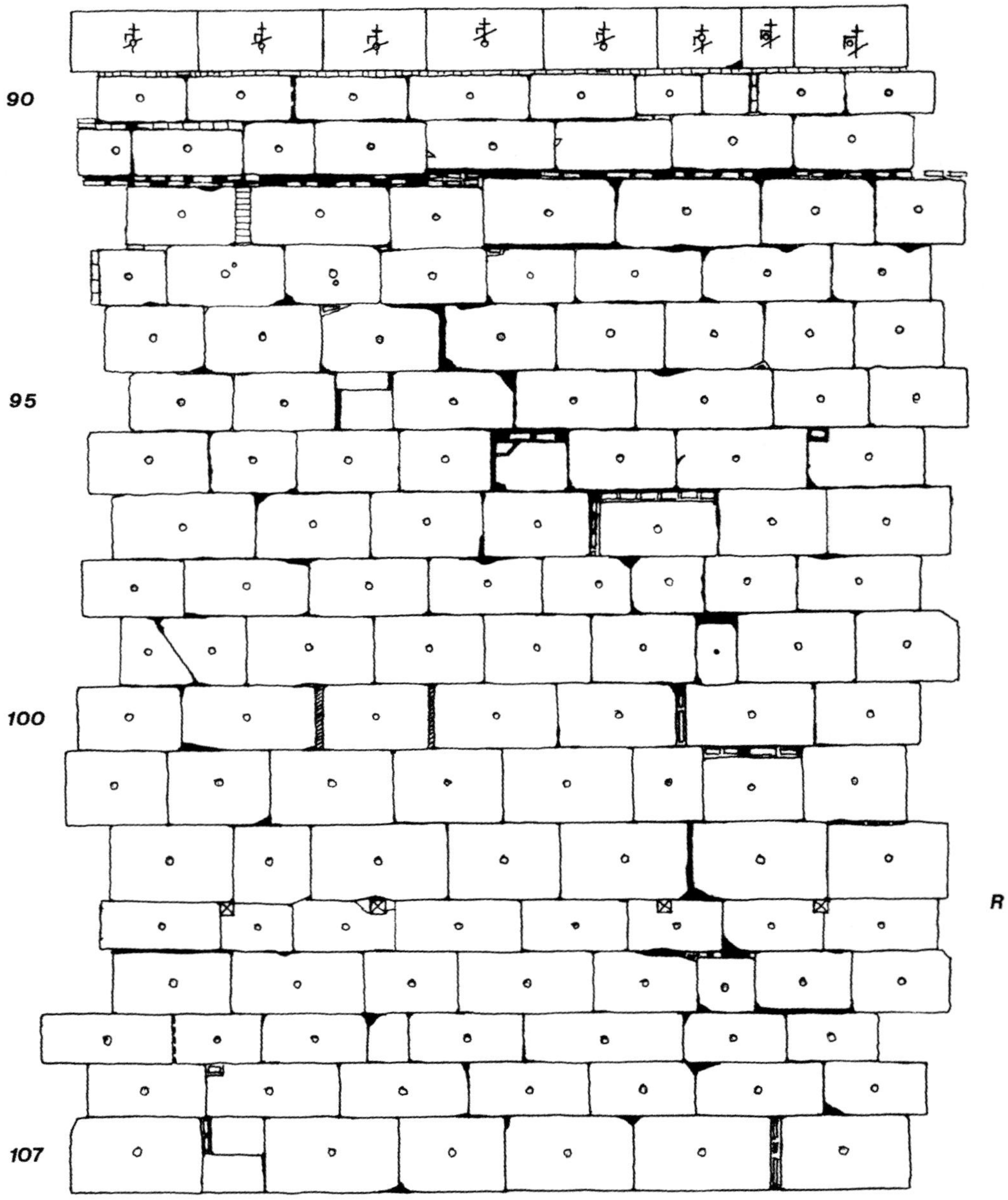

Anlage 1.7 Schachtabwicklung Schicht 108 bis zur Gründung

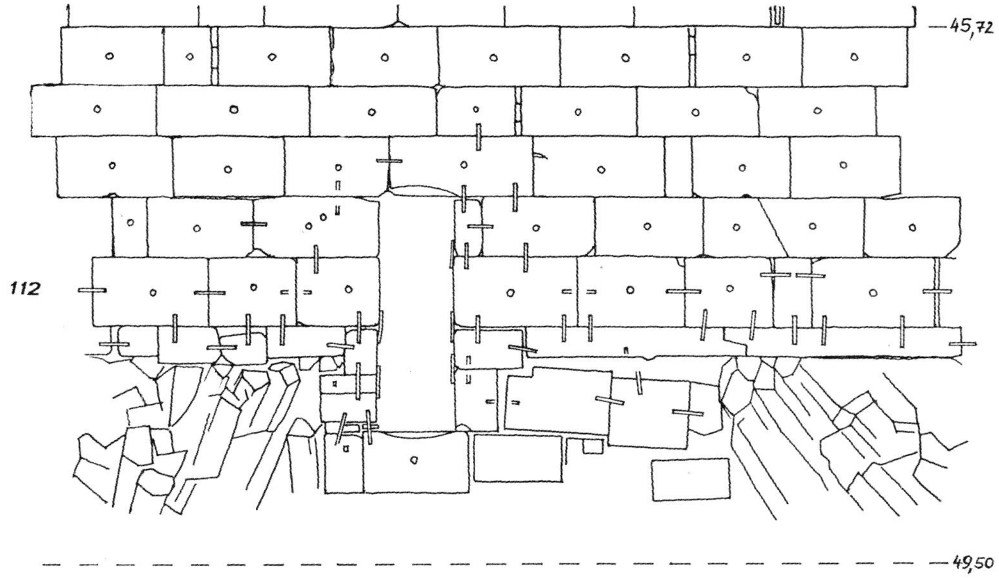

3.15 Schloß Augustusburg auf dem Schellenberg

Auf dem Schellenberg, etwa 15 km östlich von Chemnitz, entstand zu Anfang des 13. Jahrhunderts die gleichnamige Burg. Urkundlich belegt sind für das Jahr 1206 *Wolframus et Petrus fratres de Shellenberc.*[350] Die Herren von Schellenberg sollen später ihr Unwesen als Raubritter getrieben haben. Nach der sogenannten Schellenberger Fehde kam die Burg 1324 an die Wettiner, die sie nach und nach weiter ausbauten. Zu der Burg gehörte ein mächtiger Turm, der im Bereich des heutigen Hauptzugangs stand. Südlich davon, d. h. im jetzigen Schloßhof, entstand um 1400 ein „Brunnen“.

Abb. 149 Ansicht von Schloß Augustusburg in der ersten Hälfte des 18. Jh.

Im Jahre 1528 brannte ein Teil der Burg nieder und 1547 soll die Anlage durch Blitzschlag und Brand ruiniert worden sein. Der Bericht über eine Begehung vom August 1567 läßt aber vermuten, daß die Burg zwar Schäden aufwies, gleichwohl aber noch bewohnbar gewesen wäre.

Dennoch gab Kurfürst August von Sachsen (1553–1586) im Hochgefühl seines Sieges in den Grumbachschen Händeln im April 1567 den Befehl, an der Stelle der Burg ein Jagdschloß zu

350 Gersdorf, E. G., Codex diplomaticus Saxoniae II, Urkundenbuch des Hochstiftes Meißen, Bd. 1, Leipzig 1864, Urkunde 74

bauen. Der Kurfürst, der in die Geschichte als „Vater August" einging, war sachkundig in Baufragen. Aufgrund seines unnachgiebigen Wesens aber war seine Einmischung in das Baugeschehen gefürchtet. Den Charakter des strengen Lutheraners beschreiben Historiker als penibel und penetrant, raffgierig und rachsüchtig. Keinerlei Rücksicht kannte er gegenüber den Untertanen, die das fürstliche Jagdprivileg mißachtet hatten.

Für die Bauleitung konnte der Kurfürst Hieronymus Lotter (1497–1580) gewinnen, einen erfolgreichen Kaufmann und mehrfachen Bürgermeister aus Leipzig, der schon unter Herzog Moritz (1541–1547)[351] den Ausbau der dortigen Festungsanlagen geleitet hatte. *Lotter selbst hegte Bedenken gegen die Übernahme dieser Aufgabe. Die Gründe dafür waren sein hohes Alter* [von 70 Jahren] *und die Beanspruchung durch die Aufgaben und Verpflichtungen im Leipziger Rat … und bei der Leitung seines Bergwerkes in Geyer. Wenn er gewußt hätte, wieviel Belastung, Kummer, Schimpf und Schmach auf ihn zukommen würden, hätte er diesen kurfürstlichen Auftrag sicher nicht übernommen. Zudem handelte es sich um ein Ehrenamt ohne Besoldung.*[352]

Der Kurfürst hatte es eilig. Ohne den genauen Plan des Schlosses zu kennen, wurde Lotter im August 1567 auf die Burg Schellenberg geschickt, um sich mit der Örtlichkeit vertraut zu machen. Im September begann gemäß den Instruktionen des Kurfürsten der Abriß der Burg. Der Grundstein für den Schloßbau wurde bereits am 3. März 1568 gelegt und Ende 1569 stand der Rohbau des quadratischen Hauptgebäudes. Der Innenausbau sowie Nebengebäude und Außenanlagen waren 1573 im Wesentlichen abgeschlossen (Abb. 150).

Da die Bereitstellung der erforderlichen Gelder hinter dem Baugeschehen zurückblieb, mußte Lotter in Vorlage treten. Gleichzeitig drohte der Kurfürst ihm *in einem Schreiben vom 15. August 1571 große Ungnade an, wenn der Bau nicht in der festgesetzten Zeit vollständig beendet werden würde.*[353] Ende des Jahres kam es zum Bruch zwischen Lotter und dem Kurfürsten. Vergeblich kämpfte Lotter bis zu seinem Tode am 22. Juli 1580 um die Rückzahlung der verauslagten Gelder.

Ab Januar 1572 hatte Rochus Graf zu Lynar (1525–1596) die Bauleitung auf Augustusburg übernommen. Im Jahre 1569 war der italienische Festungsbaumeister in sächsische Dienste getreten. Schon kurz nach Fertigstellung von Schloß Augustusburg aber fiel auch er beim Kurfürsten in Ungnade. Erst 1578 konnte er in die Dienste des Kurfürsten von Brandenburg wechseln, erhielt die Aufsicht über dessen Festungen und war u. a. 1589/90 für die Planung der Festung **Wülzburg** [5] verantwortlich.

Überlieferungen zum Brunnenbau

Für die Entscheidung, das Schloß Augustusburg als Beispiel zu behandeln, waren für uns neben dem bedeutenden Brunnenbau vor allem die handelnden Personen ausschlaggebend, durch die sich Querverbindungen zu anderen hier behandelten Bauvorhaben ergeben.

Parallel zur Planung des Neubaues hatte man sich Gedanken um dessen Wasserversorgung gemacht. Dabei wird es zwangsläufig zunächst primär um die Versorgung der Baustelle gegangen sein, auf der bereits 1568 bis zu eintausend Menschen arbeiten sollten. Freiberger Bergleute untersuchten die Ausbaufähigkeit des „Brunnens" der Burg Schellenberg, fanden ihn *mit dem Schrank*[354] nur 14 Ellen tief und den Fels zu hart, um ihn weiter abzuteufen. *Überdies*

351 Herzog Moritz wurde in Folge des Schmalkaldischen Krieges Kurfürst von Sachsen (1547–1553).
352 Günther, B., Schloss Augustusburg, Leipzig 2000, S. 16 f
353 Günther, a.a.O., S. 26
354 Schrank oder Schranke bezeichnet den Brunnenkranz.

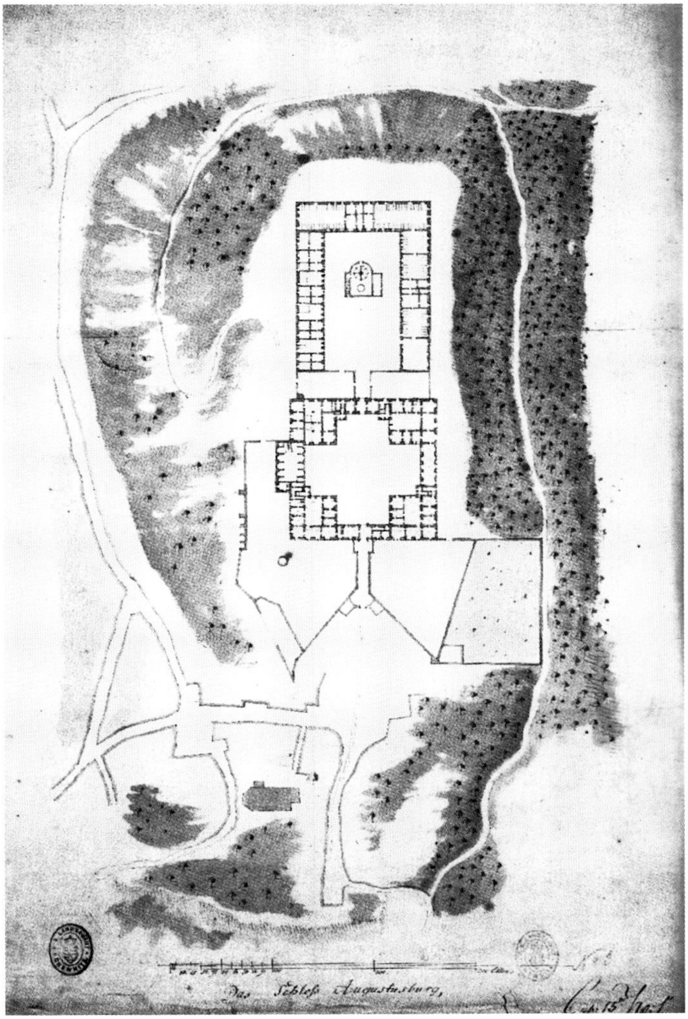

Abb. 150 Grundriß von Schloß Augustusburg im 17. Jh.

befand man, dass er von unten auf keine Quellen hatte und nur den Zufluss von demjenigen Wasser bekomme, was seithalben durch das Gemäuer hinein sinkt. Beim Umlegen des Turmes wurde der alte Burgbrunnen, der eigentlich nur eine Zisterne war, versehentlich eingeschlagen.[355]

Im Herbst 1567 hatte man begonnen, eine Wasserleitung von Waldkirchen her zu bauen. *Nachdeme die quelle vber waltkirchenn, welche herein Zu rohren angefangenn, 14 ellen hoher gelegenn dann der Schlosbergk Schellenbergk, das es vornunfftick vnd kein Zweiffel es sein, solche quelle auf den Bergk Zu bringenn vnd Zu rohren; Das solches aber In dem vergangenen Herbst nicht geschehen, sein vhrsach, das die Erbet kegen dem winter vbereilet, Die Rohren vnvleissick krumb vnd Zu weith gebohret, eines theils vbel gebunden, Vnd der Rohrmeister des wergks so gar*

355 Harnisch, J.G., Chronik Schellenberg-Augustburg, Schellenberg 1860

nicht erfarenn, Auch die Röhren das Wetter noch lufft nicht nehmen konnen, Welcher halb sie Zesprungen.[356]

Diese Begründung entstammt einem Bericht vom 26. Januar 1568, den Bauleiter Lotter sowie Bartel Lauterbach und Martin Planer, beide Bergmeister zu Freiberg, zusammen mit acht ebenfalls anwesenden Rohrmeistern verfaßten. Drei der Rohrmeister erhielten den Auftrag, die Leitung zu reparieren. Martin Planer sollte prüfen, wie das Wasser notfalls mit Hilfe einer Wasserkunst weiter hinaufgebracht werden konnte.

Martin Planer (1510–1582) hatte sich einen Namen gemacht durch den Auf- und Ausbau des wasserwirtschaftlichen Systems im Bergbaurevier Freiberg. Er hatte im Jahre 1561 die Wasserkunst der Burg **Stolpen** [3] geplant (Abb. 10), war seit 1562 für Planung und Bau des tiefen Brunnens auf dem **Königstein** (Abb. 34) verantwortlich, der erst 1569 fertig werden sollte. Und seit Dezember 1567 leitete er daneben den Bau eines entsprechenden Brunnens für Schloß Augustusburg.

Zu dem Bericht vom 26. Januar 1568 heißt es: *Brun vfm Berge, Im hinder schlos In der mittenn Ist Zwo lachter tief eingeschlagenn, vnd also ein kluftiger stein befunden, giebt auch guten Mauerstein, vnd ist bei weitem nicht so feste, wie der forder bergk do der alte brun gestanden, Vnd Acht Personen weiter Zwo lachter tief Zu sencken vnd Zu hauen vordinget, Vnd Jeder lachter 17 f.* [Gulden], *vnd darueber die Schmide Kost Zugebenn vorsprochen, Vnd sollen solche 9 ellen Ins gevierde* [ca. 5 x 5 m] *hauen … Vnd weil des orts vermutlich kein gantzer fels, an dem berge auch hin vnd wieder quell, So hat man hofnung, des orts wasser antzutreff.*

Zu Beginn der Arbeiten hatte Planer also veranlaßt, daß zunächst ein bergmännischer Schacht mit quadratischem Querschnitt von 5 auf 5 m abgeteuft werden sollte. In diesen Abschnitt, der am Ende gut 10 m maß, wurde später ein gemauerter Schacht eingestellt.

Unter dem 13. Februar 1568 berichtet Lotter an den Kurfürsten[357]: *So wirtt mitt d. Arbeitt In dem Ziheborn heftig Angehalten, das es Tag vndt nacht mitt gedinge fortgehett; Es wirt aber Jetzundt Zimblich vhester, Vngeachtet, Das An dem ortte Am bequembstenn nieder tzu kommen sein sollte. Es ist sich darauff auch nicht Zuuorlassen, Das dernach so balde Wasser gebenn mochtte, So hatt das Wasser, wan solchs gleich vfgefangen Vnndt In Cistenn* [d. h. Zisterne] *gebracht wirdett, Zue Notturft des baues keinenn bestandt, Das also meines erachttens nuhmehr alle Tage will Tzeit sein, die Kunst vnndt wasserhebe Zubestellen, Damitt die gefertigt werde* [bevor der Bau beginnt]. Wenige Tage vor der Grundsteinlegung weist Lotter vorsichtig auf das fehlende Brauchwasser für die Baustelle hin. Gleichzeitig dämpft er die Hoffnungen auf einen schnellen Erfolg beim Brunnenbau.

Über den Standort des Brunnens muß es Diskussionen mit dem Kurfürsten gegeben haben. Am 25. Februar 1568 ergänzt Lotter seine Ausführungen wie folgt: *Der Neue Angefangenne Zihebuhrn gefellt mir nicht Vbel vnndt beruhe noch auf meinner meinungk, Das er besser Im hindern hofe Als im fordernn, Zue deme so hatt es forne bei der Kuchenn einen gantzen fels; an dem orte ist aber das Gesteine, Ob es wel Zimblich feste, doch gleichwoll kluftigk, vnndt ich kumbe mitt den Steinbrechern eher Vortt, als mit den bergkheuernn, Dan es gehoren gutte keilhauenn vnndt lange brechstangen Zue solchem Gesteine, Dieweill es so kluftig ist; Wan aber der fels gantz wehre, So muste der mitt feustel vnndt eisen wegkgestueft werdenn; Dartzue gehorten alsdan bergkheuer …*

356 Sächs. HStA Dresden, Finanzarchiv Loc. 35801 Augustusburg Nr. 3, Copial des Neuen Schellenbergischen Schlossbaues, pag. 228

357 Sächs. HStA Dresden, Finanzarchiv, a.a.O., pag. 256

Der Bergkmeister Von Freybergk [Martin Planer] *hatt meines Abwesens Zwei lachter, Neun eln lang vnndt breitt In die Runden, vmb Vier Vndt Viertzig Guldenn* [im Januar noch 34 fl] *vordingt, Vnndt es brechenn Zimbliche Mauersteine mitt; Es hatt das gesteine an dem ortte … Denn Rechtten Nahmenn Schellenbergk; Gott vorleihe, Das es also kluftig stehen bleibe, So hoffe Ich, es soll wasser Zu erbauenn seinn …*

In einem Bericht Lotters an den Kurfürsten vom 20. März 1568 geht es nochmals um die angemahnte Wasserkunst. *Dem hern Landtrentmeister habe ich … bericht, Das ich Zwene wasser kunstmeister Brosius Lippoldt vnnd Jacob Pach von d. Platten mit dem altten Obermeister Nicoll hoffman, vnangesehen das noch viel schnehes ihm feldt liegett, vff den AugustusPergk geschickt hette, die gelegenheitt Zu besichtigen, ob auch durch ein kunst wasser hienauff Zu bringen wehre, Vnndt ist ihnen noch dartzu Meister Paull Widtman Steinmetzs, vndt Meister Fabian Werner Zimmerman Zugegebenn wordenn, die mit ihnen herumb gegangen; Vnndt nach solcher besichtigung sindt sie wied. hier Zukhommen vnndt Zeigen ahn, das des orts wohl wasser hienauff Zu bringen sey, vnndt bitten allein darumb, mahnn woltte mehr vorstendige meister fordern lassenn, die sie auch, wie sie den Baw antzustellen vormeindten, dorinna hören möchten; Vnndt do dieselben des Baues auch mit ihnen Einig, vnddt des beyfahl haben werden, ehrbeutt sich obbemeltter Brosius Lippoldt, d. sonst ihnn d. gleichenn wasserbaw sein Meisterschafft ahn mehr orttern beweist, vnndt itzundt denn Gewergken vff der KißZechen Zum Elderlein Taussent lachter lang ein gesteng kunst, wasser aus ihrer Zech Zu hebenn angibet, vnndt ehr will vmb Ehrentwillen, vngeacht das ehr sonstenn wohl Zu thun hette, des wasser baues ein meister sein …*

Bemerkenswert ist, daß in diesem Zusammenhang Martin Planer mit keinem Wort erwähnt wird. Die Forderung aber, weitere Meister um ihre Meinung zu fragen, bedeutet wohl nicht, daß sich die versammelten Fachleute ihrer Sache nicht sicher waren. Sie scheint vielmehr der Ausdruck des angespannten Verhältnisses der Fachleute zu ihrem Kurfürsten zu sein. Man wollte sich absichern. Nur wenn sich endlich alle einig wären, wollte Brosius Lippoldt die Wasserkunst *vmb Ehrentwillen* bauen.[358]

Wir hatten eingangs darauf verwiesen, daß der Kurfürst Wilderei mit unnachsichtiger Strenge bestrafte. In seiner Konstitution vom 21. April 1572 hieß es: *Würde jemand, wer der auch wäre, … in unseren oder unserer Lande Wild-Banen, Försten, Wildführen, Gehegen, Wälden und Gehöltzen, Wildprät, Hirsche, wilde schweine, Rehe oder was in hoher Wildfuhr gerechnet … schießen, schädigen oder fangen, der oder dieselbigen sollen mit Staupenschlägen ewig unseres Landes verwiesen, oder sechs Jahre lang auf Gallern* [Galeeren], *in Metalle und dergleichen stetswährende Arbeiten verdammet* [werden]. Und so werden Lotter bereits im Dezember 1567 gefangene Wilderer überstellt mit der Anweisung, daß er dieselben *zu stedter erbet winter vnd sommer Zeit Zu dem schellenbergischen brun anhalt*[en solle].

Im Mai 1568 sollen bereits zehn dieser Strafgefangenen beim Brunnenbau tätig gewesen sein. Sie waren *mit fesseln od*[er] *springern an beinen vnd halseisen mit hirschhörnern wohl versehen.* Der Bergmeister Planer äußerte *bedencken … die wildpratsbeschedig*[er] *In den bronnen vf d*[er] *Augusten burg Zu legen.* Mangelnde Erfahrung, ihre Fesseln und die ständige Bewachung sprachen gegen den Einsatz der gefangenen Bauern.

Am 13. Juli 1568 antwortet der Kurfürst, er sehe keinen Grund, *das wir derhalben vnsern vorigen befelch verandern sollten; Dan obwohl nur 3 berckleute … vnter denselben sein, so konnen doch die Pawern* [Bauern] *der berckarbeit auch wohl vnterrichtet werden, vnnd einer Von Dem andern lernen; man darff sie auch nicht allzeit auf vnd* [wieder] *Zu schliessen Zum aus vnnd*

358 Sächs. HStA Dresden, Finanzarchiv, a.a.O., pag. 295 b, 296

einfahren, Sondern man kann sie wohl an einem seihl vffm knebell hinein lassen Vnd wid. heraus Ziehen. Und wenn man die obersten Fahrten, d. h. die Leitern im Schacht herausnähme, bräuchte der Steckenknecht nicht dabei zu stehen, da ohnehin keiner entlaufen könne.

Die Lernbereitschaft der Wilddiebe dürfte unter diesen Bedingungen nicht groß gewesen sein, wenngleich der Kurfürst meint: *Zudem werden sie desto vleissiger arbeit*[en] *In hoffnung, wo Inen Goth wasser bescheren wurde, Das sie Ihres gefencknus linderung od*[er] *erledigung erlangen möchtenn. Vber Diß alles aber konnen wir also mit Inen einen grossen Kosten ersparen – die – den was sonst auff der Berckleute geding werden musen.*[359]

Im August 1568 gelang drei der Gefangenen die Flucht. Der verantwortliche Steckenknecht wurde *andern Zu abschew Durch den Scharffrichter Im gefencknus mit scharffen rutten* ausgepeitscht und des Dienstes verwiesen. Die anderen Gefangenen mußten von da an *für vnd für Im Bronnen bleiben darinne liegen … vnnd Ire Zeug, essen trincken … vnd andere notturfft an haspeln auff vnnd abZiehen* lassen. Bald darauf ist von Wilddieben beim Bau des Brunnens nichts mehr überliefert.

Der Einsatz von Strafgefangenen dürfte zum Baufortschritt kaum beigetragen haben. Und da er im Falle Augustusburg als ein ausgesprochener Racheakt des Kurfürsten zu werten ist, gehen wir davon aus, daß die Arbeiten anderenorts vernünftigerweise ausschließlich von erfahrenen Bergleuten und Steinbrechern ausgeführt wurden.

Für die Zeit von 1569 bis 1571 sind keine Unterlagen zum Brunnenbau überliefert. Es wird berichtet, daß sich am 18. April 1571 ein Brandunglück beim „Feuersetzen“ ereignet habe.[360] Der Schacht hatte zwischenzeitlich eine Tiefe von 25 Lachtern erreicht. Inwieweit man wegen der zunehmenden Härte des Gesteins gezwungen war, dieses Verfahren anzuwenden, ist nicht bekannt. Wahrscheinlich aber handelte es sich nur um Ausnahmefälle.

Die nächste Überlieferung dazu stammt vom 24. Juli 1572. *Dieser brunnen ist uff dato 32 Lachter*[361] *unter sich gesunken, gebauen und noch derzeit kein Wasser funden gewesen; Es hat aber einen festen Stein gehabt, welcher acht Lachter hoch gewehret, und noch von tag Zue tag erger und Vester worden; von solchen gestein … hat mann 56 f.* [Gulden] *Müntz 5 Arbeitern sambt den Steiger, so denselben gesunken, und mit hülffe deß Feuers ein Lachter auffgefahren Zu lohn gegebenn; Sie haben abe an solchen Einem lachter Sieben Wochen gefahren, und darüber gearbeitet, ohne Feuer aber unmöglich mit Menschen henden fort Zu komen gewesen; Vber daß mann dennoch Feuer gebrauchen müßen, haben Zweene Arbeiter oder hauer inn 6 stunden 600 Stehlne Spitzen … verschlagen.*[362]

Aus den Tiefenangaben von 1568, 1571 und 1572 ergibt sich, daß beim Abteufen im Schnitt ein halber Lachter entsprechend einem Meter pro Monat geschafft wurde. Daraus ergibt sich eine durchschnittliche Tagesleistung von rund 3 cm für diesen Zeitraum. Dabei ist zu berücksichtigen, daß die abzuarbeitende Fläche zunächst etwa 25 m^2 betrug und sich im festen Fels auf ca. 8 m^2 verringerte. Der Arbeitsfortschritt der Steinbrecher wird auf den ersten zehn Metern deutlich höher gewesen sein.

Da sich beim Brunnenbau auch ein Jahr später noch kein Wasser zeigte, stimmte der Kurfürst dem mehrfach vorgetragenen Vorschlag zu, eine Probegrabung an anderer Stelle vorzunehmen. Unter dem 5. Juni 1573 teilt er dem Schosser mit: *Nachdem du hofnung hast, Das bei der Kuchen vf vnserm Schloß Augustusburg lebendig wasser etwo eher alß In dem tiffen brunnen*

359 Sächs. HStA Dresden, Finanzarchiv, a.a.O., pag. 192 b–193 b
360 Günther, a.a.O., S. 66
361 Der Freiberger Lachter zu 3 ½ Ellen maß zu dieser Zeit 1,96 m.
362 Sächs. HStA Dresden, Finanzarchiv Loc. 35801 Augustusburg Nr. 1, S. 2

mitten Im hofe antzutreffenn sein mochte, Alß haben wir vnsern Bergsverwalter Zu Freiberg Martin Planer bevholen, an demselben Ort einen Monat lang Arbeiter antzulegen vnd Zu vorsuchen, ob man wasser ersuncken mochte.[363] Der Versuch blieb ohne Erfolg.

Im Januar 1577 war es endlich soweit. Die Bergleute stießen auf eine offene Kluft *da quildt ein wasser ... so klar und rein wie ein brunnquell.*[364] Wir gehen davon aus, daß es sich um die Stelle handelt, an der im Jahre 1651 ein vom Schacht abgehender Stollen festgestellt wird. Das Abteufen des Schachtes war aber mit dem Auftreten des Wassers noch nicht beendet.

Am 29. November 1579 sucht der Schosser Urban Schmidt um die Genehmigung nach, überschüssiges Wasser vom Schloß *in Lotters gewesenen Hoff*[365] leiten zu dürfen. Sein Gesuch beginnt mit den Worten: *Demnach der Almechtige auß Veterlicher Almacht vnd darwendung Euer Churf. G. mergklichen Kostens, vff derselben schloß Augustusburgk Im Ziehebronnen dermalleinß* [1577] *notturfftigk Wasser bescheret vnnd derselbe bronnenbaw nuhmehr (Got lob) gefertiget ...*[366] Aus diesem Vorgang ist also ersichtlich, daß der Brunnenbau erst im Jahre 1579 beendet war.

Zur Wasserförderung hatte Martin Planer in gewohnter Manier als Freiberger Bergmeister ein Göpelwerk entworfen. Auch dieses muß im Jahre 1579 funktionsfähig gewesen sein. Das heutige Brunnenhaus (Abb. 151) entstand nach dem Brand vom 27. Februar 1831. Es war im Jahre 1722 geringfügig umgebaut worden. Wir gehen davon aus, daß das Göpelwerk, wie es sich heute darstellt, im wesentlichen der ursprünglichen Konstruktion des Martin Planer entspricht, da die im Bergbau erprobten Maschinen erfahrungsgemäß über Jahrhunderte gleich blieben. Das dürfte auch auf die Holzkübel mit einem Inhalt von 125 Litern zutreffen.

Das Göpelwerk wurde von Ruckdeschel eingehend beschrieben.[367] Auf eine Wiederholung seiner aufschlußreichen Ausführungen zur Konstruktion kann daher an dieser Stelle verzichtet werden. Seine Berechnungen ergaben, daß es nur ca. 5 Minuten dauerte, um einen Kübel aus der Tiefe zu heben. Daraus wurde eine mögliche stündliche Förderleistung von 1.000 Litern hergeleitet. Nicht unerwähnt bleiben darf, daß er zudem Baukosten für den Brunnenbau in Höhe von 75.000 Gulden nennt, für die aber bis heute kein Beleg gefunden werden konnte.

Eine Urkunde aus dem Jahre 1651 belegt, daß bei Anwesenheit des sächsischen Hofes und vieler Gäste vom 28. August bis zum 22. September *dieser brunnen, darinnen anfangs 35 Ellen hoch Waßer gewesen, täglich gebrauchet, und über die 2 ½ ßo* [Schock] *Eymer daraus geZogen worden, also das selbiges kaum noch 3 Ellen tief, und Zwar meistes ann trüber Waßer darinnen gewesen.*[368]

Entweder wurde hier der Ausgangswasserstand viel zu hoch angegeben, oder man hatte sich beim Zählen der gezogenen Kübel vertan. Die Nachrechnung zeigt, daß der Verbrauch von mehr als 150 Kübeln deutlich unterhalb der angegebenen Ausgangsreserve gelegen hätte. Wichtiger als dieses Zahlenspiel aber ist der Hinweis, daß der Brunnen in gut drei Wochen praktisch leergeschöpft werden konnte. Die Angabe des Restvolumens von etwa 16 m³ trüben Wassers[369] ist sicher sehr viel genauer als die genannten Verbrauchsdaten.

363 Sächs. HStA Dresden, Finanzarchiv Loc. 35801 Augustusburg, Copial 376, S. 81 b

364 Sächs. HStA Dresden, Geheimes Archiv Loc. 4450, Augustusburg, Schloßbau 1567–1579, Bl. 319 a

365 Lotter war laut Instruktion vom 8. September 1567 verpflichtet, in der Nähe der Baustelle zu wohnen. Er erwarb daher in Schellenberg ein Grundstück und ließ sich vom Abbruchholz der Burg darauf ein Haus bauen.

366 Sächs. HStA Dresden, Finanzarchiv Rep. VIII Augustusburg

367 Ruckdeschel, a.a.O., S. 48 ff

368 Sächs. HStA Dresden, Finanzarchiv Loc. 35801 Augustusburg Nr. 1, S. 2 b, 3

369 Errechnet aus 3 Ellen (1,7 m) Wassertiefe und 3,2 m Schachtdurchmesser.

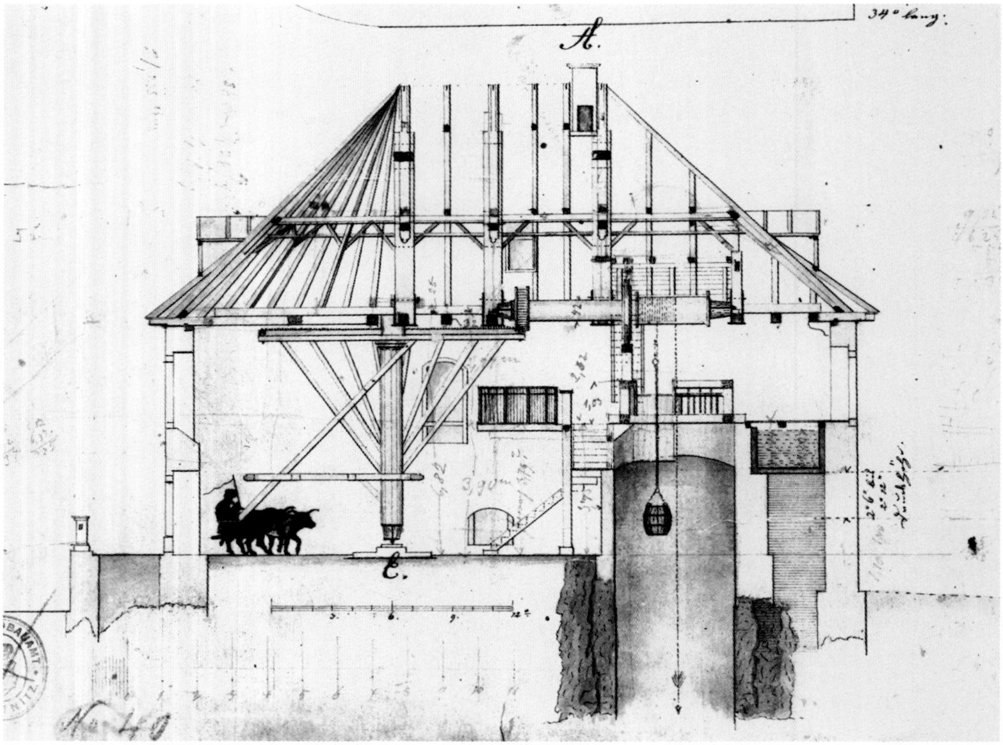

Abb. 151 Das Brunnenhaus mit Göpelwerk von 1832

In dieser Situation entschloß man sich, den Brunnen vollends auszuziehen und zu reinigen. Danach war der Brunnensteiger Georg Schultz *zu dreyen unterschiedlichen mahlen hinunter gefahren,* [und hatte] *nachfolgenden Bericht gethan: Er hette den Brunnen 230 Ellen inn der tieffe, alß 20 Ellen gemauert und 210 Ellen inn felßen gehauen, inn der Weite aber durch und durch, in die Rundung 24 Ellen*[370] *befunden, darinnen Einen Stollen ohnegefehr 20 Ellen von grund, 2 ½ Elle hoch und 2 Ellen in der Weitte, auch so weit Er hintersehen können, und Ihme bedunkte 20 Ellen lang; Daß Waßer quelle uff allen seiten, hette auch sonsten Zufall* [Zufluß] *auß denen Steinklüfften, gegen der Mörbitz*[371] *aber ann aller sterckesten, und fast Sines fingers dick, und samlete Sich selbe tah und Nacht Einer Ellen hich, oder so viel alß drey Mandel*[372] *Eymer außtrügen.*

In diesem Bericht stimmt zwar das Verhältnis zwischen angegebenem Zufluß und Anzahl der Kübel. Bemerkenswert aber ist die mehrfache Nennung von 20 Ellen bei den Schachtmaßen. Andererseits entsprechen die genannten 230 Ellen (ca. 131 m) erstaunlich gut dem Wert, der heute mit 130,6 m als Brunnentiefe angegeben wird. Es steht zu vermuten, daß sich beide Angaben auf die Oberkante des Brunnenkranzes beziehen. Nun wurde aber wegen des konstruktionsbedingt hoch liegenden Wellbaumes im Brunnenhaus ein Zwischengeschoß eingezo-

370 Es sind tatsächlich nur 17 ½ Ellen = 10 m.

371 Bei der Mörbitz handelt es sich um das Waldgebiet zwischen Augustusburg und Waldkirchen.

372 Zählmaß ist 1 Mandel = 15 Stück.

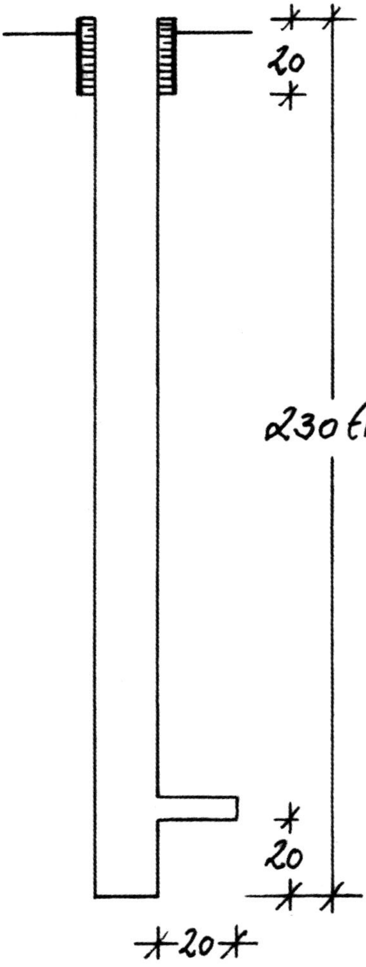

Abb. 152 Querschnitt des Brunnenschachtes der Augustusburg gemäß Befahrung von 1651

gen und der Brunnenmund entsprechend bis dorthin hochgemauert. Genau genommen wäre infolgedessen die Tiefe des bergmännischen Brunnenschachtes um ca. 4 m zu reduzieren.

Zu beachten ist in diesem Zusammenhang, daß sich die Angaben über den Baufortschritt von 1568, 1571 und 1572 natürlich auf den Teil des Schachtes beziehen, der von ebener Erde aus abgeteuft wurde. Und wenn wir noch einmal zurückkommen auf den Januar 1577, in dem man auf das Kluftwasser gestoßen war, so hieße das nach unserer Lesart, daß man sich bei einem durchschnittlichen Vortrieb von etwa 1 m pro Monat damals in einer Tiefe von etwa 115 m unter der Erde befunden hätte. Dies wiederum entspricht den Angaben des Steigers aus dem Jahre 1651, wonach der Stollen etwa 11 m oberhalb der Sohle liegt.

Bezugnehmend auf den Inhalt des oben zitierten Gesuches vom November 1579 ergibt sich, daß zwischen dem ersten Auftreffen auf das Wasser und der Fertigstellung des Brunnens noch gut eineinhalb Jahre vergangen sein müssen. Ähnlich wie beim Brunnen auf **Hellenstein** [11] wird sich auch hier das Abteufen der letzten Meter im Kampf mit dem nachdrängenden Wasser dramatisch gestaltet haben.

Wenn man die Schachtzeichnung (Abb. 152) nach den Angaben des Brunnensteigers aus dem Jahre 1651 mit dem Brunnenschacht auf der Festung **Königstein** (Abb. 34) vergleicht, so ergibt sich ein fast gleiches Konstruktionsprinzip. In beiden Fällen wurde ein Schacht mit sehr großem Durchmesser abgeteuft, ein Wassersammelstollen vorgetrieben und darunter noch ein Reservoir von gut 10 m Tiefe geschaffen. In beiden Schächten wurde ein Entlüftungsschacht in die Wand eingearbeitet, der zum Schacht hin mit Mauerwerk zugesetzt ist. Und wenn man zudem noch weiß, daß auch auf dem Königstein zunächst ein Göpelwerk für die Wasserförderung benutzt wurde, so zeigt das mehr als deutlich die Handschrift von Martin Planer, die durch seine Erfahrungen im Bergbau vorgeprägt war.

Der tiefe Brunnen war über mehr als 300 Jahre die einzige Wasserquelle auf Schloß Augustusburg. Im Jahre 1882 wurde das Schloß an die örtliche Wasserversorgung angeschlossen.

3.16 Orvieto, die Stadtburg des Papstes

An der Grenze zwischen den heutigen Regionen Umbria und Lazio, 90 km nordwestlich von Rom, erhebt sich ein markantes Felsplateau aus der Flußebene von Paglia und Chiani. Dieses Tuffsteinmassiv mit seinen 20 bis 50 Meter steil aufragenden Wänden bildet eine natürliche Bastion, die schon in der Vorzeit von den Menschen als Rückzugsort genutzt wurde. Man vermutet, daß hier die etruskische Stadt Velzna gestanden hat, die 264 v. Chr. von den Römern erobert wurde.

Abb. 153 Der Pozzo di San Patrizio

Aus dem römischen Urbs vetus entwickelte sich Orvieto im Mittelalter als Hochburg der Guelfen, die sich hier aufgrund der strategisch günstigen Lage mehrfach erfolgreich gegen die Ghibellinen und die staufischen Kaiser verteidigen konnten. Der kleine, aber wehrhafte Stadtstaat zerbrach schließlich an den Rivalitäten seiner adligen Familien. Die Pest von 1348 und die Unruhen im Kirchenstaat taten ein Übriges.

Papst und Kurie hielten sich bereits seit dem 13. Jahrhundert häufig außerhalb Roms auf. Immer wieder suchten sie sicheren Aufenthalt in anderen Städten des Kirchenstaates, so auch in Orvieto. Die Landeshoheit der Päpste in diesem Staatsgebilde blieb bis zum Beginn des 16. Jahrhunderts zumeist nur bloßer Anspruch. Nur selten gelang es ihnen, sich dem örtlichen Adel gegenüber längerfristig durchzusetzen. Im Jahre 1304 verließ der Papst Rom und es folgte das fast 70jährige Exil der Päpste in Avignon.

Im Jahre 1353 verpflichtete sich der Papst im französischen Exil der Dienste eines spanischen Kardinals[373] und Kondottiere, um die unbotmäßigen Burgherren in Umbrien zu unterwerfen. Am 10. Juni 1354 mußte sich Orvieto ergeben. Zehn Jahre später wurde auf Befehl eben dieses Kardinals Orvieto auf dem Felsen zur Demonstration der neuen Machtverhältnisse zur befestigten Stadt ausgebaut.[374]

Im Mai 1527 kam es im Zuge des Krieges, den Kaiser Karl V. gegen Franz I. führte, zu einem folgenschweren Ereignis. Die kaiserlichen Truppen erstürmten Rom. Der Papst floh auf die Engelsburg, die Stadt wurde geplündert. Erst im Dezember kam Papst Clemens VII. nach erheblichen Geldzahlungen wieder frei. Im Anschluß an dieses als „Sacco di Roma" in die Geschichte eingegangenen Ereignisses zog sich der Papst zunächst für sechs Monate von Rom nach Orvieto zurück. Und er gab den Befehl, hier oben auf dem Felsplateau als Vorsorge für künftige Fälle eine gesicherte Trinkwasserversorgung zu schaffen.

Der Architekt und Festungsbaumeister Antonio da Sangallo d. J. (1483–1546)[375] erhielt den Auftrag, einen Brunnen zu bauen. Nach seinen Plänen wurde bereits im Jahre 1528 damit begonnen. Die Idee, die seiner Planung zugrundelag, war der Verzicht auf jede Art mechanischer Einrichtung zur Förderung des Wassers aus dem absehbar tiefen Schacht. Esel sollten stattdessen den Transport in ununterbrochener Folge übernehmen, so daß eine kontinuierliche Förderung wie mit einem Schöpfwerk möglich war.

Er griff zurück auf ein geniales Detail, das Leonardo da Vinci (1452–1519) nach der Pestepedemie 1484/85 entwickelt hatte im Zusammenhang mit seinem Vorschlag einer Città ideale. In dieser idealen Stadt waren die fußläufigen Aufenthaltsbereiche vom Wirtschaftsverkehr und den Entsorgungseinrichtungen horizontal getrennt, um gesunde Lebensverhältnisse zu gewährleisten. Die Verbindung der beiden Ebenen sollte über doppelläufige Wendeltreppen erfolgen, bei denen die Auf- und Abgänge als jeweils eigene Wendel um eine gemeinsame senkrechte Achse herumgeführt wurden.[376]

Die Fertigstellung des Brunnens erlebte Papst Clemens VII. nicht mehr. Erst im Jahre 1537, während des Pontifikates von Paul III., wurde das tiefbautechnische Meisterwerk im Fels von Orvieto vollendet.[377] Dieser Papst, der dem Geschlecht der Farnese entstammte, ließ sein Familienwappen in den Stein der inneren und äußeren Schachtwand einmeißeln.

Der sogenannte Pozzo di San Patrizio am nordöstlichen Felsrand der Stadt (Abb. 153) liegt direkt neben der Rocca, der alten Burg. Die Wasserförderung erfolgte durch eine Vielzahl von Eseln, die man nacheinander auf der einen Wendeltreppe hinabführte bis zu einer Brücke, die dicht über dem Wasserspiegel von einer Seite des Schachtes zur anderen reichte. Auf der Brücke wurden die Legeln oder Wasserschläuche gefüllt, worauf die Esel ihren Weg in der anderen Wendel fortsetzten bis hinauf zum Brunnenhaus, wo das Wasser übergeben wurde. In unendlicher Kette konnte der Vorgang beliebig fortgesetzt werden. Auch die Wasserhaltung in der Schlußphase des Abteufens wird man so bewerkstelligt haben.

373 Gil Álvarez Carillo de Albornoz (1310–1367), in Spanien in Ungnade gefallener Heerführer, flüchtete sich nach Avignon, wo er von Papst Clemens VI. zum Kardinal ernannt wurde. 1353 bestellte ihn Innozenz VI. zu seinem Legaten und Generalvikar im Kirchenstaat.

374 Ebhardt, B., Der Wehrbau Europas im Mittelalter, Bd. II, 1958, S. 21, nennt Orvieto Stadtburg

375 Eigentlich: Antonio Cordini, Neffe seiner berühmteren Onkel Guiliano und Antonio da Sangallo d.Ä.

376 Paris, Bibliothèque de l'Institut de France, Ms. B 2173, fol. 69 r. (Gemeinhin wird dieses Detail in Verbindung gebracht mit Leonardos Entwurf zu einem Bordell, bei dem sich kommende und gehende Kunden nicht begegnen sollten.)

377 Fast zeitgleich wurde im französischen Schloß Chambord (1519–1544) ein Treppenhaus nach dem gleichen Entwurfsprinzip erbaut, dessen Entwurf wohl fälschlich Leonardo da Vinci zugeschrieben wird.

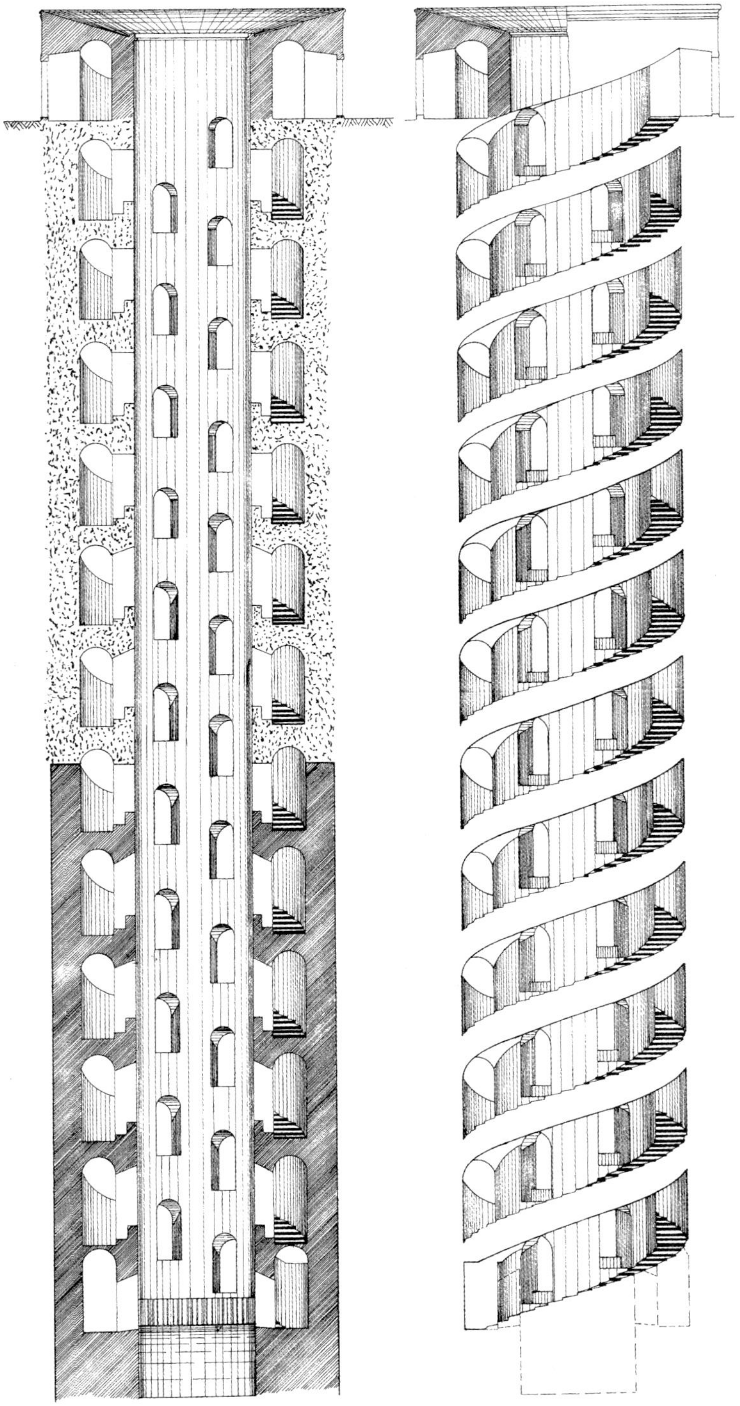

Abb. 154 Querschnitt des Brunnenschachtes und Darstellung der doppelten Wendeltreppe

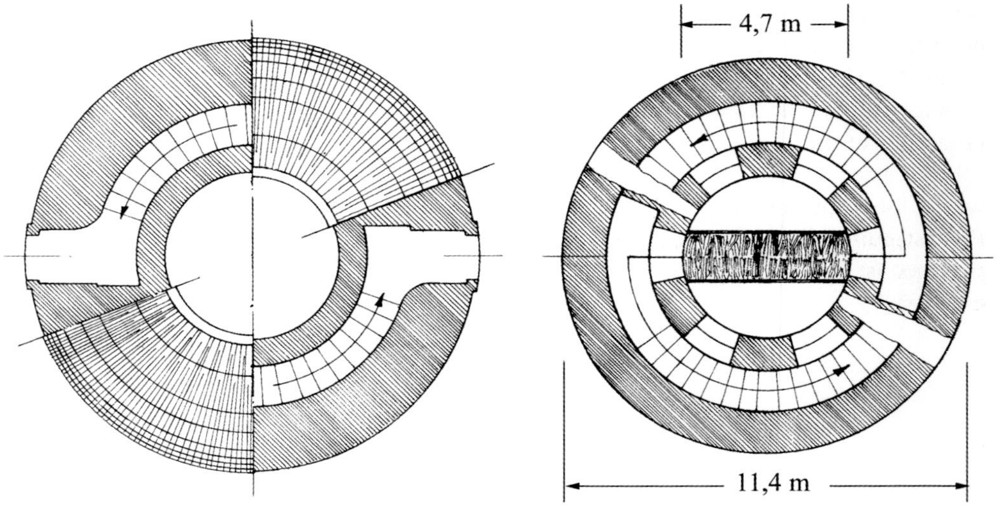

Abb. 155 Grundriß des Brunnenhauses und Schnitt über der Schachtsohle

Die Angaben über die Tiefe des Schachtes schwanken zwischen 53,7 und 62 m. Die Anzahl der Stufen vom Brunnenhaus bis zur Brücke über dem Wasserspiegel dagegen wird einheitlich mit 248 angegeben. Wir neigen hinsichtlich der Tiefe dem unteren Wert zu, der einer fachtechnischen Zeitschrift[378] entnommen ist und den bekannten Schachtzeichnungen entspricht.

In Abbildung 154 ist der Querschnitt des Brunnenschachtes dargestellt. Die ersten gut 37 m konnte der Schacht aus dem Vollen des standfesten Tuffsteinmassivs herausgearbeitet werden. Für die unteren ca. 26 m war eine Ausmauerung erforderlich. Hierfür ist die Zahl von 300.000 Backsteinen überliefert.

Zu der Gesamttiefe von 53,7 m gehört hier ein Wasserstand bei 50,95 m. Da der Schacht einen Innendurchmesser von 4,7 m hat, entspricht das einem schöpfbaren Wasservorrat von maximal 48 m³. Die feste Installation der Brücke ist ein sicheres Zeichen dafür, daß der Wasserstand im Schacht relativ konstant gewesen sein muß.

Der äußere Schachtdurchmesser soll im ausgemauerten Bereich 11,4 m betragen, die Breite der Lauffläche in den Wendeln wird mit 1,3 m angegeben. Zwischen den Laufflächen der Wendeln und dem inneren Schacht blieb eine fast 1 m dicke Schale stehen, in die in regelmäßigen Abständen 70 ganghohe Rundbogenöffnungen zur Belichtung und Belüftung der Wendeln geschlagen wurden. Folgerichtig blieb das fast 5 m hohe Brunnenhaus nach oben hin offen. Die überdachten Bereiche der Wendeln entwässern nach innen zum Schacht (Abb. 155). Zum besseren Verständnis der Abbildungen sei darauf verwiesen, daß die Pfeile in den Wendeln der technischen Darstellung des Treppenlaufes entsprechen und nichts zu tun haben mit der Regelung der Laufrichtung in den Wendeln.

378 Ludwig, C., Der Brunnen des Heiligen Patricius in Orvieto, in: bbr (Brunnenbau-Bau von Wasserwerken-Rohrleitungsbau) 1972, S. 326 ff

Sein Wasser erhielt der Brunnen aus der San Zeno Quelle nur wenige Meter unterhalb des höchsten Felsabsturzes. Es wird also wohl von guter Qualität gewesen sein. Über die im praktischen Betrieb geförderten Wassermengen, den Einsatz der Esel und die Sauberhaltung der Wendeln liegen keine Überlieferungen vor. Wie lange das Wasser bei einer Belagerung der Stadt tatsächlich ausgereicht hätte, mußte in der Folgezeit nie praktisch erprobt werden.

Warum der Brunnen der Päpste unter das Patrozinium des irischen Apostels Patrick gestellt wurde, ist nicht überliefert. Denkbar aber wäre z. B., daß das geniale Bauwerk nach seiner Fertigstellung am Namenstag des Schutzheiligen (17. März) geweiht wurde, wobei zu berücksichtigen ist, daß die Reform, die zu unserem heutigen Kalender führte, erst im Jahre 1582 erfolgte.

Abbildungsnachweis

Titelbild, Abb. 1, 53, 70, 83, 101, 107 Merian, Topographia Germaniae, 1642–1654
Abb. 2, 41, 106 Evangelienbücher, u. a. Basel 1476
Abb. 5, 18, 19, 23, 25, 29, 31–33, 36, 46, 49, 91, 111 Agricola, De re metallica libri XII, 1556
Abb. 9 Schwäbische Chronik, Ulm 1486
Abb. 10, 47, 50, 60, 61, 80, 81, 149, 150 Örtliche Burgführer
Abb. 11, 13, 16 Möller, Burgenkunde für das Odenwaldgebiet, 1938
Abb. 12, 38 Justi, Das Marburger Schloß, 1942
Abb. 17 Weltchronik des Rudolf von Ems, 1365 (bearb. von Binding/Nußbaum 1978)
Abb. 20, 51 Orbis sensualium picti, 1769 (Besitz des Verfassers)
Abb. 27, 109 Weiss, Der Pulverturm von Arzberg und das Sprengen mit Schwarzpulver, 2005
Abb. 28, 110, 113 HStA Stuttgart, A 249, Bü 963
Abb. 34, 64, 90, 92, 129, 132 Sammlung des Verfassers
Abb. 37, 40 Krauth/Meyer, Die Bau- und Kunstarbeiten des Steinhauers, 1896
Abb. 39 Fitchen, Mit Leiter, Strick und Winde, 1988
Abb. 42 Schmid, Die Ausgrabung des Brunnens in der Ruine Landskron, 2003
Abb. 43 Höhne/Hopf, Der Brunnen unter dem Gothaer Schlosshof und seine Versatzzeichen, 2005
Abb. 44 Zappe, Steinmetzzeichen, ihre geschichtliche Entwicklung und Bedeutung, 1963
Abb. 52 Schauplatz der Natur und Künste, 1782 (Besitz des Verfassers)
Abb. 54, 55 Stemmermann, Der Heilige Berg bei Heidelberg, 1940
Abb. 56–59 Verwaltung Schloß Weesenstein, Nr. 56 und 57 bearb. vom Verfasser
Abb. 63 Theile, Der Brunnen der Burg Stolpen, 1884
Abb. 65, 67–69 Jubiläumsschrift 800 Jahre Burg Lemberg, 2000
Abb. 66 Mitteilungen der Höhlenforschergruppe Karlsruhe, Heft 18, 2004
Abb. 72 Meierhuber, Weißenburg, 1976 (aktualisiert vom Verfasser)
Abb. 79 Fröhlich, Der Festungsbrunnen auf der Wülzburg, 1960
Abb. 84 Bronner, Odenwaldburgen, 1924
Abb. 87 Fischer, in: Der Odenwald, Zeitschrift des Breuberg-Bundes, 3/1976
Abb. 93 Neumann, 1971 (erh. von Schloßverwaltung Heidecksburg)
Abb. 95 Oechelhaeuser, Die Kunstdenkmäler des Grhzgt. Baden, Amtsbezirk Heidelberg, 1913
Abb. 96–100 Dachroth/Wiltschko, Der Burgbrunnen und Brunnenstollen der Feste Dilsberg, 1986
Abb. 102 Hotz, Burgen der Hohenstaufenzeit im Odenwaldraum, 1977
Abb. 103 Amt für Denkmalpflege Karlsruhe (1902)
Abb. 108 Hartmann, Schloß Hellenstein, 1892
Abb. 114 Heinzelmann/Jantschke, Der Schloßbrunnen Hellenstein, 1988
Abb. 115–117, 120–122 Hause, Burgberggemeinde e.V. Homberg
Abb. 123 Meisners Politisches Schatzkästlein II, 7/45
Abb. 124–126 P. Nieß, Die Ronneburg, 1936
Abb. 127, 128 W. Nieß, Büdingen 1984
Abb. 130 Kriegsarchiv München, HS 1617
Abb. 151 Verwaltung Schloß Augustusburg
Abb. 154, 155 Ludwig, Der Brunnen des Heiligen Patricius in Orvieto, 1972

Weitere 52 Abbildungen wurden vom Verfasser erstellt.

Verwendete Literatur

Ich habe diesen Büchern die Namen meiner Quellen vorangestellt. Das habe ich getan, weil es, meiner Meinung nach, eine erfreuliche Sache ist und eine, die eine ehrenhafte Bescheidenheit beweist, weil man denjenigen seinen Respekt zollt, die den Weg zur eigenen Leistung geebnet haben.

Gaius Plinius (24–79 n. Chr.), Vorwort zur Naturalis historia

Agricola, G., De Re Metallica Libri XII, Basel 1556; Hrsg. Agricola-Gesellschaft, Berlin 1928

Aschbach, J., Geschichte der Grafen von Wertheim, 2. Teil, Frankfurt 1843

Autorenkollektiv, Ein heimatkundliches Heft zum Besuch der Burg Stolpen, Dresden 1990

Batariuc, P. V., Cetatea de Scaun a Sucevei, Suceava 2004

Baumgärtel, M., Die Wartburg, Berlin 1907

Behrens, H.A. und **Reimann, J.**, Der Regenstein, Baugeschichte und Festungszeit, Blankenburg 1992

Bezzel, O., Geschichte des Kurpfälzischen Heeres, Bd. 1, München 1925

Binding, G. und **Nussbaum, N.**, Der mittelalterliche Baubetrieb nördlich der Alpen in zeitgenössischen Darstellungen, Darmstadt 1978

Blumöhr, Fr. P., Die Flurnamen von Neustadt im Odenwald, Marburg 1939

Böckling, M., Festung Ehrenbreitstein, Führungsheft 17, Regensburg 2004

Böhmer, J. Fr., Urkundenbuch der Reichsstadt Frankfurt, Bd. 1, Frankfurt 1901

Bösenkopf, F., Der Brunnenbau, Wien 1928

Breiding, O., Impressionen einer Stadt, 775 Jahre Stadt Homberg, Selbstverlag 2005

Bronner, C., Odenwaldburgen, Groß-Umstadt 1924

Buchner, A., Der „Tiefe Brunnen“ von Betzenstein, Beiträge zur Heimatkunde, Heft 13, 1980

Burger, D., Die Ludwigszisterne auf der Festung Wülzburg; in: villa nostra, Weißenburger Blätter, 2/1995

Chiolich-Löwensberg, H.v., Anleitung zum Wasserbau, Zweite Abtheilung, Stuttgart 1865

Cooper, J. C., Illustriertes Lexikon der traditionellen Symbole, London 1978

Czarnowsky, C., Die Wasserversorgung der Vogesenburgen, in: Elsassland, 18. Jg., 1938

Dachroth, W. und **Wiltschko, St.**, Der Burgbrunnen und Brunnenstollen der Feste Dilsberg, Heidelberg 1986

Decker, P. und **Großmann, G. U.**, Die Ronneburg, Burgen, Schlösser und Wehrbauten in Mitteleuropa Bd. 6, Hrsg. Wartburg-Gesellschaft, 2000

Demandt, K. E., Geschichte des Landes Hessen, Kassel 1972

Deubler, H., Der Tiefe und der Schöne Brunnen des Schlosses Heidecksburg, in: Eine Brigade und ihr Partner, Chemiefaserkombinat Schwarza, 1977

Dohmen, F., Das Gedingewesen im Bergbau, 1953

Eike von Repgow, Der Sachsenspiegel, Hrsg. C. Schott, Zürich 1991

Fitchen, J., Mit Leiter, Strick und Winde, Bauen vor dem Maschinenzeitalter, Basel 1988

Freeden, M. v., Über das Alter des tiefen Brunnens, in: Würzburger Generalanzeiger 1938, Nr. 166

Friederich, K., Die Steinbearbeitung in ihrer Entwicklung vom 11. bis zum 18. Jahrhundert, Augsburg 1932

Fröhlich, Fr., Der Festungsbrunnen auf der Wülzburg, in: Der Bergfried Nr. 9, 1960

Gersdorf, E. G., Codex diplomaticus Saxoniae II, Urkundenbuch des Hochstiftes Meißen, Bd. 1, Leipzig 1864

Giess, H., Schloß Breuberg im Odenwald, Heppenheim 1893

Glaser, R., Klimageschichte Mitteleuropas, WBG Darmstadt 2001

Glück, P., Die Festung Marienberg ob Würzburg, 1922

Grewe, K., Historische Tunnelbauten im Rheinland, Bonn 2002

Gross, J. und **Kühlbrandt, E.**, Die Rosenauer Burg, Hrsg. Verein für Siebenbürgische Landeskunde, Wien 1896

Großkopf, G., Die Namen der Gemarkungen Ober- und Nieder-Klingen, Selbstverlag 1994

Günther, B., Schloss Augustusburg, Leipzig 2000

Guth, E., Aus der Geschichte der Burg Lemberg, in: 800 Jahre Burg Lemberg, Hrsg. Gemeinde Lemberg, 1999

Haberey, W., Die römischen Wasserleitungen nach Köln, Bonn 1972

Häfner, Fr. und **Schulz, R.**, Die Wasserversorgung der Lemburg, in: 800 Jahre Burg Lemberg, Hrsg. Gemeinde Lemberg, 1999

Harnisch, J. G., Chronik Schellenberg-Augustburg, Schellenberg 1860

Hartmann, H.-G., Stolpen, ein slos und stetlein, Dresden 1996

Hartmann, J., Geschichte des Schlosses Hellenstein, Stuttgart 1892

Haufschild, K., Leuchtenburg, Hrsg. Kreisheimatmuseum Leuchtenburg, Seitenroda 1983

Hause, H., Die Burgruine Hohenburg auf dem Homberger Schloßberg, Hrsg. Burgberggemeinde e. V. Homberg, 2001

Heinzelmann, P. und **Jantschke, H.**, Der Schloßbrunnen Hellenstein, in: Jahrbuch des Heimat- und Altertumsvereins Heidenheim a.d. Brenz e.V., 1987/88

Heinz-Mohr, G., Lexikon der Symbole, München 1998

Herrmann, F. und **Knies, H.**, Die Protokolle des Mainzer Domkapitels (1450–1484), Hessische Historische Kommission, Darmstadt 1976

Herrmann, W., Auf rotem Fels, Ein Führer zu den schönsten Burgen der Pfalz und des elsässischen Wasgau, Leinfelden-Echterdingen 2004

Heukemes, B., Erneute Untersuchung des Heidenloches auf dem Heiligenberg bei Heidelberg, in: Archäologische Ausgrabungen in Baden-Württemberg 1987, Stuttgart 1988

Hieronymus, E., Das Reichelsheimer Sagen- und Geschichtenbuch, Reichelsheim 1997

Höhne, D. und **Hopf, U.**, Der Brunnen unter dem Gothaer Schloßhof und seine Versatzzeichen, in: Gothaisches Museums-Jahrbuch 2006

Holl, H., Die Keltenstadt auf dem Heiligenberg, Jahrbuch 1999, Hrsg. Stadtteilverein Handschuhsheim e.V.

Huth, H., Die Kunstdenkmäler des Landkreises Mannheim, München 1967

Ifrah, G., Universalgeschichte der Zahlen, Frankfurt 1991

Jensen, H., Die Schrift in Vergangenheit und Gegenwart, Berlin 1958

Justi, K., Das Marburger Schloß, Baugeschichte einer deutschen Burg, Marburg 1942

Kill, R. und **Haegel, B.**, Doppelsteinmetzzeichen an elsässischen Burgen, in: Burgen und Schlösser, Zeitschrift der Deutschen Burgenvereinigung, II/1980

Kill, R., Les signes lapidaires composés du château de Haut-Kœnigsbourg, in: Châteaux forts d'Alsace, 3/1999

Kill, R., Les signes lapidaires utilitaires des puits et citernes, in: Châteaux forts d'Alsace, 1/1996

Klecker, Chr., Schloss Weesenstein, Hrsg. Schloßverwaltung Weesenstein, 1993

Klein, L. G., De aere, aquis et locis agri Erbacensis atque Breubergensis …, Frankfurt 1754

Klose, H. und **Knust, E.**, Brunnen in Rheinhessen und der Pfalz, Mitteilungen der Höhlenforschergruppe Karlsruhe, Heft 18, 2004

Klose, H., Der Limburgbrunnen, Manuskript 13.11.2004, unveröffentlicht

Knauth, J., Die Steinmetzzeichen am Straßburger Münster, 1906 (in Friederich, a.a.O.)

Koch, A. und **Wille, J.**, Regesten der Pfalzgrafen am Rhein, Bd. 1, Innsbruck 1894

Kolbmann, G., Betzensteiner Geschichtsbilder, Nürnberg 1973

Krahe, Fr.-W., Burgen und Wohntürme des deutschen Mittelalters, Stuttgart 2002

Krauth, T. und **Meyer, F. S.**, Die Bau- und Kunstarbeiten des Steinhauers, Leipzig 1896

Kromm, H., Die Veste Otzberg und ihre Umgebung, Darmstadt 1874

Kunz, R. und **Lizalek, W.**, Südhessische Chroniken aus der Zeit des Dreißigjährigen Krieges, Geschichtsblätter Kreis Bergstraße, Sonderband 6, 1983

Leupold, J., Theatrum Machinarum Generale oder Schauplatz des Grundes Mechanischer Wissenschaften, Leipzig 1724

Ludwig, C., Der Brunnen des Heiligen Patricius in Orvieto, in: bbr 1972

Ludwig, K.-H., Technik im hohen Mittelalter zwischen 1000 und1350/1400, in: Propyläen Technikgeschichte, Band 2, Berlin 1997

Maurer, H.-M., Die landesherrliche Burg in Württemberg im 15. und 16. Jahrhundert, Veröff. d. Kommission für geschichtliche Landeskunde, Reihe B, Bd. 1, Stuttgart 1958

Meiche, A., Historisch-Topographische Beschreibung der Amtshauptmannschaft Pirna, Dresden 1927

Meyer, W., Zisternen auf Höhenburgen der Schweiz – Zum Problem der Wasserversorgung auf mittelalterlichen Burgenanlagen, in: Burgen und Schlösser, 1979/II

Möller, W., Burgenkunde für das Odenwaldgebiet, Mainz 1938

Naeher, J., Die Baudenkmäler der unteren Neckargegend und des Odenwaldes, Heidelberg 1891

Naeher, J., Die Burgenkunde für das Südwestdeutsche Gebiet, München 1901

Neumann, K. und **Fischer, P.**, Die Restaurierung des „Tiefen Brunnens", in: Eine Brigade und ihr Partner, Chemiefaserkombinat Schwarza, 1977

Nieß, P., Die Ronneburg, Burgverlag Braubach a. Rh. 1936

Oefele, E. v., Geschichte der Grafen von Andechs, 1877

Öhring, P., Die historische Wasserversorgung der alten Burg zu Würzburg aus den Höchberger Quellen, Selbstverlag 2003

Pengel, W., Der praktische Brunnenbauer, Berlin 1922

Piper, O., Burgenkunde, München 1895

Reimer, H., Hessisches Urkundenbuch, 2. Abtlg., Urkundenbuch zur Geschichte der Herren von Hanau, 1. Bd., Leipzig 1891

Richter, B.-A. und **Deibert, K.**, Wetterofen auf Burg Berwartstein, in: Burgen und Schlösser, Zeitschrift der Deutschen Burgenvereinigung, 1/1983

Rieder, O., Geschichte der ehemaligen Reichsstadt und Reichspflege Weissenburg am Nordgau, 1916; unveröff. Manuskript im Stadtarchiv Weißenburg

Röder, A., Ein baugeschichtlicher Rundgang, in: Burg Breuberg im Odenwald, Breuberg-Bund 1951

Röder, A., Übersicht über die Baugeschichte, in: Burg Breuberg im Odenwald, Selbstverlag des Breuberg-Bundes, 7. Auflg. 1996

Röder, A., Zisterne auf der Burg Breuberg gefunden, in: Der Odenwald, Zeitschrift des Breuberg-Bundes, 4/1955

Ruckdeschel, W., Die Tretradbrunnenwinde auf der Wülzburg, in: Sanitär- und Heizungstechnik, Nr. 3, 1979

Ruckdeschel, W., Historische Wasserförderung auf Burgen und Schlössern, in: Frontinus-Schriftenreihe, Bd. 18, 1993

Rudolphi, Fr., Gotha Diplomatica, Frankfurt/Leipzig 1717

Ržiha, F., Studien über Steinmetzzeichen, Wien 1883

Schaefer, G., Kunstdenkmäler im Großherzogtum Hessen, Kreis Erbach, Darmstadt 1891

Schmid, B., Die Ausgrabung des Brunnens der Ruine Landskron, in: Denkmalpflege in Rheinland-Pfalz, Jg. 52–56, 1997–2001

Schmidtchen, V., Technik im Übergang vom Mittelalter zur Neuzeit zwischen 1350 und 1600, in: Propyläen Technikgeschichte, Band 2, Berlin 1997

Scholle, Th. u. a., Die Befahrung des Brunnens auf der Burg im Stolpener Basalt vom 17./18.06.2004, in: Veröff. d. Museums Westlausitz Kamenz, Nr. 25, 2004

Schuster, Fr., Der Otzberg und seine Geschichte, in: Neue Heimat, Groß-Umstadt 1913

Sobe, G., Die Brunnen der Heidecksburg, in: Rudolstädter Heimathefte 1955

Spieß, H., Vom Bauen auf Burg Breuberg, in: Der Odenwald, Zeitschrift des Breuberg-Bundes, 3/1972

Stemmermann, P. H., Der Heilige Berg bei Heidelberg, Badische Fundberichte Jg. 16, 1940

Theile, F., Der Brunnen der Burg Stolpen, in: Ueber Berg und Thal, 7. Jg., 1884

Thier, M., Geschichte der Schwäbischen Hüttenwerke, 1965

Thies, G., Territorialstaat und Landesverteidigung, Das Landesdefensionswerk in Hessen-Kassel unter Landgraf Moritz, Quellen und Forschungen zur hessischen Geschichte Bd. 23, Hrsg. Histor. Kommission für Hessen, 1973

Troitsch, U., Technischer Wandel in Staat und Gesellschaft zwischen 1600 und 1750, in: Propyläen Technikgeschichte, Band 3, Berlin 1997

Vegetius, P. V. Renatus, epit. R. mil IV.X

Veith, H., Deutsches Bergwörterbuch, Reprint 1992

Vitruv, De Architectura Libri Decem, Berlin 1908

Vonderau, J., Die Ausgrabungen am Dome zu Fulda in den Jahren 1908–13, Fulda 1919

Weber, H. H., Schloß Lichtenberg im Odenwald, Schriftenreihe des Museums Lichtenberg, Nr. 4 (ohne Datum)

Weiss, A., Der Pulverturm von Arzberg und das Sprengen mit Schwarzpulver, in: Museum Joanneum, Abtlg. Geologie & Paläontologie, Nr. 7, Graz 2005

Widder, J. G., Versuch einer vollständigen Geographisch-Historischen Beschreibung der Kurfürstl. Pfalz am Rheine, 1. Theil, Frankfurt 1786

Wippern, J. M., Die Lokalisierung der Blankenheimer Holzrohrleitung mit dem Magnetometer, in: Wasser auf Burgen im Mittelalter, Geschichte der Wasserversorgung Band 7, Mainz 2007

Wolfstiegl-Wolfskron, M.v., Der Tiroler Erzbergbau 1301–1665, Innsbruck 1902

Zedler, J. H., Grosses vollstaendiges Universal Lexicon Aller Wissenschafften und Künste, Halle 1733

Zimmer, J., Die Burgen des Luxemburger Landes, Luxemburg 1996

Beiträge des Verfassers zum Thema Wasserversorgung:

- Wie kam das Wasser auf den Otzberg?, Selbstverlag 2005
- Vom Bau mittelalterlicher Burgbrunnen; Vortrag anläßlich des Frontinus-Symposiums 2005 in Blankenheim
- Zur Wasserversorgung von Höhenburgen und Bergvesten; Vortrag anläßlich der 58. Neustädter Tagung des Breuberg-Bundes 2006
- Der Tiefe Brunnen der Festung Wülzburg, in: villa nostra, Weißenburger Blätter 1/2007, S. 5–17
- Wasser für Burg Breuberg – Die Wasserversorgung im Wandel der Zeit; Vortrag anläßlich der 59. Neustädter Tagung des Breuberg-Bundes 2007
- Aspekte zum Bau mittelalterlicher Burgbrunnen, in: Wasser auf Burgen des Mittelalters, Geschichte der Wasserversorgung Bd. 7, Mainz 2007, S. 273–277
- Hoch hinaus – nicht ohne Wasser. Die Quellen von Breuberg, Lichtenberg und Reichenberg, in: Gelurt 2008, Jahrbuch des Odenwaldkreises, Erbach 2007
- Die Tankzisterne auf Schloß Reichenberg, in: Der Odenwald, Zeitschrift des Breuberg-Bundes, 1/2008, S. 28–32

Personen-, Orts- und Sachregister

Von der Vielzahl der im Text genannten Personen wurden nur diejenigen in das Register übernommen, die als Planer, Baumeister oder Bauleiter für den Brunnenbau verantwortlich waren. Zu den aufgeführten Orten finden sich im Text Angaben zur Wasserversorgung.
Die Gerüste sind unterteilt in Schachtgerüste für das Abteufen des Schachtes, Arbeitsgerüste für das Aufmauern des Schachtes und Klettergerüste für das Ein- und Ausfahren beim Bau sowie für Bergungsarbeiten.